深远海生态围栏养殖技术

石建高　著

海洋出版社

2019年·北京

图书在版编目（CIP）数据

深远海生态围栏养殖技术/石建高著．—北京：海洋出版社，2019.12
（渔业装备与工程技术丛书）
ISBN 978-7-5210-0478-6

Ⅰ.①深…　Ⅱ.①石…　Ⅲ.①深海-海水养殖-围栏养殖-生态养殖
Ⅳ.①S967.3

中国版本图书馆 CIP 数据核字（2019）第 272038 号

责任编辑：常青青
责任印制：赵麟苏
海洋出版社　**出版发行**

http：//www.oceanpress.com.cn
北京市海淀区大慧寺路 8 号　邮编：100081
北京朝阳印刷厂有限责任公司印刷
2019 年 12 月第 1 版　2019 年 12 月北京第 1 次印刷
开本：787mm×1092mm　1/16　印张：18.75
字数：384 千字　定价：78.00 元
发行部：62132549　邮购部：68038093
总编室：62114335　编辑室：62100038

前言

中国是世界水产养殖第一大国，中国水产养殖的发展不仅为解决吃鱼难、优化国民膳食结构和保障食物安全等方面做出了重大贡献，而且促进了世界渔业发展方式的重大转变，明确了“高效、优质、生态、健康、安全”的水产健康养殖新目标。2018 年我国水产养殖产量达到 $4\ 991.06\times10^4$ t，约占全国水产品总产量的 77%。鱼类是海洋生物中的大家族，其养殖模式包括池塘、网箱、围栏和工厂化等。围栏设施亦称网围、网栏、栅栏或（水产养殖）围网等，其中：海水养殖围栏包括传统近岸养殖围栏、深水围栏和深远海生态围栏等类型。

我国是海洋大国，广阔的深远海水域亟须开发。为拓展养殖空间、减轻环境压力、保证养殖绿色发展，开展深远海生态围栏养殖非常重要和必要。深远海生态围栏养殖作为新型水产养殖模式，一般具有养殖水体大和养成鱼类品质好等特点，它将在我国水产养殖中发挥重要作用。大力发展深远海生态围栏养殖对于建设蓝色粮仓、保护和合理开发渔业资源、调整渔业产业与食用蛋白质结构等意义重大。2000 年以来，深远海大型养殖围栏设施建造技术等关键技术取得一些突破，中国水产科学研究院东海水产研究所石建高研究员课题组联合相关单位创新研发了高密度聚乙烯框架组合式网衣网围（山东，养殖水体约 2×10^3 m^3，2010 年建成）、双圆周管桩式大型围网（大陈岛，养殖水体约 12×10^4 m^3）、双圆周大跨距管桩式围栏（浙江，养殖水体约 30×10^4 m^3）、超大型牧场化堤坝围栏（浙江，养殖水体约 400×10^4 m^3）等多种（超）大型养殖围栏新模式，并成功实现产业化应用，推动了养殖围栏的技术进步，中央电视台等媒体对相关成果进行了多次宣传报道。2018 年起，石建高研究员与李绍嵩总经理等共同负责悬山海洋牧场围栏建设项目工作，该项目将于 2020 年年底建成养殖，养殖面积高达 1 800 亩（该围栏为目前世界上单个养殖面积和养殖水体最大的超大型养殖围栏），引领了我国牧场化围栏养殖技术升级与现代化建设。上述代表性围栏设施的建成交付、产业化应用及其良好的抗风浪性能等标志着我国围栏养殖业进入了新的发展阶段。

本书详细介绍了深远海生态围栏养殖研究进展，并对海水鱼类养殖机械化与智能化装备技术、围栏用纤维绳网技术、围栏网衣防污技术、海水鱼类养殖技术进行阶段性总结，由石建高研究员（主编）负责编写；姚湘江（副主编）、张健、陈宏、周浩、赵南俊、游建平、庄小晔、周浩等参与第三章或第一章的编写、文字校对和资料收集整理工作，全书由石建高研究员进行统稿，并对全书章节进行了修改和补充。本书得到了中国水产科学研究院东海水产研究所基本科研业务费项目（2019T04）、国家自然科学基金项目（31972844）和泰山英才领军人才项目（2018RPNT-TSYC-001）等项目的资助和支持。

本书由中国水产科学研究院东海水产研究所、浙江千禧龙纤特种纤维股份有限公司、农业农村部绳索网具产品质量监督检验测试中心、上海海洋大学、山东环球渔具股份有限公司、益晨网业、宣汉德信、南通港口规划设计院有限公司、常州市晨业经编机械有限公司、镇江市中电电力设备有限公司等机构人员参与编写或文字校对。钟文珠、余雯雯等参与相关工作。在此表示感谢。

本书是集体智慧的结晶，它的出版离不开编写单位、著者及其课题组、著者合作单位及其技术支撑团队、围栏项目建设单位及其技术支撑团队、编写工作支持与帮助单位、（深远海生态）围栏养殖技术单位等相关人员的辛勤劳动与无私奉献。从桂懋、周一波、孙满昌、程世琪、陈永国、徐君卓、张千林、何飞、吕健斌、魏平、程达中、黄义川、张智源、赵金辉、傅岳琴、王根法、江凌云、叶祥平、茅兆正、张春文、卢文、张秉智和赵奎等为相关工作提供了支持。本书也得到了国际合作项目、国家支撑项目、科技服务项目等产学研项目的支持和帮助。本书在编写过程中少量采用了文献、报道、企业网站和宣传材料等公开内容，著者将相关文献列于参考文献或在著作章节中对图表来源等内容进行说明；如有疏漏之处，敬请谅解。在此一并致以诚挚的谢意！

我国海水围栏养殖业目前正处于发展的关键时期，相关技术急需攻关、研究、熟化、升级、总结、推广和应用，以延伸产业持续发展的远景。为初步总结海水围栏养殖技术，助推海水围栏养殖业健康发展，应读者要求，我们组织专家、学者和行业相关单位编写了《深远海生态围栏养殖技术》一书。本书是首部以深远海生态围栏养殖技术命名的公开出版著作，其中可能会有不完善和有待改进的地方，有待今后继续完善。期望本书能为管理部门、产学研单位和水产养殖业等提供参考，并为围栏养殖业发展发挥抛砖引玉的作用。由于编写时间等所限，书中难免有一些不当之处，恳请广大读者批评指正。

著者

2019 年 12 月

目录

第一章　深远海生态围栏养殖研究进展

水产养殖是人类通过养殖途径向海洋索取资源的重要途径之一。深远海生态围栏（以下简称“生态围栏”）是围栏养殖先进生产力的典范。在现代渔业中，生态围栏不可或缺。双圆周管桩式大型生态围栏等（超）大型生态围栏被一些专业人员誉为我国围栏养殖业的“里程碑”。将围栏养殖区域移向深远海，可有效避免近海环境污染问题，增强养殖生产的可持续性；但深远海的天气和水文条件极不稳定，强风和巨浪随时可能摧毁围栏养殖设施。为此，生态围栏设施应满足抗风浪流的基本设计要求，使其在恶劣海况下不会破损，并适合生产运营管理与养殖鱼类生长发育。本章主要介绍养殖围栏的起源、分类、定义、发展概况以及灾害预防等内容，并对围栏选址技术进行分析，为今后进一步研发、应用（新型）深远海生态围栏提供参考。

第一节　围栏的起源、分类与定义

围栏养殖是指在湖泊、水库、浅海等水域中用网围拦出一定水面养殖水生经济动植物的生产方式。海水围栏养殖一般具有养殖水体大、养殖密度低、养成鱼类品质好、养殖环境友好、抗风浪能力强和利用天然饵料能力高等明显优点，是一种半人工、介于养殖与增殖之间的接近海域生态的养殖方式，该养殖模式在水产养殖业中发展前景广阔。随着海水围栏养殖业的发展，出现了普通围栏、深水围栏、深远海围栏、生态围栏等多种结构形式的养殖围栏模式。发展生态围栏对于建设蓝色粮仓、助力“一带一路”、发展蓝色海洋经济、保护和合理开发渔业资源、提升渔业装备与工程技术水平意义重大。本节主要介绍围栏养殖的起源、分类和定义。

一、围栏养殖起源

围栏亦称围网、网栏、网围、栅栏等，其中，海水围栏养殖设施底部可采用海底或底网等方式。中国水产科学研究院东海水产研究所石建高研究员（以下简称“东海所石建高研究员”）等增养殖设施专家认为，对不采用栏杆、柱桩、堤坝等结构形式的网围称为围网更加贴切（编者注：目前围栏、围网、网栏、网围、栅栏等在一些资料文献、新闻媒体中没有严格区分，有的技术人员、养殖户或养殖企业误将围栏称为网箱等），这有待今后进一步分析研究与统一规范。我国围栏养殖历史较早，20 世纪初期，人们开始将江河、湖泊等中捕捞到的鱼虾蟹（苗）暂养。此时，人们主要在湖泊、河沟等处拦截一块较大水体（2～3 面为岸）进行鱼虾蟹（苗）的暂时性圈养，以便将其养大或日后食用等。但因当时生产力落后，且缺少合适饵料、网衣材料与养殖经验等，导致围栏养殖面积较小且水体交换不畅，更兼粗放粗养，产量和效益较低。20 世纪 70 年代前，我国的围栏养殖一直处于无规模状态。20 世纪 70 年代在草型湖泊曾因放养草鱼过量而使草型湖泊演变成藻型湖泊，为合理利用并保护水草资源，在草型湖泊的敞水区进行了网围养鱼试验。20 世纪 80 年代中期之后，网围养殖在生产上得到广泛应用并迅猛发展，其特点是建立在以沉水植物为主饲料的、主养草食性鱼类的基础上。相关研究结果表明，沉水植物的生物生产力很高，采用科学投喂方式既会使网围养鱼有较高的鱼产量和经济效益，而且也能延缓湖泊的沼泽化进程，成为有效的生态养殖方式而可持续地发展。20 世纪 90 年代后，网围养殖又成为主养中华绒螯蟹的较佳方式；王友亮、卞田福、胡万源、金文灿和李建等开展过形式多样的网围养殖技术研究。20 世纪，人们在港湾、滩涂低洼处、峡谷等海区拦截一块较大水体（2～3 面为海岸或山坡）进行鱼虾蟹（苗）的暂时性圈养，以便将其养大或日后食用等，并形成一些围栏养殖理论成果（如张列士、钱继仁和范明生等分别编写出版了《网箱养鱼与围栏养鱼》《网箱网围网栏 100 问》《滩涂低坝高网养殖》等专著）。2000 年以后，随着网箱技术、新材料技术、水产养殖技术和网具优化设计技术等新技术的开发与应用，周秋白、凌剑、林林、杨培银、索维国、徐君卓、石建高、孙满昌等开展过围栏养殖技术研究，发表了《海水网箱及网围养殖》《中国海水围网养殖的现状与发展趋势探析》等相关论著，网围设施材料也由网衣拓展到栅栏、网栏、镂空堤坝+网衣等多种结构形式；针对上述水生生物的圈养设施模式，水产养殖上出现了“围栏”“围网”“网栏”“网围”和“栅栏”等不同称谓。在东海所石建高研究员团队等院所校企团队的不懈努力下，我国海水（超）大型围栏养殖设施的底部防逃技术等核心关键技术逐步取得突破。2013—2014 年，东海所石建高研究员联合相关单位率先为恒胜水产设计完成了周长 386 m 的双圆周管桩式大型围栏；2014 年运行至今，它已经历了“凤凰”等多个台风的考验，大型围栏主体结构完好无损。相关技术成果技术安全可靠、抗风浪能力强、养殖鱼类品质高、经济效益好，至此，我国（超）大型围栏中的一些关键技术逐步取得突破（合成纤维网衣防污等关键技术仍有待突破）。在一次交流会上，东海所石建高研究员建议将2013年前的我国深远海生态围栏工作视为生态围栏第一阶段——深远海生态围栏1.0时代。双圆周管桩式大型围栏等多种结构形式生态围栏的建成交付、产业化养殖应用及其良好的抗台风性能标志着我国深远海生态围栏发展从第一阶段跨入了第二阶段——深远海生态围栏2.0时代（编者注："深远海生态围栏1.0时代"和"深远海生态围栏2.0时代"等说法仅代表编者对深远海生态围栏发展阶段的一种学术观点，该观点已得到了一些专业人员和养殖企业的认可，可供管理部门和读者等参考使用）。我国深远海生态围栏自2013年进入2.0时代后，东海所石建高研究员团队等团队联合相关单位建造了双圆周管桩式大型生态围栏（大陈岛，周长约386 m）、超大型双圆周大跨距管桩式生态围栏（浙江，周长498 m）、超大型牧场化栅栏式堤坝生态围栏（浙江，养殖面积650亩①）、零投喂牧场化大黄鱼养殖生态围栏（浙江，规划养殖面积2 800亩，目前一期项目已建成养殖）等多种（超）大型生态围栏新模式，并成功实现产业化应用，中央电视台等多家媒体对相关成果进行了宣传报道，推动了生态围栏的技术进步，驱动生态围栏的绿色发展和现代化建设。东海所石建高研究员因此被授予"超大型围栏养殖杰出贡献奖"。

海洋滩涂是围栏养殖的重要场所之一。海洋滩涂系指大潮时，高潮线以下、低潮线以上、亦海亦陆的特殊地带，陆地生态系统和海洋生态系统的交错过渡地带。按国际湿地公约的定义，滨海湿地的下限为海平面以下6 m处（习惯上常把下限定在大型海藻的生长区外缘），上限为大潮线之上与内河流域相连的淡水或半咸水湖沼以及海水上溯未能抵达的入海河的河段。我国海洋滩涂总面积217.04×10^4 hm^2，是开发海洋、发展海洋产业的一笔宝贵财富。滩涂不仅是一种重要的土地资源和空间资源，而且本身也蕴藏着各种矿产、生物及其他海洋资源。滩涂资源用途很广，主要用于发展滩涂水产养殖业等5个方面。我国海水围栏养殖品种可以包括大黄鱼、鲈鱼、鮸鱼、石斑鱼、斑石鲷、舌鳎、扇贝、牡蛎、蚶、蛤、贝类、海带、虾类、蟹类等。与网箱类似，围栏利用框架系统、网具系统、防逃系统等将养殖对象（如鱼类）围养在网内，围栏内外一般仅一网之隔，养殖环境接近自然，水流以及天然饵料可以通过网孔或栅栏孔等通过，残饵或代谢物等也可通过网孔等排出，使围栏形成一个活水环境，依靠潮汐和海流等实现围栏内外水体交换，既能保持养殖区域的生态平衡，又能满足养殖对象的生长需求。围栏养殖使养殖对象在近乎天然水域的环境中生长，具有见效快、效益好、技术简便、操作灵活、养殖水体大、养殖密度低、养成鱼类品质好、养殖环境友好、抗风浪能力强和利用天然饵料能力高等优点，是一种半人工、介于养殖与增殖之间的接近海域生态的养殖方式；在养殖产量上，网

① 亩为我国非法定计量单位，1亩≈667 m^2，1 hm^2＝15亩。

箱、围栏养殖分别属于超密集型、半密集型（图 1-1）。

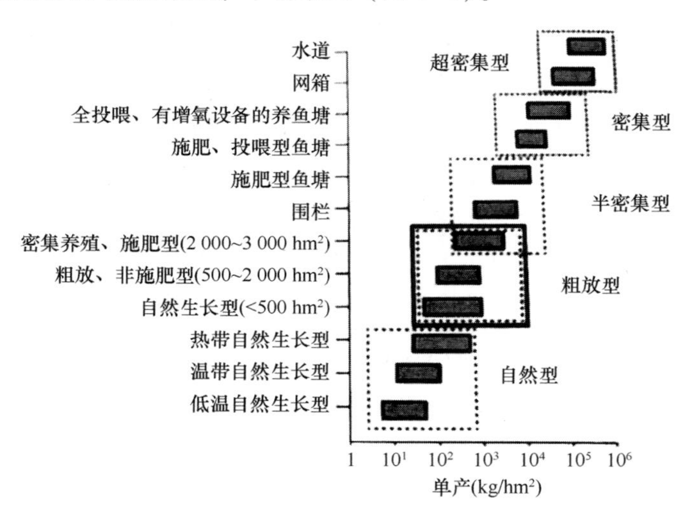

图 1-1　不同养殖系统的产量情况

根据养殖海况、起捕要求、养殖对象行为等实际情况，围栏底部可采用海底或底网等方式。当围栏底部使用底网方式时，可省略防逃系统，并方便起捕或鱼类聚集等。当围栏底部使用海底方式时，需采取特种防逃系统，而此模式下的鱼类生长环境类似于自然海域，巨大的养殖水体既降低了鱼类的养殖密度和在高海况下的相互挤压的风险，又增加了其活动水层与活动空间，大大提高了鱼类品质、成活率和抗病防灾能力。综上所述，海水围栏养殖（尤其是生态围栏）是一种值得推广的养殖模式。根据养殖对象、海况情况以及项目投资等情况，海水围栏可以在近岸、港湾、峡湾、近海滩涂、离岸水域、深远海开放性水域或远海岛礁水域等水域建造。在近岸、港湾、峡湾、近海滩涂等地建设围栏养殖，可以规避大风、大浪、大流等，其优点是单位养殖水体的建造成本低、遭受自然灾害的风险较小，缺点是水体交换较差、鱼类易发生病害、易遭受周边环境污染、易遭受洪水或山洪等沿岸径流影响等。在离岸水域、深远海开放性水域或远海岛礁水域等地建设深水围栏、生态围栏，需面对大风、大浪、大流等恶劣海况，其优点是水体交换良好，鱼类不易发病、养成品质好，不易遭受周边环境污染、洪水或山洪等沿岸径流影响，缺点是单位养殖水体的建造成本高、遭受自然灾害的风险较高等。围栏养殖鱼类可充分利用自然海域的饵料生物，适当投喂人工配合饵料等，从而实现围栏生态养殖。根据养殖鱼类的习性，围栏养殖鱼类可进行混养，如大黄鱼围栏养殖中，可混养适当比例的舌鳎鱼类，既可使围栏养殖更加接近自然生态，又提高了饵料系数和养殖效益。当围栏底部使用海底方式时，需采取特种防逃系统，以防养殖鱼类逃逸；养殖鱼类逃逸既会影响养殖效益，又将破坏鱼类种质。为此，编者建议，（超）大型围栏养殖均需要进行专业选址、论证、设计、建造和维护保养，确保养殖鱼类安全；有需要的读者可咨询东海所石建高研究员团队等专业团队。与网箱相比，围栏养殖的水体更大、水面更广，因此，围栏养殖鱼类的起捕和投喂都变得更为复杂，需根据养殖鱼类的行为特征，采用特殊的捕捞技术捕捞，采用特殊的投喂技术喂食。围栏养殖鱼类的相关捕捞技术包括捕捞围网集鱼+抄网捕鱼、捕捞围网集鱼+吸鱼泵捕鱼和智能化起捕等；围栏投喂技术将包括定点投喂、定时投喂和智能感知投喂等。

二、围栏分类

随着时间的推移、科技的发展与产业的进步，围栏（enclosure，net enclosure；fence，corral 等）至今已呈现出种类繁多的局面，编者参照《海水网箱及网围养殖》《海水网箱养殖工程技术》《INTELLIGENT EQUIPMENT TECHNOLOGY FOR OFF-SHORE CAGE CULTURE》《海水增养殖设施工程技术》等专著以及国内外相关文献资料对养殖围栏设施（以下简称养殖围栏）进行科学分类，以供行政管理、法规制定、养殖生产、学术交流、经济贸易和标准制定等参考使用。

1. 按养殖水域分类

按养殖水域分类，养殖围栏分为淡水围栏（freshwater enclosure）、海水围栏（marine enclosure，offshore enclosure）、内湾围栏（inshore enclosure）和内陆水域围栏（inland enclosure）等。海水养殖围栏按离岸距离、水深和养殖水体等因素又进一步分为海水普通围栏（traditional sea enclosure，traditional inshore enclosure，亦称传统近岸围栏）、深水围栏（offshore enclosure，deep water enclosure，亦称离岸围栏）、深远海围栏（deep-sea enclosure，high sea enclosure，open sea enclosure，deep ocean enclosure）、生态围栏（deep-sea eco-enclosure，high sea eco-enclosure，open sea eco-enclosure，deep ocean eco-enclosure）等。深远海（生态）围栏主要包括深海（生态）围栏和远海（生态）围栏两种。

2. 按作业方式分类

按作业方式分类，养殖围栏分为浮式围栏（floating enclosure）、柱桩式围栏（pillar enclosure）、海底固定式围栏（seabed fixed enclosure）、移动式围栏（movable enclosure）和堤坝式围栏（dam-type enclosure）等。

3. 按形状分类

按形状分类，养殖围栏分为方形围栏（square enclosure）、圆形围栏（circular enclosure，亦称圆柱体围栏）、双圆形围栏（double circular enclosure）、船形围栏（boat shape enclosure）、八角形围栏（octagonal enclosure）、三角形围栏（triangular enclosure)、“日”字形围栏(ri zigzag enclosure)、“田”字形围栏(tian zigzag enclosure)和多边形围栏(polygonal enclosure)等。

4. 按网衣材料分类

按网衣材料分类,养殖围栏分为合成纤维网衣围栏(fiber net enclosure)、金属网衣围栏(mental net enclosure)、组合式网衣围栏(combined type net enclosure)、半刚性聚酯网衣围栏(semi-rigid PET net enclosure,简称聚酯围栏或龟甲网围栏)、普通网衣围栏(common net enclosure)、高性能网衣围栏(high-performance net enclosure)和功能性网衣围栏(functional net enclosure)等。

5. 按柱桩或框架材质分类

按柱桩或框架材质分类,养殖围栏分为毛竹围栏(bamboo enclosure)、玻璃钢杆围栏(FRP pole enclosure)、金属围栏(metal enclosure)、浮绳式围网(flexible rope enclosure)、高密度聚乙烯围栏(HDPE enclosure)和混凝土围栏(concrete enclosure)等。金属围栏又可分为钢管围栏(steel tube enclosure)、大型钢结构围栏(large steel structure enclosure)和超大型钢结构围栏(super large steel structure enclosure)等。

除上述分类方法外,人们还根据地域文化或实际生产需要等使用其他分类方法。如根据围栏对象的种类,将养殖围栏分为海蜇围栏、鲈鱼围栏、大黄鱼围栏和石斑鱼围栏;根据围栏框架材料的柔性,将养殖围栏分为柔性框架围栏、半刚性框架围栏和刚性框架围栏,等等。总之,围栏丰富了水产养殖模式,是围栏传统概念的延伸和补充,助力了我国水产养殖的绿色发展和现代化建设。

三、围栏、深水围栏、深远海围栏与深远海生态围栏的定义

我国水产养殖模式多种多样,主要包括池塘、普通网箱、深水网箱、筏式、吊笼、底播和工厂化等。根据《2018年中国渔业统计年鉴》,2017年,我国以上海水养殖方式的产量分别为2 665 160 t、567 333 t、135 032 t、5 970 989 t、1 191 006 t、5 365 280 t、240 154 t。2017年,全国水产品总产量6 445.33×10⁴ t,比上年增长了1.03%,其中,养殖产量4 905.99×10⁴ t,占总产量的76.12%,同比增长2.35%,捕捞产量1 539.34×10⁴ t,占总产量的23.88%,同比降低2.96%,全国水产品人均占有量46.37 kg(人口139 008万人),比上年减少0.23 kg、降低0.50%。2017年中国渔业总产值为12 313.85亿元,相比2016年增长了700多亿元。根据《2018年全国渔业经济统计公报》,按当年价格计算,2018年全社会渔业经济总产值25 864.47亿元,其中渔业产值12 815.41亿元,渔业工业和建筑业产值5 675.09亿元,渔业流通和服务业产值7 373.97亿元,3个产业产值的比例为49.6∶21.9∶28.5。

渔业流通和服务业产值中，休闲渔业产值902.25亿元，同比增长18.03%。渔业产值中，海洋捕捞产值2 228.76亿元，海水养殖产值3 572.00亿元，淡水捕捞产值465.77亿元，淡水养殖产值5 884.27亿元，水产苗种产值664.62亿元（渔业产值以国家统计局年报数据为准）。渔业产值中（不含苗种），海水产品与淡水产品的产值比例为47.7：52.2，养殖产品与捕捞产品的产值比例为77.8：22.2。据对全国1万户渔民家庭当年收支情况调查，全国渔民人均纯收入19 885.00元，比上年增加1 432.22元、增长7.76%。2018年全国水产品总产量6 457.66×10^4 t，比上年增长0.19%。其中，养殖产量4 991.06×10^4 t，同比增长1.73%，捕捞产量1 466.60×10^4 t，同比降低4.73%，养殖产品与捕捞产品的产量比例为77.3：22.7；海水产品产量3 301.43×10^4 t，同比降低0.61%，淡水产品产量3 156.23×10^4 t，同比增长1.04%，海水产品与淡水产品的产量比例为51.1：48.9。远洋渔业产量225.75×10^4 t，同比增长8.21%，占水产品总产量的3.50%。全国水产品人均占有量46.28 kg，比上年减少0.09 kg、降低0.19%。全国水产养殖面积7 189.52×10^3 hm^2，同比下降3.48%。其中，海水养殖面积2 043.07×10^3 hm^2，同比下降1.97%；淡水养殖面积5 146.46×10^3 hm^2，同比下降4.07%；海水养殖与淡水养殖的面积比例为28.4：71.6。

海水养殖围栏是一种重要的养殖模式，是网箱和工厂化养殖等养殖模式的重要补充。鉴于全球性海洋渔业资源因环境污染、捕捞过度、生产破坏等原因而衰退，以及环保管理要求、渔场缩小等原因，海洋捕捞已满足不了人们对（高端）水产品的迫切需求，因此，海水鱼养殖，无论从数量、质量、养殖品种等来看，都有着很大的发展潜力。世界银行、联合国粮食及农业组织等发布的《2030年渔业展望》报告预测，2030年全球水产总量有望达到1.87×10^8 t，食用鱼近2/3将由养殖来提供，因此，开展生态围栏养殖大有可为。

中国目前为世界第一水产养殖大国，但最近几年无论是内陆养殖还是近海养殖，发展空间都持续受到其他产业挤压，而且有的区域水质环境在恶化，在种种不利因素影响下，水产养殖业未来的增长空间令人担忧。为应对上述挑战，人们把目光瞄准了深远海养殖。中国工程院雷霁霖院士表示：走向深远海、开展海水养殖是满足日益增长的水产品供给需求的重要途径。世界上，迄今尚无涉及深远海养殖定义的国际标准、国家标准、行业标准或团体标准。曾有美国学者这样定义深远海养殖：通常被认为是将养殖系统安放在离岸数千米外，有大的水流和海浪的地区。深远海养殖涉及网箱养殖、生态围栏、贝藻类养殖、养殖工船和养殖平台等。现行管理部门、水产养殖业、水产科研院所高校、围栏养殖业等涉及的生态围栏涵盖深水围栏养殖和远海围栏养殖两个方面，但目前世界上尚无生态围栏标准。国家标准《水产养殖述语》（GB/T 22213—2008）仅给出了网围养殖的定义——网围养殖（net pen culture）是指在湖泊、水库、浅海等水域中用网围拦出一定水面养殖水生经济动植物的生产方式。根据上述定义以及现有围栏养殖情况，编者在此给出围栏的定义。所谓围栏（enclosure，net enclosure）是指在湖泊、水库、浅海等水域中用网围拦出一定水面养殖水生经济动植物的增养殖设施（亦称围网、网栏、网围、栅栏等）。所谓海水围栏（marine enclosure，net enclosure）是指在浅海等海域中用网围拦出一定水面养殖水生经济动植物的增养殖设施。所谓海水普通围栏是指在沿海近岸、内湾或岛屿附近，水深不超过 15 m 的海域中用网围拦出一定水面养殖水生经济动植物的中小型增养殖设施；普通海水围栏养殖亦称传统近岸围栏养殖，其对应的英文为“common marine enclosure”和“common net enclosure”。所谓深水围栏是指在开放性水域，水深超过 15 m 海域中用网围拦出一定水面养殖水生经济动植物的（大型）增养殖设施；深水围栏亦称离岸围栏养殖，其对应的英文为“offshore enclosure”和“deep water enclosure”。截至目前，我国尚无海水围栏标准。为更好地开展海水围栏养殖技术国内外合作交流、生产加工、行政管理、贸易统计、分析评估等工作，急需制定海水围栏养殖标准。

为统一深远海围栏的术语和定义，开展“深远海”“深远海围栏”和“深远海生态围栏”等深远海养殖业相关概念论证研究非常重要和必要。国内外渔业文献和报道中经常出现“深远海”一词，但目前还没有渔业标准对其进行明确的定义，对其近义词的定义也不尽相同。在我国海洋渔业管理中，对“深远海”的界定并不一致。渔业生态学将“深海”定义为大陆架以外水深大于 200 m 的海域；海洋渔业捕捞生产行业按操作水深的不同，习惯将海区划分不同深度的作业区，100 m 等深线以深的海域被称为深海作业区或外海作业区；国家海洋渔业统计上定义“外海”为深度 80~100 m 的海域。海洋学中对“深海”有明确的界定。“深海”为深度为 2 000~6 000 m 的海洋。海洋生物环境由岸向海依次分为浅海区和大洋区两部分，且大洋区进一步分为上层、中层、深层、深渊层和超深渊层，深层指深度大于 1 000 m 的部分。国家海洋管理相关部门对近海、远海进行了划分。依据国家海洋局 2002 年《中国海洋环境质量公报》：近岸海域外部界限平行向外 20 n mile 的海域为近海海域，近海海域外部界限向外一侧的全部我国管辖海域为远海海域。根据国内外生态围栏的特点、围栏养殖业、围栏养殖贸易商、围栏养殖生产企业、渔具及渔具材料标准化委员会代表等的意见和建议，应与会代表的要求，东海所石建高同志于一次交流会上曾给出“深远海围栏”这一专业名词术语的初步建议——深远海围栏（deep-sea enclosure）是指在深远海海域中用网围拦出一定水面养殖水生经济动植物的增养殖设施。参考国内外海水围栏养殖发展的现状和上述诸多界定可以看出，现阶段我国开展的所谓的“深远海”养殖活动，并没有涉及真正意义上的“深海”空间。一些学者曾在论著中给出“深远水”的初步定义与“深远水养殖”定义。所谓深远水“既可以指在大陆架相对平缓宽广的海区，距离海岸 20 n mile 以上水域；也可以指在大陆架相对狭窄海区，水深大于 200 m 以上水域”。所谓深远水养殖，是指“在动力条件、化学条件、气象条件、生物条件、地质条件等较为适宜的深远水海域，开展的对目标鱼种的人工养殖活动”。正在申报的《柱稳型深远海渔场设计要求》标准中将深远海渔场（Offshore fish farm）定义为“在水深大于 15 m 或离岸数海里外有较大水流和海浪的海域从事水产养殖，且有效养殖水体不小于 5×10^4 m^3，采用锚泊系统长期系固在海上的钢质海洋渔业养殖设施”。基于上述国内外研究，以及深远海养殖技术的逐渐成熟，与国外同行的技术交流日渐增多，深远海（生态）围栏的定义越来越清晰。针对深远海养殖业的发展现状，东海所石建高研究员在 2013 年的一次研讨会上再次建议了深远海围栏、深远海生态围栏的临时性中英文定义：

——深远海围栏（deep-sea enclosure；deep-sea fence；high sea enclosure；open sea enclosure）是指在低潮位水深超过 15 m 且有较大浪流开放性水域、在离岸 3 n mile 外岛礁水域、或养殖水体不小于 20 000 m^3 的海水围栏。

——The deep-sea enclosure refers to the marine enclosure placed in the water area with the water depth of more than 15 m at low tide level and open water with large current, or in the waters of islands and reefs 3 nautical miles offshore, or aquaculture water body of not less than 20 000 m^3.

——深远海生态围栏（deep-sea ecological enclosure；deep-sea ecological fence；high sea ecological enclosure；open sea ecological enclosure）是指在低潮位水深超过 15 m 且有较大浪流开放性水域、在离岸 3 n mile 外岛礁水域、或养殖水体不小于 20 000 m^3 的海水生态养殖围栏。

——The deep-sea ecological enclosure refers to the marine ecological aquaculture enclosure placed in the water area with the water depth of more than 15 m at low tide level and open water with large current, or in the waters of islands and reefs 3 nautical miles offshore, or aquaculture water body of not less than 20 000 m^3.

上述临时性定义虽已得到一些专业人士、养殖户、养殖企业等的认可，在目前缺少深远海（生态）围栏标准的情况下，可暂时供行政管理、国内外贸易、水产养殖业、院所高校、企业协会和合作交流等参考使用。但水产养殖业还应尽快组织制定（深远海）（生态）围栏标准，以规范、统一（深远海）（生态）围栏等专业术语或定义。

第二节 围栏发展概况

生态围栏置于低潮位水深超过 15 m 且有较大浪流开放性水域或离岸 3 n mile 外

岛礁水域，其养殖鱼类的投饵很少。与传统近岸围栏养殖相比，其集约化程度更高、养殖鱼类病害更少、养殖鱼类的外来饵料更丰富、养成鱼类品质更好（更接近野生鱼类），诸多优势使得生态围栏经济效益显著。本节主要介绍我国滩涂网栏养殖、港湾网栏养殖与生态围栏养殖等海水围栏养殖现状、研究进展以及今后的发展战略，并与网箱进行了比较分析，为我国围栏养殖的管理、研发、技术升级和健康发展等提供参考。

一、滩涂网栏养殖与港湾网栏养殖现状

随着全球人口增长、资源短缺和环境恶化等问题，陆地资源已难以充分满足社会发展的需求，海洋资源开发成为21世纪国家发展的重要内容。中国渔业年鉴等文献资料显示，我国近海渔业资源衰退严重、捕捞产量停滞不前；为解决“近海无鱼可打”的尴尬现象，满足人们对水产品的需求，在我国实施“转捕为养”战略与绿色水产养殖战略是大势所趋。近年来，网箱、养殖围网（亦称围栏、网栏、围网、网围、栅栏）等水产养殖模式应运而生，这为我国实现水产养殖的绿色发展发挥了积极作用。网箱是以金属、塑料、竹木、绳索等为框架，合成纤维网片等材料为网身，装配成一定形状的箱体，设置在水中用于养殖的渔业设施。围栏则是在湖泊、水库、浅海等水域中用网围拦出一定水面养殖水生经济动植物的增养殖设施（底部可采用海底或底网等方式）。传统近岸小网箱由于抗风浪能力差，只能拥挤在浅海内湾水域，造成环境污染和水质恶化，加之浅海内湾水域多受陆源污染，导致病害发生、鱼类品质和养殖效益下降，传统近岸小网箱养殖业对近海环境的影响及其可持续发展问题受到越来越多的关注。相比之下，海洋水域的养殖围栏具有养殖水体大、养殖密度低、养成鱼类品质好、养殖环境友好、抗风浪能力强等明显优点，是一种半人工、介于养殖与增殖之间的接近海域生态的养殖方式。综上所述，大力发展海水养殖围栏等水产养殖业对于发展绿色养殖、保护和合理开发海洋渔业资源、促进渔民转产转业与渔民增产增收、调整渔业产业与食用蛋白质结构等意义重大。我国海水养殖围栏主要分为滩涂网栏养殖、港湾网栏养殖以及大型养殖围栏等几种主要类型，现将滩涂网栏养殖和港湾网栏养殖简介如下。

1. 滩涂网栏养殖

在国内，滩涂网栏养殖被分为两种形式：一种是直接围栏，此种养殖方式一般面积较小；第二种是比较常用的低坝高围式滩涂网栏养殖（也称低埂高栏式养殖）。滩涂网栏养殖目前主要分布于山东、江苏、浙江、福建等我国沿海地区，主要用于鱼类、贝类、甲壳类、藻类和其他类（如海参、海蜇）等的养殖；该养殖方式一般无法实现全天候水体交换，且水深和养殖水体受潮汐的影响较大，需采用辅助装备

对水体交换等进行调节。下文重点介绍低坝高围式滩涂网栏养殖方式。

1）低坝高围式滩涂网栏养殖的特点

我国多处滩涂的生物资源相当丰富，环境也较为适合养殖，且一直处于未开发状态。在未开发的滩涂中进行围栏养殖是一种滩涂资源开发的优化选择。在低坝高围式滩涂网栏养殖中，低坝可以维持一定的塘水深度，在潮位不高时可以保证正常养殖的水量；高围栏可以保证在高潮位时的泄洪需要。

2）低坝高围式滩涂网栏养殖的选址

低坝高围式滩涂网栏养殖的选址一般要满足以下条件：①适合建造低坝高围式滩涂网栏养殖的地点应该适当偏离船运的主航道；②选择建造的区域应该拥有大片浅滩以及水生挺水植物，可以遮挡阳光、减少藻类的光合作用，抑制藻类等生物疯狂生长；③在坑塘水系选点，除此之外应该进行人工改造，保证在枯水季节可蓄水；④选点周围应无工厂等排污口；⑤保证交通运输的畅通；⑥应选取生物饵料充足的地点，例如贝类以及小鱼虾类等生物饵料，以降低养殖成本等。

3）滩涂网栏养殖的优缺点

滩涂网栏养殖的优点：①滩涂处海水流动交换较为频繁，养殖残留物不易残留，水体交换顺利；②海水流动交换频繁，促进养殖生物的游动，使养殖生物在品质上更接近自然野生；③在海水涨落潮时会将近海的小鱼、小虾等自然饵料冲进养殖区域，可以减少人工饵料的投放，节约成本等。目前，滩涂网栏养殖也存在一些缺点：①滩涂地域一般容易遭受台风袭击，目前网栏用普通合成纤维绳网等材料一般难以抵挡强台风的袭击；②养殖残饵以及污水等容易污染养殖区域水质，导致养殖区域海水富营养化，影响养殖鱼类安全；③由于海水的冲刷等原因，贝类与藻类等污损生物容易在养殖网栏网衣上附着，影响养殖网栏内外水体的交换等。

4）养殖池的建造

低坝高围栏养殖的养殖池主要由堤坝与池内沟渠、闸门和溢水道等组成（图1-2）；养殖池的堤坝主要用以在退潮以后，防止潮水退尽，保持养殖池内一定的水位以及在退潮之后用于池中养殖管理的通道。我国现有养殖池堤坝一般分为土坝和混凝土堤坝两种。

2. 港湾网栏养殖

港湾网栏养殖一般指在港、湾以及海边河口等地利用网栏等围出一片养殖区进行养殖。由于港湾以及河口处潮汐作用明显，风浪流较滩涂更大，所以港湾网栏养殖的技术难度比一般滩涂围栏养殖大很多，国内产业化港湾网栏养殖并不多见。港湾网栏养殖目前主要分布于浙江、福建、山东等我国沿海地区，主要用于鱼类等的养殖（亦可进行鱼贝藻混养等）；该养殖方式一般存在养殖区风浪较大、水流不通

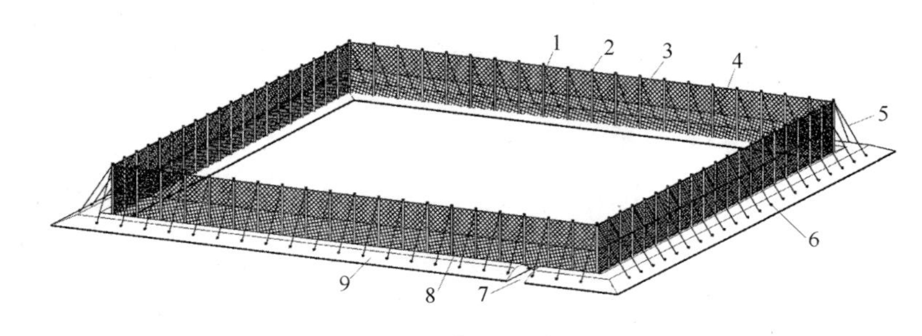

图 1-2　养殖池平面图

1. 固定桩；2. 桩头；3. 纲绳；4. 上层网；5. 固定绳；6. 竹削；7. 闸口；8. 下层网；9. 堤坝

畅、岸基连接施工困难等问题，亟须通过技术创新改进。

二、我国生态围栏养殖现状

滩涂网栏养殖、港湾网栏养殖等近海传统围栏养殖具有养殖区域拥挤、养殖密度高、养殖水质不佳以及污染环境等缺点，不利于水产养殖业的绿色发展。近年来中国养殖水体在 3×10^4 m^3 以上的浅海大型浮绳式养殖围网与生态围栏顺势而生，成为现代渔业中的创新养殖新模式之一。浅海大型浮绳式养殖围网与生态围栏目前主要分布于我国浙江台州、温州、舟山以及福建、山东等沿海地区，主要用于大黄鱼、石斑鱼、黑鲷、斑石鲷等鱼类的养殖（亦可进行鱼贝藻混养）；该类养殖方式目前主要存在投资总成本高、装配技术落后、智能养殖装备缺失、精准定位养殖鱼类栖息位置、大水面鱼类起捕困难、国家行业标准缺失以及研发投入严重不足等问题。

1. 浅海大型浮绳式养殖围网与生态围栏新模式

近年来，在国家省市政府部门、民营企业和社会团体等的大力支持下，我国院所高校企业等围绕大型养殖围栏设施工程开展了研究与示范工作，积累了宝贵的研究建设经验和技术成果。现将浅海大型浮绳式养殖围网、双圆周管桩式大型生态围栏、超大型双圆周大跨距管桩式生态围栏和超大型牧场化栅栏式堤坝生态围栏等具有代表性的大型养殖围栏新模式简介如下。

1）大型浮绳式围网养殖新模式

浅海大型浮绳式养殖围网为一种新型养殖模式，其主要特征为：①整个养殖围网设施由柔性浮绳框架系统、网衣系统、锚泊系统和防逃系统等部分组合而成；②框架系统采用“浮体+浮绳框”柔性结构；③网衣系统中的主体网衣一般采用超高强纤维网衣；④养殖区域水深小于 30 m、养殖水体大于 2×10^4 m^3，养殖对象主要为大黄鱼等高价值经济鱼类；⑤设施具有抗台风能力较强、养殖鱼类成活率较高、养成鱼类价格较高、单位水体成本低以及管理成本低等优点，综合效益显著；⑥设施主要缺点是高海况下网形变化较大等。现以浙江温州建造的浅海大型浮绳式养殖围网为例做进一步说明。2001 年至今，在“节能降耗型网具的研发与产业化”科技项目（项目负责人：东海所石建高研究员）、“浅海围网设施与生态养殖技术研究”等项目的支持下，碧海仙山等单位联合开展了浅海大型浮绳式养殖围网新模式的研发与产业化应用。围网项目建设地点位于浙江；围网周长约 300 m、网高 15~20 m、最大养殖水体 3×10^4 m^3，整个围网设施由柔性框架系统、网衣系统、锚泊系统和防逃系统等部分组合而成；柔性框架系统采用“方形浮球+高强浮绳框”特种结构，网衣系统中的主体网衣采用超高分子量聚乙烯（简称 UHMWPE）网衣；围网主要用来养殖高品质大黄鱼、石斑鱼和藻类（羊栖菜和海带）等。该项目 2016 年获浙江省科技进步奖，项目相关情况被多家媒体报道（图 1-3，东海所石建高研究员为获奖项目第 2 完成人）。与传统养殖围网相比，上述浅海大型浮绳式养殖围网围绕材料及设施、生态养殖等关键核心技术进行创新、开发和产业化推广，主要创新技术和应用包括：①创新研发或应用多种高性能和功能性绳网新材料，构建了养殖围网设施专用材料新技术；②综合采用数值模拟、模型试验、海上实测等方法，开展了养殖围网水动力学特性基础研究，建立了养殖围网设施工程结构安全评估技术；③攻克了网衣防纠缠、柔性框架抗风浪、贴底防逃、桩网连接等装备技术难题，形成了完整的围网生产技术；④研发了围网材料修补与测试方法；⑤发明围网起捕装备，首创围网网衣裂缝破损实时声学监测系统，研制智能化养殖围网水文监控系统等技术，实现围网养殖高效捕捞与智能化管理；⑥建立了养殖海区选址科学方法与养殖容量评估模型，开展了浅海围网大黄鱼等养殖技术研究，建立围网藻-鱼-贝立体化生态养殖模式。围网建成后经历了多个台风的考验，台风下养殖围网设施完好无缺。

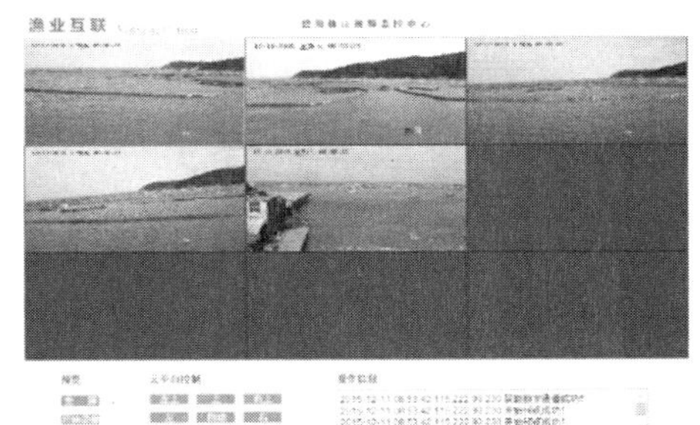

图 1-3 海水大型浮绳式围网养殖设施及其在线监测系统

2）双圆周管桩式大型围栏养殖新模式

双圆周管桩式大型生态围栏在国际上属于首创，其主要特征为：①整个生态围栏设施由刚性框架系统、网衣系统和防逃系统等部分组合而成；②生态围栏由内外两个圆圈组成；外圈和内圈均由圆柱形管桩与组合式网衣组成；内外两圈的柱体顶端之间由金属框架结构相连，作为工作通道和观光平台（或工作平台）；③生态围栏框架系统采用“管桩+工作通道+工作平台”刚性结构；④网衣系统中的主体网衣采用特种超高强网衣或组合式网衣；⑤生态围栏养殖区域水深小于 30 m、养殖水体大于 $10×10^4$ m^3，养殖对象主要为大黄鱼等高价值经济鱼类；⑥生态围栏具有抗台风能力强、网形变化小、养殖鱼类成活率高、养成鱼类价格高、单位水体成本低以及管理成本低等优点，综合效益明显；⑦生态围栏主要缺点是项目建造初期的一次性总成本高等。现以浙江台州建造的双圆周管桩式大型生态围栏为例做进一步说明。2013—2014 年间，在“水产养殖大型围栏工程设计”科技项目（项目负责人：东海所石建高研究员）的支持下，东海所石建高研究员联合恒胜水产、山东爱地等开展了双圆周管桩式大型生态围栏新模式的研发。生态围栏建设地点位于浙江台州大陈岛海域，生态围栏主要设计人为石建高与茅兆正；生态围栏外圈周长约 386 m、养殖面积约 11 500 m^2、最大养殖水体约 $12×10^4$ m^3；生态围栏由内外两圈组成，外圈由圆形管桩与超高强特力夫网衣组成，内圈由圆形管桩与组合式网衣组成（组合式网衣上部采用了特力夫网衣、下部采用铜合金网衣）；内外两圈的柱体顶端之间由金属框架结构相连，作为工作通道和观光平台；生态围栏主要用来养殖高品质大黄鱼，项目相关情况被中国水产养殖网等多家媒体报道（图 1-4）。与传统养殖围栏相比，在上述生态围栏项目建设中，东海所石建高研究员等将新材料技术、金属网衣防污技术、网具优化设计技术、围栏底部防逃逸技术、围栏桩网连接技术等创新应用于围栏养殖设施工程，属国际首次创新设计。该项目获“一种大型复合网围”等重要发明专利（发明人：石建高等；权利人：中国水产科学研究院东海水产研究所），并被一些专业人员誉为我国围栏养殖业的“里程碑”。双圆周管桩式大型生态围栏建成至今已经历“凤凰”等多个台风的考验。双圆周管桩式大型生态围栏项目的建成交付、产业化养殖应用及其良好的抗台风性能标志着我国深远海生态围栏发展从第一阶段跨入了第二阶段——深远海生态围栏 2.0 时代。

3）超大型双圆周大跨距管桩式生态围栏养殖新模式

超大型双圆周大跨距管桩式生态围栏模式在国际上属于首创，其主要特征类似于上述双圆周管桩式大型生态围栏，但它的内外圈之间的跨距不小于 9.8 m。现以浙江温州建造的超大型双圆周大跨距管桩式生态围栏为例做进一步说明。2013 年，在桩式大围网仿生态深水养殖大黄鱼试验示范项目等项目的支持下，东海所石建高研究员联合温州丰和等单位开展了超大型双圆周大跨距管桩式生态围栏新模式的研发。生态围栏建设地点位于浙江温州，生态围栏主要设计人包括石建高、陈永国等；生态围栏外圈周长 498 m、内圈周长 438 m、养殖面积约 $2×10^4$ m^2、最大养殖水体约

图 1-4　双圆周管桩式大型围栏养殖设施

30×10^4 m^3；生态围栏由内外两圈组成，内外两圈之间的跨距高达 10 m（它为目前世界上跨距最大的双圆周管桩式生态围栏）；内外两圈均由水泥管桩与 UHMWPE 网衣组成；内外两圈水泥管桩上部之间采用钢管进行加强连接；内外两圈的水泥管桩的顶端之间由金属框架结构相连，作为工作通道和观光平台；生态围栏工作通道和观光平台上铺设特种玻璃钢格栅［首次实现特种玻璃钢格栅在（超）大型生态围栏上的创新应用］等；生态围栏主要用来养殖高品质大黄鱼等经济鱼类，相关情况被中央电视台等几十家媒体报道［图 1-5。编者注：项目自 2013 年起由东海所石建高研究员联合温州丰和陈永国等进行设计，自 2015 年 11 月开始施工建设，2016 年 6 月投放养殖鱼类（项目合作单位为温州丰和与东海所等单位），仿生态深水养殖大黄鱼试验获得成功］。与传统养殖围栏相比，在上述大跨距管桩式生态围栏建设中，东海所石建高研究员等将特种 UHMWPE 绳网技术、龟甲网技术、玻璃钢新材料技术、藻类水质调控技术、网具优化设计技术、围栏底部防逃逸技术、围栏桩网连接技术等创新应用于围栏养殖设施工程。双圆周管桩式大型生态围栏建成至今已经历“泰利”等多个台风的考验，该围栏项目具有抗台风能力强、养殖鱼类成活率高、养成鱼类价格高、养殖管理成本低等优点，综合效益显著；其主要缺点是网衣维护成本较高等。

图 1-5　超大型双圆周大跨距管桩式生态围栏养殖设施

2019 年 3 月，钓鱼台食品特色标准基地授牌仪式暨乡村振兴之大黄鱼发展论坛在瑞安市举行。温州丰和联合北京钓鱼台食品生物科技有限公司（以下简称钓鱼台食品公司）合作开发的“钓鱼台食品特色标准——北麂岛大黄鱼养殖加工标准”正式发布。论坛邀请了我国渔业装备与工程技术研究著名专家、东海所研究员石建高讲解《生态养殖围栏等深远海养殖设施工程技术研究进展》；邀请福建省渔业科技入户专家组首席专家、中国渔业协会大黄鱼分会名誉会长刘家富讲解《大黄鱼产业进展与转型升级》。随后，会议举行了钓鱼台食品特色标准基地授牌仪式。北麂岛原生态大黄鱼散养基地被授予“钓鱼台食品特色标准基地”称号。目前，该标准已在国家部门备案，旨在引领北麂岛大黄鱼养殖产业总量上规模、结构上档次、质量上水平，打造最接近野生状态的基地战略目标，助力北麂大黄鱼走出瑞安、温州，并享誉全国、走向世界。超大型双圆周大跨距管桩式生态围栏项目的建成交付、产业化养殖应用、良好的抗台风性能，以及钓鱼台食品特色标准基地授牌、中央电视台等多家媒体宣传报道等，再次表明我国深远海生态围栏发展已处于新时代。为感谢石建高研究员对生态围栏产业做出的杰出贡献，大会授予东海所石建高研究员超大型围栏养殖杰出贡献奖。与台州大陈岛建设的双圆周管桩式大型生态围栏相比，2016 年完工的超大型双圆周大跨距管桩式生态围栏技术更进一步，生态围栏成果成熟度已大大提高，更多新技术在项目中综合应用，如 2019 年，东海所石建高研究员联合温州丰和及宁波百厚率先将龟甲网用于生态围栏设施隔网（这是国际上首次将龟甲网用于超大型双圆周大跨距管桩式生态围栏），引领了生态围栏的材料技术升级。

4）超大型牧场化栅栏式堤坝生态围栏养殖新模式

超大型牧场化栅栏式堤坝生态围栏养殖模式在国际上属于首创（图 1-6）。超大型牧场化栅栏式堤坝生态围栏新模式的特征为：①整个养殖围栏设施由栅栏式堤坝系统、网衣系统和防逃系统等部分组合而成；②整个养殖围栏区由两个栅栏式堤坝+两侧山体组成；③栅栏式堤坝系统以钢筋混凝土等材料建造而成，堤坝采用栅栏式透水结构形式，堤坝两侧敷设外网和内网，堤坝顶端作为工作通道、观光平台（或工作平台）；④网衣系统中的主体网衣一般采用超高强网衣或组合式网衣；⑤养殖区域水深小于 30 m、养殖水体大于 10×10^4 m^3，养殖对象主要为大黄鱼等高价值经济鱼类；⑥设施具有抗台风能力强、网形变化小、养殖鱼类成活率高、养成鱼类价格高、单位水体成本与养殖管理成本低等优点，综合效益明显；⑦设施主要缺点是建造成本高等。现以浙江温州建造的超大型牧场化栅栏式堤坝生态围栏为例做进一步说明。2013—2017 年间，在“白龙屿生态海洋牧场项目堤坝网具工程设计合作协议”（项目负责人为石建高研究员）和“白龙屿栅栏式堤坝围网用高性能绳网技术开发”（项目负责人为黄中兴与石建高）等科技项目的支持下，浙江东一联合东海所石建高研究员等开展了超大型牧场化栅栏式堤坝生态围栏新模式的研发，项目建设地点位于浙江温州，围栏网具设计负责人为石建高、黄中兴等；围栏养殖面积 650 亩、水体逾 400×10^4 m^3（它为目前世界上最大的大黄鱼养殖用超大型牧场化栅栏式堤坝生态围栏）；利用管桩、网具等建设超大型牧场化栅栏式堤坝生态围栏以形成两边通透的生态海洋牧场养殖海区；堤坝两侧敷设外网和内网，堤坝顶端作为工作通道和观光平台；围栏主要用来养殖高品质大黄鱼等优质海产品（图 1-6）。超大型牧场化栅栏式堤坝生态围栏系我国现代渔业结构调整及发展壮大的综合性工程，项目建成后将具有很好的生态效益和示范效益，2013 年该围栏项目被列入浙江省重点建设项目；该围栏于 2019 年全部建成，具有鱼类活动空间大、抗台风能力强、养殖鱼类成活率高、养成鱼类价格高以及养殖管理成本低等优点；其主要缺点是项目一次性投资成本很高。目前，超大型牧场化栅栏式堤坝生态围栏养殖设施已经建成，该项目的建成与产业化应用将引领我国栅栏式堤坝生态围栏养殖进入新的时代。

图 1-6　超大型牧场化栅栏式堤坝生态围栏

5）管桩式生态围栏养殖新模式

管桩式生态围栏养殖主要特征类似于上文的双圆周管桩式大型围栏养殖新模式。现以浙江台州建造的管桩式生态围栏为例做进一步说明（图 1-7）。2015 年至今，在科技合作项目“渔业工程设施的研发与应用示范”（项目编号：TEK20151116，项目负责人：石建高）的支撑下，广源渔业联合艺高网业、金枪网业、东海所石建高团队等设计、建造了面积 110 亩的管桩式深远海养殖围栏，成功实现产业化养殖应用（该项目整体规划 18.5 hm^2，全部建成后养殖面积 277.5 亩）。该围栏采用“管桩+组合式网衣”结构；艺高网业、金枪网业等单位为项目提供了超高强绳网材料；石建高团队与金枪网业、艺高网业等为项目提供了渔网具设计技术、鱼类防逃技术、绳网检测技术及其安装技术咨询支持。管桩式生态围栏设施建成至今已经历多个台风的考验，该围栏养殖设施具有抗台风能力强、养殖鱼类成活率高、养成鱼类价格高、养殖管理成本低等优点，综合效益显著（养殖鱼类大陈一品入选舌尖上的中国）；其主要缺点是高温季节时围栏网衣维护成本较高等。今后，项目组将进行金属网衣、龟甲网等新型养殖网衣应用。

图 1-7　管桩式生态围栏养殖设施

6）大型智能化生态围网养殖新模式

大型智能化生态围网养殖新模式类似于上文的双圆周管桩式大型围栏养殖新模式。现以明波水产建造的大型智能化生态围网为例做进一步说明（图 1-8）。明波水产建成的周长 408 m 的大型智能化生态围网配套大型气动投喂装备、活鱼转运装备等设备，配置物联网智能化管理系统，是实现装备化、智能化的立体生态养殖模式。

围网拥有 2 个大型多功能平台、6 个小型平台，是开展海上观光、休闲垂钓、餐饮娱乐、渔业科普等功能的休闲渔业，有利于渔业的转型升级、提质增效。艺高网业与宣汉德信为该项目提供了超高强绳网材料，并负责了围网制作、水下安装。在项目实施初期，明波水产与东海所石建高研究员团队多次调研并商讨围栏建设方案；在项目实施过程中，东海所石建高研究员团队则为艺高网业提供了网具优化设计技术、网具装配技术、围栏水下防逃技术、网具产品质量控制等综合技术支持。大型智能化生态围网养殖设施建成至今已经历多个恶劣天气的考验，该围栏养殖设施具有抗风浪能力强、养殖鱼类成活率高、养成鱼类价格高、养殖管理成本低等优点，综合效益显著。

图 1-8　大型智能化生态围网养殖设施及其相关网具

7）零投喂牧场化大黄鱼养殖生态围栏新模式

零投喂牧场化大黄鱼养殖生态围栏新模式由玉环市中鹿岛海洋牧场科技发展有限公司联合东海所石杂志社同团队设计规划、组织实施，项目在大黄鱼的成鱼养殖过程中开展零投喂牧场化生态围栏新模式（编者注：该项目在一些报道中亦称中鹿岛现代海洋渔业综合体，图 1-9）。2018 年至今，在科技合作项目“渔业装备与工程技术开发服务项目”（项目负责人：东海所石建高研究员）等项目的支撑下，等单位设计、建造了零投喂牧场化大黄鱼养殖生态围栏，成功实现产业化养殖应用［该项目目前对成鱼养殖采用零投喂牧场化生态围栏养殖新模式试验——成鱼投入生态围栏养殖设施后即实行零投喂生态养殖，让大黄鱼觅食自然水域中的天然饵料（如小杂鱼等）］。该围栏采用特种网具结构，综合应用消浪减流技术、绿色养殖技术等渔业新技术，成果技术安全可靠、抗风浪能力强、养殖鱼类品质高（编者注：初步评价结果）。零投喂牧场化大黄鱼养殖生态围栏新模式整体养殖技术先进，项目在选购优良苗种的同时，还综合应用了多种绿色养殖技术，如①低密度养殖；②成鱼养殖过程中实行零投喂生态养殖；③养殖设施以海床为底，大黄鱼可贴底生活或栖息于砂泥底质水域的中下层，生长环境完全类似于天然水域；④养殖水体超大（项目养殖水体为周长 40 m HDPE 框架深水网箱的几百倍）；⑤养殖周期长；⑥项目建设地点位于远海无人岛礁周边水域等。这种大黄鱼生态围栏养殖模式属于首创。

优良苗种+零投喂生态养殖+超大型养殖水体+海区长时间生态养殖等先进养殖技术的综合应用有望养出世界高端大黄鱼！

图 1-9 零投喂牧场化大黄鱼养殖生态围栏及其新型网具

2. 生态围栏养殖的发展优势

我国生态围栏养殖的预研究及应用约起步于 2000 年，新材料技术（如 UHMWPE 纤维新材料技术等）、防污技术（如具有防污功能的金属网衣新材料技术等）、网具优化设计技术（如大型养殖网具模块化设计技术）、围栏底部防逃逸技术、围栏桩网连接技术等的研发与应用，使围栏养殖设施的大型化、离岸化和现代化成为可能。民间资本的投入、科研院所高校的创新、政府资金的投入等推动着生态围栏养殖项目的实施。目前，生态围栏养殖项目已在浙江台州、温州、舟山，山东莱州和广东湛江等地实施或规划。在我国，由东海所等单位研制或技术支撑的形式多样的养殖围栏，引领了我国养殖围栏设施工程技术的发展（图 1-10）。与传统小型围栏相比，生态围栏养殖一般具有距离大陆较远、鱼类养殖密度低、养殖鱼类活动空间大、养成鱼类品质好、养殖模式生态环保、抗台风能力强、单位水体养殖成本低、养殖效益较好等明显优点，其产业化前景非常广阔，未来有望成为我国绿色养殖的重要模式。2018 年起，石建高研究员与李绍嵩总经理等共同负责悬山海洋牧场围栏建设工作，该项目将于 2020 年年底前建成养殖，养殖面积高达 1 800 亩（该围栏为目前世界上单个围栏养殖面积和养殖水体最大的超大型养殖围栏），上述项目引领了我国牧场化围栏养殖技术升级与现代化建设。

浮式深远海网箱和海底固定式生态围栏的主要差异为：①深远海网箱装配底网且配备锚泊系统，而生态围栏一般不装配底网且无须配备锚泊系统；②深远海网箱箱体、生态围栏养殖网具用 UHMWPE 绳网等高性能材料分别连接在网箱框架、柱桩（固定与海底）上，因此，在同等条件下，后者的抗台风能力更强；③我国网箱养殖水体一般不超过 1×10^4 m^3 ［如网箱容积保持率为 85%的情况下，国内常用周长

图 1-10　形式多样的养殖围栏

(50 m) ×高度 (8 m) 规格高密度聚乙烯 (简称 HDPE) 框架，网箱的养殖水体仅为 1 352 m^3]、鱼类养殖密度较大 (属于超密集型养殖模式)、养成鱼类品质仅优于普通网箱，而生态围栏的养殖水体一般超过 3×10^4 m^3、鱼类养殖密度较小 (属于半密集型养殖模式)、养成鱼类品质接近野生 (此外，自 2017 年以来我国开始研发、建造和应用刚性框架超大型网箱，基于总投资成本非常高及投资回报率要求等因素，某些刚性框架超大型网箱养殖模式多采用超密集型养殖模式)；④相比深远海网箱，生态围栏养殖水体大且更多地利用天然饵料，因此，生态围栏的单位水体养殖成本相对较低。

3. 其他围栏养殖

除了近海传统围栏 (滩涂网栏养殖、港湾网栏养殖等)、生态围栏养殖外，国内还开展过插杆式浅海大黄鱼围栏养殖和 HDPE 框架组合式网衣网围等其他围栏养殖模式的研发与产业化生产应用。2013 年以来，宁德水产科技人员在福建沿海开展了插杆式浅海大黄鱼围栏养殖研发实验。在近岸或岛屿周围的开阔、平坦海域，以 12 m 长毛竹竿或玻璃钢管 (管径 5~8 cm) 插入海底 1.5~2 m，相邻毛竹竿或玻璃钢管间距控制在 1.5~2 m，再以绳索捆绑固定，构建一个高约 10 m、面积约 3 000 m^2 的插杆式浅海大黄鱼围栏养殖。结果表明，插杆式浅海大黄鱼围栏养殖具有成活率高、养成鱼类价格高、绿色环保以及 (饲料和管理) 成本低等优点，综合效益显著；其主要缺点是抗台风能力较差等。2007 年以来，在防污功能材料的开发与应用等项目的支持下，东海所石建高所在项目组联合相关单位开展了 HDPE 框架组合式网衣网围新模式的研发与应用。该网围设施建设地点位于黄渤海 (2010 年 7 月完成海上安装工作)，其周长为 40 m、高度 17 m、最大养殖水体逾 2 000 m^3。在 HDPE 框架组合式网衣网围设计建造中，石建高所在项目组联合威海正明等单位率先设计开发出“HDPE 框架系统+组合式网衣系统+特种锚泊系统”特种结构，首次实现多种编织结构金属合金网衣（图 1-11）、组合式网衣系统在我国网围设施上的创新应用，这是我国自主设计并建造完成的第一口金属合金网衣围网（亦称金属围网或金属合金围栏）。HDPE 框架组合式网衣网围具有防污效果好等优点，开发前景广阔。此外，国内还开展了浮绳式围网、可移动式围网、沉降式围网、插杆式围栏、龟甲网围网、八角形围栏、船型围栏、海上明珠型围栏、中鹿岛渔业综合体等形式多样的围网研发与产业化应用。

图 1-11　HDPE 框架组合式网衣网围

三、围栏养殖的研究进展

1. 绳网材料的研究进展

高端围栏养殖绳网材料主要包括功能性绳网材料和高性能绳网材料。在功能性绳网材料出现之前，人们在围栏等养殖设施中主要研发应用普通合成纤维绳网材料，在夏季等高温季节，网衣上会发生污损生物附着现象，这进一步影响水体内外交换并给养殖户或养殖企业造成损失，可见，普通合成纤维绳网材料无法满足围栏等养殖设施的防污性能要求。防污涂料、锌铝合金网衣、铜合金网衣等功能性防污材料的研发与应用，使围栏等养殖设施防污功能的提高成为可能。石建高等对渔网防污剂、功能性防污绳网材料进行了系统研究，联合燎原化工及协会团体等单位在国内开发或应用多种新型功能性防污材料，并在网箱、扇贝笼、围栏等养殖设施上实现应用。相关研究结果表明：通过采用功能性防污材料，可改善或有效提高水产养殖设施的防污性能。功能性防污绳网材料是一种应用前景好的材料，值得我们继续深入研发与应用。

在高性能绳网材料出现之前，人们在围栏养殖设施中主要应用的普通合成纤维绳网材料（如聚乙烯单丝绳网、聚酰胺绳网和聚酯绳网等）在遭受台风袭击时，会经常发生纲断网破等养殖事故，围栏养殖设施的抗风浪流要求也无法满足。UHMWPE纤维等高性能纤维的发明及其产业化生产应用，使围栏养殖绳网材料的高性能化也成为可能。1996年以来，石建高等率先对改性聚丙烯纤维绳网、UHMWPE绳网等渔用新型绳网材料进行了系统研究，联合经纬网厂、山东爱地、艺高网业、鲁普耐特、金枪网业、山东好运通、天津渔网厂、浙江千禧龙和宁波百厚等单位开发出了多种新型纤维绳网材料，并在网箱、围栏等领域实现产业化应用，出版了《绳网技术学》《渔业装备与工程用合成纤维绳索》等系列绳网技术理论专著，推动了我国绳网技术升级。由于特种UHMWPE绳网材料优越的综合性能，目前已逐渐成为我国生态围栏养殖设施等领域的重要材料。新型UHMWPE绳网材料的示范应用结果表明：采用新型UHMWPE绳网材料后的水产增养殖设施的安全性与抗风浪流性能大幅度提高、同等绳网强度条件下水产增养殖设施用网具的原材料消耗明显降低。由此可见，在围栏养殖设施中，特种UHMWPE绳网材料、半刚性聚酯复合网衣材料（亦称龟甲网材料）等新材料应用前景非常广阔。

2. 围栏养殖专利的研究进展

随着围栏养殖业的发展以及各种围栏养殖新模式的不断涌现，东海水产研究所等单位申请或授权了100多项与围栏养殖设施相关的专利。下面仅以东海水产研究所申请或授权的部分围栏养殖设施相关专利为例进行简单介绍。东海所石建高所在团队及其合作单位对围栏养殖设施的专利研究主要集中在围栏柱桩系统、装配工艺、网衣材料、网衣修补方法和防逃系统等方面，申请或授权相关专利多项，引领了我国生态围栏养殖设施的技术升级。东海水产研究所以外的单位关于围栏养殖设施的专利主要涉及监控装置、捕捞装置、连岸技术和网衣防纠缠方法等方面，申请或授权专利多项，专利成果具有很高的学术价值与指导意义。渔业装备与工程技术的发展，推动着海水围栏养殖业的健康发展，今后将会因此不断涌现新的围栏养殖专利。

3. 围栏防纠缠技术等技术研究进展

除上述围栏养殖绳网材料研究外，我国科研院所高校等对围栏养殖选址、大潮差下浅海养殖围栏防纠缠技术、围栏敷设技术以及围栏水动力学等也进行了相关研究。围栏养殖选址详见本章第三节。李怡等开展了大潮差下浅海养殖围栏防纠缠技术试验研究，结果表明，浅海养殖围栏网衣堆积高度越大，堆积系数越小，网衣能够在更多层面堆积，发生纠缠的可能性越小。限于篇幅，围栏水动力学等相关技术研究本节不再展开。

四、围栏养殖的发展战略

随着我国经济的不断发展，国民对食物的需求结构也在发生着巨大的变化。对水产品需求量的增加是我国今后发展的必然趋势，受过度捕捞以及工业化对环境的破坏影响，我国有限的内湖和远洋水产资源不足以支持国民对高端水产品的需求，所以国内必将大力发展离岸水产养殖业与放牧型海洋渔业，必将大力改进与发展港湾、滩涂网栏养殖与生态围栏养殖。从长远发展来看，生态围栏养殖设施有着较好的发展前景，但是由于养殖品种差异以及设施投入大小等客观因素，近期内小型的港湾与滩涂网栏养殖不能被生态围栏养殖完全取代。在海水小型港湾与滩涂网栏养殖设施发展方面，建议侧重于：①为了保持可持续发展，应该在环保方面投入更大力度的研究，解决现有设施的生态养殖问题；②应该加强可养殖新品种的开发，建立养殖模式优势；③加大防污新材料与抗风浪新材料的研发，以逐步解决小型网栏养殖水体交换困难以及设施容易被台风破坏等问题；④加强贝藻鱼综合养殖新模式的开发；⑤加强养殖辅助装备的研发与应用，例如水体交换机、增氧机、水质监控设备等。在海水生态围栏养殖设施发展方面，建议侧重于：①发展大型围栏+模式［如开展大型围栏+休闲观光模式、大型围栏+鱼贝藻多营养层次综合养殖、大型围栏+网箱（或小围栏）接力养殖模式等］，以提高生态围栏养殖的综合效益；②开展配套智能装备的研发与升级（由于生态围栏养殖面积巨大，洗网、投饵、鱼类分级、起捕等单纯靠人工十分困难，需要研制应用洗网机、投饵机、吸鱼泵、鱼类分级装置等智能装备，以实现高端智能化养殖、发展智慧渔业）；③开展抗风浪围栏养殖设施新材料的研究，以降低台风等恶劣天气造成的损失（如开展石墨烯复合改性绳索网具新材料研究，以减低围栏网具在波浪流作用下的蠕变等）；④实现生态围栏养殖的离岸化设计，目前生态围栏养殖一般位于近海、养殖区的平均水深不超过 30 m，容易受到赤潮等影响（如通过创新应用海工技术、新材料技术、网具优化设计技术与军民融合技术等先进技术，实现生态围栏养殖设施的离岸化设计、建造与应用，助力生态围栏养殖设施向深远海方向发展）。

海水围栏养殖是一种半密集型养殖模式，符合水产养殖绿色发展战略，有利于实现“我国水产业 2020 年进入创新国家行列，2030 年后建成现代化水产养殖强国”的战略目标，其发展前景广阔。诚然，海水围栏养殖成套装备与工程技术复杂，相关工作任重道远。

第三节　围栏选址技术

围栏选址是海水围栏养殖项目的重要环节之一。在确定围栏养殖区域前，应进行海区初选、人文环境调查、水文环境调查、社会经济和生态调查，结合海域规划、投资额度、养殖技术、围栏类型和养殖品种，以围栏设施安全性、投资可行性、养殖可行性、养殖鱼类适应性、国家地方政策许可性、养殖污染的可控性、设置海域的适宜性、工程施工场地可行性以及周边产业和社会的相容性等方面的综合论证为基础，分析拟养海区的利弊因素和可行性，综合分析研究后进行围栏选址。围栏选址应符合海区整体规划、法律法规，以不破坏航运、锚地和保护区等为前提，同时又能取得较好效益为原则。围栏选址工作直接关系到生态围栏养殖业的发展与成败，科学选址对生态围栏养殖业至关重要。本节对拟养海区水质要求、环境条件等海水围栏选址技术进行研究，为生态围栏的合理选址提供参考，读者在实际生产中应从自身实际出发，综合分析后确定合适的养殖区。

一、拟养海区水质要求

生态围栏的选址首先要对拟养海区的水质进行调查与评估分析。根据水质检测报告或调查所获得的海区水文资料，对拟养海区的水质做详细分析研究，以评估该海区水质是否符合国家水产养殖水质标准、是否适合于设置围栏、是否无污染且无特定疫病。生态围栏的主要水质指标应不超过鱼类养殖要求的安全浓度并满足《海水水质标准》（GB 3097—1997）。

1. 水温

水温是影响围栏养殖的重要因素之一。鱼类对水温的适应范围存在着一定的差异，如冷水性鱼类适宜水温范围一般为 8~20℃、暖水性鱼类适宜水温范围一般为 15~32℃（最适水温范围为 20~28℃）。围栏养殖过程中若水温突变会使养殖鱼类血液和组织成分改变、呼吸和心率发生变化，导致养殖鱼类减少或停止进食、生长速度减慢；此外，由于海区水温原因而进行南北接力养殖或海陆接力养殖等养殖模式，都会增加额外的养殖成本。水温直接关系到围栏养殖鱼类的生长速度和鱼类能否在海区直接越冬，因此，围栏设置时应考虑水温，以满足鱼类的生长需要。如果养殖企业有越冬池等场所，那么水温对其生产的影响较小。

2. 重金属

重金属，如汞（Hg）、铜（Cu）、镉（Cd）、铅（Pb）、铬（Cr）、砷（As）、锌（Zn）、硒（Se）、镍（Ni）等，在海水中超过一定含量时会影响生态围栏养殖鱼类的呼吸、代谢，重金属严重超标时将会影响养殖鱼类品质，甚至会导致围栏养殖鱼类死亡，因此，生态围栏拟养海区水质中重金属含量应控制在海水水质标准规定的范围内，并且每项指标均未超过。在鱼类养殖中，如果在围栏中大量使用易腐蚀或易磨损金属管材、金属框架和金属网衣等材料，则需定期对海水、养殖鱼类和海底沉积物等进行例行监测，以确保养殖鱼类安全。

3. 溶解氧

鱼类主要通过鳃等器官来吸收水中氧气，溶解氧（DO）过低，会影响鱼类的摄食生长。表层和次表层海水 DO 一般要求大于 5 mg/L，当 DO 低于 3 mg/L 时，一些鱼类就会出现摄食量下降、生长停滞等现象；当 DO 低于 2 mg/L 时，一些鱼类就会出现停食、浮头甚至死亡。为确保围栏养殖鱼类所需的 DO，围栏养殖面积一般不大于可养海区面积的 10%；诚然，海区 DO 并非越高越好。DO 过低或过高都会影响围栏养殖鱼类生长率、成活率及饵料系数。围栏养殖鱼类生存必需的水中最低 DO，随鱼种、规格、水温、鱼群密度和养殖方式等的不同而不同。DO 是影响养殖鱼类生长率、成活率及饵料系数的主要因素之一。围栏养殖过程中经常发生 DO 降低会使养殖鱼类处于应激状态，鱼类处于应激状态时体内会产生应激激素，血液和组织的成分改变，呼吸和心率发生变化，减少或停止进食，鱼体免疫水平降低，容易感染疾病和寄生虫，生长速度减慢，死亡率增加。围栏作为一个开放系统，其氧气平衡受温度、盐度、海藻活性、水交换率以及鱼类种群的耗氧等因素的影响。海水临界 DO 不足的风险主要与鱼群密度过大、高温环境水深、流速、流向等因素有关。在围栏养殖中，可以采用充气泵、增氧机、空压机或水流发生器等措施改善及保证围栏养殖海区的 DO，读者可参考相关文献。

4. 盐度

盐度是影响鱼类生长的重要环境因素之一，鱼类对盐度的适应范围存在着一定的差异，美国红鱼等广盐性鱼类的适宜盐度为 10～30；珊瑚礁鱼类等狭盐性鱼类的适宜盐度为 20～30。盐度会由于各种因素而发生变化，从而对养殖鱼类造成渗透调节胁迫，改变养殖鱼类与海水的渗透关系。盐度变化对养殖鱼类生理、生长及免疫功能等均会产生影响，因此，拟养海区盐度应相对稳定、变化幅度应相对较小，盐度要求根据养殖鱼类而定。为减少各种因素对海水盐度的影响幅度，生态围栏拟养海区应与岸边保持足够的距离，尤其应注意避开附近江河入口。如养殖区无法避开江河入口，则必须做好盐度等水质动态监测工作，确保养殖安全。

5. 化学需氧量

化学需氧量（COD）是评价海水水体污染的主要因子之一。尽管海洋对污染物的降解作用很强，但海水的自净能力也是有限的。海水自净能力受环境的影响较大，养殖区海域 COD 含量需符合一类海水水质标准（不大于 2 mg/L），局部海域 COD 含量需达到二类海水水质标准（不大于 3 mg/L）。养殖区海域一旦存在 COD 含量超标现象，其水质将逐渐恶化，将严重影响围栏养殖效益。在利用风浪、光照等对围栏养殖区海域 COD 进行降解的同时，围栏养殖海区可合理搭配贝、藻养殖，利用动、植物相互依存的关系来缓解水质污染，这些海藻能消耗大量的氮（N）和磷（P）、稀释和净化污染物、降低 COD 含量，使围栏养殖海域环境与养殖海藻之间达到自净、协调的目的。如在南麂岛外南侧海域大型深远海智能化大黄鱼养殖渔场项目方案设计中，石建高团队联合碧海仙山等单位创新设计了藻鱼混养模式，通过种植大批“海带林”“羊栖菜林”等大面积藻类来降低养殖区的 COD 含量，助力水产养殖绿色发展。

6. pH 值

pH 值是海水酸碱度指标，海水过酸过碱对围栏养殖鱼类都不利。海水 pH 值偏低既会使围栏养殖鱼类血液中的 pH 值下降、减低载氧能力、导致围栏养殖鱼类出现浮头现象，又会影响鱼类的摄食、生长，并可引起鳃组织凝血性坏死、黏液增多、腹部充血发炎。海水 pH 值偏高既会使围栏养殖鱼类血液中的 pH 值升高、发生碱中毒、影响血液缓冲系统平衡，又会对鱼鳃、皮肤及黏液有腐蚀作用，使鱼体分泌大量黏液，影响呼吸；当海水 pH 值高于 10.4 时，有些鱼类的死亡率达 20%以上；当海水 pH 值为 10.6 时，有些鱼类则会全部死亡，因此，拟养海区 pH 值范围以 7.5~8.5 为宜，实际生产中，养殖业应结合养殖品种进行筛选和研究。

7. 无机氮和磷酸盐

赤潮是全球性海洋灾害之一，往往造成围栏养殖鱼类的大批死亡。海水中丰富的无机氮（IN）和磷酸盐（PO_4-P）为赤潮的发生提供了营养基础，特别是 P 含量的多寡是制约赤潮发生的主要因素之一，掌握不好会影响鱼类生长或造成鱼类死亡，因此，生态围栏拟养海区水质中 IN 和 PO_4-P 含量需符合海水水质标准。围栏拟养海区应位于非赤潮频发海域，若围栏养殖海区发生赤潮宜立即采取围栏下潜或鱼类转移等措施，以避免赤潮对表层海水的污染，减少养殖鱼类死亡。拟养海区的 IN 和 PO_4-P 指标越低越好，尽量选择 IN 不高于 300 μg/L、PO_4-P 不高于 30 μg/L 的海区。

有关海区水质要求的研究很多，如张家新等曾开展了养殖围栏敷设海域水文条件研究。研究结果表明，调查海域的水温变化范围为 10.3~29.5℃；盐度垂向分布总体较均匀，变化范围为 27.63~33.91；营养盐比较丰富，水色以绿至浅蓝为主，透明度一般大于 2 m；水流速度小于 1 m/s，最大潮差 6.13 m，波浪以 0~3 级为主；温州平阳南麂岛海域适合开展大黄鱼浅海围栏养殖。综上所述，开展围栏拟养海区水质要求研究非常重要，但任重道远。

二、拟养海区环境条件

发展生态围栏是新时期转变渔业增长方式的重要措施之一，既可以加快传统渔业向现代渔业转变，又可以扩大水产品出口。我国政府重视生态围栏养殖业的发展，把它作为渔业结构调整、渔民转产转业和近海内湾养殖海域生态环境改善的重要手段之一。近年来，我国生态围栏养殖发展较快，取得了初步成效。与近岸围栏养殖相比，生态围栏养殖海况条件复杂，因此，根据我国海域的地理、气候、水文、生物及化学环境特征，结合养殖品种等进行生态围栏选址论证，已成为重要基础工作。生态围栏选址需对拟养海区环境条件进行调查与评估。根据调查所获得的海区环境条件资料，进行分析研究，以评估该海区环境条件是否适合设置生态围栏。围栏养殖场选址首先必须符合整个海域管理规划要求，不能设置在锚地、自然保护区、船舶航行区、军事管理区等；然后，再考虑避风条件和饵料、流速和波浪、鱼类行为习性以及海区水深等其他要求。

1. 避风条件和饵料

生态围栏多处于远海岛礁或开放性海域，当处于远海岛礁时，拟养海区需要避风条件好、受大风影响的天数少，以减少围栏受大风（特别是台风）、风暴潮等袭击；围栏拟养海区最好有避台风的岛屿隐蔽或遮挡，海况方面最大浪高宜小于 6 m。对于风浪大的半开放性海域，生态围栏应选双层柱桩等特殊结构围栏（如大陈岛双圆周管桩式大型围栏养殖设施）；若在完全开放性海域投放生态围栏，则必须建设消浪减流设施（如设置防波堤）或提高增养殖设施整体性能，以有效改善围栏养殖水域条件或抗风浪性能。生态围栏应选择天然饵料丰富的水域，以采取零投喂生态养殖、天然饵料+人工配合饵料喂养等养殖模式，降低养殖成本。最好选择本地产的优质人工配合饵料，以免长途运输提高养殖成本。

2. 流速和波浪

选择适合的流速和波浪的养殖区，既可满足围栏养殖鱼类的正常生长发育，又可减少围栏养殖容积损失等，因此，流速和波浪是影响围栏养殖的较大环境因素之一。流速对鱼类的生长有着极其重要的作用，畅通的水流不仅能给鱼带来充足的溶氧，同时也带走了鱼的残饵和排泄物，因此，围栏拟养海区需要一定的流速，以利减少自身污染、改善水质、提高养殖种类的品质；但流速不能过大，以免损害养殖设施、减少有效养殖水体、损伤养殖种类、影响养殖生产。拟养海区最大流速上限主要取决于围栏类型、围栏大小、养殖品种以及消浪减流配套设施等。如果养殖品种不适应强流水域，那么围栏养殖海区在采用消浪减流配套设施后的流速应小于该品种的极限适养流速（如大黄鱼的最大极限适养流速一般为 0.8 m/s）。如果养殖品种适应强流水域（假设最大极限适养流速为 1.0 m/s），那么拟养海区最大流速不超过 1.0 m/s 时，可直接进行养殖；最大流速在 1.0~1.3 m/s 时，需采用简易的分流设施；最大流速超过 1.3 m/s 时，应建设分流、滞留设施，使流速均小于 1.0 m/s 时才可进行养殖。金枪鱼等抗流性好鱼类或游泳性鱼类适流范围大，它对水流条件要求相对较低。养殖企业应综合考虑不同类型围栏的优缺点、围栏规格、养殖海域、养殖品种、企业情况等因素来选择合适类型的养殖围栏。因此，围栏选址时对海区流速的要求也不宜太高，高流速养殖海区可配备阻流设施或养殖阻流生物（如配备消波堤、在围栏养殖区外围养殖一定数量的海带或羊栖菜等藻类)，以进一步提高围栏的生命周期。如在浙江双圆周大跨距管桩式围栏养殖项目中，石建高团队联合温州丰和等单位创新设计了海带、贻贝、龙须菜等贝藻类设施，这在贝藻类养殖季节既可调控养殖区的水流速度，又可改善养殖区域水质。除流速要求外，围栏选址时还要注意流向，以确保养殖设施安全等。养殖业可根据需要设计相关滞流减浪设施。

3. 水深

海区水深也是影响生态围栏较大的环境因素之一。生态围栏位于远海岛礁海域、或者离岸数海里外有较大水流和海浪的水域。水深以保证围栏内外水体交换通畅、适合养殖鱼类正常生长发育等为原则。在围栏选址时水深既不能太深（水深太深将大幅度增加项目建设成本和施工建设难度)，又不能太浅（若水深太浅，则养殖场容易快速老化，且在波浪作用下因水浅引起海底泥土的卷扬；这不利于围栏内外水体交换、并会直接影响鱼类正常生长发育。此外，水深太浅不利于养殖过程中鱼类根据水温自行调节所需的栖息水层，在高温等恶劣天气下，鱼类易造成伤害，甚至死亡)。以大黄鱼养殖为例，在实际生产中，生态围栏养殖场所水深以 10~30 m 为宜。目前，随着生态围栏养殖业的发展，我国也出现了水深 30 m 以上的生态围栏养殖场（如东海所石建高研究员设计的某生态围栏养殖场，其养殖场中的最大水深超过 30 m)。

4. 海底条件

海底条件与养殖鱼类行为特性、围栏布设施工养殖种类等相关。海底条件调查时，首先要进行海底地形调查，在现场勘查前，应先初步选定围栏养殖区域范围。可通过海图或遥感技术确定围栏安装区域经纬度坐标点和设计围栏布局等。根据海图作业或遥感技术得到的初始资料，开展现场调查，确定围栏安装的具体位置。养殖海区海底地形测量可采用水面船只和空中遥感测量（适用于水深浅于 20 m 的沿岸海区的海底地形测量）等。海底地形测量的定位，可用岸上目标、无线电双曲线定位系统和卫星定位系统定位的方法，也可用海底控制点来定位。测深则多采用回声测深仪，也可采用侧扫声呐或多波束测深系统；此外，还可用辅助船增测平行断面。现在已开始用海底摄影测量、海洋遥感测深和机载激光测深等方法测量海底地形，但目前只限于浅海。拟养海区的海底宜地势平缓、坡度小，便于围栏柱桩的固定，但底泥中淤泥的深度不能太厚，以方便底部防逃系统的安装。其次，要进行海底底质调查。在围栏养殖过程中，残饵、养殖对象的粪便和排泄物进入水体，沉积在水底成为沉积物；拟养海区沉积物中的硫化物、有机碳、油类等指标应在正常范围内；海底条件不同对沉积物的吸附及释放能力也不同，在释放污染物方面砂质底质最快，泥质底质最慢，因此，仅就沉积物而言，围栏选址时，应优先选择砂质底质。最后，尽量避开常年进行牡蛎、珍珠贝等贝类养殖的海区（因为上述海底底质多已被污染）。一般来说，投放生态围栏的海底一般以平坦宽阔、砂质底质最为合适。诚然，如果围栏养殖石斑鱼等岛礁型鱼类，那么围栏养殖区（局部区域海底）底质优选礁石底（这带来的不利因素是相关防逃系统难度会因此加大）。

5. 其他条件

我国沿海海区类型大致有开放式、半开放式和海湾等。生态围栏拟养海区需具备的其他条件包括交通便捷、设施齐全、信息畅通，有冷库、有水电供应，便于苗种、饵料的贮运以及养殖鱼类的销售等。要根据水质、水流、养殖品种和水域面积等来确定围栏拟养海区合理的养殖容量，避免因围栏养殖规模过大、密度过于集中造成围栏内外水质污染。围栏拟养海区中各类浮游生物种类和数量要适中，浮游生物过多将导致围栏网衣严重附着，养殖成本增加；浮游生物过少将减少养殖鱼类对天然饵料的摄食。此外，围栏养殖海域的海况条件必须符合渔业海域水质标准，拟养海区附近无大的污染源，避开海洋倾废区、化工区、加工厂、自然保护区、军事管理区、海洋和海岸重大工程作业区及有废物、污水入海的区域。

三、围栏养殖鱼类的适应性

每种围栏养殖鱼类均有其特定的生长需求环境，包括养殖海域的水温、盐度、pH 值、DO、COD、流速、底质、水深、水体大小和水体透明度等。因此，围栏选址在充分考虑设施安全性的情况下，还要综合考虑拟养殖鱼类对环境的适应性，使选定围栏设置海域的自然水域条件保持在能使养殖鱼类健康生长所需的范围内。养殖环境尤其是水质、水深、底质、水体大小和水体透明度对围栏养殖鱼类的生长影响较大，因此，在选址以前应对拟定海域的重要环境因子进行一个相对较长时间段的资料收集或连续监测，以保证所得资料的准确与稳定性。对于离岸较近的养殖海域，尤其应注意避开附近江河入口、污水排放等原因产生或潜在的污染源，以及对海水盐度的影响幅度等。由于近年来近海富营养化等原因所造成的赤潮发生频率或影响面积时有增长，因此，赤潮影响也应成为围栏养殖中需密切关注的问题。同时，确保水域环境不受养殖自身污染也是围栏养殖业总体设计与规划中必须重视的问题。在围栏选址及布局中，应根据设置点的水流速度、流向和占优势的风浪方向等因素，进行围栏的合理布局，以防止围栏养殖污染周边海域环境（如周边自然保护区、国家军事保护区等）；另外，应调查围栏设置海域的生物种类及数量，评估该海域对养殖过程中残饵和鱼类排泄物的自净能力；在条件许可时还应分析养殖海况对鱼类行为的适应性等。

四、围栏养殖设施的安全性

与传统近岸围栏相比，生态围栏设置于水深、浪大等开放性海域或远海岛礁水域，会面临更为复杂的海域环境条件尤其是抗风浪能力的考验。围栏抗风浪能力不仅取决于围栏设施自身的性能，而且取决于围栏桩基及其框架系统或围栏锚泊系统等对该海域底质、水文气象特征的适应性，底质条件和桩基入土深度等对围栏抗风浪能力具有极大的影响，因此，在确定围栏设置地点以前，必须对拟设点海区环境进行现场调查、资料收集和综合分析（如试桩等），从而根据其环境特征确定围栏的类型与设置方案，最大限度地保证围栏设施在整个养殖生产周期中的安全性。影响围栏设施安全性的主要环境因素包括水深、海况、海底条件以及历年来的水文气象环境。尤其应掌握设置点的水深（包括平均潮差和极值潮差）、底质类型和厚度，设置区域在整个养殖周期中占优势的风浪、涌浪方向、平均浪高和最大浪高，海流的平均流速以及天文大潮高峰时的最大流速，历年来受台风、赤潮影响的概率和影响程度等。前期研究表明，台风是影响围栏设施安全的重要因素之一，养殖业应特别关注。

五、围栏养殖的经济实用性和规划合理性

围栏选址是一项具有战略性意义的工作，因此除了研究养殖鱼类的适应性、围栏设施的安全性等技术性问题，航道、锚地、海区规划、生活用电、法律法规、产业政策、生产成本、生活用水、军事管理区、商品鱼市场、围栏生产管理的方便性、围栏生产相关的基础设施、围栏布局以及规划的合理性等都是围栏选址过程中必须考虑的重要因素。规模化和集约化是围栏养殖生产的主要特点，在整个生产周期内，有大量的生产管理工作包括苗种运输、污水处理、死鱼处理、成鱼加工、饵料运输与投放、围栏设施检查与维护、网衣污损生物清理、商品鱼的运输和营销等，因此，围栏设置点附近的道路、码头、冷库、水电以及能源等基础设施必须能满足需求和全天候的作业条件，这些基础设施对养殖规模、养殖生产管理成本和经济效益有直接的影响。另外，围栏选址在考虑渔业法、海洋环境保护法、海洋功能区划、围栏养殖布局规划、船舶航道及海底电缆线路等的基础上，应避免大规模连片式发展，从而减少围栏养殖自身造成的局部海域污染。根据水深、围栏大小、围栏类型、投喂饵料类型、海区可养面积和水质类型等因素确定拟养海区可养围栏数量，以减少养殖病害发生，提高养殖对象质量。围栏布局一般应与流向相适应，可使潮流通畅。养殖业在实际生产中应因此制宜、合理分析和综合考虑。

综上所述，生态围栏的选址应符合法律法规、产业发展规划、鱼类行为习性，

以不破坏锚地、航道、航运、环境等为原则，尚需一个由近至远、由半开放至全开放式水域发展的渐进过程。围栏选址非常重要和必要，值得大家花力气去研究和分析总结。

第四节　围栏养殖的灾害预防

生态围栏位于开放性海域或远海岛礁，这里浪高流急、海况恶劣，更易遭受台风等灾害的侵袭。做好灾害预防，是生态围栏养殖成功的关键，围栏养殖业必须引起高度重视。本节对影响围栏养殖安全生产的主要因素、保障围栏养殖安全的主要措施、灾害性天气、水质突变、围栏养殖的安全设施等内容进行简要介绍，为读者或养殖业科学预防生态围栏养殖灾害提供参考。

一、影响围栏养殖安全生产的主要因素

安全生产无小事，影响围栏养殖安全生产的主要因素包括环境因素（如风、浪、流、碰撞、赤潮、周边环境、水深、底质、油污和偷盗等）、围栏养殖自身因素（如网衣附着、材料疲劳、材料老化、部件间的摩擦、网具材料质量、围栏养殖制造工艺以及框架系统的整体设计）、围栏从业人员技能、围栏养殖对象，等等。

二、保障围栏养殖安全的主要措施

保障围栏养殖安全的主要措施主要包括选择环境优良的养殖场地。如优选风浪流条件合适的海区进行围栏养殖，如果海区潮流过急、风浪过大，则需建设消浪减流设施，以降低自然风险；还应选择水深不小于 10 m 的海区建设围栏，以减少极端天气对鱼类的伤害风险等。设置负责任的管理系统。细节决定成败，负责任管理系统是围栏养殖成败的关键。为确保生态围栏养殖安全，管理人员要进行上岗培训，并建立岗位责任制；要配备必要的智能监控系统、制定养殖操作规范、建立日常管理制度，一旦发现异常及时处理解决，确保围栏养殖安全；在灾害性天气、突发性事故等发生后，应立即采取应对措施，将灾害降低到最低程度，建立高效的安全管理体系，预防潜在的安全风险等。我国海水围栏养殖区域广阔，是世界上围栏养殖受灾最为严重的国家之一。环境变化以及养殖管理工作疏忽等引起的围栏养殖灾害事件直接危及我国生态围栏业的可持续健康发展。因台风等原因，我国围栏养殖目前每年都会发生一些安全事故，分析研究围栏养殖灾害发生的原因，建立行之有效的灾害预防机制对围栏养殖业非常重要和必要，因此，应通过产学研结合来逐步减少或消除围栏养殖安全事故。

三、灾害性天气

灾害性天气是指台风或风暴潮、暴雨及洪水、水温突变、赤潮、海啸和海水结冰等突发性情况，如不引起重视，将会造成意想不到的损失。因此，我们必须采取相关的应对措施。

1. 台风或风暴潮

浙江、福建等围栏主要养殖区是台风多发区。特别是高温季节，正是围栏养殖鱼类的生长旺季，也是台风或风暴潮多发季节。要及时收听气象预报，在台风或风暴潮到来之前必须检查围栏养殖设施系统。同时做好可能发生的渔船或海上漂浮物撞击围栏导致桩断或网破鱼逃事故的预防工作。条件许可时转移围栏内鱼群至安全地带。热带气旋是沿海严重的灾难性天气，热带气旋名称和等级标准见表 1-1。风是空气的水平运动，是一个表示空气运动的要素，具有数值大小和方向性。1905 年英国海军少将蒲福把风力按目测的方法分为 13 个等级（表 1-2）。在台风或风暴潮等灾害性天气出现之前，围栏养殖业应采取如下措施：①尽量清除围栏养殖设施上的暴露物（如投饵机等）；②检查框架、网具、桩基的牢固性；③围栏养殖设施上方增设防逃网，以防海浪翻卷而逃鱼；④加固围栏养殖桩网连接用绳等绳索；⑤特别严重的天气，应将围栏养殖工作船转移至避风湾或锚地等安全场所等。

在台风或风暴潮等灾害性天气过后，要立即检查围栏养殖设施，观察围栏桩基有没有倒伏或倾斜、围栏养殖设施有无破损，养殖人员要仔细检查鱼群有无死亡、盐度是否变化过大、桩基和绳索是否毁坏等，一旦发现问题要及时处理，坚决消除安全隐患。综上所述，位于开放性海域的生态围栏建议采用双层桩基结构形式围栏；位于远海岛礁的生态围栏应选用避风条件较好的海区，以确保生态围栏安全。

表 1-1　热带气旋名称和等级标准

中心附近最大风力等级	热带气旋名称	代号
6 7	热带低压 （Tropical depression）	TD
8 9	热带风暴 （Tropical storm）	TS
10 11	强热带风暴 （Severe tropical storm）	STS
≥12	台风 （Typhoon）	TY

表 1-2　风力等级

风级	风名	海面浪高（m）		海面征象	相当风速		风压
		一般	最高		（m/s）	（kn）	（kg/m^2）
0	无风	平静	平静	海面平静	0~0.2	<1	0~0.004
1	软风	0.1	0.1	有小的波纹出现	~1.5	~3	0.225
2	轻风	0.2	0.3	轻微的波浪如鱼鳞，但无浪花	~3.3	~6	1.089
3	微风	0.6	1.0	波峰不大，有时破裂出现浪花	~5.4	~10	2.916
4	和风	1.0	1.5	波浪较大，波峰浪花明显	~7.9	~16	6.241
5	清风	2.0	2.5	波浪较大，白浪占很大面积	~10.7	~21	11.449
6	强风	3.0	4.0	白浪，并出现泡沫	~13.6	~27	19.044
7	疾风	4.0	5.0	泡沫成片，飞出并降至波谷	~17.1	~33	29.241
8	大风	5.5	7.5	海面充满泡沫在低空飞溅	~20.7	~40	42.85
9	烈风	7.0	10.0	波浪汹涌，低空气满泡沫	~24.4	~47	59.54
10	狂风	9.0	12.5	空中飞满泡沫，舰船航行困难	~28.4	~55	80.66
11	暴风	11.5	16.0	波浪高大，沉入波谷，危险极大	~32.6	~63	106.28
12	飓风	14.0	—	波浪滔天	>32.6	>63	>106.28

在台风或风暴潮等灾害性天气下，波浪对生态围栏有极大的破坏力；波浪的高度随着水深的变化而变化，在水深等于一个表面波长的深度上，波高只有表面波高的1/521，在0.5个表面波长的深度上，波高只有表面波高的1/24，因此，我们选址时应尽量选择水深处建栏，同时采用消波减流设施降低波高，以提高生态围栏的抗风浪性能。

2. 洪水及暴雨

在养殖生产上，一般会遭受洪水和暴雨的侵害。洪水及暴雨会冲垮围栏养殖固定装置，并带来陆上漂浮物，导致网孔堵塞甚至网衣破损。洪水暴雨会使海水盐度急剧下降，鱼群有时会不堪承受。养殖人员要昼夜值班，加强观察，加固围栏网具，并及时除去漂浮物；还要监测是否有污染物带入。海水盐度剧降时，可投些生石灰补救，以提高pH，减少鱼类应激反应。洪水及暴雨过后应立即检查围栏，观察有无破损之处，桩基和绳索是否毁坏，鱼类有无死亡。一旦发现围栏养殖设施出现问题，养殖人员应立即修复、抢救或重建，确保养殖设施的安全性。

3. 水温剧变

连续的冷空气会使水温剧降，可适当降低围栏养殖水位，提前设置越冬池，投喂优质饵料，减少惊扰。盛夏季节过高水温对围栏养殖鱼类也十分不利，可通过在围栏养殖上设置遮阳网、水面上放遮阳物或水中种植藻类生物等措施来改善水温。

夏季，网衣上污损生物生长较快，需要经常清洗或更换网衣，以确保水体交换通畅、降低围栏养殖设施内的水温。冬季如发现水温可能低于鱼类生存极限温度，应将鱼立即转入室内越冬池等场所越冬，以防因低温或海水结冰等给鱼类造成死亡。

四、水质突变

1. 赤潮

赤潮是局部海域浮游生物突发性急剧繁殖、聚集，从而恶化水质，使海水腥臭、发黏、水色异常的现象。水色多以红褐色为主，所以称为赤潮（图 1-12）。我国近海的赤潮生物有 40 余种，常见的有夜光藻、原甲藻、裸甲藻、多甲藻、旋环藻、角藻、骨条藻和束毛藻等。赤潮多发生在夏季闷热天气，海水颜色一般变成粉红色、桃红色、褐红色、黄绿色或墨绿色等。诱发赤潮的主要原因是生活污水的排放、农田化肥的流失、养殖场区残饵、废水倾注和有机物积累等，这使海区富营养化，促使赤潮生物急剧大量繁殖。特别是磷肥的大量流入，使氮磷比超过正常比例，更诱使赤潮发生。赤潮生物繁殖初期，相当短时间海水溶氧升高，但紧接着由于过量繁殖，引起海水严重缺氧，导致风箱养殖的鱼类供氧不足；大量赤潮生物死亡被细菌分解，生产的硫化氢和甲烷，对鱼类有致死的毒性；许多褐鞭毛藻能排出大量黏性物质，这些黏性物质能附在鱼鳃上，使其窒息死亡；一些裸甲藻能分泌剧毒的甲藻毒素，对鱼类心肌呼吸中枢或神经中枢起障碍作用，导致鱼类死亡。在养殖过程中，若发现海区有大片带状或块状水色异常，应疑为赤潮，并进行水中浮游生物测定或向有关部门报告。如果鱼类无反应，摄食正常，那么表明该赤潮毒性较小，但要当心晚上出现缺氧浮头，应采取增氧措施。若赤潮出现当天，鱼类反应异常，出现狂游或急躁不安，在无其他病症和征象情况下而突然死去，应采取紧急措施，如投放大量硫酸铜，撒布黏土，用量为 1~2 kg/m^2，或用浓度为 15 mg/L 的过氧化氢泼洒，杀死角毛藻等赤潮生物（但上述用药要符合国家、地方法律、法规等相关要求，严禁使用违禁药）。赤潮对围栏养殖鱼类的危害非同一般，不能小看。赤潮可使围栏

图 1-12　赤潮

养殖鱼类或活鱼运输船中鱼类大量死亡。由腰鞭毛虫引起的赤潮中离析出的毒素，稀释至 1∶250，能使鱼在 1 h 内死亡，稀释到 1∶1 000，能使鱼失去平衡。因此，在围栏养殖中关注赤潮非常重要和必要。

2. 突发性污染

因种种原因，生活污水、工业污水或残留农药等有时会进入海水，从而给围栏养殖鱼类造成伤害甚至死亡。要注意观察、掌握重要污染物的排放情况，采取相应对策。养殖区附近若有污染源等，其排出的废水对鱼类影响较大，需严加防范。工矿废水中主要有害物质以及渔业水质标准分别如表 1–3 和表 1–4 所示（仅供读者参考）。

表 1–3　工矿废水中主要有害物质

企业名称	主要有害物质
焦化厂	酚、苯类、氰化物、硫化物、焦油、砷、吡啶游离氯
化肥厂	酚、苯类、氰化物、铜、汞、氟、碱、氨
电镀厂	氰化物、铬、锌、铜、镉、镍
石油化工厂	油、氰化物、砷、吡啶、酸、碱、酮类 、芳烃
化工厂	汞、铅、氰化物、砷、萘、苯、硫化物、硝基化合物、酸、碱
合成橡胶厂	氯丁二烯、二氯丁烯、丁间二烯、铜、苯、二甲苯、乙醛
造纸厂	碱、木质素、氰化物、硫化物、砷
农药厂	各种农药、苯、氯醛、酸、氯仿、氯苯、砷、磷、氟、铅
纺织厂	砷、硫化物、硝基物、纤维素、洗涤剂
皮革厂	硫化物、碱、砷、铬、洗涤剂、甲酸、醛
制药厂	汞、铬、苯、硝基物、砷
钢铁厂	酚、氰化物、锗、吡啶
化纤厂	二硫化碳、磷、胺类、丙烯腈、乙二醇
仪表厂	汞、铜
造船厂	酚、氰化物、铝
发电厂	酚、硫、锗、铜、铍
玻璃厂	油、酚、苯、烷烃、锰、镉、铜、硒
电池厂	汞、锌、酚、焦油、甲苯、氰化物、锰
油漆厂	酚、苯、甲醛、铝、锰、钴、铬
有色冶金厂	氰化物、氟化物、硼、锰、铜、锌、铅、镉、锗、其他稀有金属
树脂厂	甲酚、甲醛、汞、苯乙烯、氯乙烯、苯脂类
矿药厂	硝基物、酸、炭黑
煤矿	酚、硫化物
铅锌厂	硫化物、镉、铅、锌、锗、放射性物质
磷矿	氟、磷、钍

表 1-4　渔业水质标准

编号	项目	标准
1	色、臭、味	不得使鱼、虾、贝、藻类带有异色、异臭、异味
2	漂浮物质	水面不得出现明显泡膜或浮沫
3	悬浮物质	人为增加的量不得超过 10 mg/L，而且悬浮物质沉积于底部后，不得对鱼虾贝藻类产生有害影响
4	pH 值	海水 7.0~8.5，淡水 6.5~8.5
5	溶解氧	24 h 中，16 h 以上必须大于 5 mg/L，其余任何时候不得低于 3 mg/L，对于桂科鱼类栖息水域冰封期其余任何时候不得低于 4
6	生化需氧量（5 天，20℃）	不超过 5 mg/L，冰封期不超过 3 mg/L
7	总大肠菌群	不超过 5 000 个/L（贝类养殖水域不超过 500 个/L）
8	汞	≤0.000 5 mg/L
9	镉	≤0.005 mg/L
10	铅	≤0.1 mg/L
11	铬	≤1.0 mg/L
12	铜	≤0.01 mg/L
13	锌	≤0.1 mg/L
14	镍	≤0.1 mg/L
15	砷	≤0.1 mg/L
16	氰化物	≤0.005 mg/L
17	硫化物	≤0.2 mg/L
18	氟化物	≤1.0 mg/L
19	非离子氨	≤0.02 mg/L
20	凯氏氮	≤0.02 mg/L
21	挥发性酚	≤0.005 mg/L
22	黄磷	≤0.002 mg/L
23	石油类	≤0.05 mg/L
24	丙烯腈	≤0.7 mg/L
25	丙烯醛	≤0.02 mg/L
26	六六六	≤0.02 mg/L
27	滴滴涕	≤0.001 mg/L
28	马拉硫磷	≤0.005 mg/L
29	五氯酚钠	≤0.01 mg/L
30	乐果	≤0.1 mg/L
31	甲胺磷	≤1 mg/L
32	甲基对硫磷	≤0.000 5 mg/L
33	呋喃丹	≤0.01 mg/L

图 1-13　美国路易斯安那油污中的死蟹

油污是一种突发性事件，对围栏养殖有较大的危害。油污事故一旦发生，必然会影响到围栏养殖区的生态环境，造成严重损失。图 1-13 中一只死蟹漂在美国路易斯安那州海滩的油污之中，这些油污来自墨西哥湾爆炸的“深水地平线”石油钻井平台，它是美国历史上最严重的石油漏洞事故所致，对当地的海洋生物造成了致命的威胁。污染对海洋健康的影响也是联合国环境规划署报告所关注的重点。因此，必须在最短时间内选择合适的油污清除方法以降低损失。在生态围栏养殖中需配套油污预警系统，一旦养殖区周边一定范围发生油污即自动报警。养殖企业收到报警信号后，立即启动应急措施，减少对海上资源和环境的污染损害。油污在风、流、涌、浪等的作用下，会迅速自遗漏处向外漂移扩散，形成大面积分散的海上油膜和油带。因此，在其到达敏感区之前，首先要考虑在海上进行处理。水上油污清除方法主要包括：自然处理法、围控与回收、海上燃烧法、溢油分散剂、沉淀法与生物复原法。一般来说，油污在开放海域或近岸海域的清除是比较容易的，应采取以上方法及时进行油污清除。但由于风、流等因素影响未能在黄金时间内阻拦，油污问题就会变得复杂。

五、围栏养殖的安全设施

1. 监视设备

水上、水下的围栏养殖监视设备包括夜视仪、水上摄像系统、水下摄像系统（如视频录像机）等，已有较成熟的技术，国外已较广泛地采用，国内也开始使用。对养殖海区透明度较低的海域，需使用浑水区监视专用设备。有兴趣的读者可参考本书第二章或相关资料文献。

2. 警示灯

围栏养殖目前使用的警示灯种类很多，既可采用帆张网用闪光灯（价格便宜，用 2~4 节干电池作为电源，有红、白两种颜色，使用还较方便），又可采用太阳能警示灯。警示灯光源强度要以不影响围栏养殖内的养殖对象为原则，既可安装在围栏养殖桩基或平台的顶端，又可安装在防护设施的顶端。

3. 防碰撞设施

生态围栏养殖海区有时会位于港区、锚地和航道等地的附近，因大风、大雾、黑夜和操作失误等种种原因均会导致船舶碰撞围栏养殖设施系统，造成围栏养殖框架破损、桩基断裂、网破鱼逃等养殖事故。我国水产养殖史上曾多次发生船舶碰撞网箱或围栏养殖事件，给养殖户或养殖企业造成了重大损失。发生船舶碰撞围栏养殖事故的主要原因是船舶航行期间船员疏于职守、恶劣天气下船舶偏离航线等。此外，养殖区域缺乏明显区域界定、标志混乱、监控设备缺失、值勤人员不负责任等也是造成船舶碰撞围栏养殖事故的重要原因。因台风、洪灾、海啸和海损事故等种种原因，有时生态围栏养殖海区会遭受大型漂浮物的侵袭，这对围栏养殖安全也会造成巨大威胁。生态围栏养殖海区为防止船只的误入和海上漂浮物的侵害，要设置安全围栏或防护林等防碰撞设施。安全围栏一般由固定装置、浮子、浮标、沉子、柱桩、缆绳和网衣等组成，在浮标上安装明显的警示灯和雷达反射装置等。防护林则可采用藻类养殖设施等。

4. 滞流设施

生态围栏设置在离岸数海里外有较大水流和海浪的水域、或远海岛礁海域，这些海区一般流急浪大、海况恶劣，因此，人们需要建设滞流设施以减低潮流、海浪对养殖海域的影响，达到围栏养殖设施和养殖对象所需的海况要求。福建和浙江沿海是台风频发地区，在台风影响或过境时，海区存在风大、流急和浪高等高海况特征，如需发展生态围栏，则需配套消浪设施。

1）滞流设施简介

生态围栏用滞流设施分类方法很多：①按功能分类，分为消浪型、滞流型和混合型；②按材料分类，分为混凝土型、土石型、轮胎型、网衣型和组合型；③按平面布置类型分类，分为突堤与岛堤；④按结构分类，分为斜坡式、直立式、轻型。围栏养殖消浪设施与围塘等养殖模式不同，主要以消浪为主（减小大浪对围栏养殖的影响），因此，其结构形式一般都比较简易，养殖户和养殖企业可根据海况和养殖品种等进行设计。

2）旧橡胶轮胎桩泊固定式

水面上由纲绳和养殖浮筒串联作为浮力系统，水下由旧橡胶轮胎作为消浪、分流主体，橡胶胎内腔填充塑料泡沫等材料，每排放置一定数量的橡胶轮胎，由绳带链等串联，一端系水下固定系统，另一端系纲绳。水下固定系统既可由水泥块和钢质连接架等组成，又可采用其他锚泊系统（图 1-14），该滞流设施简便易行，适于海况较好的海域。

3）组合泡沫浮式桩泊固定式

水面上由纲绳和养殖浮筒等串联组成几道并联浮力系统，纲绳一端系于锚链与锚桩固定，另一端用铁锚和桩固定。水下由锚、桩、缆绳组成固定系统。前后两道

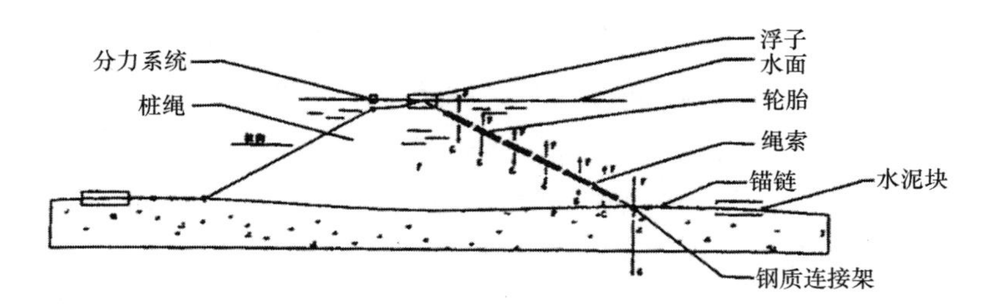

图 1-14　旧橡胶轮胎桩泊固定式滞流设施示意

垂直挂网组成滞流墙系统，网衣规格根据流速、波高和养殖品种等因素进行选配；中间一道浮力系统与前后两道浮力系统并联形成消浪堤，可起到滞流、消浪等效果（图 1-15），该滞流设施适于海况条件较好的海域。

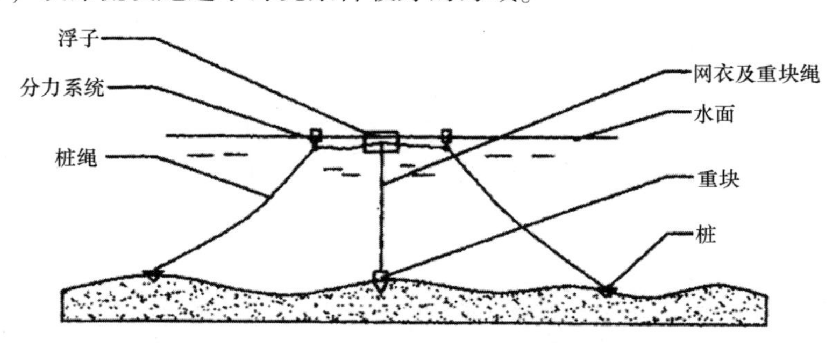

图 1-15　组合泡沫浮式桩泊固立式滞流设施剖面

4）HDPE 管材加滞流网式

水面由围栏养殖专用 HDPE 管、支架和销钉等部件组合成消浪滞流框架系统；在框架上铺设管道（如毛竹、塑胶管和玻璃钢管等），并用绳索进行串联；框架上的铺设管道下方吊挂一定高度滞流网片（滞流网片需请专业团队设计）；滞流网片下端悬挂定位重块（如锚、定位桩、坠石和渔礁等，图 1-16），该滞流设施适于波浪流较小的浪域。

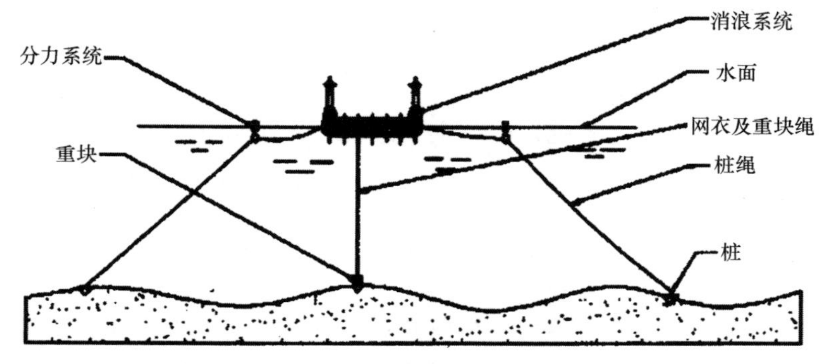

图 1-16　HDPE 管材加滞流网式滞流设施示意

围栏养殖滞流设施投资成本低、简便易行，既能在养殖区域产生良好的消浪、滞流作用，又能保证养殖海区良好的水体交换能力，这是改善生态围栏养殖环境的一项有效方法。除了上述围栏养殖滞流设施外，人们还发明了围栏养殖用消浪设施（如消浪堤的建设、围栏养殖区外吹沙投石等）。上述工作助力了围栏养殖设施的安全，有助于围栏养殖业的绿色发展与现代化建设。

第二章　海水鱼类养殖机械化与智能化装备技术

工业化养殖是中国水产养殖业发展的必由之路，目前水产养殖装备的相关研究与应用正成为国家重大需求和重要支持方向，在我国中长期渔业科技发展规划（2006—2020）中，“渔业节能减排技术与重大装备开发”为六大创新方向之一。影响深远海生态围栏养殖发展的因素很多，如养殖技术、装备技术、起捕技术、水产加工技术和病害防控技术等。机械化与智能化装备技术对生态围栏养殖业的发展起积极支撑作用，既可提高养殖效率和养成鱼类质量，又可降低劳动强度与用工数量。本章主要概述自动投饵技术、洗网机技术等海水鱼类养殖机械化与智能化装备技术，为生态围栏养殖智能化装备技术研发与产业化应用提供科学依据。

第一节　自动投饵技术

在围栏养殖生产中，过度投饵会形成饲料浪费、污染养殖水域环境，而投饵不足则会影响鱼类生长、延长养殖周期并增加养殖风险。在实际养殖生产中，投饵量既随着养殖环境条件变化，又随着鱼类生理因素（如年龄、性别和成熟度等）变化；此外，投饵量还随饵料种类与品质等饵料特性变化，这使得水产养殖的精准投饵工作变得非常复杂，自动投饵技术因此应运而生。本节主要介绍海水鱼类养殖用自动投饵技术，为生态围栏养殖用自动投饵技术研究提供参考。

一、国内外现状

传统水产养殖业具备苦、脏、危险等特点，应通过创新应用自动投饵等智能装备技术来降低劳动强度、美化作业环境、提高工作效率。现有水产养殖生产中仍采用人工投喂饲料，并根据肉眼观察来判断投喂量。随着水产养殖离岸化、深水化、大型化发展，人工投喂饲料已显得力不从心，人工投饵不但需要人工费和燃料费，而且在风大浪高时，投饵船不能出海投饵。投饵机随着水产养殖技术的进步而发展，逐渐从传统投饵机向智能投饵机方向发展，以免过度投饵或投饵不足，目前投饵机正向精准投喂、大量投喂等发展。针对开放性海域或远海岛礁海域，人们开发出全自动大容量投饵机，提高了养殖效率和智能化水平，助力了水产养殖业的绿色发展。与人工投饵相比，自动投饵具备下列优势：①投饵均匀，鱼能快速成长；②用电脑和手机能及时掌握鱼的摄食状况和养殖环境；③不管是风大浪高，还是雨天寒日，都能不费力地自动投饵；④根据鱼的食欲变化控制投饵，即可减少残饵又能降低成本。综上所述，在水产养殖业中研制并应用自动投饵技术非常重要且必要。

挪威、美国和日本等国，在自动投饵技术研发及其生产应用方面开展了大量工作，以实现饵料运输、储存、输送以及投放等环节的精准控制。挪威投饵机的研发、生产和应用享誉世界，AKVA 集团融入了生物学、工学、电学和计算机等技术，研制出智能化 CCS 投饵机（图 2-1 和图 2-2）。它由风机、风力调节器、下料器、投饵分配器和喷料器组成；CCS 投饵机采用电脑控制，电脑的投饵决策由温度、潮流、溶氧、饲料传感器、摄像机系统（鱼类行为）和喷料状态等信息经养殖管理软件综合分析决定并发出各项指令，养殖管理软件是投饵机的决策中心。投饵采用管道低压输送方式，风机经投饵分配器可实现多达 60 路远程输送，通常是 8～24 路，每路供给一个水产饵料；投饵输送风机功率为 7.5～45 kW，输送距离为 300～1 400 m，最大喂料量为 648～5 220 kg/h。除挪威开发的 AKVA 智能化 CCS 投饵机外，美国 ETI 公司生产的 FEEDMASTER 自动投饵机、意大利的 SUBFEEDER 投饵机、芬兰 ARVO-TEC 公司的机器人投饵机、日本松阪制作所的自动投饵机和加拿大的 FEEDING SYSTEMS 投饵机等在陆基养殖工厂、鱼苗孵化场、水产养殖领域实现了产业化应用，大大提高了饵料的利用率和养殖生产的智能化水平。图 2-3 为国外网站展示的自动投饵机。

图 2-1 AKVA 智能化投饵机

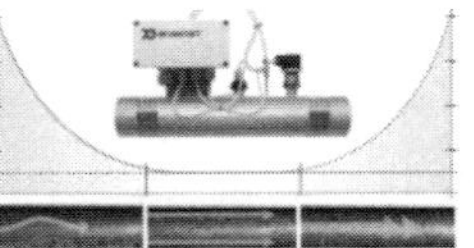
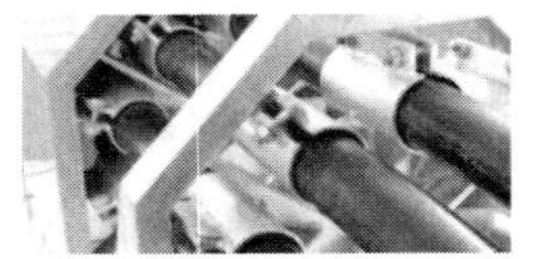

图 2-2　AKVA 智能化 CCS 投饵机部件

图 2-3　国外养殖生产用自动投饵机

随着自动化、机械化、数字化和智能化技术的发展，我国对水产养殖自动投饵机也进行了试验开发研究，开发出一些适于我国池塘、湖泊和循环水车间等使用的自动投饵机。近年来，在国家省市地区科技项目或企业自有资金支持下，我国已试制出多种养殖设施承载自动投饵机、船载自动投饵机（如三沙蓝海洋联合东海所石建高研究员等研制出的自动投饵机，相关装备已申请专利），推动了我国水产养殖自动投饵机技术的健康发展与现代化建设（图 2-4）。

图 2-4　我国试制的自动投饵机

二、分类

自动投饵机包括 CCS 投饵机、螺旋泵式投饵机、双罐悬挂式投饵机、空气动力投饵机、水动力投饵机等类型，现简介如下。

CCS 投饵机采用气力输送原理进行投饵，它由 PC、PLC、风机、料仓、下料器和分配器及旋转撒料器等部分组成。CCS 投饵机通过 PLC 进行自动控制，实现对多个养殖设施的精准投喂；它适用于陆基养殖工厂、鱼苗孵化场、深远海网箱和生态围栏等养殖领域。AKVA 集团的智能化 CCS 投饵机的概念由 AKVA 于 1980 年提出，它是当今世界上最流行和最可靠的饲料系统，其基本工作流程为：饲料从料仓到下料装置，然后到喷射器，通过主输送管道，再经过分配阀的分配进入各自的管道到达水产养殖设施；该系统适用于所有以颗粒为食的物种；它现在还完全集成了视频控制、颗粒和环境传感器、养殖池生产控制软件；所有喂养和环境数据都存储在养殖池数据库中；这种独特的集成允许对从远站点到最高管理层的所有操作活动进行全面的概述和控制。控制进料系统将以最佳速度、准时和每次正确的进料量进行；这一强大的系统为优化水产鱼类整个喂养过程提供了巨大机会。AKVA 物联网是领先的渔业互联系统软件，现在是养殖池软件家族的一部分。AKVA 智能控制进料系统的新功能包括膳食计划、集体喂养和适应性喂养。结合来自环境传感器的数据，使人们对养殖鱼类行为与饵料投喂之间的有效分析和基准测试成为可能。AKVA 智能化 CCS 投饵机还可配置水下给料机、柔性送料器、旋转撒料器等辅助部件，以进一步提高该系统的智能化水平。以 AKVA 水下给料机为例，它是一种有效的水下给料机系统，可提高鱼的生长速度和改善鱼的福利。AKVA 水下给料机可在大约 8 m 的深度喂鱼。饲料通过一个普通的空气软管输送到养殖设施；水被加入并通过一根主管向下流动。为了确保所需的进料速度，通过使用一个能吸入良好卫生的深水泵来添加水；然后，使用 17 m 的分散装置和 12 个进料装置使进料以令人满意的方式在环形管周围分散；进料速度高达 50 kg/min。使用该系统的经验表明，投料时无须使用防鸟网。传统投饵工作是一个重体力劳动，而 AKVA 智能化 CCS 投饵机的创新应用解放了劳动力、降低了劳动强度，有利于水产养殖业的可持续健康发展。

螺旋泵式投饵机由料仓、螺旋输送机和撒料口等部分组成。螺旋泵式投饵机工作时，投饵机大料仓向螺旋输送机添加饲料，然后，由螺旋输送机将饲料输送到悬挂于围栏上等养殖设施的小料仓中，再通过（小料仓的）撒料口向围栏等养殖设施水面抛洒饵料。喷嘴由活动接头与管道连接，可变换喷洒方向，以扩大撒料面积。

双罐悬挂式投饵机由电话机、警报装置、操作面板、电源、中央处理器、温度传感器和悬挂料仓等部分组成。双罐悬挂式投饵机采用小料仓投喂形式，将小料仓悬挂于围栏等养殖设施的上方，通过中央控制计算机和控制面板对小料仓进行投饵控制。双罐悬挂式投饵机自动化程度高，可实现远程控制，但其投饵量小，需经常添加饵料。双罐悬挂式投饵机可用于陆基养殖工厂、鱼苗孵化场等领域。

空气动力投饵机可用于各类颗粒状饵料的投喂，由风机、料仓、柴油机（或其他动力机械）、空气喷射器和料气混合室、活动接头和撒料口等部分组成。空气动力投饵机工作时，柴油机（或其他动力机械）带动风机运转，风机在风管内产生高速流动的空气，饲料通过加料装置添加到管道中，在流动空气的驱动下通过（喷嘴的）喷料口向围栏等养殖设施水面抛洒饵料。喷嘴由活动接头与管道连接，可变换喷洒方向，以扩大撒料面积。空气动力投饵机可用于陆基养殖工厂、鱼苗孵化场和生态围栏等领域。

水动力投饵机是一种新型投饵机，可用于各类颗粒状饵料的投喂，它由水泵、料仓、冲料喷嘴、喷料口、吸饵管和引射器等部分组成。依靠引射器及水力喷头形成的负压，在冲饵水流的作用下，饵料箱中的饵料通过吸饵管进入主管道，以高压水携带颗粒饲料与水的混合物通过管道，然后向围栏等养殖设施水面抛洒饵料。水动力投饵机的主要特点包括水力动能投饵、水力环流供饵和水力抽负吸饵，可用于陆基养殖工厂、鱼苗孵化场和生态围栏等领域。

三、远程空气动力投饵机构成和工作流程

空气动力投饵机采用空气动力将饵料输送至生态围栏等养殖设施，通过行为感知传感器等部件实现对养殖鱼类的精准投喂。远程空气动力投饵机一般由进料、供气、传输、动力、控制、降噪等子系统组成。空气动力投饵机的工作流程为：启动电源以带动风机工作，风机使管道形成高速低压空气流，旋转加料器和加速器以向管道中添加颗粒饵料，颗粒饵料在高速气流驱动下经分配器沿指定通道（通常为管道）向目标生态围栏等增养殖设施输送，在通道末端由撒料器将颗粒饵料抛洒到生态围栏等增养殖设施水面，实现颗粒饵料的自动投喂。在水产养殖实际生产中，如果一套自动投饵机要对多个目标养殖围栏等设施投放饵料，那么需要增设分配器以实现饲料在不同管道中的相互切换；因分支管道的数量不同，分配器可采用形式多样的设计。有关自动投饵机中分配器、GR 加速器和控制器等重要部件的理论计算和设计，有兴趣的读者可参考相关文献资料。

四、智能投饵机介绍

现有海水鱼类养殖用定时式自动投饵机、红外线残饵传感器自动投饵机、自发摄食投饵机存在一些缺点，如定时式自动投饵机不能随食欲变化调整投饵量，容易

造成投饵不足或过剩；红外线残饵传感器自动投饵机价格高、装置复杂、误动作多发且传感器需经常清理；自发摄食投饵机从初始使用到熟练运用自发摄食需要时间、鱼在达到满腹前可能停止摄食，从而不能发挥最大生长潜力。国外为此研发了一种高效智能投饵机，并在高体鰤、真鲷等鱼类养殖中实现产业化应用，取得了令人振奋的养殖效果（图 2-5）。

AKVA 等智能投饵机能根据鱼的生长、食欲以及水温、气候变化、残饵剩余自动校正投饵量鱼的食欲以恰当投饵，这满足了水产养殖的发展需求。目前东海所石建高研究员团队正与美济渔业、三通生物等单位开展合作或洽谈，以推动智能投饵机研制及其产业化生产应用。相关宣传资料显示，在挪威 Global Maritime 公司设计“海洋渔场 1 号”（Ocean Farm 1）中，饵料装载系统通过传送带将饵料运至储料罐。饵料投喂系统包括水面饵料投喂系统和水下饵料投喂系统，其中，水面饵料投喂系统通过交叉横梁上的饵料散布器投放饵料，水下饵料投喂系统通过绞车控制软管可以在水面以下 10 m 内的多个高度投放饵料。“海洋渔场 1 号”通过上述饵料投喂系统分散投喂点，既可以减少鱼类间的相互挤压碰伤，又可以充分利用饵料、提高饵料利用率、节约养殖成本、保护养殖环境（图 2-6）。

图 2-5 高效智能投饵机

图 2-6 “海洋渔场 1 号”智能投饵示意

第二节 洗网机技术

在高温季节，水产养殖设施网衣上更易附着藻类等污损生物，且污损生物生长繁殖速度极快，这会影响养殖设施网衣内外水体交换，导致养殖设施内水体溶氧量和水质下降，影响生态围栏养殖鱼类生长率和成活率。传统养殖业一般采用人工防污法清除网衣附着的污损生物（附着物），但其劳动强度高、工作效率低；为此人们正在开发应用机械清除法、生物防污法、金属网衣防污法、箱体转动防污法、网衣本征防污法和防污涂料法等防污方法，以解决养殖设施网衣防污技术难题。机械清洗网衣速度快，一般比人工洗刷提高工效 4~5 倍。目前国外已开发出高压射流水下洗网机等智能洗网机。本节主要介绍海水鱼类养殖用洗网机技术，为我国生态围栏养殖用水下洗网机的研发与产业化应用提供参考。

一、机械毛刷洗网机

海洋中大量海洋生物及微生物的幼虫和孢子能够漂浮游动，发展到一定阶段后就附着在生态围栏等养殖设施（网衣）上，称为海洋生物污损。在特定条件下，渔网上的污损生物代谢产物可毒化水产养殖环境、滞留有害微生物，导致养殖鱼类等易于发病、养殖户换网操作频繁以及养殖网具内外水体交换不畅，从而给水产养殖业造成经济损失。防止污损生物污损渔网的方法称为渔网防污。由于海洋污损生物种类繁多、水产养殖海况千变万化、渔网防污必须安全环保，致使渔网防污技术难度较大。渔网防污目前已成为世界性的技术难题。例如在我国海南陵水等南海海域，水产养殖设施上污损生物种类多（包括藻类、藤壶和牡蛎等）、生长快，夏季合成纤维网衣围栏下水 0.5~1 个月后即需换网或洗网，以确保养殖鱼类的正常生长（图 2-7）。综上所述，研发应用水下洗网机技术非常重要和必要，有利于围栏养殖业的发展。

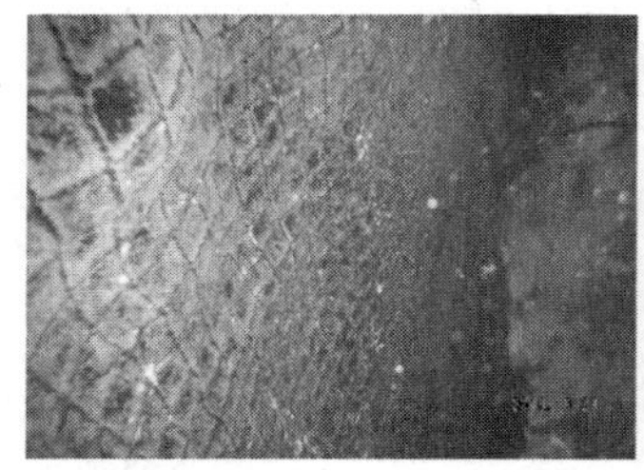
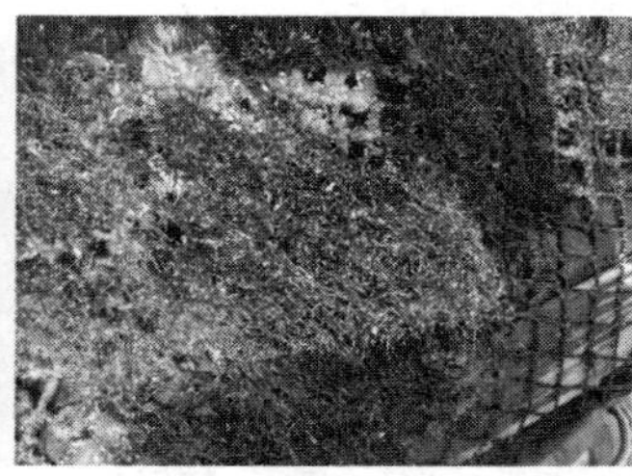

图 2-7　合成纤维网衣箱体污损情况

机械毛刷洗网机是目前水产养殖中应用的一种洗网机，其包括便携式机械毛刷洗网机和电动式机械毛刷洗网机等类型。便携式机械毛刷洗网机一般由毛刷、洗网机、工作盘、操作杆和柴油机等部分组成。电动式洗网机一般由毛刷组件、水下电机、传动机构和水下平台等部分组成。电动式洗网机利用水下电机等提供能量，驱动叶轮高速运转，这既推动水下平台贴紧围栏等养殖设施网衣，又造成水下平台向后的冲击流，排出从网衣上洗刷下来的污损生物。若人们在上述电动式洗网机中叶轮后方增设一个（透水式）污损生物收集器，它则可以用来收集从围栏等养殖设施网衣上洗刷下来的污损生物，这不但可以保护水产养殖环境，还可以避免洗刷下来的污损生物对网衣的二次附着，因此，开展（透水式）污损生物收集器的研发非常必要。

二、高压射流水下洗网机

日本、挪威等国的水下洗网机技术已相当成熟，基于技术保密等原因，相关理论研究的公开报道非常少。国内对于船舶壳体表面清洗设备的研究较多，但对深远海网箱、生态围栏等养殖设施水下洗网机的研究很少，未见有相关系统研究的公开报道，极有必要开展相关研究。高压射流水下洗网机是目前水产养殖中应用的一种先进洗网机。它利用物理清洗的方法，利用高压水射流的能量对网衣上的附着物进行清洗。因水产养殖设施水下网衣一直受到浪流的作用，且附着物种类繁多、分布不均，所以，高压射流水下洗网机对附着物的清洗机理非常复杂。高压射流水下洗网机装备一般由清洗机、高压泵、调压装置、管道（包括软管与硬管）、柴油机等部分组成。洗网机工作时，高压水射流对养殖设施网衣上的附着物具有空化、冲击、水楔、摩擦、动压力和脉冲负荷等作用，在其表面产生剪切、剥离、冲蚀、渗透、压缩、顶撞、破碎，并会引起水楔、裂纹扩散等综合效果，最终以高压水射流将围栏等养殖设施网衣上的附着污物冲落。在上述工作中，水下洗网机不但利用水下高压清洗时产生的空化作用来进行清洗，而且利用高压水流的能量对网衣上的附着物进行冲击清洗。当然，基于周围水阻力的存在，洗网机的喷射力将随着喷射距离的增加而减小。

三、射流毛刷组合洗网机

射流毛刷组合洗网机是目前水产养殖中应用的另外一种洗网机。射流毛刷组合洗网机包括涡旋水流式洗网机和水动力洗网机等类型。海水鱼类养殖用涡旋水流式洗网机通常由毛刷、刷架、高压水泵、操作手柄、水泵进水管道和涡旋转动圆盘等部分组成。高压水泵和涡旋转动圆盘是涡旋水流式洗网机的主要组成部分。高压水泵通过石油或汽油的化学能转变为水流的机械能提供能量，涡旋转动圆盘则是通过水流对涡旋转动圆盘的反作用力将水流的机械能转化为涡旋转动圆盘的转动动能，涡旋转动圆盘转动带动毛刷的运动达到对生态围栏等养殖设施网衣清洗的目的。

四、洗网机产品案例

日本和挪威等国都开发出了先进的洗网机。现以日本研制的洋马养殖网清洗机器人为例，简介如下。洋马养殖网清洗机器人具有构造简单、易于保养且耐久性好等优点（图 2-8）。根据相关文献，洋马养殖网清洗机器人为“世界首创”的自动水下清洗机器人，它节省了工作量，解决了网箱、围栏等养殖网衣的清洗问题；而且不使用防污剂等药物，非常环保。洋马养殖网清洗机器人的创新应用不但削减了劳动力和人工成本、降低了养殖对象死亡率和网衣破损事故发生率，而且扩大了水产养殖规模、增加了水产养殖收益；同时在海况许可时还可以检查网衣。大型潜水君等洋马养殖网清洗机器人作业时，采用高压水清洗养殖设施网衣上的附着物，不论是养殖设施网衣的内、外侧，还是藤壶、贻贝等顽固附着物都可以清除干净，而且毫不损伤养殖设施网衣。洋马养殖网清洗机器人可平稳地吸附在养殖设施网衣上作业。

潜水君

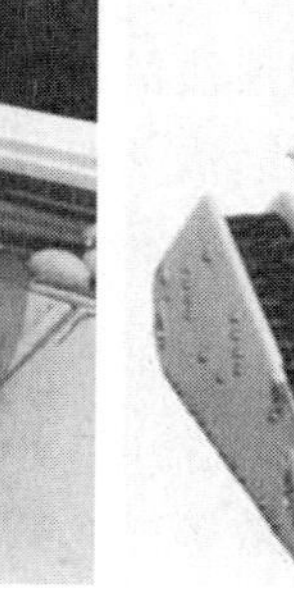

大型潜水君

图 2-8　智能养殖网清洗机器人

潜水君本体由车轮、相机、螺旋桨、清洗盘、高压水管、动力电缆、信号电缆和其他部件组成。遥控箱主要包括水深计、操作杆和速度调节旋钮等部件。潜水君可根据需要配置发动机泵组或其他动力电源，但发动机泵组更能保障潜水君的使用安全。NCL 型智能养殖网清洗机器人技术参数如表 2-1 所示。

表 2-1　NCL 型智能养殖网清洗机器人技术参数

项目	单位	NCL- LX	NCL-SE3-50	NCL-SE3-30
外形尺寸/	mm	1 358（长度）×2 287（宽度）×874（高度）	797（长度）×1 077（宽度）×790（高度）	797（长度）×1 003（宽度）×785（高度）
重量	kg	约 500	约 190	约 170
行驶速度	m/min	14（清洗宽度 1.91 m）	12（清洗宽度 0.52 m）	12（清洗宽度 0.52 m）
最大清洗速度	m^2/h	1 600	372	372（通常 240 m^2/h）
最大潜水深度	m	50	50	30
高压水泵的规格	L/min	324	121	121
	MPa	14.7	11.3	11.3
	R. HP	99 kW	34 kW	30 kW
发动机型号	—	4LH-UT	4JH3	—

随着水产养殖规模的扩大，人们既希望清洗更大的养殖网，又希望通过缩短洗网机的清洗时间、降低人工成本和缩减燃料费等措施来降低养殖设施网衣清洗费用，洋马公司为此开发了作业速度更快、清洗面积更大、下潜深度更深的养殖网清洗机器人，解决了养殖业的高效清洗难题，满足了水产养殖业的发展需求。目前，东海所石建高研究员团队正在与日本公司合作，以推动上述智能养殖网清洗机器人未来在我国水产养殖业上的创新应用。

除此之外，挪威 AKVA 集团也开发有网衣清洗机，AKVA 集团网站展示的网衣清洗机资料图片如图 2-9 所示。

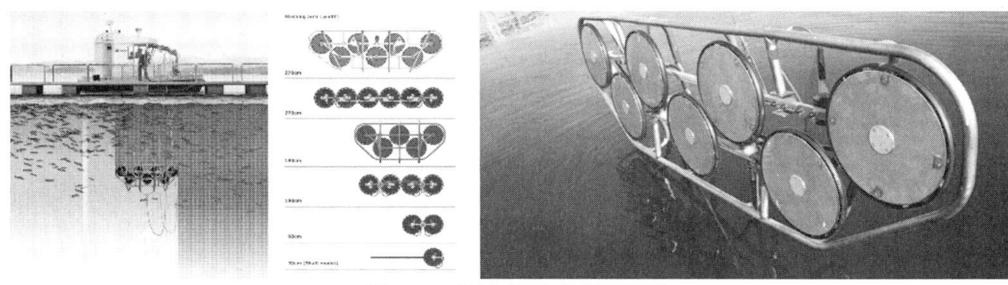

图 2-9　网衣清洗机资料图片

AKVA FNC8 型网衣清洗机及其相关配件如图 2-10 和图 2-11 所示。NCL-SE3-30 型智能养殖网清洗机器人技术参数如表 2-2 所示。

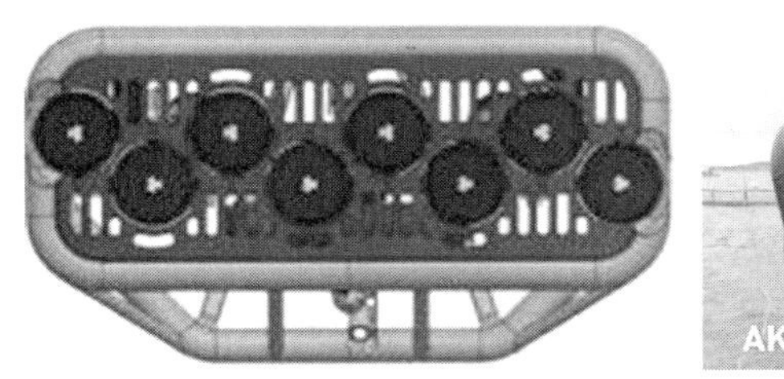

图 2-10　AKVA FNC8 型网衣清洗机

图 2-11　国外养殖设施网衣清洗机

表 2-2　NCL-SE3-30 型智能养殖网清洗机器人技术参数

项目	单位	NCL-SE3-30
外形尺寸	cm	265（长度）×110/140（宽度）×66（高度）
空气中重量	kg	395
行驶速度	m/s	0~1.5（清洗宽度 0.26 m）
清洗系统最大压力	bar	250
最大潜水深度	m	75
高压水泵的规格	L/min	300~500

除（大型）潜水君、AKVA FNC8 等洗网机外，国外企业还开发了多种水产养殖设施网衣清洗设备（图 2-11）。相关宣传资料显示，在挪威 Global Maritime 公司设计“海洋渔场 1 号”（Ocean Farm 1）中，渔网清洗是一个高压海水清洗系统，通过布置在旋转门框架上布置带高压喷嘴的滑轨车喷出高压水清洗渔网上的污损生物。国内相关单位开发的水下洗网机如图 2-12 所示。洗网机可在网箱、围栏、扇贝笼等养殖设施上使用（图 2-13）。有兴趣的读者可参考相关专业文献。

图 2-12　国产养殖设施网衣清洗机

图 2-13　洗网机在生态围栏上的应用

第三节　养殖鱼类运输与捕捞技术

传统养殖业中的人工捕捞、运输不但费时、费力、费工（具有苦、脏、危险等特点)，而且鱼类损伤大且死亡率高。养殖鱼类运输与捕捞技术是水产养殖智能装备工程技术的重要组成部分，其直接关系到水产养殖效率、安全性和综合效益，创新研发应用相关新技术非常重要。本节主要介绍海水养殖鱼类运输技术、捕捞技术，为生态围栏养殖业的绿色发展提供参考。

一、海水养殖鱼类运输技术

国外对鱼类运输技术十分重视，日本到 20 世纪 90 年代，全国仅活鱼运输专用车就有 2 000 多辆。近年来，国内鱼类运输迅速发展，我国山东、福建等沿海地区有一定数量的专用鲜活水产品运输船。海水鱼保活运输难度比淡水鱼大，特别是中底层鱼类一旦减低水压，离水后即死亡，因此，选择适当的保活运输方法，能使海水鱼在脱离原有的生活环境后，仍能存活一段时间，达到保活运输的目的。根据消费习惯，国内海水养殖鱼类消费方式包括活鱼、冰鲜鱼、冷冻鱼、初级加工鱼类以及深加工鱼类等。海水养殖鱼类如果能以活鱼形式提供市场，那么既能提高养殖鱼类的经济价值，又能满足人们对活鱼的消费需求，因此，海水养殖鱼类的快速、高密度保活运输正越来越受到关注。

1. 养殖鱼类保活运输方法

海水养殖鱼类常用的保活运输方法有低温法、增氧法和麻醉法，现简述如下：

1）低温法

根据鱼类的生理温度，采用降温方式，使活鱼处于“半休眠”或“完全休眠”状态，降低新陈代谢，减少机械损伤，延长存活时间。鱼类虽然各有一个固定的生态冰温，但当改变了原有的生活环境时，易产生应激反应，导致死亡，因此，牙鲆、河鲀等鱼类采用缓慢梯度降温的方法较为适合，可提高其存活率。活鱼无水运输，运载量大、无污染、无腐蚀、成本低、质量高；运输容器应是封闭控温式；当鱼缓慢降至冰温区内时，便处于休眠状态，此时应结合氧的供应采取特殊有效的运输方法。

2）增氧法

运输过程中用纯氧代替空气或特设增氧系统，以解决运输过程中水产动物氧气不足的问题。运输工具有活水船、活水车或鲜活鱼类包装袋（图 2-14 至图 2-16）等。活水船运输密度夏季必须低于 75 kg/m^3、春季和秋季 100 kg/m^3 以内、冬季一般为 120~130 kg/m^3。活水车主要用于量少、路途短的运输。国内大连天正等单位已研发出先进的活鱼运输车，可用于河鲀等鱼类的活鱼运输。例如，有一种型号为 HY14-10-17 的活鱼车，车上装备 1 台 3 677 W 汽油发动机泵组，一台 25 kW 发动机组，实现了整机电器化；此外，它还装备了全自动制冷、控温系统；运鱼水温实现了按需设定，自动调换；该机还具有引力自动化排污、净化、水体循环、无压过滤与加压过滤、消能、消波、数字式自动供氧等 14 种适用功能，机体全部使用不锈钢 4 层全保温结构，每车次运鱼 15～16 t，鱼与水的比例为 1∶1，运距 1 000～3 000 km，运输时间 50～100 h，运输成活率 98%～100%。如图 2-17 所示，基于鲜活鱼类包装袋，人们开发了大黄鱼等鱼类鲜活直送用活黄鱼包装袋，通过专业包装，可使大黄鱼等鱼类 18～25 h 内充满活力，实现鲜活直送。

图 2-14　国外活水船及其鱼类捕捞投放

图 2-15　国内活水船及其鱼苗捕捞投放

图 2-16　活鱼运输车

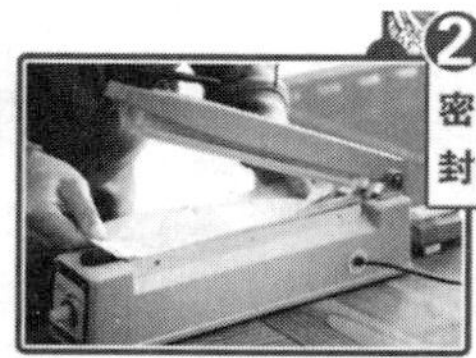

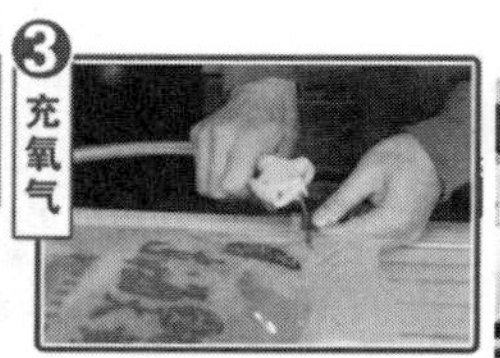

图 2-17　大黄鱼鲜活直送图片

3）麻醉法

目前长途运输活鱼时仍然有几个缺点：运输成本高、水质易恶化、需水（海水）量大（大概是鱼体积的十倍水）、收容率低、鱼容易受伤、运输设备投入大等。为此，人们发明了麻醉法运鱼技术。采用麻醉剂抑制中枢神经，使水产动物失去反射功能，从而降低呼吸和代谢强度，提高存活率。根据水产前沿的相关报道，人们发明了“无水运鱼”技术——海鲜的碳酸麻醉技术。通过使用二氧化碳（CO_2）麻醉鱼让其睡着，并可在新鲜状态下运送到远处的“超越鲜度的技术”被开发出来(图 2-18)。

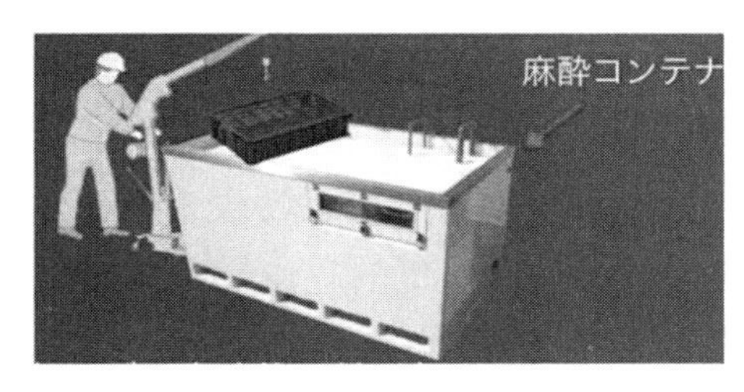

图 2-18　“无水运鱼”技术生产流程示意

海水的存在是进行活鱼运输的重要条件。如果没有海水，是否可以进行活鱼运输呢？实验证明，比目鱼在一定的水温下处于低代谢状态，即使没有海水也能存活约 50 h。如果再加上特别设计的运输箱和运输包装盒，海水不再是运输的必要条件。于是，比目鱼运输专用包装盒和运输横空出世（图 2-19），这不仅可以用于连接市场的鲜鱼卡车运输，而且还可以用于快递和航空运输。

图 2-19　特种比目鱼运输箱和运输包装盒（专利产品）

目前，为了进一步提高实用性，针对需要少量海水运输的鱼类，日本人开发了“日本鱼箱”，它可以使鱼到了目的地还保持鲜活（图 2-20）。

图 2-20　日本鱼箱（专利产品）

2. 活鱼运输的注意事项

水产养殖成鱼的最大优势之一是销售活鱼，从而实现较高的经济效益。活鱼运输事项如下：①保持舱水的清洁（运输途中应及时捞出活水舱里的死鱼，防止死鱼下沉舱底，导致污染水质和堵塞管道）。②保持水泵和充气设备的正常运转；鱼类运输前，必须检查水泵和充气设备的完好程度，运输途中必须保持完好的水体交换和充气增氧。③根据不同的水温进行配载（一般来说，6 月中旬至 9 月中旬鱼类装运量应少于 70 kg/m^3，其他时间的鱼类装运量应少于 100 kg/m^3）。④避免污水、浑水等进入鱼舱（特别是活水船运输，在船只航行或进入港口避风时，尤其要注意，否则将会造成严重损失；注意运输途径水域的盐度变化，避免盐度的突变；在春秋季节运输时还须避免海区突发赤潮的影响，航线需远离赤潮海域）。⑤在舱水溢出口处放置挡流帽，有利于在航行时阻流、阻浪，使自然排水畅通；如果挡流帽失落，航行中的船舶受风浪潮流的影响，舱水就不易排出，就会发生舱水过涨淹没进水喷管，从而会进一步引起鱼类死亡。⑥当鱼类数量较大或路途遥远，活鱼运输困难或无法运输时，必须放弃活鱼运输模式，改用冰鲜或冷藏运输方式。

二、海水养殖鱼类捕捞技术

在水产养殖中，因大型深远海围栏养殖鱼类多、所在海况复杂等因素，深远海围栏养殖鱼类捕捞技术难度较大。大型深远海围栏鱼类捕捞时既可使用围网+手工捕捞，又可采用集鱼+吸鱼泵智能捕捞等多种方法。参照目前已经研发的挪威渔场、“深蓝 1 号”深海渔场、“长鲸 1 号”深水智能网箱等大型深远海网箱装备，大型深远海围栏捕捞，可采用围网捕鱼、张网捕鱼、刺网捕鱼、底网提升装置捕鱼等多种捕鱼方式。国外在进行大型海水养殖鱼类捕捞时，常把吸鱼泵和分级设备安装在一条养殖工船上，捕捞时养殖工船靠近网箱等养殖设施，把吸管放入养殖设施中，启动吸鱼泵将养殖设施中的鱼类吸上并送入分级设备进行分级、计数；整个操作过程时间短、速度快、劳动强度小、操作安全、鱼类不受损伤。水产养殖过程中常常需要对鱼类进行转移、分类、分级或收获，这就要对鱼类进行捕捞。当捕捞或转运活鱼时，鱼类会因此承受压力，往往需要几天时间才能恢复正常，这是水产养殖生产中需要吸鱼泵的原因之一。吸鱼泵最初使用在捕捞渔具作业中，后来逐步发展应用到水产养殖业。海水鱼类养殖用吸鱼泵和捕捞渔具用吸鱼泵相比，在原理和性能上有所不同，海水鱼类养殖用吸鱼泵必须符合养殖工况条件和鱼类品种要求，必须捕捞输送活鱼而无损伤。随着养殖的离岸化、深水化和大型化发展，位于水产养殖设施中的鱼类捕捞变得更加困难。如果在深远海养殖中仍然采用人工捕捞，那么必将呈现捕鱼时间长、渔获物死亡率高、养殖工人劳动强度大等结果。国外吸鱼泵的研制工作起始于20世纪四五十年代，通过采用真空技术来卸载渔获物，这不但提高了工作效率，而且保证了卫生要求，因此，吸鱼泵在一些渔业发达国家得到了推广应用，Impex、Kjaergaard、Iras 和 Euskan 等单位都是世界上知名的吸鱼泵生产商。随着智能装备技术的发展，吸鱼泵结构形式发生了很大改变，工作原理日趋完善，其应用领域也逐步从捕捞渔具拓展到水产养殖。吸鱼泵最先在英国制造使用，挪威、日本、美国和丹麦等国在水产养殖生产中倡导采用吸鱼泵，以实现养殖鱼类的精准捕捞。近年来，我国院所高校企业等在各类资金支持和帮助下，开展了吸鱼泵的研发与应用，几种国产真空吸鱼泵如图2-21所示。吸鱼泵主要包括气力吸鱼泵、离心式吸鱼泵、真空吸鱼泵和射流式吸鱼泵等。相关宣传资料显示，在挪威 Global Maritime 公司设计“海洋渔场1号”（Ocean Farm 1）中，捕捞系统通过设置在网箱框架上的旋转门赶鱼系统来实现养殖鱼类的聚集；再结合转运鱼系统，利用软管转运鱼苗和活鱼；最后，通过吸鱼泵、鱼类分级装置实现鱼类的捕捞与分级（图2-22）。

图2-21 国产真空吸鱼泵

图2-22 旋转门赶鱼系统与活鱼自动分级机

1. 气力吸鱼泵

20 世纪 60 年代，我国科研院所研制成功气力吸鱼泵。气力吸鱼泵可用于一定体长、体重冰鲜渔获物（如带鱼、墨鱼、鱿鱼和大黄鱼等）的抽吸。气力吸鱼泵的原理是利用罗茨鼓风机在整个系统中抽风，当系统风速高于渔获物的悬浮速度时，渔获物随风气流吸入，再经扩容器进入卸料口排出。在气力吸鱼泵运行过程中，采用鼓风机抽风使管道形成一定风速，因此，其噪声大、能耗大、配件气蚀严重。与离心式吸鱼泵一样，气力吸鱼泵也不能抽送活鱼。这限制了气力吸鱼泵在水产养殖上的推广应用。

2. 离心式吸鱼泵

离心式吸鱼泵是应用最早的吸鱼泵，也是我国目前捕捞中使用最为普遍的吸鱼泵。1975 年，我国研制成功液压马达驱动的潜水吸鱼泵，100 min 内可抽吸大黄鱼 35 t，损耗率仅 1%，它可输送体长 40~50 cm（体重 1.1~1.3 kg）草鱼等。20 世纪 50 年代，美国马可公司研制成功离心式潜水吸鱼泵。离心式吸鱼泵是利用液压原理驱动泵的叶轮旋转来抽吸渔获物，其结构简单、效率高且速度快。美国达斯马尼亚公司生产的特大型 1614-P 固定式吸鱼泵，可吸鱼的体长最大达 72 cm（最大体重 9 kg），每小时能抽鱼 200 t。离心式吸鱼泵像一台离心水泵，其工作原理为泵内叶轮在高速旋转下产生离心力，在进口处产生负压，抛出处产生高压，鱼水在负压处吸入，高压处排出。离心式吸鱼泵的转动部件比较特殊，如果为普通中小型离心式吸鱼泵用于活鱼抽吸，那么它们可致鱼类损伤；如果用液压马达驱动叶轮，且泵内密封连接不好，那么，泵体内可能漏油，这会影响鱼货质量，因此，普通中小型离心式吸鱼泵不能抽吸活鱼。近年来，科技人员发明了一种大型离心吸鱼泵，它们能保证吸入泵体的鱼类存活，其关键技术在于该装备拥有特种叶轮结构（图 2-23）。大型离心吸鱼泵叶轮采用两片式，形成两个通道；当叶轮旋转时，离心力的作用使鱼类通过被吸入泵体，然后从叶轮的通道被抛至泵的出口，整个过程，鱼类没有任何损伤。海水鱼类养殖用吸鱼泵如图 2-24 所示。

图 2-23　大型离心吸鱼泵

图 2-24　鱼类养殖用吸鱼泵

3. 真空吸鱼泵

在20世纪五六十年代，国外开始采用真空技术来卸载捕捞渔获物。如美国ETI公司生产的TRANSVAC型真空吸鱼泵的抽吸量范围为300～360 t/h，功率从23～190 kW，且鱼类不受损伤。丹麦IRAS公司生产的真空吸鱼泵被法国、挪威、冰岛、爱尔兰、加拿大等国应用。挪威的TENDOS公司和CFLOW公司生产的真空吸鱼泵都有较高的知名度。近年来，我国研制了HYS-60型真空吸鱼泵、真空活鱼起捕机、真空双筒活鱼提升机等，助力了渔业智能装备技术的发展。真空吸鱼泵一般由真空泵、贮鱼槽、进出软管等组成，利用真空和大气压原理将鱼吸入贮鱼槽进行输送。真空吸鱼泵包括连续式真空吸鱼泵和间歇式真空吸鱼泵（图2-25和图2-26）。

图2-25　连续式真空吸鱼泵

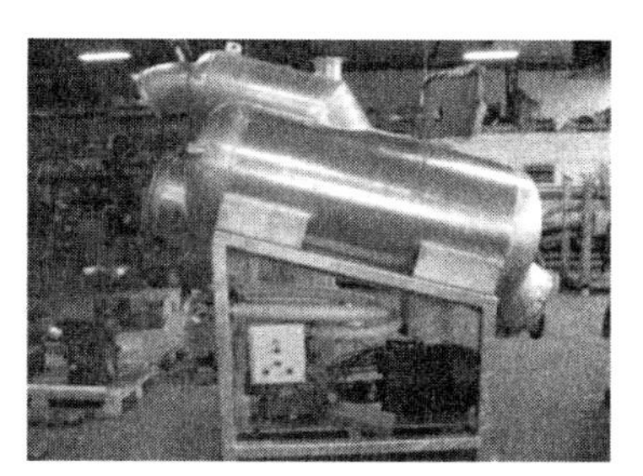

图2-26　TRANSVAC型间歇式真空吸鱼泵

1）连续式真空吸鱼泵

连续式真空吸鱼泵由集鱼罐、水环式真空泵、电器控制箱、电磁阀、真空电接点压力表、电动球阀、三通管、聚氨酯橡胶管等部分组成，它利用双罐交替抽吸、交替排鱼水的方法，达到连续抽鱼水、排鱼水的工作目标［（图2-27）。图2-27和图2-28引自《深水网箱理论研究与实践》，编者根据需要对部分原图进行了修改，在此对原图作者表示感谢］。连续式真空吸鱼泵工作流程为：吸鱼泵置于工作船或工作平台等设施上，将吸鱼泵胶管放入网箱或围栏等养殖设施，启动电器控制箱的按钮，阀门控制系统开始工作，一个集鱼罐（集鱼罐1号）开始抽气，罐内形成负压，当罐内负压达到限定值时，停止抽气，集鱼罐1号开始进鱼，同时，另一个集鱼罐（集鱼罐2号）开始抽气；当集鱼罐2号内负压达到设定值时，停止抽气，集鱼罐2号开始进鱼，同时，集鱼罐1号开始排鱼；集鱼罐2号完成进鱼，集鱼罐1号在该时间内完成排鱼；集鱼罐1号再次开始抽气；集鱼罐2号开始排鱼，集鱼罐1号在该时间内完成排鱼，如此循环往复，直至完成所需鱼类的捕捞为止。连续式真空吸鱼泵效率是单筒间歇式吸鱼泵的1.5倍以上，有效解决了单筒间歇式吸鱼泵存在的能耗高、效率低的问题。

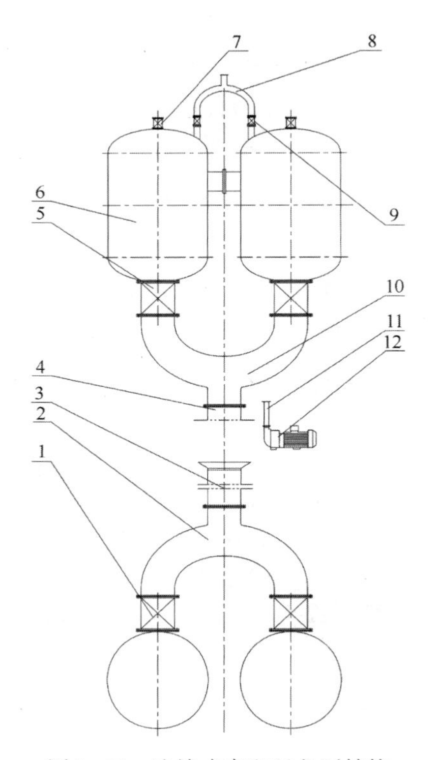

图 2-27　连续式真空吸鱼泵结构

1. 进鱼电动阀；2. 进鱼三通管；3. 吸鱼管；4. 出鱼管；5. 出鱼电动阀；6. 罐体；7. 进气阀；8. 抽气三通管；9. 抽气电磁阀；10. 出鱼三通管；11. 抽气管；12. 真空泵

2）间歇式真空吸鱼泵

间歇式真空吸鱼泵由钢制真空集鱼罐、水环式真空泵、浮球式水位限定开关、全自动电路控制箱、进出气电磁阀和电动球阀、出鱼水密封口特质耐压吸鱼橡胶管等部分组成。其工作原理是将吸鱼橡胶管放入达到一定鱼水比例的网箱或围栏等养殖设施中去，启动自动控制电路开关，真空泵开始工作。此时，钢制真空集鱼罐的抽气电磁阀打开，而吸鱼进口处电动球阀和进气电磁阀处于关闭状态，且出鱼水口的密封门因罐体内外的气压差而自动吸合，真空罐整个系统内部抽气形成负压。当罐内负压达到限定的数值时，吸鱼口电动球阀自动打开，鱼和水通过吸鱼橡胶管被吸入到集鱼罐内；当罐内水位达到限定的水位时，高位浮球式水位限位开关，自动控制系统重复以上的工作程序和步骤，这样就能间歇性地达到真空捕捞鱼类的目的（图 2-28）。间歇式真空吸鱼泵的主要设计参数取决于捕捞对象、捕捞活鱼量和作业环境等因素，实际应用时应根据上述因素进行具体设计。

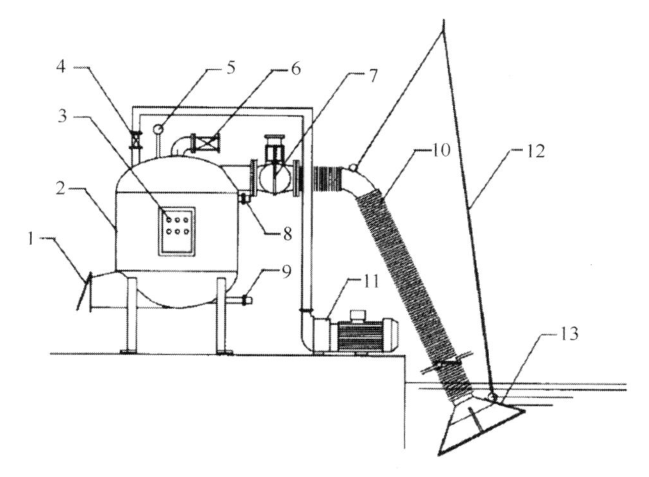

图 2-28　间歇式真空吸鱼泵结构

1. 鱼水出口；2. 真空集鱼罐；3. 控制箱；4. 抽气电磁阀；5. 真空表；6. 进气电磁阀；7. 电动球阀；8. 高水位限位开关；9. 低水位限位开关；10. 吸鱼胶管；11. 水环式吸鱼泵；12. 移动吊索；13. 吸鱼口

4. 射流吸鱼泵

美国 ETI 公司于 1988 年成功研制出 SILKSTREAM 射流吸鱼泵，用于活鱼虾等渔获物的输送，至今已在挪威、希腊、智利、美国、苏格兰、爱尔兰、加拿大、新西兰和中国台湾等地的水产养殖中应用。射流吸鱼泵是利用高速工作流体的能量来完成鱼类输送的机械装置，其核心部件是射流器。射流器由喷嘴、吸入室、喉管（混合管）以及扩散管等部件组成。射流器、动力泵及其管路系统等组成射流吸鱼泵装置。射流吸鱼泵的工作原理是高压水以高速经喷嘴喷出，连续带走吸入室的空气，在吸入室形成真空低压，被抽升的鱼类在大气压力作用下，以流量经吸鱼管进入吸入室内，而后在喉管（混合管）中进行能量传递和交换，使速度、压力逐渐一致，再从喉管进入扩散管，速度放慢，静压力回升，鱼水经排鱼管排出，达到输送鱼水目的。为确保射流吸鱼泵能顺利地从水产养殖设施中捕捞鱼类，需要对鱼群进行适当集鱼，确保鱼水混合比例接近 1∶1 左右；此外，为确保射流吸鱼泵高效安全工作，需要将其妥善安置在工作平台、养殖平台或养殖工船等设施上。射流吸鱼泵主要由主水泵和动力装置、射流头（文丘里管）、辅助泵和鱼水分离器等部分组成。主水泵为离心水泵，其动力为油马达或空冷柴油机，通过连接一个离合器来驱动。主水泵产生的水流进入射流器，它的压力和流量可以满足射流头所需的流量需要。主水泵两端分别与出水管和吸水管相连（吸水管端装有底阀和滤网）。射流器形似一个大三通，呈“T”字形状。

射流器下端是水流入口，与主水泵相连；射流器头的左端与吸鱼管连接，右端与排鱼管连接。射流头是一个独特的组成部分，它产生吸力使得鱼水可以从吸口吸入，并通过泵体流动到排鱼管的末端排出。当柴油机或油马达启动时，与其相连的主水泵运转，打出的水到达文丘里管并通过一缝隙（喷嘴）；喷嘴使高压水流产生附壁效应，而绕文丘里管的整个内壁喷出。这时射流头中心便产生了“文丘里”效应形成负压，鱼和水被吸入文丘里管内的水流保护层中，吸入的鱼无激烈冲撞不受损伤；然后，被吸入的鱼和水进入一个鱼水分离装置，使鱼水分离，鱼类再通过鱼类自动分级装置进行分级等。有的射流吸鱼泵装备兼具计数、称重、施药等多种功能；有的可吸送虾、鲷鱼、鲈鱼、鳗鱼、鲑鱼等，每小时达 80～160 t，每小时最大的抽吸量可达 300～360 t，功率达 190 kW，而鱼类无损伤，保持较高的成活率。SILKSTREAM 射流吸鱼泵每小时可输送 8 000 条 4 kg 重的鲑鱼，但其功率大、价格昂贵、体积笨重，且其需离心式水泵驱动才能工作，效能会被损耗、效率偏低（图 2-29）。射流吸鱼泵的主要设计参数取决于捕捞对象（如规格、种类）、捕捞活鱼量（如鱼水设计流速）和作业环境（如装配高度）等因素。

图 2-29　SILKSTREAM 射流吸鱼泵

5. 其他捕捞技术

除上述起捕技术外，人们还发明了其他围栏捕捞技术，如东海所石建高研究员发明了智能化气动起捕装置（专利申请中）与智能化预设捕捞装置（专利申请中）等多种捕捞装备。张田浩等申请了一种“养殖围网板网捕捞装置”专利，该专利提供了一种渔网网目大小可以调节，且操作方便的养殖围网板网捕捞装置。它包括顶框及渔网网兜，渔网网兜的端口边缘与顶框相连接，网兜上设有用于调节渔网网兜网目大小的网目调节装置。该网目调节装置包括若干气囊装置，且渔网网兜各网目边缘的网线上均设有至少一个气囊装置，装置包括套设在网线上的安装管及套设在安装管外的环形气囊袋，环形气囊袋固定连接在安装管上，网目调节装置的所有环形气囊袋通过连接管相互连通，各环形气囊袋中至少有一个环形气囊袋上设有充排气嘴。综上，生态围栏养殖业可根据海况、鱼类行为、围栏结构、装备技术、人员技术水平等设计、开发符合自身企业发展的围栏捕捞技术。

第四节　养殖鱼类分级技术

在水产围栏鱼类养殖过程中，它们受自身生理特性和外界环境等因素的影响，生长速度不尽相同和均衡。鱼苗投放一段时间后，其规格会出现差异，必须按大、中、小规格进行分级，将规格相近的鱼分区域养殖，否则会产生强弱混养、浪费饵料和管理困难现象。此外，在围栏养殖鱼类捕捞销售时，也需对鱼类规格进行分级筛选；这既是购买方要求，同时也利于养殖场销售平均个体较大的鱼，获得更高销售价格，小规格鱼可放回围栏设施继续饲养。目前，国内海水养殖鱼类的分级一般为手工分拣，工作量非常大。为解决鱼类大小分级问题，人们开发出多种形式的鱼类分级装置。本节主要介绍海水养殖鱼类水中分级装置和捕捞后分级装置，并对养殖鱼类分级理论技术进行分析研究，为创新生态围栏养殖鱼类分级技术提供参考。

一、养殖鱼类水中分级装置

基于网箱等增养殖设施内水中分级，科技人员于 1983 年设计了一种安装在地拉网中用以分离鲑鱼的刚性铝质格栅，它的工作原理是将捕捞网具放入网箱等增养殖设施中，拖曳捕捞网具使增养殖设施中的鱼类全部进入网具中，再通过收绞网具的驱赶和惊吓作用，使体宽较小的鲑鱼穿过铝金属格栅间隙游出，保留在增养殖设施中；体宽较大的则被留在增养殖设施中供捕捞出售。这种自然刚性格栅的主要缺点是分离系统笨重，分离栅的面积受到限制，且刚性格栅往往引起鱼类损伤，从而影响不同大小鱼类分离的质量和效果。上述分级方法主要适于具有较大敞口面积和操作空间的增养殖设施，如圆形网箱、方形网箱、多边形网箱和养殖围栏等。对于上口较小或封闭性很强的增养殖设施，如碟形网箱、Farmocean 网箱和 TLC 张力腿网箱等则很难在增养殖设施内进行分级网的拖曳操作，鱼类规格的分级一般要在捕捞后进行。对养殖围栏而言，可参照具有较大敞口面积和操作空间网箱用水中分级装置进行设计开发。但迄今为止，还未见有生态围栏养殖鱼类水中分级装置大规模产业应用的报道。

二、养殖鱼类捕捞后分级装置

生态围栏养殖鱼类捕捞后分级既可以手工操作，又可以机械分级。手工操作主要是靠人为观测或手感等将大小鱼分开；也有采用带有固定格栅间距的分离箱，将鱼倒入分离箱内，比格栅间距小的鱼通过格栅掉入专用分离箱内，不能通过的鱼类放入其他分离箱。机械式分级是一种分级与捕捞一体机。首先通过吸鱼泵将生态围栏等增养殖设施中的鱼吸入到分级装置的入鱼口；经由该入口，鱼类滑向相邻格栅间距由顶部到底部逐渐增大且倾斜放置的分级装置中；利用鱼类下滑的特点，使小规格鱼能通过层层格栅，大规格鱼在不能通过某级格栅后，沿着该格栅经导鱼槽向下滑动，最终到达该级别收鱼口。比某级格栅间距小的鱼则通过该级格栅到达下一级格栅，如不能通过，则沿相应的导鱼槽到达对应的收鱼口，依次向下滑落，最后完成鱼类的规格分级。对不同鱼类，一般有 4~6 种规格格栅间距，通过调节分级系统上的把柄可以控制间距。对适于在生态围栏等水中分级的增养殖设施，应尽量选择水中分级。因为该分级方式始终保持“鱼不离水”，分级机理是利用鱼类的逃逸行为，使养殖鱼类自动游出分离格栅，因此，分级过程中对鱼类的干扰、惊吓等影响非常小；而将鱼类捕捞到船上或岸上后再进入分级装置中分级，鱼类不仅有短时间的离水过程，而且受到惊吓和干扰的时间也相对较长，对鱼类会产生较大影响，甚至会造成鱼类损伤和死亡率增加，捕捞后的成品率也低。我们介绍一下日本的先进活鱼自动分级机。日本活鱼自动分级机的特点是：①不伤鱼，顺利挑选（因为分级屏采用特殊表面加工处理，所以不妨碍活鱼顺畅地进行无损分类）；②短时间内自动进行大量筛选（机器化以前采用手进行挑选，用设置了多条“V”字沟的自动分级机与吸鱼泵组合，短时间大量鱼类分级能自动进行）；③小巧轻便携带（小型轻量且附带轮子，可以自由携带）；④可以从鱼苗到成鱼进行分级（根据需要调整分级的等级，以挑选所需尺寸的活鱼，实现从鱼苗到成鱼的选择）；⑤结构简单，无故障（因为不使用动力、电力等，人们可在任何地方简单使用）；⑥耐久性出众［设备使用不锈钢或玻璃钢等耐腐蚀材料（图 2-30、表 2-3 和表 2-4）］。

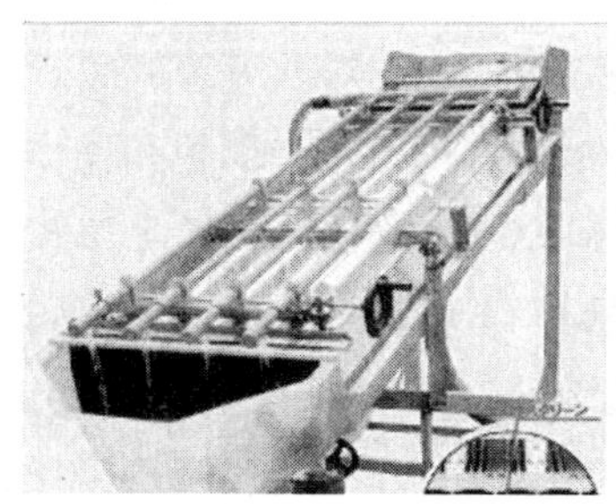

图 2-30　日本活鱼自动分级机（专利产品）

表 2-3　活鱼自动分级机产品规格

型号	SA 型	SM 型
甄别阶段	3 个等级	
入口口径	100 mm	
分级口径	125 mm	
分级屏间隔（最小至最大）	5～20 mm、8～23 mm、10～25 mm、12～27 mm	
处理能力	2～5 t/h	
鱼种	鲶鱼	大马哈鱼
外径尺寸（宽度×长度×高度）	790 mm×3 460 mm×1 960 mm	
重量	250 kg	

注：可根据客户要求，制作除此规格以外的鱼类、处理能力、分级屏宽度等的设备。

表 2-4　LF 型活鱼自动计量机产品规格

型号	LF 型
流入口径	100 mm［吸管约 2 m（根据规格不同）软管间进行连接］
排水软管	进水处管道管径 200 mm，鱼排出部管道软管管径 125 mm
计量能力	约 1.8 t/h（因鱼种、鱼体规格不同而不同）
最小计量鱼体重	约 2 g（LF-331 型活鱼自动计量机）；约 10 g（LF-530 型活鱼自动计量）
鱼种	鳟鱼、竹筴鱼等
精度	97%～90%
电源	3 相 200 V（单相 200 V）
重量	约 210 kg（干燥重量）

注：规格可能会在没有预告的情况下变更。

如果为收获后养殖鱼类，那么可采用鱼类重量分级机进行快速分级。如图 2-31 所示，日本先进的鱼类重量分级机特点包括：①可高效精确计算，减少了硬件筛选环节；②（根据加载单元方式）可进行准确计量；③可以自动归位为零，计量可靠度高；④分级阶段的重量设定简单，可简单地进行触摸设定；⑤设备空间小，结构设计紧凑；⑥根据可变速度调整鱼的供给，初学者通过简单学习就能操作；真正实现了养殖鱼类的高效、精准分级。鱼类重量分级机产品规格如表 2-5 所示。Karmøy Winch AS 在鱼类分级机与鱼水分离器上非常有名。鱼类分级机与鱼水分离器能实现鱼水精准分离，并确保鱼类好的品质。有兴趣的读者或企业可以与他们公司联系，这里不再详细介绍。

图 2-31　日本先进的鱼类重量分级机（专利产品）

表 2-5　鱼类重量分级机产品规格

型号	LC-300-8	LC-300-10	LC-300-12	LC-300-14	LC-300-16
称量（g）	1～300				
最小单位（g）	1				
筛选等级	8 级	10 级	12 级	14 级	16 级
最大能力（尾/h）	7 200				
鱼类体宽（mm）	70				
鱼类体长（mm）	120～270				
安装尺寸（mm）	1 035×3 470	1 035×4 200	1 035×4 640	1 035×5 080	1 035×5 520
电源	单相 100 V、3 相 200 V				

注：除了这个型号之外，可根据客户要求定做。

三、养殖鱼类分级理论研究与技术

针对目前我国的增养殖设施，水产科技人员设计了一种由分级网、分离栅、纲索及属具组成的柔性格栅式水下分级装置。柔性格栅可以有效地把大、小鱼分级，把较大的、更具攻击性的鱼分离出来，使留下的鱼具有更好的生活环境，提高饲料的转化率；较大的鱼可以提前出售，卖到较高的价格，分级剩余的小规格鱼类待养成后再进行销售。柔性格栅式水下分级装置既可以成功去除进入深远海增养殖设施中的野生小杂鱼，又可以降低分级作业时的劳动强度，大大提高了作业效率。我国水产科技人员研制出棱台形鱼规格分级装置（由分离栅、网衣、绳索和属具等部分构成）。其中，分离栅为棱台形刚性结构，由四个正梯形侧面和一个正方形底面格栅平面构成，并在其上方连接由 PE 网衣制成的导鱼网笼；分离栅框架采用不锈钢方管，栅条采用 PVC 管；栅间距应按不同品种鱼类进行生物学参数统计分析后确定。上述刚性分级装置未见有在生态围栏养殖业产业应用的报道。刚性分级装置具有间隙均一不变的优点，但与柔性格栅分级装置相比，其海上使用与操作不便，这限制了其在产业上的实际应用。国内开发的一种柔性格栅及其水下分级操作如图 2-32 所示。文献资料中展示的某企业开发的鱼类分级器如图 2-33 所示。

图 2-32　柔性格栅及其水下分级操作

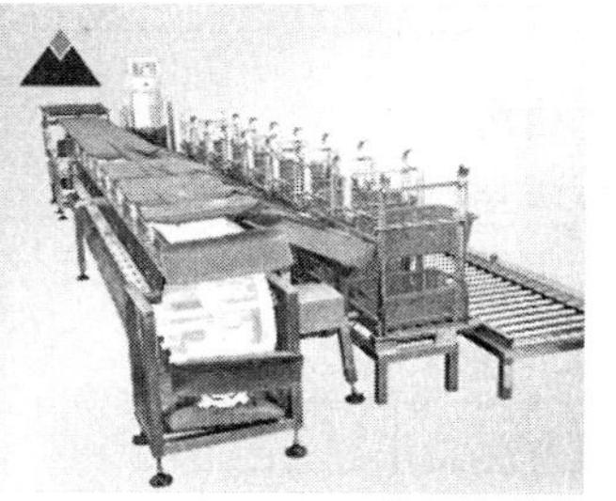

图 2-33　两种鱼类分级器

日前，相关媒体报道了鱼类分级识别上的最新黑科技——挪威三文鱼生产商Cermaq ASA（塞马克水产股份公司）开发“鱼脸识别”技术，颠覆传统三文鱼养殖业。Cermaq ASA公司向挪威渔业局申请了四张许可证，开发“iFarm”养殖模式。该模式采用了“鱼脸识别”技术，可为每条三文鱼定制“身份证”和“病历本”。当每条鱼都有各自的“身份证”和“病历本”时，生病个体被计算机系统准确识别、自动隔离、定制治疗；其他的鱼群免于交叉感染，即使密度再高，也可规避疾病的爆发；未来通过应用上述黑科技与其他技术，养殖鱼类全军覆没的悲剧有望不再上演。这种“个性化养殖”理念发源于畜牧养殖业。经过了多年的研发，Cermaq公司率先于2016年设计出全球首个三文鱼个性化养殖设备。不同于传统三文鱼养殖设施，iFarm增养殖设施的深度超过了鱼虱传染的水层。深水层与水面仅有一条很窄的通道，通道内装有科技公司BioSort AS研发的iFarm传感器。每条三文鱼游上水面给鱼鳔充气，都必须经过iFarm传感器，传感器内装有多个摄像头，能通过智能程序识别每条鱼类表面特征并绘制成3D模型，即“鱼脸识别”技术。据Cermaq ASA公司介绍，“鱼脸识别”技术还可以识别每条鱼身上鱼虱的数量，以及是否有机械损伤或畸变；自动分级器具有分级收鱼功能。此外，iFarm系统还能生成鱼类健康报告，如有鱼类逃逸，系统能第一时间发出自动警告。Cermaq公司的iFarm系统目前还处于研发雏形阶段，须不断地接受调试改进系统可靠性。这真是值得水产界期待的高科技养殖装备。综上所述，鱼类行为技术、渔业信息技术和智能化装备技术等新技术的创新应用，促成海水养殖鱼类分级装置的快速发展，助推水产养殖智能装备技术现代化建设。与国外先进的鱼类分级技术相比，我国相关技术还很落后，急需开展重大专项研究，任重道远。

第五节　安全防护与环境监测智能装备技术

生态围栏由于地处深远海、养殖环境恶劣且复杂多变、养殖鱼类数量（较）多、鱼群活动范围较大，一旦发生网破鱼逃、病害死亡或环境污染等事故（如赤潮、海上溢油污染事故等），养殖户或养殖企业将遭受重大损失，因此，研究生态围栏安全防护与环境监测智能装备，并实时掌握生态围栏设施工况、养殖区域海况、养殖鱼类行为和养殖设施周边环境等十分重要。适应围栏养殖的发展需求，人们（开始）创新开发、应用安全防护与环境监测智能装备，以实时监测养殖水域环境、养殖网衣与养殖鱼类安全，并为自动投饵、智能起捕和网衣清洗等提供辅助技术支撑以推动生态围栏养殖业的健康发展。本节简要介绍水下监视器、渔业互联系统、水下网衣破损监测系统等装备技术，为开发应用安全防护与环境监测智能装备提供参考。

一、水下监视器

水下监视器可用于围栏养殖鱼类行为或养殖网衣的水下监测。水下监视器一般包括控制器、摄像机、录像机或显示器等部分。水下监视器工作时，从水下密封壳体内摄像机引出的视频传输光缆通过插头、插座与控制器连接，通过视频线将水下摄像机拍摄的视频图像传输到显示器与录像机，供用户观察、录制或分析研究。在实际围栏养殖生产中，养殖户等收放拉杆线就可以改变围栏水下监视器中摄像机探头的观察角，从而调整水下监测区域。水下监视器使用时对海水透明度有一定的要求，当海水浑浊时，其照射范围较小，这限制了它在水产养殖业中的应用。为提高水下监视器使用效果，人们可在水下监视器上外置水下照明灯等辅助光源并增设自清洁机构（如智能防污机械手等），以提高监视图像清晰度、并确保其在海水中长期放置和使用。通过上述改进措施，水下监视器维护周期可超过 3 个月，工作水深也可提高至 2 000 m 左右（图 2-34）。基于海水浑浊下的水下监视、水下监视器壳体防污等都是围栏养殖水下监视器急需解决的技术难题，急需军民融合等措施来逐步解决。

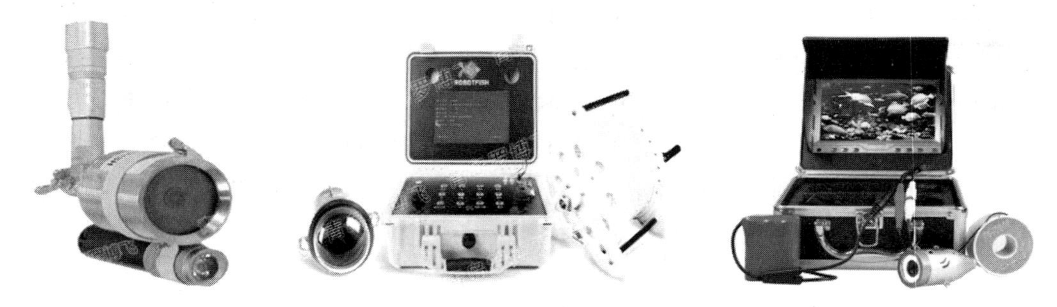

图 2-34　不同种类的水下监视器

除上述水下监视技术外，人们还发明了其他水下监视技术，如刘嫚等申请了“养殖围网监控装置”专利，该专利公开了一种养殖围网监控装置，旨在提供一种不仅可以有效判断养殖围网是否发生破损，而且可以有效避免围网破损时，网内的养殖生物大量流失的问题的养殖围网监控装置。它包括环绕设置在养殖围网外的外层隔离围网及若干用于监控养殖围网与外层隔离围网之间区域的外水下摄像头。综上所述，生态围栏养殖业可根据海况、鱼类行为、围栏结构、装备技术、人员技术水平等设计、开发符合自身企业发展的生态围栏水下监视技术。

二、渔业互联系统

物联网技术与智慧渔业的发展为智能化水产养殖管理模式创造了条件。基于智能传感技术、智能处理技术及智能控制技术等智能化水产养殖管理系统，集数据、无线传输、图像实时采集、智能处理预警信息发送、辅助决策等功能于一体，通过对养殖水体水质参数的准确检测、数据的可靠传输、信息的智能处理以及增氧、投喂等自动控制，实现水产养殖生产过程的智能化管理。用户可通过手机、PDA、计算机等信息终端，实时掌握生产过程各环节情况，及时获取异常报警、养殖水体水质信息及生产各环节信息，并可以根据监测结果，实时采取必要措施，实现水产养殖的科学管理，避免损失，助推智慧渔业的蓝色革命。以下是某公司完整展示的渔业互联 - 水产养殖物联网系统（图 2-35）。

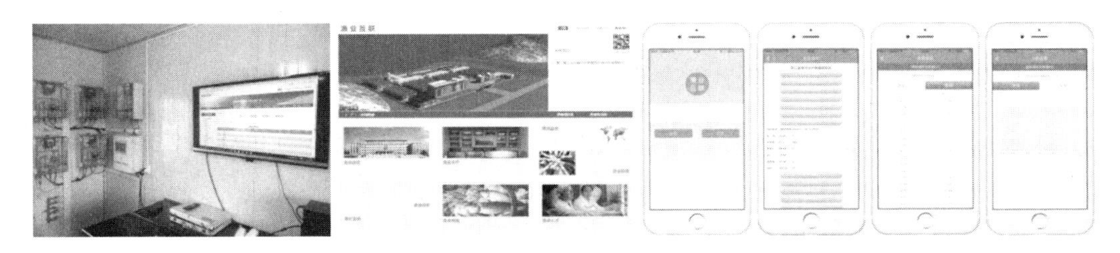

图 2-35　渔业互联展示

中天海洋系统有限公司针对某一入海河流口河海交界等区域水质监测需求，建设立体式海洋水质在线监测系统，可为海洋水质水文监测提供实时在线的数据推动了渔业互联系统在水质监测上的创新应用。碧海仙山和明波水产等单位展示的在线监测渔业互联系统，可通过溶氧监测仪、温盐深仪、pH 监测仪、营养盐分析仪、氨氮在线分析仪等仪器设备对被测水体进行实时在线水质监测，有溶氧、温度、pH、盐度、COD、氨氮等水质指标，所有水质测量数据均可以在监控室的水质监测主机柜屏幕显示，也可以接入到大屏显示器上显示（图 2-36）。上述智慧渔业管理系统助推了企业管理技术升级。

图 2-36　在线监测渔业互联系统

水质在线监测渔业互联系统可设置报警功能，主控制柜上一般设有触摸屏幕，可实现现场操作并设定水质数据波动的上下范围值，当被测水质指标超出设定上、下限范围（即水质较差）时，系统自动显示报警，让管理工作人员知晓情况并采取相关措施。在线监测渔业互联系统可实现水下视频监控、岸上视频监控（图 2-37）。水下摄像头在光照条件良好、水质良好、水透明度和能见度较好的情况下对水下一定深度的养殖环境实时监控，能见度数为 1 m 左右，可以看到摄像头附近的水下动态，比如养殖鱼类游动或吃食情况、水下网衣状态、水中浮游生物和天然饵料等。岸上安装视频监控的摄像头可以对整个养殖区域环境进行实时在线监控，拍摄到的视频通过网线或光纤等传输到监控室视频显示器上。支持多个摄像头多通道视频同时查看，全视角监控养殖区域环境；支持用户在云平台控制摄像头拍摄的视角，全方位监控养殖区域实时情况；本地硬盘可进行录像的循环录制，图像可存储，确保用户回看已有视频监控数据；支持用户通过网站方式远程多通道查看监控视频。上述工作有利于围栏养殖业的防盗、环境监测与安全防护。

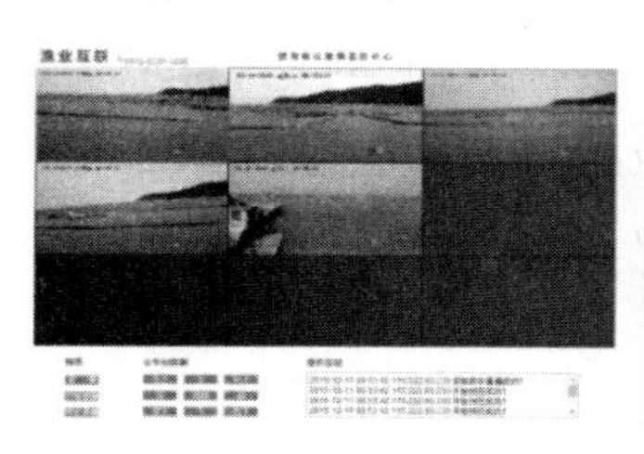

图 2-37　实时在线视频监控

在安全防护与环境监测系统方面，挪威和日本等水产养殖发达国家已高度集成应用（图 2-38），挪威 AKVA 智能喂养软件可随时完全控制现场的环境状况；这些数据可以实时查看或记录以供以后分析研究；AKVA 智能软件也可以设置为根据这

图 2-38　集成应用的水产养殖安全防护与环境监测系统

些参数自动控制进料。综上所述，渔业互联系统的创新应用，助力了深远海养殖的绿色发展和现代化建设，智慧渔业大有可为、前景广阔。

三、水下网衣破损监测系统

在围栏等水产设施养殖中，由于网衣强度低等原因造成养殖设施网衣破损的现象时有发生，如能及时发现网衣破损，并告之网衣破损的位置，则可采取有效措施，大幅度降低由鱼类逃逸而带来的经济损失，为此，人们发明了水下网衣破损监测系统。相关公开资料显示：网衣破损监测系统包括单片机、电平转换电路、GSM 手机模块、组成罩网的多片网片、罩网网片检测电路。为监测网衣破损目标，人们在围栏等养殖设施外部安装罩网；在网衣破损监测系统中，人们将罩网网衣分成数片，并通过软件进行编码，每片网衣按要求布置有导线且与网衣相贴；网衣正常时系统几乎不耗电，单片机对系统定时进行循环检测，只有在网衣线路故障或破损后连带其外部罩网断线，罩网中电流通过海水将系统导通，单片机控制 GSM 手机模块向养殖户或养殖企业发出报警信号，当外部罩网与系统发生连接故障，系统也向用户发出故障报警，报告故障或网衣破损部位的位置信号（图 2-39）。网衣破损监测系统可降低经济损失，并能确定网衣线路故障或破损位置。参照上述网衣破损监测系统，人们可设计开发适合生态围栏的网衣破损监测系统，以降低网破鱼逃带来的损失。

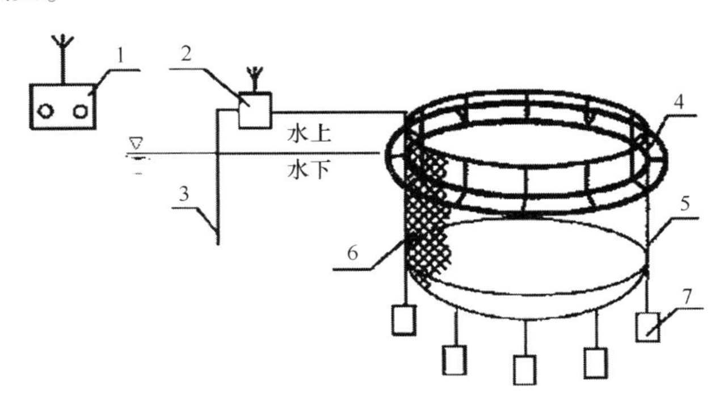

图 2-39　网衣破损监测系统工作原理

1. 信号接收器；2. 信号发射器；3. 电极；4. 网箱框架；5. 网衣；6. 罩网网片；7. 沉块

四、声呐系统

光波在水中的传导性差、吸收大、衰减快，尤其在海水混浊时，照射的范围小，并且采用光学探测时还需要提供供电系统。声波在水中传播的性能好，声呐系统中的换能器可发射一定频率的窄声束，用户通过旋转换能器就可以实现窄声束对围栏等设施养殖区的扫描和监测。基于声呐的特殊功能，人们创新开发了水产养殖声呐系统，以监测养殖围栏水下网衣工况或养殖鱼类行为。深远海网箱或生态围栏等增养殖设施在海中放置一段时间后，其网衣上会附着藻类、藤壶等污损生物。与鱼群散射特性类似，随着网衣上污损生物附着的增加，网衣处的回波强度也随之增加；若养殖网具上某处出现网衣破损，则该破损处网衣的回波强度会大幅度减小，这为我们通过声呐系统监测水下网衣提供了科学依据。声呐系统主要包括指示器、中央处理器、发射机、接收机和换能器动作控制机等部分。一些发达国家目前正在有效地将高新信息技术（如 3S 技术）应用于渔业生产、科研和管理等方面，并针对不同的应用对象和用途进行研究开发。随着渔业装备工程技术以及计算机高新技术（如智能识别、推理和神经网络技术）的发展，智能化渔业装备将在自动投饵、饲料配制、鱼病诊断、水质理化参数监控、网衣状态与鱼类行为监测等方面得到更广泛的应用。

五、水下机器人

水下机器人是一种工作于水下的极限作业机器人（图 2-40）。水产养殖环境恶劣危险，人的潜水深度有限，所以，水下机器人在网箱、生态围栏等增养殖设施安全防护与环境监测系统上的创新应用将会越来越重要。

图 2-40　水下机器人

为消灭海虱（Lepeophtheirus salmonis），Marine Harvest、Lerøy Seafood Group 和 SalMar 公司合作研发了一种水下机器人——Stingray（装置），现在大约有 200 台 Stingray 设备分布在挪威和苏格兰的三文鱼养殖场（图 2-41）。Stingray 通过实时视频馈送来“观察”养殖的三文鱼，并使用类似于人脸识别软件背后的人工智能程序辨别海虱；其可以识别出鱼鳞上的颜色和纹理异常；当检测到有海虱存在时，机器人会用一个手术二极管向海虱发射激光束，激光束会让它们炸开漂走。Stingray 使得养殖场的海虱数量减少了大约 50%，随着人工智能技术的发展，未来新型水下机器人将能更有效地消灭海虱，其产业化前景非常广阔。

图 2-41　Stingray（装置）及其在三文鱼养殖中的应用

水下机器人种类很多，如可修补网衣的水下机器人（图 2-42）等。Deep Trekker 水下机器人等可修补网衣的水下机器人可对养殖设施水下网衣实现水下安全监测，同时还能通过修网功能配件对特定类型网衣实施修网操作。

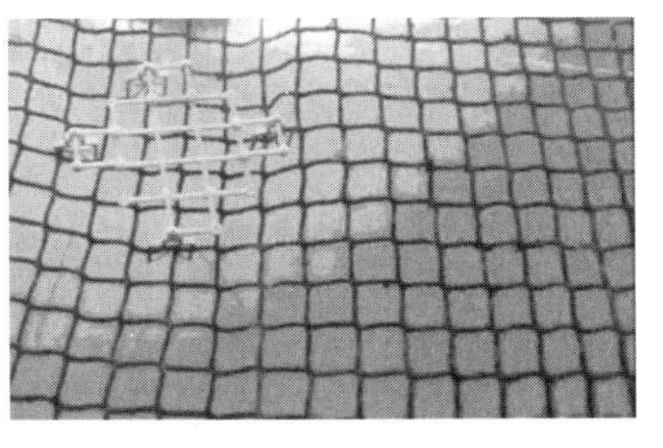

图 2-42　水下机器人及其控制台与修网功能配件

第六节　养殖工作船与养殖平台研究现状

海水养殖业一般离岸均有一定距离，为方便日常管理、工作、生活和补给等，海水养殖中需配套一些养殖装备（如养殖管理工作船等）。为区别用于鱼类等水生生物养殖的养殖工船，人们通常将养殖管理工作船称之为养殖工作船。增养殖设施项目中用于养殖的管理工作平台简称养殖平台，它既是水产养殖生产中的相关工作平台和小型仓库，又是养殖人员工作及休息等的场所。本节主要简述养殖工作船与养殖平台研究现状，为开发应用新型水产养殖装备提供参考。

一、养殖工作船研究现状

养殖管理工作船既可用于饵料投喂、网衣清洗、鱼类加工、水质监控或鱼类起捕等日常生产，又可用于人员、饵料、冰块和鱼类等日常运输。在水产养殖中，人们既可购置或建造新的养殖工作船，又可通过购置或改造旧船成养殖工作船。根据养殖海况、企业情况与养殖规模等因素，人们在养殖工作船上可有选择地配备吊机、活水仓、吸鱼泵、空压泵、投饵机、网衣清洗机、水质监控系统、鱼探仪、饵料加工设备以及中央控制系统等。中大型养殖工作船既可兼作水产养殖工作平台（当养殖工作船兼作水产养殖工作平台时，它又称为船舶工作平台），又可兼作鱼类养殖、鱼类加工、鱼类运输和休闲垂钓场所等。在一些文献资料或媒体报道等中，有人将养殖工作船与养殖工船混淆，但读者应注意区分。养殖工船与养殖工作船是两个完全不同的概念。养殖工船需配置养殖池、养鱼水舱或养殖箱体等养殖区，它一般具备产业化养殖生产功能，并以养殖鱼类等水生生物为目的；此外，养殖工船也可为临近水域网箱、生态围栏等提供饵料加工、物资存放、人员住宿、电源输送、海上施工、物资转运、水产品加工与贮藏等配套支持（养殖工船相关资料可参阅本书第一章相关内容或相关资料文献）。图 2-43 为资料文献中展示的养殖工作船（图片源自《INTELLIGENT EQUIPMENT TECHNOLOGY FOR OFFSHORE CAGE CULTURE》《海水抗风浪网箱工程技术》《海水增养殖设施工程技术》）。

图 2-43　养殖工作船

二、养殖平台研究现状

养殖平台亦称养殖浮台或工作廊桥等。产业化围栏养殖生产场所一般设有养殖平台，以此作为管理、监控、记录、储藏、休息、暂养、餐饮、住宿、聚会、娱乐、垂钓休闲、旅游观光、饵料存放或加工等相关场所（其中，开展养殖工作外的经营性养殖平台必须获得政府管理部门的许可和批准，并需按规定配套安全保障措施）。养殖平台是海水养殖业的重要组成部分，产业化生产中一般都配置专用养殖平台（也有企业以养殖工作船兼做养殖平台）。有的企业在相邻两个网箱等增养殖设施之间铺设 1~4 m 宽的工作廊桥，便于行走和操作（图 2-44）。国内网箱管理工作平台面积一般为 100~300 m^2，其结构形式多样，既有采用“小木房+木板或塑料板+浮筒或泡沫浮球+护栏+锚泊系统”组合式结构平台，又有采用“小木房+HDPE 浮管或 HDPE 框架+木板或塑料板+护栏+锚泊系统”组合式结构平台，还有采用“改装后退役旧船+锚泊系统”。中集蓝等单位设计开发了多功能海洋牧场平台（有的平台面积高达逾 600 m^2），平台除用于日常养殖管理工作外，还可以用于餐饮、住宿、婚庆、旅游观光、休闲垂钓等第三产业。多功能海洋牧场平台扩展了海洋渔业发展空间，实现了水产养殖从近岸向深远海的拓展。海洋牧场平台在一些文献报道中也称为养殖平台，本书因此也称为养殖平台。我国具代表性的围栏养殖平台如图 2-45 所示。目前国内建设的生态围栏一般都设有走道，走道宽度为 2~10 m，走道铺设的格栅可作为平台使用。该平台除用于日常养殖管理工作外，还可以用于餐饮、旅游观光和休闲垂钓等第三产业，助力休闲渔业的发展。

图 2-44　相邻两个网箱间的工作廊桥

图 2-45　生态围栏平台

国外水产养殖工作平台主要有两种类型，即相对固定的钢筋混凝土浮台和可移动养殖工船。工作平台多为钢筋混凝土结构，代表性工作平台面积为 500~1 000 m^2、深 5 m、吃水 2 m，内空（内设动力系统，噪声小）；控制室、投饵机、仓库及员工休息室等都设置其上。钢筋混凝土浮台由于抗风浪能力差，一般只在风浪较小的峡湾内使用。由于钢筋混凝土浮台本身不能自行，所以大部分情况下依靠其他船只进行补给。图 2-46 为资料文献中展示的国外养殖平台（图片源自 AKVA 集团网站和《海水抗风浪网箱工程技术》等）。工作平台是生态围栏养殖设施的重要组成部分，值得我们深入研究。

图 2-46 养殖平台

第三章　深远海生态围栏用纤维绳网技术

新材料技术是按照人的意志，通过物理研究、材料设计、材料加工、试验评价等一系列研究过程，创造出能满足装备设施等需要的新型材料技术。新材料的创新应用为深远海生态围栏（设施）[以下简称“生态围栏（设施）”]的离岸化、大型化和现代化发挥了重要作用。纤维、网线、绳索和网片统称为（纤维）绳网。材料是生态围栏技术的重要组成部分，网具系统、桩网连接系统、底部防逃系统等均离不开纤维绳网材料。中国是世界上产量最大的绳网材料生产国，2018 年，全国渔用绳网制造总产值高达 136.2 亿元。本章主要介绍纤维技术、网线技术、绳索技术和网片技术等海水围栏用纤维绳网技术，为高性能与功能性生态围栏养殖用纤维绳网技术研发应用提供科学依据。

第一节　围栏用纤维技术

自古以来，材料一直是推动社会发展和科技进步的动力。材料技术、信息技术与生物技术一起构成了 21 世纪世界最重要、最具有发展潜力的三大领域。纤维是材料的一种存在状态，是材料科学的重要组成部分。在渔业领域，合成纤维绳网由纤维加工而成。本节对纤维种类、尺寸与形态等进行研究，为生态围栏养殖业提供参考。

一、纤维种类、尺寸与形态

纤维通常是指长宽比在 1 000 数量级以上、粗细为几微米到上百微米的柔软细长体，纤维应具有一定的柔曲性、强度、模量、伸长和弹性等性能。纤维有连续长丝和短纤维之分。纤维状物质广泛存在于动物毛发、植物和矿物中。人类发展史与纤维材料的发展有着密切的关系。历史上人类认知、使用的纤维主要有天然纤维和化学纤维。1937 年出现了聚酰胺（Nylon）纤维，1938 年又出现了涤纶（PET）纤维，这些化学纤维的出现极大地丰富了纤维的种类与用途。生态围栏领域用纤维统称为生态围栏养殖用纤维，简称围栏纤维。

1. 纤维种类

1）天然纤维

纤维是纺织材料的基本单元。随着科技的发展，纤维材料的种类日益繁多。纤维材料有多种不同的分类，根据组成的属性不同可分为有机纤维和无机纤维；根据英国、美国习惯可分为天然纤维、人造纤维和合成纤维；根据原料来源不同可分为天然纤维和化学（再生、无机和合成）纤维。而无机纤维又分为天然无机纤维和人造无机纤维。天然无机纤维有石棉等纤维；人造无机纤维主要有碳纤维、玻璃纤维、陶瓷纤维和金属纤维等。金属纤维是指由金属制成的无机纤维。人造纤维主要指再生纤维。以石油、煤、天然气及一些农副产品为原料制成单体，经化学合成为高聚物纺制的纤维称为合成纤维。天然纤维按来源分为植物纤维、动物纤维和矿物纤维。天然纤维的利用可追溯到 8 000 年以前古埃及对麻类纤维的应用。渔用天然纤维主要包括植物纤维和动物纤维两大类。植物纤维有种子纤维、叶纤维和韧皮纤维等。棉纤维可以加工成各种粗细的渔网线，过去人们曾将棉纤维或棉纱加工成网线，或将棉线制成渔网。马尼拉麻（简称 Manila 麻）适于作船用缆绳，历史上优质马尼拉麻曾被制成底拖网的大规格网衣使用。植物纤维中还有稻秸、棕榈和竹篾等材料，这些材料绝大多数用来制造绳索。植物纤维的腐烂对渔网产生的副作用是增加了劳力消耗和生产成本。动物纤维包括丝纤维、毛纤维等。曾在渔业上使用的丝纤维为桑蚕丝。在日本，丝纤维中桑蚕丝网衣曾被用于特殊的渔具上，但价格昂贵，故目前已很少用于制作渔具。由此可见，19 世纪末之前人类主要认知和使用的渔用纤维为天然纤维，在当时历史条件下，天然纤维对渔业的发展和进步起到了积极作用。天然纤维渔具存在许多缺点，这给渔业生产带来了许多不利。目前，除了绳索、网线等还使用少量麻、棕外，其他渔用材料基本不采用天然纤维。

2）化学纤维

从 19 世纪 90 年代黏胶纤维问世以来，化学纤维已经过了一百多年的发展历程，特别在 20 世纪 30 年代尼龙实现工业化生产后，发展更为迅猛，取得了丰硕的成果。化学纤维的世界总产量已超过了天然纤维。化学纤维在科学技术上所取得的进展也大大超过天然纤维，出现了许多新品种，如涤纶、丙纶、维纶和芳纶等。现在，化学纤维不仅是满足和丰富人民生活所必需的纤维材料，而且已成为经济建设中所不可缺少的重要材料。化学纤维按来源和习惯分为再生纤维、无机纤维和合成纤维三大类。合成纤维特别适宜制作网线、网片和绳索等绳网材料。合成纤维具有一个显著的特性——不会腐烂。合成纤维的出现极大地丰富了渔用纤维的种类与用途，其在渔业上的推广应用成为现代渔业的一次革命。合成纤维对大规模深远海渔业及小规模集体渔业显示出相同的优越性。为适应现代渔业的发展需要，渔业中广泛应用了合成纤维材料。在现代渔业中，目前除马尼拉绳和西沙尔绳等少部分绳索外，天然纤维几乎完全被合成纤维所取代。合成纤维的品种很多，目前，养殖围栏等渔用合成纤维主要有聚乙烯纤维、聚丙烯纤维、聚酰胺类纤维、聚酯类纤维、聚乙烯醇纤维、聚氯乙烯纤维和聚偏二氯乙烯纤维 7 类（表 3-1）。腈纶（PAN）、聚对苯二甲酸丁二酯纤维（PBT）、聚对苯二甲酸丙二酯纤维（PTT）、锦纶 1010、锦环纶（PACM）、维氯纶（PVAC）、过氯纶（CPVC）和氟纶（PTFE）等合成纤维在渔业上应用很少，液体 PTFE 可用作网箱防污涂料用功能填料。制造合成纤维的方法非常复杂，如渔用丙纶单丝（PP 单丝）的制造要点主要包括：①原料及典型配方；②拌料染色；③熔融纺丝；④预牵伸冷却；⑤热牵伸热定型；⑥卷绕成型（上述 PP 单丝生产过程统称纺丝，俗称拉丝）。

表 3-1　合成纤维名称及代号

类别	化学名称	代号	国内商品名	常见国外商品名	单　体
聚酯类纤维	聚对苯二甲酸乙二酯	PET	涤纶	Dacron，Telon，Teriber，Terlon，Lavsan，Terital	对苯二甲酸或乙二醇或环氧乙烷
聚酰胺类纤维	聚己内酰胺	PA6	锦纶 6	Nylon6，Capron，Chemlon，Perlon，Chadolan	己内酰胺
	聚己二酰己二胺	PA66	锦纶 66	Nylon66，Arid，Wellon，Hilon	己二酸，己二胺
聚烯烃类纤维	聚乙烯纤维	PE	乙纶	Pylen，Vectra，Platilon，Vestolan，Polyathylen	乙烯
	聚丙烯纤维	PP	丙纶	Polycaissis，Meraklon，Prolene，Pylon	丙烯
	聚乙烯醇纤维	PVA	维纶	Vinylon，Kuralon，Vinal，Vinol	醋酸乙烯酯
	聚氯乙烯纤维	PVC	氯纶	Leavil，Valren，Voplex，PCU	氯乙烯
	聚偏二氯乙烯纤维	PVDC	偏氯纶	Saran，Permalon，Krehalon	偏二氯乙烯

2. 纤维尺寸与形态

纤维尺寸与形态复杂多样，不同尺寸与形态的纤维具有不同的性质。纤维可以按长度不同，分为长丝、短纤维、短切纤维和纤条体等类别。长度可达几十米以上的天然丝和可按实际要求制成的任意长度的细丝状纤维称为长丝。长丝包括单丝、复丝和变形丝。纺织用天然长丝主要包括桑蚕丝和柞蚕丝；合纤长丝主要包括涤纶长丝、锦纶长丝、丙纶长丝和腈纶长丝等。较短的天然纤维和由长丝切断成适合纺纱要求长度的纤维称为短纤维。化学短纤维的主要品种有涤纶短纤维、锦纶短纤维、丙纶短纤维、维伦短纤维和腈纶短纤维等合成短纤维。由短纤维制成的网线，如掺有维纶纱的紫菜养殖用维纶/乙纶混合线、维纶/乙纶混合绳，由于表面粗糙且有茸毛，可降低其网结的滑动。用短纤维捻制的纱要比用同样材料制成的复丝纱强力偏低，而伸长较大。按直径不同，化学纤维分为常规纤维、粗特纤维和细特纤维。根据表面和纵向的形态不同，化学纤维可以分成许多种类。例如直丝、变形丝、网络纱、卷曲纤维和薄膜纤维等。裂膜纤维是聚合物薄膜经纵向拉伸、撕裂、原纤化制成的化学纤维。裂膜纤维加捻后可形成单纱，它是一种新型纤维，来源于塑料扎带（薄膜）。PP 裂膜纤维可用于编织包装袋、捆扎带和丙纶夹钢丝绳等的加工。丙纶夹钢丝绳在渔业上可用于拖网渔具底纲、生态围栏纲绳等的制作。合成纤维的形态分类比较复杂，纺织材料上，依据丝的来源还有天然丝和化纤丝之分，而化纤丝又分为长丝和变形丝。单丝根据截面形状分为圆丝、扁丝和异形丝等。合成纤维除上述单一组成形式外，可通过共聚、共混、接枝、渗入、涂层等方法改变其组成，获得各自不同的组成、结构与性能；也可通过变形、异形、超细、切断等加工方法改变纤维形态。不同形态的纤维具有不同的性质。渔用合成纤维中，并非每种高分子聚合物都可制成长丝、短纤维和裂膜纤维等基本形态（表 3-2）。

表 3-2 渔用合成纤维性能

纤维性能	纤维种类							
	PE①	PP	PA6	PA66	PET②	PVA③	PVC④	PVDC
密度（g/cm^3）	0.96	0.91	1.14	1.38	1.30	1.35~1.38	1.70	
软化点（℃）	115~125	140~165	170~180	0~250	0~250	200	70~80	115~160
熔点（℃）	125~140	160~175	215~218	250~266	250~266	220~230	180~190	170~175
渔网纤维形态 长丝	×	×	×	×	×	×	×	
渔网纤维形态 短纤维	–	(×)	×	(×)	×	×	–	
渔网纤维形态 裂膜纤维	(×)	×	–	–	–	–	–	
断裂强度	高	很高⑤	很高	高	中等	低	低	
干裂强度与湿断裂强度之比（%）	110	100	85~95⑥	100	77	100	100	
在 100℃ 水中的缩水率（%）	5~10	3	10	8	2	≥40	3	

续表

纤维性能	纤　维　种　类							
	PE①	PP	PA6	PA66	PET②	PVA③	PVC④	PVDC
相对湿度为65%时的回潮率（%）	0	0	4	0.4	5	0.3	0.4	
水中重量相当于空气中重量的%	0	0	12	28	23	26~28	41	
湿态下伸长度	介于PA与PET之间	低	高	低	高	高		
耐候性（未经染色处理）	中等	低到中等	中等	高	高	很高	高	

注：×代表是；（×）代表可能，但不常用；-代表否；①聚乙烯：高密度聚乙烯；②聚酯：目前，聚酯纤维通常是指聚对苯二甲酸乙二酯纤维；PES为聚醚砜（polyether sulphone）的英文缩写，但在某些文献中，有人也将聚酯纤维（polyester fiber）误译为“PES纤维”；渔业领域中目前人们所讨论的聚酯纤维为PET纤维（涤纶）；③聚乙烯醇缩甲醛：维尼隆、可乐隆；④聚氯乙烯：罗维尔、泰维隆；⑤呈长丝状；⑥仅指网线，并非指单纤维。

3. 纤维表征与共性

结构是纤维的固有特征，是纤维的本质属性。不同纤维具有不同的理化性质，其决定着纤维各自的使用特性，而产生和保持这种特性的根本原因在于纤维自身的结构。纤维结构的内涵，可以深入到微观的分子组成与形式，也可大到纤维本身的宏观整体形貌；可以是纤维表层或表面结构与组成，也可以是纤维内部的组织结构与成分。这些结构基本单元的相互作用及排列形式是影响纤维各项性质的内在原因。因此，人们在探索合成纤维的基本特性，选用、改进和开发渔用材料时，对合成纤维结构的认识和了解变得极为重要。作为合成纤维，客观上有一定的基本特征要求，如在宏观形态上要求纤维具有一定的长度和细度以及较高的长宽比；在微观分子排列上，要求纤维有一定的取向和结晶，以提高纤维必要的轴向强度；并具有较好的侧向作用力，以保持纤维形态的相对稳定。对高强高模纤维、可降解纤维和防污纤维等特种渔用纤维，它们须具备其他特殊条件。合成纤维结构特征可以用结晶度、结晶区分布、取向度、取向度分布、聚合度、链段长度、微细结构尺寸、孔隙形态与大小等基本参数来表征。合成纤维的最大优点是耐腐和经久耐用，这个特性特别适合于制作围栏网衣等渔网材料。用合成纤维制造的渔具、网箱、生态围栏等不需要进行防腐处理和定期晒干，可节省劳力和降低成本。合成纤维还具有较好的物理机械性能，如强度大、弹性好、密度小、表面光滑、滤水性好、吸水性低（有的不吸水）等。用合成纤维制成的生态围栏，因不需作定期晒干，故生态围栏的养殖时间延长，养殖效果也相应提高。诚然，合成纤维在渔业上应用也存在一些缺点。例如，（部分）合成纤维在打结、湿态等情况下强力会有所降低。因此，在现有合成纤维组成的基础上进行技术创新，使其性状获得改善，以进一步提高渔用合成纤维产品的性能及其抗风浪效果。

4. 传统合成纤维

传统合成纤维主要包括聚酰胺纤维、聚酯纤维和聚乙烯纤维等七大类，其主要特性对渔网、网线、纲索和网具等绳网产品的性能及其使用效果关系极大，现简介如下。

1）聚酰胺纤维

聚酰胺俗称尼龙，在中国用作纤维时称为锦纶。聚酰胺是指高分子链上具有酰胺基重复结构单元的聚合物，由美国杜邦公司首先实现工业化生产。聚酰胺纤维的英文为 polyamide fiber（简称 PA 纤维）。根据国际通行标准，聚酰胺通常可以缩写为 PA，其品种可以简明地用其聚合单体的碳原子数来标记。如果是二元胺和二元酸缩聚而得的聚酰胺，则要同时标记出两种单体的碳原子数，其中二元胺的碳原子数标记在前面。如聚己内酰胺可标记为 PA6（通称尼龙 6），而聚己二酰己二胺可标记为 PA66（通称尼龙 66）。尼龙 6 纤维国内商品名为锦纶 6，尼龙 66 纤维国内商品名锦纶 66。根据大分子链的化学组成，PA 纤维分为三类，脂肪族聚酰胺、脂环族聚酰胺及芳香族聚酰胺纤维。聚己内酰胺纤维和聚己二酰己二胺纤维是脂肪族聚酰胺纤维最主要的两个品种。聚酰胺初生丝的结晶度一般为 50%～60%，PA 纤维分子间的相互作用和微细结构如图 3-1 所示。聚酰胺诞生至今已经 80 多年了，它是合成纤维发展史上首先工业化的品种，相关发明和发展推动了整个高分子材料技术的进步。1931 年，杜邦公司首次发明了 PA66，并于 1939 年开始工业化生产。1937 年，德国化学家 P. Schlack 发明了 PA6，并于 1942 年实现工业化生产。此后，PA610 纤维、PA1010 纤维和芳香族聚酰胺纤维等其他类型的 PA 纤维相继问世。PA6 纤维的熔点、强度和弹性模量低于 PA66 纤维，PA6 纤维的吸水性比 PA66 纤维大，但是 PA6 纤维的断裂伸长率和冲击强度（韧性）比 PA66 纤维大，PA6 纤维的应用范围比 PA66 纤维广，PA6 纤维的加工流动性也好一些。从渔业角度上来看，若将 PA6 纤维、PA66 纤维分别制成织网用 PA 网线，则网材料的机械强度相差不大；但若将 PA6 纤维、PA66 纤维分别制成钓线，则钓线的柔软性、透明度和渔获率等均有一定的差异。由于 PA6 纤维的生产技术较易掌握，流程较短，生产成本较 PA66 纤维约低 25%，因此，近年来 PA6 纤维的发展速度超过 PA66 纤维，PA6 纤维在渔业上应用较广。我国渔用 PA 纤维主要品种为 PA6 纤维和 PA66 纤维，而国外主要品种为 PA6 纤维、PA66 纤维和芳香族聚酰胺纤维（如 Kevlar 纤维）等。在渔业中，PA 复丝纤维广泛用来制造纲索、捕捞围网、网箱网衣和生态围栏网衣等；PA 单丝可用于加工刺网、钓线、渔用筛网、防磨网、网箱网衣和特种纲索等。PA 纤维主要包括 PA 单丝和 PA 复丝等产品。PA 纤维具有下列主要特性：①染色性良好，可使用酸性染料（在普通合成纤维中，该纤维是最易染色的）；②短时间（数小时）内能耐高热（200℃时不变化），但在长时间受热后，其强度会降低；③吸湿性较小（标准回潮率为 4%～4.5%，浸湿后纤维不但不收缩，反而会伸长 1%～3%。干湿态下的弹性和柔软性都较好）；④密度小（PA 纤维密度只有 1.14 g/cm^3，除渔用 PE 纤维、PP 纤维外，PA 纤维密度在渔用合成纤维中可算是最轻者）；⑤耐光性差是它的最大缺点，在合成纤维中比较不耐日晒（在日光下暴晒过久，纤维会变质，强度降低。试验表明，日光的破坏作用对其捻线比对其单丝更为明显）；⑥弹性高，伸长度大，耐多次变形的性能好，相关制品可耐受冲击载荷（PA 纤维的伸缩度较适合于机械编网。但因其弹性和伸长度较大，所以不易保持网结的牢固性）；⑦强度和耐磨性好。PA 纤维的强度和耐磨性在普通渔用合成纤维中占有优势。PA 纤维的断裂强度一般为 3.5～5.3 cN/dtex，其高强类型纤维可达 5.3～7.9 cN/dtex，是较为理想的一种合成纤维。该类纤维浸水后，强度要降低 10%～15%，打结后强力降低 10%。

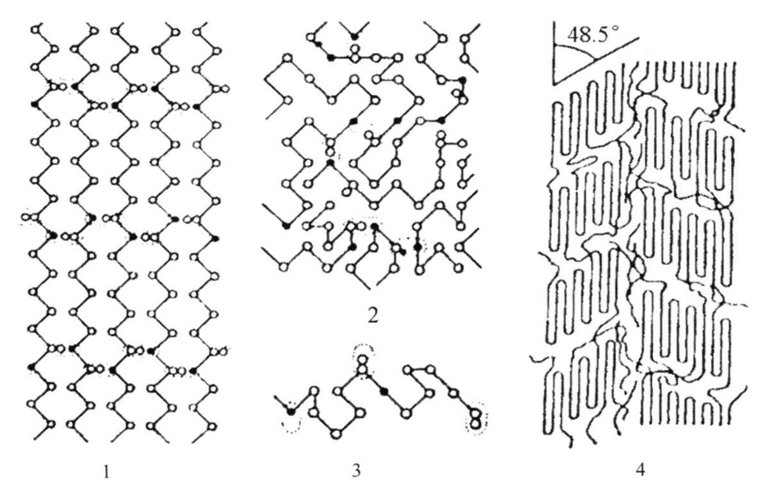

图 3-1　PA 纤维分子间的相互作用和微细结构示意

1. 结晶部分；2. 无定形部分；3. 横向联结分子链；4. 缨状片晶结构

2）聚酯纤维

聚酯纤维是大分子链节通过酯基相连的成纤高聚物纺制而成的纤维。聚酯纤维英文为 polyester fiber，根据《化学纤维手册》《塑料配方设计》和《纺织材料学》等专著，聚酯的英文缩写为 PET。我国将聚对苯二甲酸乙二酯组分大于 85%的合成纤维称为聚酯纤维，商品名为涤纶（简称 PET 纤维）。PET 纤维的结晶与原纤结构如图 3-2 所示。1941 年 Whinfield 和 Dickson 用对苯二甲酸二甲酯（DMT）和乙二醇（EG）合成了聚对苯二甲酸乙二酯，1949 年率先在英国实现工业化生产；1953 年，美国首先建厂生产 PET 纤维。由于其服用性能优良和强度高等性能，成为合成纤维中产量最大的品种。随着材料技术的发展，人们研发出多种 PET 纤维，如具有高收缩弹性的 PBT 纤维及 PTT 纤维、具有超高强度和高模量的全芳香族聚酯纤维。PET 纤维在网线、渔网和绳索等渔业生产中应用很广。普通 PET 纤维具有下列主要特性：①染色性差，高温下会收缩；②耐热性和耐光性能良好，日光对其强度的影响较小；③耐酸性强，且不受单宁和煤焦油的破坏，湿态下网结不易滑动；④强度较高，浸水后强度不发生变化，具有良好的耐磨性和耐冲击性能；⑤弹性较好，伸长度较小，表面光滑，脱水快，有利于提高渔具或网箱的工作效率；⑥密度较大，为 1.38 g/cm³，制成的网材料有较快的沉降速度，适于作捕捞围网材料；⑦吸湿性很小，标准回潮率仅为 0.4%（浸水后既不收缩亦不伸长，能保持捕捞渔具或养殖网具尺寸的稳定性）。

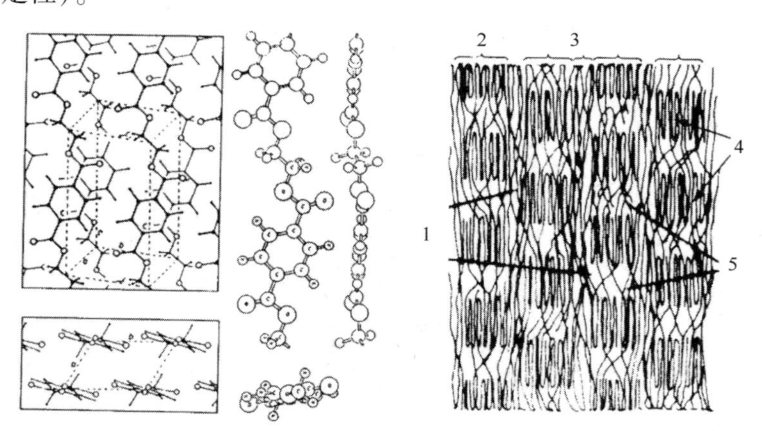

图 3-2　涤纶纤维的结晶与原纤结构示意

1. 晶区伸展链；2. 微原纤；3. 伸展链区；4. 结晶区；5. 无序区

3）聚丙烯纤维

聚丙烯纤维是以丙烯聚合得到的等规聚丙烯为原料纺制而成的合成纤维，在我国的商品名为丙纶。根据国际通行标准，聚丙烯通常可以缩写为 PP。PP 纤维属于聚烯烃类纤维，其英文为 polypropylene fiber，简称 PP 纤维。渔用 PP 纤维通用技术要求参见东海所石建高等起草的 SC/T 4042 标准。根据高分子链立体结构的不同，聚丙烯树脂有 3 个品种：等规聚丙烯（IPP）、间规聚丙烯（SPP）和无规聚丙烯（APP）。等规聚丙烯空间构型是螺旋结构（图 3-3）。这种螺旋结构的三维有序堆砌，构成完整的结晶形式。聚丙烯微细结构主要是球晶结构（图 3-3）。球晶的大小、数目和类型与外力、热处理、成型加工有关。丙纶纤维的结晶度一般为 65%～70%。丙纶 1955 年研制成功，1957 年由意大利的 Montecatini 公司首先实现等规聚丙烯工业化生产，1958—1960 年该公司又将聚丙烯用于纤维生产，开发商品名为 Meraklon 的 PP 纤维，以后美国和加拿大也相继开始生产。1963 年后，又开发了捆扎用的聚丙烯膜裂纤维，并由薄膜原纤化制成纺织用纤维及地毯用纱等产品。PP 纤维的种类有很多，按长度可分为长丝和短纤维等；按表面和纵向的形状及形态可分为直丝和裂膜纤维；按纤维横截面形状可分为单丝和扁丝等。PP 纤维的质地特别轻，密度仅为 0.91 g/cm³，是目前所有合成纤维中最轻的纤维。PP 纤维的强度较高，具有较好的耐化学腐蚀性，但 PP 纤维的耐热性、耐光性、染色性较差。高强度 PP 纤维是制造渔网、绳索、缆绳等的理想材料，并较多地用于产业用纺织品。普通 PP 纤维具有下列主要特性：①吸湿性极小，标准回潮率为 0.1%；②有良好的耐磨性、耐酸碱性和抗生物性；③耐光性和染色性较差，低温（0℃以下）呈脆性。其熔点为 170℃；④密度为 0.91 g/cm³，只有棉花的 60%，是渔用合成纤维中最轻的材料；⑤强度较好，一般断裂强度可达 4.4～6.42 cN/dtex，最高可达 11.5 cN/dtex。

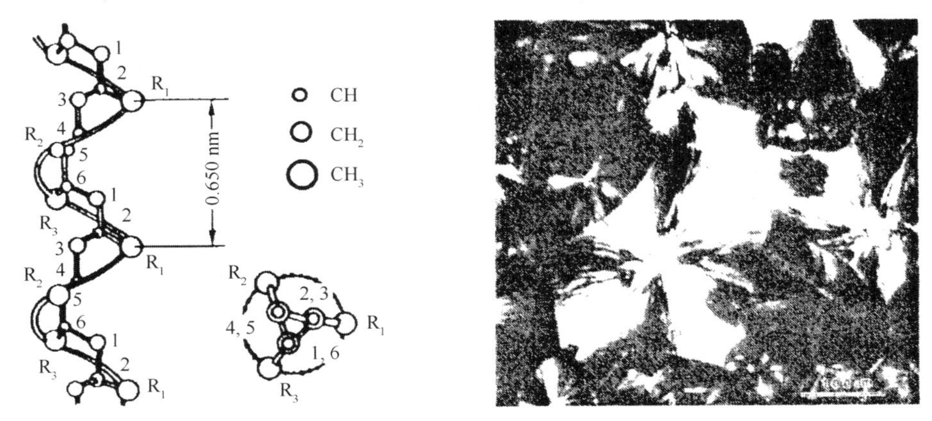

图 3-3　PP 纤维分子螺旋结构及其球晶照片

4）聚乙烯纤维

聚乙烯树脂是以乙烯为主要成分的热塑性树脂，其应用范围很广。以生产工艺、树脂结构和特性进行分类，聚乙烯主要分为高密度聚乙烯（HDPE）、高压低密度聚乙烯（HP-LDPE）和线性低密度聚乙烯（LLDPE）三大类。为便于叙述，常将 HP-LDPE、LLDPE 统称为低密度聚乙烯（LDPE），以示有别于高密度聚乙烯。根据国际通行标准，聚乙烯通常可以缩写为 PE。PE 纤维属于聚烯烃类纤维，其英文为 polyethylene fiber（简称 PE 纤维）。HDPE 是一种传统的热塑性材料，虽然原料价格低廉，但具有在聚烯烃中最好的理论强度和弹性模量，具有极大的力学性能潜力。HDPE 相对分子质量较高、支链少、密度大，结晶度高，质坚韧，机械强度高，可制作渔用纤维或网箱浮管等。普通 PE 单丝是以 HDPE 为原料采用常规熔融纺丝法生产的合成纤维（简称乙纶单丝）。PE 纤维成形时，分子存在折叠，若经多次热处理，其结晶度和结晶区域会增大，空隙也会增大，而缚结分子的数量会减少，所以，纤维的机械性能会发生很大的变化（图 3-4）。PE 纤维的晶格结构如图 3-5 所示。PE 网衣（亦称 PE 网片）以其良好的抗拉伸强度、抗冲击性、柔挺性以及比重小、滤水性强、表面光滑等良好的渔用性能，成为目前一种重要的渔网材料，广泛应用于张网、蟹笼、网箱、围拦网、拖网渔具和生态围栏等。渔用聚乙单丝物理机械性能可参考东海所石建高等参加起草的 SC/T 5005 行业标准。聚乙烯工业化已有 80 多年的历史。20 世纪 30 年代中期取得制造聚乙烯的第一个专利。Ziegler 在 1953 年获得 HDPE 专利，德国 Hoechst 公司在 1955 年成为第一个工业化的制造商。Phillips Petroleum 公司在 1956 年开始工业化生产 HDPE，其密度为 0.96 g/cm^3。PE 纤维主要包括普通 PE 单丝、高强度聚乙烯单丝和 UHMWPE 纤维等产品。PE 纤维具有下列主要特性：①断裂强度为 4.4~7.9 cN/dtex，湿态下强度不变；②耐酸碱性良好，在强酸碱中 PE 纤维强度几乎不降低；③耐磨性好，耐光性差，用紫外线照射，强度有明显下降；④一般制成单丝状，有一定的柔挺性，不必做特殊处理即可使用，表面光滑，制成渔具或网具的滤水性好；⑤密度为 0.96 g/cm^3，是渔用合成纤维中密度较小的一种；吸湿性极小，标准回潮率小于 0.01%，在相对湿度 95%下的回潮率为 0.1%；⑥耐低温，不耐高温，PE 纤维在 115~125℃时软化；PE 纤维 125~140℃时熔化；100℃时 PE 纤维收缩 5%~10%，强度损失 60%。

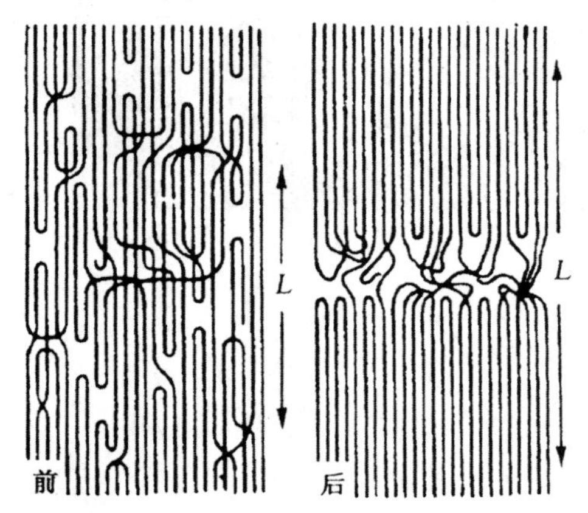

图 3-4　热处理前后的 PE 长丝结构

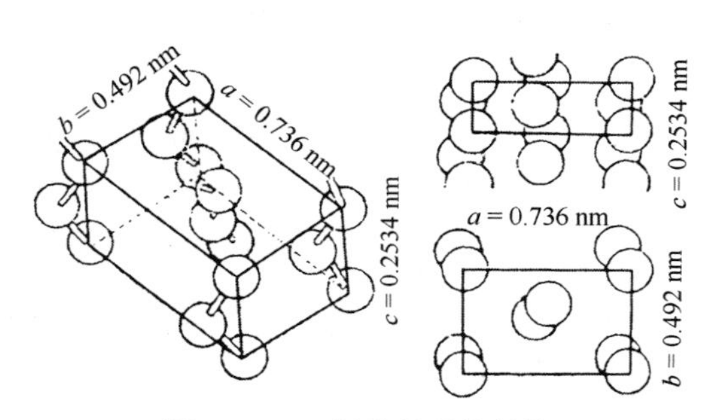

图 3-5　PE 纤维的晶格结构

5）聚乙烯醇纤维

聚乙烯醇纤维属于聚烯烃类纤维，其英文为 polyvinyl alcohol fiber（简称 PVA 纤维）。20 世纪 20 年代，人们开始研究由聚乙烯醇制成的纤维；但直至 1939 年，经日本、朝鲜的共同努力，人们才制成了耐热水性能的良好纤维。PVA 纤维于 1950 年起投入工业化生产，并取名为维尼纶（Vinilon）。聚乙烯醇的晶胞属单斜晶系，结构形式如图 3-6 所示。目前，PVA 纤维通常是指聚乙烯醇缩甲醛纤维（商品名为维纶）。我国维纶工业起步于 1962 年，1965 年开始工业化规模生产。常规维纶结晶度约为 30%，纤维结晶度越高，耐水性越好。目前世界上维纶主要生产国有中国、日本和朝鲜等。PVA 纤维以短纤维为主，也有少量可溶性长丝。维纶吸湿性相对较好。维纶化学稳定性、耐腐蚀和耐光性好，其耐碱性能强。维纶长期放在海水或土壤中均难以降解，其耐热水性能、弹性和染色性能较差，且颜色暗淡、易于起毛、起球；这也是其发展缓慢的最主要原因。维纶多呈短纤维，制成网线表面有茸毛，打结不易松动和滑脱。20 世纪 80 年代初期，我国逐步形成运用 PE 单丝和维纶牵切纱混合捻制成网线，主要用于人工养殖紫菜用的附着网。PVA 纤维具有下列主要特性：①耐磨性比棉高 4 倍；②密度为 1.21～1.30 g/cm^3；③耐光性能良好，在日光下长期暴晒，强度几乎不降低；④较柔软，易染色，制成网具需进行后处理以提高网线硬度；⑤耐热性差，耐热性（连续）一般在 60℃左右，因此，染色温度不宜超过 50℃；⑥吸湿性比其他合成纤维都大，其标准回潮率为 5%，完全浸水后吸水量可达 30%，这对渔具的使用和操作有一定的不利影响；⑦热缩性和缩水性都较大，干态下比湿态下有较低的收缩和较高的耐温性，因此用它制造渔具时必须考虑这一特性；⑧在干态下有较高的强度，其一般强度为 2.6～5.3 cN/dtex，最高可达 5.3～7.1 cN/dtex，但在湿态下，强度要降低 15%～20%，伸长度增加 20%～40%，打结后强度将损失 40%以上。

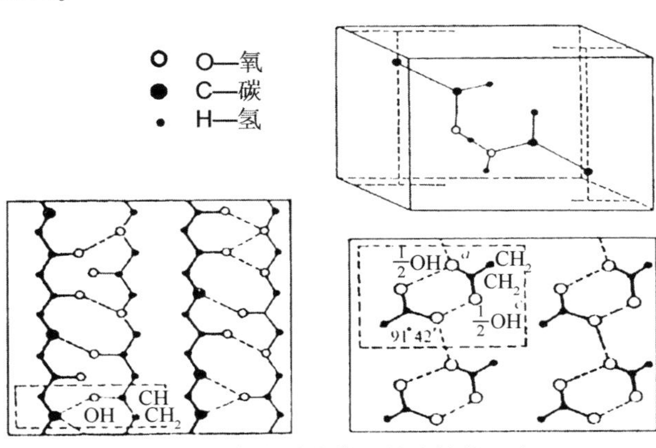

图 3-6　维纶纤维单元晶胞结构示意

6）聚氯乙烯纤维

聚氯乙烯纤维（PVC）属于聚烯烃类纤维，其英文为 polyvinyl chloride fiber（简称 PVC 纤维）。它目前作为单一成分的纤维较少，而与维纶、聚丙烯腈纤维（腈纶）共混加工的较多。氯纶是聚氯乙烯纤维的中国商品名。如果纯氯纶纤维的立构规整性好，构型单一性强，能形成较高的结晶度（90%）并制成纤维。如果聚合度低，支化大，分子立构规整性差，各种构型混杂，则结晶度低，成纤性差。一般聚氯乙烯结晶度较低。聚氯乙烯于 1931 年研究成功，1946 年在德国投入工业化生产。氯纶织物具有很好的阻燃性，极限氧指数（LOI）最高可达 45%，这种难燃性，在国防方向有着特殊的用途。氯纶的强度与棉纤维相接近，耐磨性、保暖性、耐日光性比棉、毛好。氯纶抗无机化学试剂的稳定性好，耐强酸强碱，耐腐蚀性能强，隔音性也好，但对有机溶剂的稳定性和染色性能比较差。氯纶因其阻燃、耐腐蚀特点，主要用于装饰与产业用纺织品；PVC 纤维是世界渔业中应用最早的一种合成纤维。聚氯乙烯纤维具有下列主要特性：①耐光性较佳，耐燃性好；②耐热性差，在 70～75℃温度下即开始收缩，在沸水中的收缩率高达 50%；③纤维表面光滑并有光泽，不吸水，在水中不膨胀，干湿态弹性和伸长几乎相等；④强度比其他合成纤维都低，打结后强度降低很大，且耐磨性差，不适于制造网线，一般用来制作绳索和钓线；⑤密度为 1.35～1.40 g/cm^3，由于密度大，耐酸、耐腐蚀和耐各种溶剂的能力特别强，国外用它作张网等定置渔具的材料。

7）聚偏二氯乙烯纤维

聚偏二氯乙烯纤维属于聚烯烃类纤维，其英文为 polyvinylidene chloride fiber（简称 PVDC）。偏氯纶是 PVDC 纤维的中国商品名。如果聚合度低，支化大，分子立构规整性差，各种构型混杂，则偏氯纶结晶度低，成纤性差。一般 PVDC 纤维结晶度较低。PVDC 纤维是世界渔业中应用较早的一种合成纤维，在日本使用较多。PVDC 纤维具有下列主要特性：①有良好的柔韧性；②耐燃性和耐腐性良好；③吸湿性极小，脱水快，易染色；④密度高达 1.65～1.75 g/cm^3，密度大是这类纤维的最大特点。因此可用作制造沉降较快的网线和绳索材料（国外大部分用以制造陷阱网等定置渔具）；⑤耐光性差，暴晒后易变黑色，长时间放置在高温下引起化学变化（软化点 115℃，在 145℃时会显著收缩，因此，用这类纤维制成的渔具应避免暴晒）。

上述四类合成纤维（包括 PE 纤维、PP 纤维、PA 纤维和 PET 纤维）在世界渔业中较后三类合成纤维（包括 PVA 纤维、PVC 纤维和 PVDC 纤维）使用广泛，后三类合成纤维主要在日本使用较多。

二、围栏设施等渔业用纤维新材料

随着科学技术的进步，世界上出现了许多纤维材料新品种，如碳纤维、陶瓷纤维、防污纤维、可生物降解纤维、特种合金纤维、高性能玻璃纤维、超高相对分子质量聚乙烯纤维（简称 UHMWPE 纤维、高强高模聚乙烯纤维等）、对位芳香族聚酰胺纤维（简称对位芳酰胺纤维或 PPTA 纤维）、高强度渔用聚乙烯材料［包括 HSPE 单丝或自增强聚乙烯单丝（简称 SRPE 单丝）］等（表 3-3）。

表 3-3　渔用纤维材料新品种及制造技术

品种	强度（$cN \cdot dtex^{-1}$）	纺丝方法	商品名
UHMWPE 纤维	25~39.3	湿法纺丝、干法纺丝等	Dyneema、Spectra、Dynaforce、特力夫、九九久、千禧龙、莱威和孚泰等
碳纤维	12.3~38.8	湿法纺丝、碳化	Torayca
PPTA 纤维	19.4~23.9	液晶纺丝	Kevlar，Twaron，Technora
聚芳酯纤维	22.7	液晶纺丝	Vectran
防污纤维*	5.2~9.0	特种纺丝技术	防污（单）丝等
可生物降解纤维*	5.2~8.8	特种纺丝技术	可生物降解（单）丝等
改性 PP 纤维*	5.6~8.1	特种纺丝技术	渔用改性（单）丝等
MHMWPE 单丝*	5.2~9.0	特种纺丝技术	中强聚乙烯单丝
熔纺 UHMWPE 单丝*	8.0~16.0	特种纺丝技术	熔纺超高强单丝

*表中防污纤维、可生物降解纤维等新材料，由东海所石建高研究员团队联合方中运动、美标等单位研发，部分产品实现了中试生产或小规模产业化应用。

1. 超高分子量聚乙烯纤维

1979 年，荷兰帝斯曼（DSM）公司高级顾问 Pennings、Smith 等正式发表了用凝胶纺丝法制成 UHMWPE 纤维的研究工作，取得了世界首个凝胶纺丝工艺的专利。美国的联合信号（Allied Signal）公司首先购买了该专利的使用许可，并投入人力进行研究，在该专利的基础上加以改进后着手组织试生产，商品定名为 Spectra。目前该公司已将其归入霍尼韦尔（Honeywell）公司。在美国发展 UHMWPE 纤维的同时，作为原发明者的荷兰 DSM 公司迅速找到了在纤维制造方面具有丰富经验的日本东洋纺织（株）公司进行合作，在日本的滋贺建立了合资的高强高模聚乙烯纤维生产线，推出了商品名为 Dyneema 的产品。UHMWPE 纤维可通过凝胶纺丝法、超拉伸法和区域拉伸法制成，其结构与普通 HDPE 相近，可形成较多的三维有序结构，加之分子的高度取向，使纤维具有了高强高模的特征，强度达 25 cN/dtex 以上，模量达 80 GPa 以上。我国在 UHMWPE 纤维方面的研究始于 20 世纪 80 年代，先后由中国纺科院、东华大学、天津工大、总后勤部军需装备研究所、北京合纤所等单位完成了小试工作。目前，在我国江苏、浙江、湖南、山东和北京等地建成 UHMWPE 纤维生产线，为 UHMWPE 纤维品种的国产化奠定了基础（表 3-4）。千禧龙纤是国家高新技术企业、浙江省创新型试点企业，拥有省级高新技术研究开发中心等一系列高端创新平台；近两年，千禧龙纤先后投入巨资扩建永康生产基地并建成龙游生产基地，装备国内先进流水线 20 余条，千禧龙纤目前产能 2 000 t/a，设备全部投产后达到 2 600 t/a，其纺丝工艺路线为比较成熟的湿法纺丝路线，而且从配料、纺丝到脱溶剂、热拉伸处理以及溶剂回收处理各个阶段都有专利技术。UHMWPE 纤维具有强度高、密度小、耐疲劳、耐低温、耐化学性、耐日照和其他辐射等一系列优点，使其在拖网、网箱和围栏等渔业领域也得到应用。在美国、荷兰、中国、日本、丹麦、挪威、西班牙和冰岛等国，UHMWPE 纤维已被用于捕捞渔具与水产增养殖设施（表 3-4 和图 3-7）。在水产增养殖技术领域，普通合成纤维材料主要应用于扇贝笼、近岸普通网箱、小型围栏等传统近岸增养殖设施，无法满足（超）大型（深远海）增养殖设施（如直径 110 m 的挪威深海渔场、超大型管桩式生态围栏等）的抗风浪流要求。由于 UHMWPE 纤维优越的综合性能，目前已逐渐成为国内外（超）大型（深远海）增养殖设施的首选材料。东海所石建高等团队率先对我国（超）大型（深远海）UHMWPE 增养殖设施进行了系统研究，联合 UHMWPE 纤维企业在国内率先开发出多种新型 UHMWPE 增养殖设施，并实现其产业化养殖应用，推动了（超）大型（深远海）UHMWPE 增养殖设施技术升级（图 3-7）。石建高等自主开发的新型 UHMWPE 增养殖设施的示范应用结果表明：采用 UHMWPE 纤维后的水产增养殖设施的安全性与抗风浪流性能大幅度提高、同等绳网强度条件下水产增养殖设施用网具的原材料消耗明显降低。综上所述，UHMWPE 纤维在水产增养殖设施领域的推广应用前景非常广阔。

表 3-4　国内外部分 UHMWPE 纤维产品

公司简称	生产路线	所在地
荷兰帝斯曼	干法	荷兰
美国霍尼韦尔	湿法	美国
日本东洋纺	干法	日本
日本三井石化	湿法	日本
日本帝人	湿法	日本
九九久	湿法	中国
山东爱地	湿法	山东
千禧龙纤	湿法	浙江
中泰	湿法	湖南
上海斯瑞	湿法	上海
宁波大成	湿法	浙江
仪征化纤	干法	江苏
北京同益中	湿法	北京
常熟秀泊	湿法	江苏

图 3-7　UHMWPE 纤维及其新型养殖设施

随着 UHMWPE 纤维绳网在渔业、纺织、航运和军事等领域的推广和应用，UHMWPE 纤维绳网标准研究工作逐渐被提上了议事日程。中国是继荷兰、美国和日本之后第四个掌握 UHMWPE 纤维生产自主知识产权的国家，目前已实现较大规模生产、销售和应用，部分产品质量已达国际先进水平，但由于缺失产品国家标准，在全国范围内没有统一的技术要求，使产品在进入国际市场以及参与国际竞争中受到极大制约，不利于提高该产品的设计、制造和开发应用水平，不利于打破国外技术和产品垄断，不利于提升我国新材料产业的自主创新能力。为统一技术要求，加快 UHMWPE 网线产品与现代产业接轨的步伐，从 2013 年起东海所石建高研究员等开展了 UHMWPE 网线纺织行业标准创制工作，首次制定了《超高分子量聚乙烯网线》（FZ/T 63028—2015）纺织行业标准，标准规定了 UHMWPE 网线的术语和定义、标记、要求、试验方法、检验规则、标志、包装、运输和贮存等，可以为产品的国内外技术交流、质量管理、贸易往来以及设计生产等提供指导，该标准项目 2017 年获上海市标准化优秀成果奖。FZ/T 63028—2015 标准作为我国第一个 UHMWPE 网线纺织行业标准，在尚无渔用 UHMWPE 网线国家标准、行业标准或团体标准的情况下，可为现代渔业参考使用。在农业农村部、全国水产标准化技术委员会和全国水产标准化技术委员会渔具及渔具材料分技术委员会等的支持下，2018 年，东海所石建高等参加的《渔用超高分子量聚乙烯网线通用技术条件》与《超高分子量聚乙烯网片　绞捻型》水产行业标准获得正式立项，上述标准将分别针对渔业的特点制定 UHMWPE 网线、UHMWPE 绞捻网片通用技术条件，以满足现代渔业需求（千禧龙纤为上述两个 UHMWPE 产品行业标准的起草单位）。我国是世界第一渔用 UHMWPE 绳索生产大国，产品除满足国内需要外，还大量出口到国外；由于《渔用绳索通用技术条件》（GB/T 18674—2002）国家标准中不包括渔用 UHMWPE 绳索产品，这给该产品的生产、贸易和监管等带来不便。为统一技术要求，从 2006 年起，石建高等开展了 GB/T 18674—2002 国家标准修订工作，标准规定了渔用 UHM-WPE 绳索的术语和定义、分类与标记、要求、试验方法、检验规则、标志、标签、包装、运输和贮存等；GB/T 18674—2018 标准作为我国渔业上第一个 UHMWPE 编绳或复编绳国家标准，可以为 UHMWPE 绳索产品的设计生产、质量管理和贸易往来等提供指导。为统一我国 UHMWPE 经编网片产品技术要求，解决该产品行业标准缺失等问题，从 2015 年起，东海所石建高等开展了 UHMWPE 经编网片行业标准创制工作，首次制定了《超高分子量聚乙烯网片　经编型》（SC/T 5022—2017）行业标准，标准规定了以 UHMWPE 纤维加工制作的渔用菱形网目 UHMWPE 经编网片的术语和定义、标记、技术要求、试验方法、检验规则、标志、标签、包装、运输及贮存等，为产品的设计生产、开发应用和技术交流等提供指导。为解决 UHMWPE 纤维标准体系缺失问题，在中国水产科学研究院院级基本科研业务费课题（课题编号：2017JC0202）等项目资助下，东海所石建高等开展了 UHMWPE 纤维标准体系研究工作，出版了《捕捞渔具准入配套标准体系研究》，形成 UHMWPE 纤维标准体系研究报告，可以为 UHMWPE 纤维标准的制修订提供指导。随着 UHMWPE 纤维在渔业领域应用范围的不断扩大，我国应尽快制定《超高分子量聚乙烯网片　单线单死结型》《超高分子量聚乙烯网片　单线双死结型》《超高分子量聚乙烯拖网》《超高分子量聚乙烯网箱》和《超高分子量聚乙烯生态围栏》等行业标准，以满足生态围栏养殖等现代渔业的发展需要。随着 UHMWPE 纤维售价的降低以及现代渔业的发展，UHMWPE 纤维的性价比优势愈发明显，它们在现代渔业中将会得到更广泛的应用。

2. 碳纤维

碳纤维是由碳元素组成的纤维（图 3-8），其代号为 CF。碳纤维生产始于 20 世纪 60 年代末，以黏胶纤维为原料，经预氧化、碳化、石墨化制成黏胶基碳纤维。20 世纪 70 年代以来，主要使用聚丙烯腈纤维（腈纶）和石油沥青为原料生产的腈纶基和沥青基碳纤维。世界碳纤维生产国家主要包括日本、美国、韩国、印度和中国等。碳纤维根据原丝类型分类的有聚丙烯氰（PAN）基碳纤维、黏胶基碳纤维、沥青基碳纤维等。碳纤维的密度为 1.5~2 g/cm^3，比金属材料小得多。碳纤维的强度一般为 12.3~38.8 cN/dtex。高模量碳纤维的最大延伸率很小、尺寸稳定性好、不宜发生变形。在没有氧气的情况下，碳纤维能够耐受 3 000℃的高温，这是其他纤维无法与之相比的。碳纤维对一般的酸、碱有良好的耐腐蚀性。碳纤维热膨胀系数小，约等于零；热导率高；摩擦系数小，导电性好。碳纤维主要用于制作增强复合材料，可用于航空、航天、基建、汽车、能源、文体、国防军工及休闲用品等领域。和 UHMWPE 纤维一样，碳纤维也是一种渔用新材料。随着碳纤维材料的批量生产，人们已将碳纤维应用于钓鱼竿和绳索网具等渔业生产。目前，环球渔具通过与东海所石建高团队等合作，其渔竿产品出口额已连续多年在全国排名第一，它是目前全球最大的钓鱼竿制造商。自 20 世纪 90 年代以来，我国开始引进碳纤维材料制作钓鱼竿技术，经过生产企业努力和实践，已形成了用纤维缠绕成型的方法制作竿体，然后，涂漆、烘干、组装等形成成套的生产链，生产技术日益成熟，产品质量比较稳定，整体质量已接近国际水平，其间出现了环球渔具等国际知名钓鱼竿企业。如今，环球渔具正与东海所石建高研究员团队合作研究碳纤维钓鱼竿标准，以提升我国碳纤维钓鱼竿的标准化水平。随着休闲渔业的发展和人们生活水平的提高，碳纤维在渔业领域中将会得到更加广泛的应用。

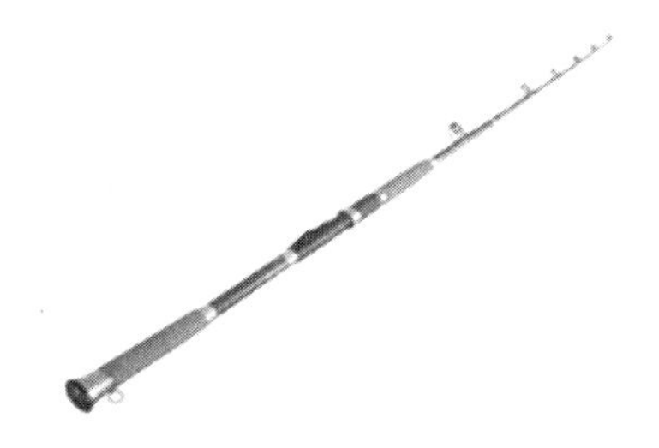

图 3-8　碳纤维及其钓鱼竿产品

3. 可生物降解纤维

在环境保护备受关注的今天，可生物降解纤维材料已成为当今世界各国研究的热点。可生物降解纤维材料最初是在 20 世纪 60 年代应医用需要而发展起来的。经过 40 多年的发展，由于其性能缺陷或成本过高，大多数可生物降解纤维的应用仍局限于医疗和园艺领域，只有少量性能优良、成本较低的可生物降解纤维的应用拓展到了渔业、建筑等领域。可生物降解纤维材料是指受到自然界的生物（如细菌、真菌、藻类等）侵蚀后可以完全降解的纤维材料。可生物降解纤维是由可生物降解聚合物纺制而成的。目前，主要有天然高分子及其衍生物、微生物合成高分子、化学合成高分子三大类可生物降解聚合物，其中，化学合成高分子包括聚酯纤维、聚酰胺类纤维和聚碳链类纤维。国际上已开发了不少可生物降解纤维产品，其中，纤维素纤维、甲壳质类纤维、聚羟基链烷酸酯纤维和聚乳酸纤维是研究的热点。可生物降解纤维是一种负责任捕捞用新材料。现有渔网材料基本上都采用合成纤维，如果这种刺网网具或笼具（如蟹笼）丢失就会成为海上“幽灵杀手”（海洋生物不断丢失的网衣会不断刺挂海洋生物，丢失的笼具躺在海底，会继续进行捕捞），严重影响渔业资源和生态环境。随着可生物降解纤维材料的成本的降低，人们已将少量可生物降解纤维应用于渔业生产，其中包括聚碳链类纤维在网线、渔网和绳索等中的应用。在渔业上，人们利用聚碳链类纤维强度高、可生物降解性好等特征，制作了可生物降解网线、渔网和绳索等。1997 年，日本 Kuraray 公司开始试销商品名为“Kuralon-Ⅱ”的高强度 PVA 纤维，其强度约 15 cN/dtex，用高皂化度的 Kuralon-Ⅱ纤维，可纺制高强纤维，用作网线、渔网和绳索等。近年来，日本三河纤维技术中心与岐阜大学协作开发出一种添加剂，在聚乳酸和聚丁烯化合物中加入该添加剂后，可熔融纺丝制成高强度纤维，其强度与目前使用的渔用聚乙烯网材料的强度相同。该纤维可用作网线、渔网和绳索等。将其埋在地下或扔到海里，5 年之后可完全分解。若是投入到堆肥中，7 天内便可分解，该可生物降解纤维材料的应用，成为可降解渔具的重要手段，并将取得较好的负责任捕捞效果。针对幽灵捕捞、海洋塑料垃圾污染等问题，在国家自然基金等项目的资助下，东海所石建高研究员团队目前正联合方中运动等单位在可生物降解纤维绳网、拖网等方面率先开展相关研发工作，已取得一些突破性的进展。如合作开展了淀粉生物降解捕捞网新材料的研究及应用试验；采用特种技术对淀粉生物降解基材进行了物理改性及化学生成，在特种工艺条件下，增大熔融原料的分子量和黏度、扩大和控制其分子量分布的宽度曲线，开发出高强、高韧、耐老化且具有良好适配性的可降解纤维绳网新材料，并申请了专利（图 3-9）。

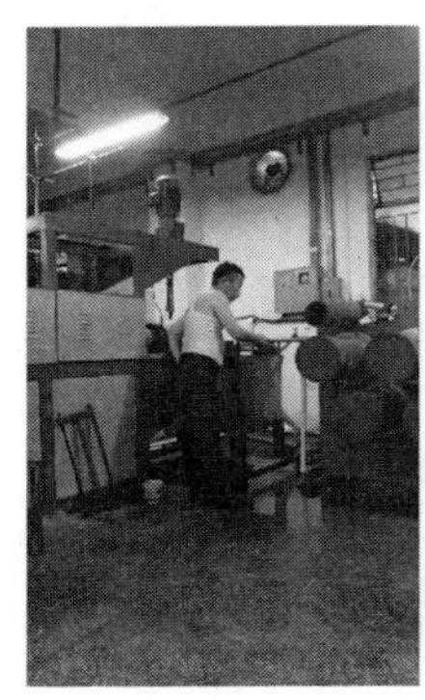

图 3-9　纤维新材料试验

海洋污损生物种类繁多，网箱等养殖设施防污问题是世界性的难题。近年来，东海所石建高研究员团队联合方中运动、迈科技、美标、上海迈奥等单位开展防污网衣新材料研究及其应用试验。通过分子设计等特种技术，合成防污化合物，防污化合物的生物活性随着物料密度的增大、强度的提升而渗出缓慢，从而达到增加防污用品的使用寿命的目的，开发出淀粉生物降解防污网小试产品等新材料。自 2016 年至今，项目组进行了淀粉生物降解防污网的挂片试验，以验证材料的防污效果与降解性能；试验结果表明在某些海区的一些季节，项目研发的淀粉生物降解防污网样品 8 个月无附着（图 3-10），而防污化合物慢释完毕后，3~5 个月淀粉生物降解防污网样品被海洋微生物分解，达到项目组设计的防污+生物降解效果。随着国内外防污材料项目的研发、小试、中试和产业化应用等，人们今后有望逐步解决网箱等养殖设施防污问题，助力现代渔业可持续健康发展。诚然，防污新材料真正达到可在渔业上产业化应用还有很长的路要走，相关工作任重道远，但前景广阔。有兴趣的读者或企业，可与国内外防污材料项目组联系，共同推动防污材料的研发应用。

图 3-10　深海淀粉生物降解防污网海上防污试验

4. 对位芳香族聚酰胺纤维

对位芳香族聚酰胺纤维（又称对位芳酰胺纤维，简称 PPTA 纤维）是最重要的有机合成纤维之一，具有优异的物理机械性能、热氧稳定性、阻燃性及优良的电性能等。美国政府通商委员会将芳香族聚酰胺定义为 Aramid，由它制造的纤维就是芳香族聚酰胺纤维，我国通常称为芳纶，如芳纶 1313、芳纶 1414 等。对位芳香族聚酰胺纤维我国通常称为对位芳纶。由于世界 IT 行业的迅猛发展、反恐措施的日益加强、防弹衣等其他行业对芳纶需求的增加，使高强高模的 PPTA 纤维成为高科技纤维中发展速度最快的品种之一。生产 PPTA 纤维企业有杜邦公司和帝人集团等，其商品名有 Kevlar、Twaron 和 Technora 等。PPTA 纤维因其分子结构上的酰胺基团被苯环分离且与苯环形成 π 共轭效应，内旋转位能相当高，分子链节呈现平面刚性伸直链，形成非常好的线性结构，因此，可以通过液晶纺丝成型，使纤维具有极高的拉伸强度、优异的耐热性和韧性。芳纶纤维力学性能与其他有机纤维不同，其拉伸强度和初始模量很高，而延伸率较低。图 3-11 为 Kevlar 纤维产品。图 3-12 列出各类增强纤维的应力-应变关系曲线（可见，Kevlar-49 纤维在有机纤维中具有优异的力学性能）。PPTA 纤维的密度为 1.39～1.47 g/cm^3，强度范围一般为 19.4～23.9 cN/dtex。PPTA 纤维优异的综合性能使其应用领域越来越广泛，规格品种也越来越丰富。PPTA 纤维是一种优异的渔用新材料。随着 PPTA 纤维材料产量的增加，人们已将少量 PPTA 纤维应用于渔业生产，其中包括 PPTA 纤维在网线、钓鱼竿等中的应用。在渔业上，人们利用 PPTA 纤维强度高的特征，制作了 PPTA 网线，如 20 世纪 80 年代后期，丹麦 Carlson 网具公司，在拖网渔具的制造中使用了商品名为 Kevlar©的超强 PPTA 纤维替代聚乙烯网线，使同等强力网线的直径由 4 mm 降到 2 mm；该超强纤维材料的应用，成为开发高效、低耗拖网渔具的重要手段，并取得了惊人的效果。新型功能化的 PPTA 鬃丝可作为高档钓鱼线推广使用。在钓鱼竿中，PPTA 纤维可以与碳纤维混合使用（在混合结构中，芳纶提供较高的抗张强度，优良的抗冲击性能及有利的经济性）。若在渔业中应用PPTA绳索则可以大幅度减小网具纲索（包括上纲、下纲、浮子纲等）的直径，减少网具的阻力及其在甲板占用空间。随着深水拖网、大型捕捞围网、深水网箱和大型生态围栏等装备或设施的发展以及PPTA纤维价格的下调，PPTA纤维在渔业中将会得到进一步的推广应用。

图3-11 Kevlar纤维产品

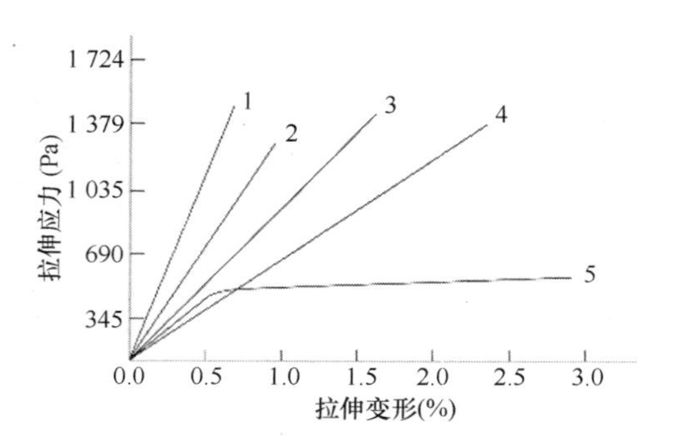

图3-12 各种复合材料拉伸应力-应变曲线

1. 硼/环氧；2. HT碳/环氧；3. K-49/环氧；4. S-玻璃/环氧；5. 铝合金

5. 聚芳酯纤维

聚芳酯纤维是一种高强度聚酯纤维，由日本可乐丽公司于20世纪90年代推出，并实现工业化生产，其品种有Vectran HT、Vectran HM和Vectran NT等，由可乐丽公司等加工生产（图3-13）。Vectran纤维的强度约为普通聚酯的6倍，与金属纤维的强度相当，且材料质轻，不吸收水分，耐低温特性强，在超低温下不会结冰。Vectran纤维已在宇航业中获得了很多应用。在1997年进行的NASA火星探测中，采用Vectran纤维制成气囊，以使火星探测器在着陆时减缓精密仪器受到的撞击。2003年日本的宇宙飞艇，也采用“Vectran”面料。Vectran纤维突出优点是强度与模量与PPTA纤维处于同一水平，而在湿态下的强度保持率为100%，吸湿性为0，蠕变及干/湿态熟化处理后的收缩率皆为0，在干热和湿热处理后的强度保持率优于PPTA纤维。Vectran纤维的耐磨性、耐切割性、耐溶剂和酸碱性、振动吸收性和耐冲击周期性等都优于PPTA纤维，具有自熄性，燃烧时熔滴，耐候性类似于PPTA纤维。Vectran纤维的密度为1.41～1.42 g/cm³，强度为20.3～25.5 cN/dtex；Vectran纤维的种类有长丝纱、初纺纱、芯鞘纱和短切纤维。Vectran

图3-13 Vectran纤维产品

纤维优异的综合性能使其应用领域越来越广泛，规格品种也越来越丰富。Vectran 纤维主要用于绳索、吊带、钓鱼线、缝合线、帘子线、张力元件、网片和防护服等。Vectran 纤维是一种优异的渔用新材料。随着 Vectran 纤维材料产量的增加，人们已将少量 PPTA 纤维应用于渔业生产，如利用其强度高、振动吸收性好和耐冲击周期性好等特征，制作了 Vectran 钓鱼线（在日本，人们使用超强 Vectran 纤维钓线替代传统聚酰胺钓线，取得了良好的钓捕效果）。

6. 改性聚丙烯纤维新材料

2008—2010 年，在基本业务费专项资金项目“改性 PP 纤维新材料及其渔用性能研究”的资助下，东海所石建高团队针对现有渔用 PP 纤维材料存在的问题，设计出改性方法，通过改性技术研发出改性 PP 纤维新材料，并对其结构与性能进行研究。部分改性 PP 纤维新材料测试结果如表 3-5 所示，试验结果表明，用适量的 PE 可以改善 PP 的力学性能。项目组以改性 PP 纤维新材料为基体材料，结合具有较好强度利用率的绳网编/捻制结构，研发出 PP 绳网新材料，通过性能测试从中优选出符合我国渔业生产实际的渔用改性 PP 纤维新材料（如 PP/PE 共混改性聚丙烯纤维、PP/PA 共混改性聚丙烯纤维等）。该项目的实施提高了渔用 PP 纤维及其下游绳网材料的力学性能，在同等强力条件下可以减少渔用 PP 纤维及其下游绳网材料用原材料消耗，有利于渔用材料的产业升级和渔业节能减排的实施。改性 PP 纤维新材料及其渔用性能研究有助于缩短我国与发达国家的差距、丰富渔用材料品种、提升渔用材料质量、改进渔用材料性能、延长使用寿命并扩大 PP 纤维材料在渔业上的应用范围，为海洋渔业的可持续发展奠定基础。

表 3-5　改性 PP 纤维新材料测试结果

样品序号	线密度（tex）	断裂强度（cN/dtex）	结节强度（cN/dtex）	伸长率（%）
1	54	5.64	4.84	17.9
2	50	6.37	4.50	15.9
3	43	7.90	4.36	14.7
4	39	8.12	4.47	13.5
5	41	7.01	4.19	12.9
6	41	6.75	3.67	12.0
7	36	7.35	4.94	12.8

7. 渔用 MHMWPE 单丝新材料

随着深远海养殖设施的深水化、离岸化和大型化发展，人们对绳网材料的综合性能有了更高要求，普通聚乙烯纤维绳网已无法满足深远海养殖设施的发展需要。UHMWPE 纤维绳网等高性能纤维绳网材料对深远海养殖设施的安全性、抗风浪性能和降耗减阻等均有重要作用。诚然，现有 UHMWPE 纤维成本仍然过高，这限制了其在深远海养殖设施中的广泛应用，因此，迫切需要开发性能介于普通 PE 纤维与 UHMWPE 纤维之间的纤维材料。中高分子量聚乙烯（简称 MHMWPE 或 MMWPE）是一种具有优良综合性能的新型纤维材料，其分子量约在 80 万，高于目前渔业中应用最普遍的 HDPE 材料（分子量约在 10 万~50 万），又远低于 UHMWPE 材料（分子量大于 150 万）。与 UHMWPE 相比较，MHMWPE 材料因熔体黏度低，可采用特种工艺进行熔融纺丝，生产成本相对较低，而 MHMWPE 由于高结晶度、高取向度，其强度、模量均高于 HDPE。基于上述产业需求，东海所石建高研究员团队以 MHMWPE 树脂等为原料，采用特殊牵伸工艺制备出渔用 MHMWPE 单丝新材料，并实现产业化生产应用（表 3-6 和图 3-14）。从表 3-6 中可以看出，当使用沸水浴作为牵伸介质时，牵伸倍数为 8.3 倍的 MHMWPE 单丝新材料综合力学性能最优，其断裂强度和结节强度分别为 8.46 g/D 和 6.34 g/D。特种牵伸工艺下的 MHMWPE 单丝新材料拉伸力学性能从表 3-7 可见，当以油浴作为牵伸介质且牵伸倍数为 9 倍时的 MHMWPE 单丝新材料综合力学性能最优（断裂强度和结节强度分别为 8.36 g/D 和 4.73 g/D）。与表 3-6 中数据对比，可以看出，考虑到 MHMWPE 单丝新材料断裂强度和结节强度，无论牵伸介质如何选择，牵伸倍数在 8~9 倍时，所制得 MHMWPE 单丝新材料的综合力学性能最佳。

表 3-6　不同牵伸倍数下的 MHMWPE 单丝新材料拉伸力学性能

牵伸倍数	线密度 (dtex)	断裂强度 (g/D)	结节强度 (g/D)	断裂伸长率 (%)	断裂强度 (cN/dtex)	结节强度 (cN/dtex)
7.0	251.7	6.81	5.77	15.06	6.00	5.09
8.3	300.8	8.46	6.34	11.42	7.46	5.60
9.0	340.0	8.71	5.72	9.94	7.68	5.04
10.0	339.4	9.75	5.71	7.46	8.60	5.15

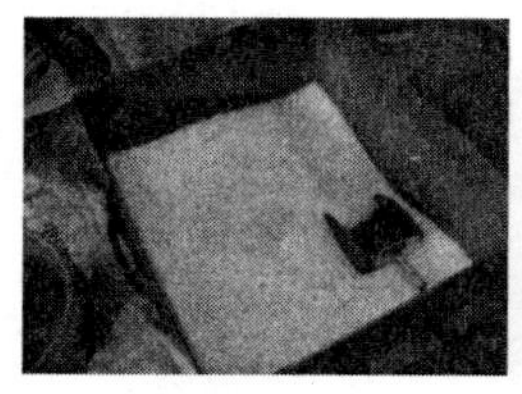

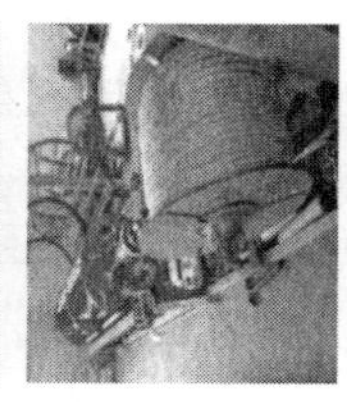

图 3-14　MHMWPE 单丝纺丝及其绳索制备流程

表 3-7　特种牵伸工艺下的 MHMWPE 单丝新材料拉伸力学性能

牵伸倍数	线密度（dtex）	断裂强度（cN/dtex）	结节强度（cN/dtex）	断裂强度（g/D）	结节强度（g/D）
7.0	465.00	4.87	3.88	5.52	4.40
8.3	339.72	6.61	4.02	7.50	4.56
9.0	323.89	7.38	4.17	8.36	4.73
10.0	366.11	7.79	3.36	8.84	3.82
11.6	346.39	8.39	3.01	9.51	3.41
13.2	326.94	8.25	3.13	9.40	3.55

以渔用 MHMWPE 单丝为基体纤维，经过特种环捻、合股、制绳、检验、后处理工序后获得直径 14 mm 的渔用 MHMWPE 绳索；其拉伸力学性能测试结果及其与普通合成纤维绳索的比较如表 3-8 所示。MHMWPE 绳索新材料拉伸力学性能主要取决于制绳用基体纤维材料、绳纱强力利用率和制绳工艺等。由表 3-8 可见，MHMWPE 绳索新材料较普通合成纤维绳索具有明显的破断强力优势，以直径 14 mm 的 MHMWPE 绳索新材料替代同等直径的 3 股 PP-PE 单丝绳索用作渔用绳索，能使绳索破断强力提高 8.9%；以直径 14 mm 的 MHMWPE 绳索新材料替代同等直径的 3 股 PE 单丝绳索用作渔用绳索，能使绳索破断强力提高 62.0%、线密度减小 1.9%、原材料消耗减小 1.9%；以直径 14 mm 的 MHMWPE 绳索新材料替代直径 17 mm 的 3 股 PE 单丝绳索用作渔用绳索，能使绳索破断强力提高 7.1%、线密度减小 35.3%、使用直径减小 17.6%、原材料消耗减小 35.3%，生产网具以及养殖设施的水阻力也相应减小；以直径 4 mm 的 MHMWPE 绳索新材料替代同等直径的 3 股 PE 单丝绳索用作渔用绳索，能使绳索破断强力提高 50%以上，线密度减小 7.8%，原材料消耗减小 7.8%；以直径 4 mm 的 MHMWPE 绳索新材料替代直径 5 mm 的 3 股 PE 单丝绳索用作渔用绳索，能使绳索破断强力提高 30%以上，线密度减小 35.0%，原材料消耗减小 35.0%（图 3-15）。综上所述，在渔业生产中，以 MHMWPE 绳索新材料用作绳索，可减小远洋渔具与水产养殖设施（如网箱、围栏等）的水阻力、提高渔业生产安全性、助力现代渔业的绿色发展与现代化建设。

表 3-8　MHMWPE 绳索新材料与普通合成纤维绳索拉伸力学性能

绳索	直径 (mm)	线密度 (ktex)	破断强力 (daN)	断裂强度 (cN/dtex)	断裂伸长率 (%)
MHMWPE 绳索新材料	14	101	2 560	2.53	22.9
3 股 PE 单丝绳索合格品	14	103	1 580	1.53	45~55
3 股 PP-PE 单丝绳索合格品	14	97.2	2 350	2.42	40~50
3 股 PE 单丝绳索合格品	17	156	2 390	1.53	45~55
MHMWPE 绳索新材料	4	7.47	328	4.39	11.2
3 股 PE 单丝绳索合格品	4	8.1	175	2.16	20.5
3 股 PE 单丝绳索	5	11.5	232	2.01	24.3

图 3-15　绳索在水产养殖设施上的应用

8. 渔用熔纺 UHMWPE 单丝等新（型）材料

材料的性能与功能直接关系到的渔业生产的安全性与节能降耗效果，在国家支撑课题等项目的支持下，东海所石建高研究员团队联合淄博美标、东莞方中等单位开展了渔用新（型）材料的研发及其应用示范。东海所等以特种组成原料（UHMWPE 粉末等原料）与特种熔纺设备为基础，采用特种纺丝技术，研制具有结节强度高、性价比高和适配性优势明显，且在我国渔业、过滤网等领域中推广应用前景好的高性能单丝新材料，已授权发明专利多项，东海所石建高等将上述特定的高性能单丝新材料命名为渔用熔纺 UHMWPE 及其改性单丝新材料（图 3-16）。因渔用熔纺 UHMWPE 及其改性单丝综合性能或功能好，其应用前景非常广阔，值得我们花大力气进行研究。

图 3-16　渔用熔纺 UHMWPE 及其改性单丝新材料

除上述渔用新纤维外，我国还开展了特种合金丝、PP/PE 共混裂膜纤维、UHMWPE 裂膜纤维、高强度渔用聚乙烯材料等渔用新纤维材料的研发与应用，促进了渔业技术的创新和渔业经济的发展（图 3-17）。

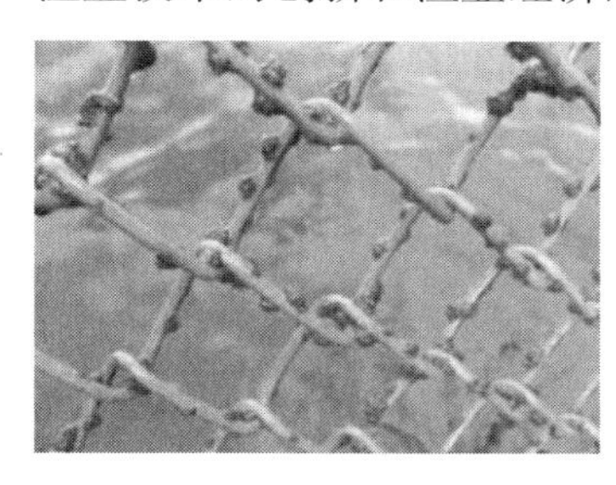

图 3-17　渔用新纤维及其在海上的应用试验

三、围栏设施等渔业用纤维的机械性能

渔用纤维及其制品（如单丝、网线、网片和绳索等）在加工和使用过程中，会受到拉伸、弯曲、压缩、摩擦和扭转作用，产生不同的变形。下面对围栏设施等渔业用纤维的疲劳、弯曲和拉伸等机械性能进行简要介绍。

1. 疲劳性能

渔用纤维疲劳破坏有两种形式：一种是指纤维材料在较小的恒定拉伸力作用下，开始时纤维材料迅速伸长，然后伸长逐步缓慢，最后趋于不明显，到达一定时间后，材料在最虚弱的地方发生撕裂，称为静态疲劳或蠕变疲劳；另一种是多次拉伸（或动态）疲劳，它是指纤维材料经受多次加负荷、减负荷的反复循环作用，塑性变形逐渐积累，使得纤维内部局部损伤，形成裂痕，最后被破坏的现象。表示材料疲劳特性的指标常采用耐久度或疲劳寿命。它是指纤维材料能承受的加负荷、减负荷反复循环的次数。纤维疲劳寿命的影响因素包括疲劳试验条件和纤维材料性能。随着疲劳试验中负荷（或变形）振幅的降低，纤维材料的疲劳寿命增加。当其振幅降低到一定值时，疲劳寿命从理论上可达到无限大。纤维的拉伸断裂功大，则纤维疲劳寿命增加。纤维的结构缺陷越多，则纤维易于疲劳；因为内部结构的缺陷和表面裂痕、裂缝等是材料受力时的应力集中源，它能加速材料的疲劳破坏。

2. 弯曲性能

纤维在纺织加工中或应用过程中，都会受到除拉伸以外的弯曲等作用。纤维的弯曲与加捻，影响纤维制品的性能和手感。纤维的弯曲刚度决定材料抵抗弯曲变形的能力。纤维的弯曲刚度大，则不易产生弯曲变形，手感较刚硬。纤维的弯曲刚度以公式（3-1）表示。

$$R_B = EI \tag{3-1}$$

式中：R_B 为纤维的弯曲刚度（cN·cm²）；E 为纤维的弹性模量（cN/cm²）；I 为截面惯性矩（cm⁴）。

纤维粗细不同时，弯曲刚度与其线密度平方成正比。为了在纤维间相互比较，常采用单位粗细（tex）条件下的纤维弯曲刚度，称为纤维的相对弯曲刚度或比弯曲刚度。纤维的相对弯曲刚度以公式（3-2）表示。

$$R_{Br} = \frac{1}{4\pi}\eta_f E \frac{1}{r^2} \times 10^{-5} \tag{3-2}$$

式中：R_{Br}为纤维的相对弯曲刚度（$cN \cdot cm^2/tex^2$）；η_f 为纤维的弯曲截面形状系数；E 为纤维的弹性模量（cN/cm^2）；r 为纤维的密度（g/cm^3）；I 为截面惯性矩（cm^4）。

各种纤维的相对弯曲刚度相差很大，在常用化学纤维中，锦纶最为柔软，涤纶最为刚硬。纤维弯曲时，截面上各部位的变形不同。弯曲曲率越大，截面上各层变形差异也越大。纤维越细，拉伸伸长率越大时，纤维越不易折断。

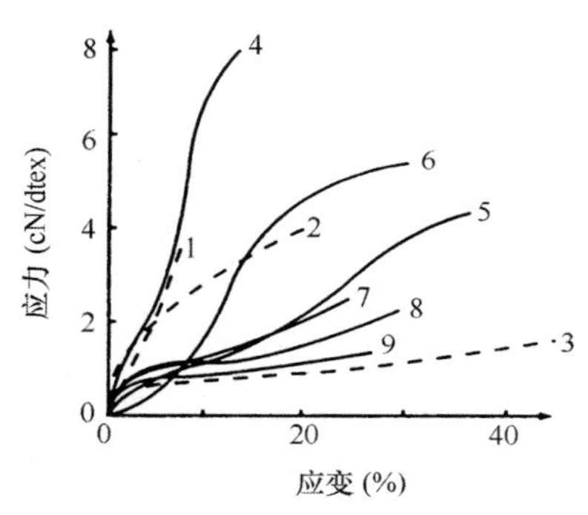

图 3-18　不同种类纤维的应力-应变曲线

1. 棉；2. 丝；3. 羊毛；4. 高强力涤纶；5. 涤纶；6. 锦纶；7. 腈纶；8. 普通黏胶纤维；9. 醋酯纤维

3. 拉伸性能

渔用纤维受到的外力主要是拉伸作用，相关制品受到的外力也主要是拉伸；此外，纤维弯曲性能也与其拉伸性能有关，因此，渔用纤维拉伸性能是其力学性能中最为重要的。纤维是细长体，其受外力作用后只发生纵向的拉伸变形（即伸长）。表示材料拉伸过程受力与变形的关系曲线，称为拉伸曲线。不同类型的纤维，由于结构不同，拉伸曲线的形状不一样。图 3-18 表示几种不同种类纤维的应力-应变曲线。

由于负荷大小与纤维线密度有关，对相同材料，试样越粗，负荷也越大；而伸长大小与试样长度有关，因此，负荷-伸长曲线对不同粗度和不同试样长度的纤维没有可比性。纤维的应力-应变曲线可以用来比较各种纤维拉伸性能。一般来说，纤维应力-应变曲线初始阶段为弹性区域，在这区域中纤维分子链产生弹性形变，相互间没有大的变位。超过这一范围后为延性区域，外力克服分子间引力，使分子链间产生滑移，纤维较小应力的增加会产生较大的延伸，应力去除后发生不可回复的剩余应变。如图 3-19 所示，有的纤维在延性区域后还有补强区域，这一区域中应力再次增大是由于应变增加后，存在于结晶区的分子链段逐渐张紧，致使应力增大。

多数纤维及其制品拉伸的最终断裂点就是负荷最大点，然而有些纤维及其制品会出现图 3-20 所示的拉伸曲线，即试样的最终断脱点 B 不在最大负荷处。

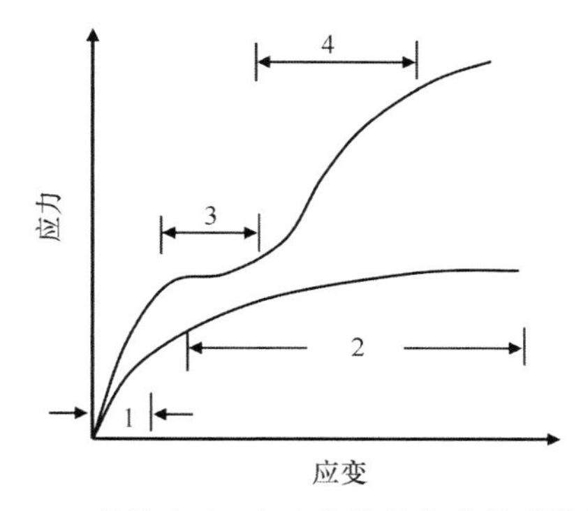

图 3-19　纤维应力-应变曲线的代表性形状模式

1. 初期弹性区域；2. 延性区域；3. 延性区域；4. 补强区域

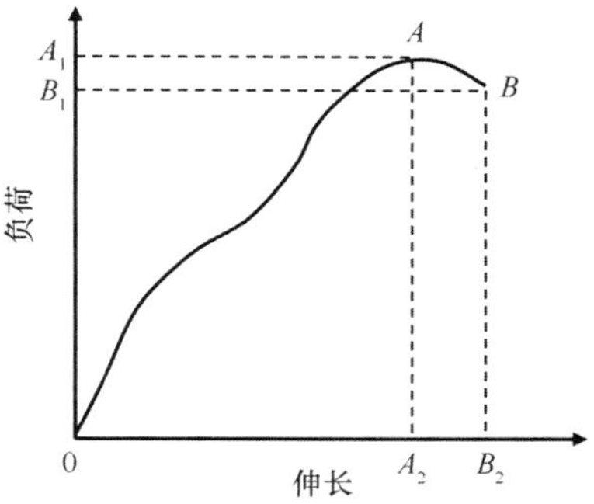

图 3-20　拉伸曲线的断裂点与断脱点

纤维常用的拉伸性能指标有断裂强力、断裂强度、断裂应力、断裂长度、断裂伸长率、断脱伸长率、初始模量、屈服点应力与应变、断裂功、断裂比功和功系数 11 类指标。纤维被拉伸至断裂时所能承受的最大负荷，称为断裂强力，亦称强力、断裂载荷、绝对强力；如图 3-20 中断裂点 A 对应的力值 A_1 即为最大负荷，断裂点 B 对应的力值 B_1 为断裂点 B 的断裂强力，最大负荷与断裂点的断裂强力并一定重合。断裂强力可分为干断裂强力、湿断裂强力、干结节断裂强力和湿结节断裂强力。断裂强力是一个绝对指标，其大小依材料种类和粗度、结构等而不同，所以只能用来比较同粗度、同结构下不同材料纤维所能承受的最大负荷的大小。力之间的换算关系以公式（3-3）表示。

$$1\ \text{kgf} = 1\ 000\ \text{gf} = 9.806\ 65\ \text{N} = 0.980\ 665\ \text{daN} \tag{3-3}$$

纤维单位线密度的断裂强力称为断裂强度，亦称相对强度；它是与断裂应力相当的强度指标。纤维断裂时强度指标一般都用断裂强度来表示。断裂强度以公式（3-4）表示。

$$F_t = \frac{F_d}{\rho_x} \tag{3-4}$$

式中：F_t 为断裂强度（cN/dtex）；ρ_x 为线密度（dtex）；F_d 为断裂强力（cN）。

纤维被拉伸至断裂时，其单位横断面积上所承受的最大拉应力称为断裂应力。因为纤维材料的横断面积较难测量，所以断裂应力不常用。断裂应力是一个相对指标，可直接用来比较不同材料的强度，以公式（3-5）表示。

$$\sigma = \frac{F_d}{S} = \frac{F_d \cdot L \cdot \delta_n \cdot g}{W} \tag{3-5}$$

式中：σ 为断裂应力（mN/mm^2）；F_d 为断裂强力（mN）；S 为网线横断面积（mm^2）；L 为试样长度（mm）；W 为试样的重力（mN）；g 为重力加速度，9.806 65 m/s^2；δ_n 为密度（g/mm^3）。

由公式（3-5）可得：

$$\frac{\sigma}{\delta_n \cdot g} = \frac{F_d \cdot L}{W} = \frac{F_d \cdot L}{G \cdot g} \tag{3-6}$$

式中：G 为试样的质量（mg）。

对网线有 $L/G=H_s$，（实际号数），对单纱有 $L/G=N_m$。（公制支数），则：

$$\frac{\sigma}{\delta_n \cdot g} = \frac{F_d \cdot H_s}{g} \tag{3-7}$$

或

$$\frac{\sigma}{\delta_n \cdot g} = \frac{F_d \cdot N_m}{g} \tag{3-8}$$

纤维的自身重力等于其断裂强力值时所具有的长度称为断裂长度，以 km 为单位，符号 L_t。把公式（3-6）、公式（3-7）和公式（3-8）等式左边 $\sigma/(\delta_n \cdot g)$ 以断裂长度 L_t 代替，则：

$$\frac{L_t}{F_d} = \frac{L}{W} \tag{3-9}$$

$$L_t = \frac{F_d \cdot H_s}{g} \tag{3-10}$$

$$L_t = \frac{F_d \cdot N_m}{g} \tag{3-11}$$

由公式（3-7）可见，当材料的断裂强力等于其本身重力时，则断裂长度等于该材料的长度。断裂长度是与断裂应力成正比的一个相对指标，对于同种材料，其密度相同，则断裂长度与重力加速度的乘积等于断裂应力，因此，断裂长度被广泛应用于比较纤维材料的强度。由公式（3-11）可得断裂长度与断裂强度的关系如下：

$$L_t = \frac{F_d}{g} \times \frac{1\ 000}{\rho_x} = \frac{F_t}{g} \times 1\ 000 \tag{3-12}$$

因 L_t 的单位为 km，如断裂强度单位为 N/tex 时，则断裂长度 L_t 在数值上等于断裂强度 F_t 除以重力加速度（g）的值。目前，尚有许多强力机采用工程单位制，断裂强力的读数为千克力（kgf）或克力（gf）。当断裂强力以 kgf 为单位计算时，断裂长度以 km 表示，它在数值上等于以 gf 为单位所计算出的断裂强度值。材料被拉伸到断裂时所产生的总伸长值称为断裂伸长，以公式（3-13）表示。断裂伸长是一个绝对值，一般用相对值来表示材料断裂时伸长变形能力的大小。材料被拉伸到断裂时所产生的伸长值对其原长度的百分率称为断裂伸长率，以公式（3-14）表示，其中，试样拉伸前的长度 l_0 又称夹距、隔距或夹持距。在纺织材料学中，伸长率又称为应变，对应的断裂伸长率又称为断裂应变。图 3-20 中最大负荷所对应的伸长值 A_2，除以试样初始长度，即为断裂伸长率。

$$l_d = l - l_0 \tag{3-13}$$

式中：l_d 为断裂伸长（mm）；l 为拉伸至断裂时的长度（mm）；l_0 为试样拉伸前的长度（mm）。

$$\varepsilon_d = \frac{l_d - l_0}{l_0} \times 100\% \tag{3-14}$$

式中：ε_d 为断裂伸长率；l_d 为断裂伸长（mm）；l_0 为试样拉伸前的长度（mm）。

材料被拉伸至完全断脱时所产生的总伸长值称为断脱伸长。材料被拉伸至完全断脱时的伸长率称为断脱伸长率，以公式（3-13）表示。图 3-20 中断脱点 B 所对应的伸长值 B_2，除以试样初始长度，即为断脱伸长率。

$$\varepsilon_{dt} = \frac{l_{dt} - l_0}{l_0} \times 100\% \tag{3-15}$$

式中：ε_{dt} 为断脱伸长率；l_{dt} 为断脱伸长（mm）；l_0 为试样拉伸前的长度（mm）。

应力-应变曲线中起始直线部分的斜率，用来描述纺织材料在较小外力作用下变形难易程度的指标。如图 3-21 中起始直线 OY 的斜率为初始模量。

应力-应变曲线中起始直线部分向延伸区域过渡的转折点，称为屈服点，相对应的应力与应变称为屈服点应力与应变。图 3-21 中取曲线上 P 点，其切线 DE 的斜率等于 O 点与断裂点 A 连线的斜率，P 点即为屈服点。图 3-22 为屈服点的另一种求法。作拉伸曲线起始部分直线与平坦部分切线相交，交角的平分线与曲线交点 C 即为屈服点。

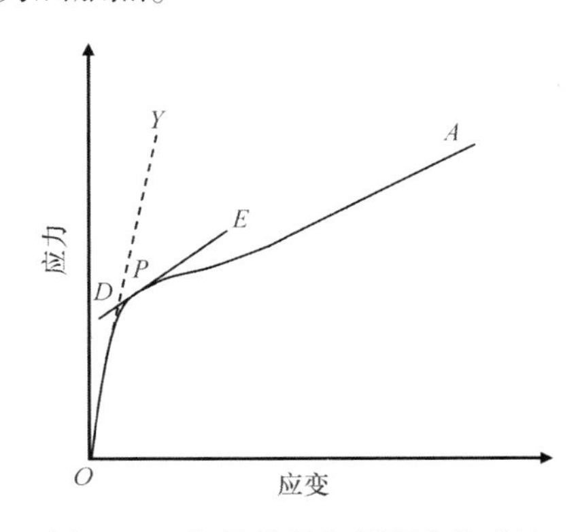

图 3-21　初始模量与屈服点的求法

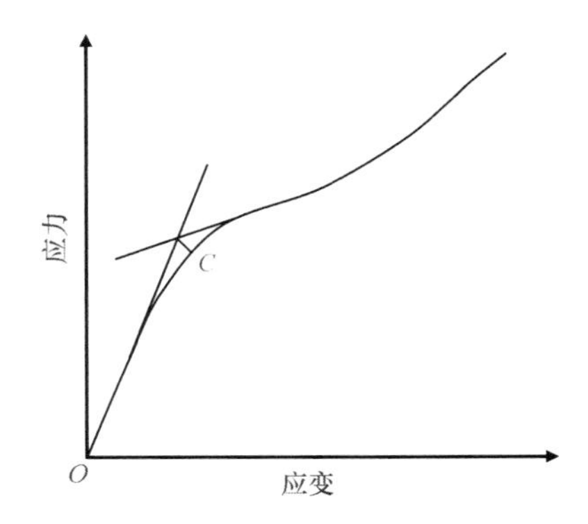

图 3-22　初始模量与屈服点的求法

拉伸试样至断裂时外力所做的功，称为断裂功，符号 W，断裂功又称“断裂韧度”，如图 3-23 所示。断裂功是材料抵抗外力破坏所具有的能量。断裂功等于负荷-伸长曲线下的面积，它可在强力机测得的拉伸曲线图上用求积分仪求得，或以数值积分完成。电子强力机一般可以通过编辑操作软件来计算断裂功数值。断裂功的大小与试样粗细和长度有关。同一种网线，若粗细不同，试样长度不同，则断裂功也不同。

单位线密度和单位长度的试样拉伸至断裂，外力所做的功称为断裂比功。数值上等于应力-应变曲线下的面积。断裂比功表示材料抵抗外力做功的能力，它可用于不同试样断裂功的比较，与试样线密度和长度无关。断裂功是强力和伸长的综合指标，它可以有效地评定材料的坚牢度或耐久性能。断裂功或断裂比功大的网线材料，表示网线在断裂时所吸收的能量大，即纤维的韧性好，耐疲劳性能好，能承受较大的冲击，网线制品的耐磨性也较好。负荷-伸长曲线下面积与断裂强力和断裂伸长乘积之比称为功系数。如图 3-24 所示，图 3-24（a）曲线上凸，功系数大于 0.5；图 3-24（b）曲线下凹，功系数小于 0.5。功系数又称“功满系数”。对各种不同纤维，如果断裂点相同时，功系数大的纤维材料，其断裂功也大。同纤维的不同样品，其功系数变化不大，各种纤维的功系数为 0.46~0.65，因此，可在断裂强力和断裂伸长测得后，根据功系数 η 推知纤维断裂功 w 的大小。

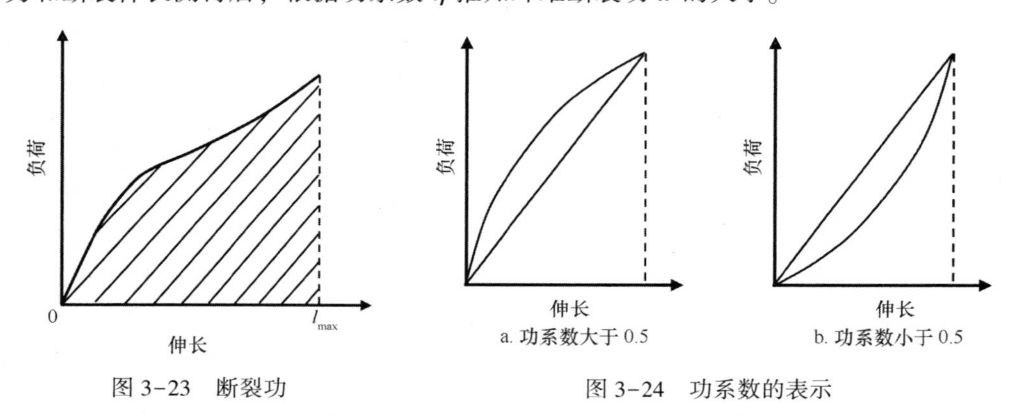

图 3-23　断裂功　　　图 3-24　功系数的表示

纤维的拉伸性能测试仪器有 3 种类型，它们为杠杆式强力试验机、摆锤式强力试验机和电子式强力试验机。杠杆式强力试验机又称“秤杆式强力试验机”，其代表类型有 Dynamat 强力试验机、卜式强力试验机等。杠杆式强力试验机拉伸时下夹头不动，因此，上夹头的上移量就是试样的伸长。杠杆式强力试验机属于等加负荷 CRL 型强力试验机。摆锤式强力试验机代表类型有 Y161 型单纤维强力试验机、Y162 型束纤维强力试验机、Y371 型缕纱强力试验机、Y361 型单纱强力试验机等。摆锤式强力试验机拉伸时上下夹头同时以不同的速度运动、力的施加亦呈非线性，因此，试样的拉伸变形无一定规律。电子式强力试验机代表类型有 INSTRON4466 强力试验机、INSTRON5569 强力试验机和 INSTRON5581 强力试验机等。电子式强力试验机属于等加伸长型强力试验机。关于拉伸性能测试仪器读者可参考相关文献，这里不再详述。

第二节　围栏用网线技术

可直接用于编织网片的线型材料称为网线（netting twine）。网线应具备一定的粗度、强力，良好的弹性、柔挺性和结构稳定性，粗细均匀，光滑耐磨。网线主要应用于渔业领域（包括编织网片、缝合装配等），其技术直接关系到生态围栏等渔业生产的安全。本节主要介绍网线分类、粗度和标识等内容，为生态围栏养殖业提供参考。

一、围栏网线分类

围栏网线品种和类别很多，其名称、分类各异。网线可以按股数、捻向、结构、卷装形式、基体纤维种类等进行分类，现对围栏网线分类方法简介如下。按股数分类，网线可以分为双股线、3 股线和多股线（在渔业领域 3 股线较常用）；按结构分类，网线可以分为单丝、捻线和编（织）线三类；按捻向分类，网线可以分为 S 捻线、Z 捻线；按性能和用途分类，网线可以分为普通网线、高性能网线和特种用途网线；按卷装形式分类，网线可以分为绞线、筒子线、线球、管线和饼线；按基体纤维种类分类，网线可以分为天然纤维网线、合成纤维网线；按混合纤维的分布分类，网线可以分为均匀混合线、变化混合线、组合式复合线，等等。在实际渔业生产中人们对网线还有习惯叫法，如按网线的后处理方法，分为原色网线、漂白网线和染色网线；按加工网线用纤维材料的组成不同，分为纯纺线、混纺线和伴纺线（在渔业上混纺线又称混捻线或混编线，如由 PE 纤维、PVA 纤维两种纤维合股而成的养殖紫菜用的 PE/PVA 混纺线又称 PE/PVA 混捻线或混捻型 PE-PVA 线）等。

二、围栏网线粗度和标识

围栏网线的粗、细程度称为粗度。网线一般以单位长度的重量或单位重量的长度以及直径、横截面积等表示。表示粗度的常用单位有支数、旦和特。在纺织材料学中，线的粗度又称为线的细度。网线的粗度直接决定着网片的规格、用途和物理机械性能等。不同粗度的网线，选用纤维的品质要求也不相同。粗度的广义为粗细以及粗度，即包括相对粗细的“粗度”和绝对粗的几何形态尺寸（直径或截面积）。

线密度和几何粗细的表达一致，其值越大，网线越粗。在网线性能中，网线粗度是一项重要的技术数据。由于几何粗细的测量较为困难，以往大多采用粗度来表达。而随着现代显微镜测量和图像处理技术的进展，网线几何粗细以及分布的表达与测量将成为主导。若网线的粗度用单位质量所具有的长度来表达（支数），则值越大，网线越细。网线粗度确切的表示，关系到网线物理性能的测定，同时也为网线制造者及使用者的选择提供了方便。网线的粗度指标是描写网线粗细的指标，有直接和间接两种。直接指标是网线粗细的指标，一般用网线的直径或截面积来表示。间接指标是以网线质量或长度确定，分为定长制的线密度［特（克斯），tex］、纤度［旦（尼尔），D］和定重制的公制支数（公支）与英制支数（英支）；该指标无界面形态限制。构成网线的基本组织是纤维和单纱，所以首先概述纤维和单纱的粗度。纤维和单纱的粗度一般用线密度或支数来表示，对单丝也可用直径表示。渔业上线密度用来表示粗度。纤维、单纱单位长度的质量称为线密度，线密度又称纤度。纤维（单纱、网线）在公定回潮率时的质量称为标准质量。纤维、单纱、网线每 1 000 m 长度的重量克数称为 tex。需要指出的是，用线密度来比较网线的粗度，仅适用于比较同种材料（即密度相同）的网线的粗度才是正确的。密度相同的网线，线密度越大，网线越粗。对于不同材料网线，由于密度不同，即使线密度相同，但因横截面是不同的，密度大的网线则较细，密度小就较粗。网线的粗度通常用综合线密度和直径等指标来表示。网线 1 000 m 长度的质量克数称为综合线密度。为与单纱的线密度区别，网线在 tex 数值前加字母 R。网线的综合线密度可在测长仪上用称重法测定，其方法参见东海所石建高等起草的行业标准《合成纤维渔网线试验方法》（SC/T 4039—2018）。直径是网线的一个重要技术指标，不但可用来表示网线的粗度，而且可作为计算和分析养殖设施受力的一个重要参数。例如，网箱和生态围栏的水体交换率等均与网线直径有关，精确测定网线直径有实际意义。网线的截面大多为圆形，不像纤维那样有许多变化，但网线是柔性体，网线的边界因存在毛羽而不清楚，并且直径与纤维种类、结构，捻度及干湿状态等因素有关，因此，要非常精确的测定出网线直径是比较困难的。网线直径测定方法参考 SC/T 4039—2018 标准、《捕捞与渔业工程装备用网线技术》或《渔用网片与防污技术》等标准论著。

网线规格的标识方法很多，往往容易引起混乱，为了统一标识方法，以满足生产、贸易、技术交流、渔具图中网线的标注要求，我国对渔网线标识方法制定了国家标准（GB/T 3939. 1—2004），生态围栏网线标识可参照使用。GB/T 3939. 1 国家标准规定了渔网线命名的原则和标记的组成，适用于未经任何处理的渔网线命名和标记；经化学或物理处理过的渔网线，如用综合线密度标记，则须注明。GB/T 3939. 1 国家标准规定渔网线标识采用两种方法：一是普遍使用的较为完整的标识；

另一种在特定情况下使用的简便标识。网线按纤维材料进行分类的原则命名。当网线由单一纤维材料组成时，在纤维材料的中文名称后接“网线”作为产品名称。当网线由两种及两种以上纤维材料组成时，以其主次按序写纤维材料的中文名称，而后接“网线”作为产品名称。当网线结构为单丝形式时，在纤维材料的中文名称后接“单丝”作为产品名称。单丝标记，应按次序包括下列4项：①产品；②单丝的公称直径，以毫米值表示；③单丝的线密度，以特克斯值表示；④标准号。

[**示例3-1**]　　聚酰胺单丝 ϕ0.30 ρ_x　80.6GB/T 21032：

表示按《聚酰胺单丝》（GB/T 21032）标准生产的公称直径为0.30 mm，线密度为80.6 tex的聚酰胺单丝。

捻线标记，应按次序包括下列八项：①产品名称；②单丝或单纱的线密度，以特克斯值表示；③初捻时股的单丝或单纱根数；④复捻时的股数；⑤复合捻时的复合捻线股数；⑥综合线密度，以特克斯值表示；⑦成品线的最终捻向，用“S”或“Z”表示；⑧标准号。

[**示例3-2**]　　聚乙烯网线　ρ_x　36×7×3×3 R960Z SC/T 5007

表示按《聚乙烯网线》（SC/T 5007）生产，以7根线密度为36 tex的聚乙烯单丝捻成股，再以3股捻成复捻线，最后以3股复捻线捻成综合线密度为960 tex的最终捻向为Z的复合捻线。

编织线是使用一根或多根单丝（纱）组成股，以双数多股相互交叉编织成的线，有4股、8股、12股、16股、24股、32股（锭）等多种结构。如果用适量的纤维作编织线芯子，那么编织线圆度更好、线密度增加、强力提高。编织线在渔业领域使用较广，为方便编织线生产、贸易、技术交流等活动中编织线技术内容的一致性，必须对编织线标记技术内容进行统一。编织线的成型结构有别于捻线（如具有线芯等），现将编织线标记简述如下。GB/T 3939.1—2004国家标准中编织线标记仅包括产品名称、综合线密度和标准号3项，这种编织线标记过于简单，它很难表征编织线的面子结构与线芯结构等重要特征，应该尽快对GB/T 3939.1国家标准的编织线的标记部分进行修订，以满足渔业生产、贸易和技术交流等的迫切需要。为更好地反映编织线的成型结构，参照GB/T 3939.1—2004中捻线产品标记，编者建议编织线标记如下：①产品名称；②编织线面子用单丝的线密度，以特克斯值表示；③编织线面子单股用单丝根数；④编织线面子的股数；⑤若编织线有线芯，则编织线面子结构与线芯结构之间用“+”号连接；⑥线芯用单丝的线密度，以特克斯值表示；⑦线芯用单丝根数；⑧编织线综合线密度，以特克斯值表示；⑨标准号。

2017年，我国发布实施了渔用聚乙烯编织线水产行业标准SC/T 4027（该标准由东海所石建高研究员负责起草）。针对渔用高强聚乙烯编织线绳新材料，石建高研究员主持起草了高强聚乙烯编织线绳纺织行业标准FZ/T 63039。现对编织线标记举例说明如下：

［示例 3-3］　渔用聚乙烯编织线　PE　ρ_x　36×6×16+36×20 R4300 B SC/T 4027

表示按水产行业标准《渔用聚乙烯编织线》（SC/T 4027）生产，以 6 根线密度为 36 tex 的聚乙烯单丝为 1 股，再以 16 股配合，相互交叉穿插编织作为编织线面子；在编织线的中央部位配置 20 根线密度为 36 tex 的聚乙烯单丝作为线芯；最终编织而成综合线密度为 4 300 tex 的渔用聚乙烯编织线。

在产品标志、围栏制图、网片标记等场合使用网线标记太复杂，此时，按 GB/T 3939.1 国家标准规定人们可采用简便标记。

［示例 3-4］　按水产行业标准《渔用聚乙烯编织线》（SC/T 4027）生产，以 6 根线密度为 36 tex 的聚乙烯单丝为 1 股，再以 16 股配合，相互交叉穿插编织作为编织线面子；在编织线的中央部位配置 20 根线密度为 36 tex 的聚乙烯单丝作为线芯；最终编织而成综合线密度为 4 300 tex 的渔用聚乙烯编织线。

PE-R4300 B SC/T 4027 或 PE-36×6×16+36×20 SC/T 4027

三、单丝、捻线和编织线

虽然网线规格种类繁多，但在渔业领域人们主要按网线结构对网线进行区分。具有足够强力适合于作为一根单纱或网线单独使用的长丝称为单丝。单丝主要包括 PE 单丝、PA 单丝和 PP 单丝 3 种；其他单丝主要包括 PET 单丝和 PVA 单丝等。特种 PET 单丝可用作半刚性 PET 网衣，并在生态围栏等生产中应用。

将线股采用加捻方法制成的网线称为捻线。捻线生产前先按规格计算出工艺技术参数，在此基础上更换捻度牙、阶段牙和皮带轮直径等配件，然后按工艺流程组织生产。和编织线相比，捻线在渔业领域使用广泛。根据不同用途的需要，可以由若干根单纱并合加捻，形成线股、网线，使之更为均匀和结构稳定，以承受更高的载荷。捻线是由若干根的单纱组成（线）股，再将几股单纱用加捻方法制成网线，又称加捻线。捻线按捻合的方式分为单捻线、复捻线和复合捻线等类型。组成网线半成品结构称为线股（简称股），如单捻线中的单纱、复捻线中的单捻线、复合捻线中的复捻线等。单纱或网线上捻回的扭转方向称为捻向。捻向可分为“Z”捻（逆时针捻）和“S”捻（顺时针捻）两种。

由若干根偶数线股（如 6 根、8 根、12 根、16 根……）成对或单双股配合，相互交叉穿插编织而成的网线称为编织线（图 3-25）。因地区或习惯不同，在渔业等领域有人也将编织线称之为编织型网线、编线或编结线。编织线工艺包括产品的名称、规格、线股张力和花节长度等。编织线用量有逐步增加的趋势，在远洋拖网、深水网箱和大型生态围栏等渔业领域都有应用。

a.特种结构PE编织线

b.迪尼玛编织线

c.彩色编织线

图 3-25　围栏用编织线

四、网线的性能

网线是加工生态围栏的重要材料，其物理机械性能对生态围栏设施的性能及其安全性关系极大。为了选择最合适的材料来满足不同生态围栏要求，需要了解有关网线的性能。网线的性能包括弯曲性能、疲劳性能、耐老化性和拉伸性能等。对这些性能的测试应在实验室或专门的测试中心（如农业农村部绳索网具产品质量监督检验测试中心）等场所进行。

1. 弯曲性能

网线及其制品（如渔网等）在加工、运输和使用中均会受到一定程度的弯曲作用。渔网线的弯曲性能极大地影响渔网的弯曲刚度、剪切刚度以及渔网的悬垂性能等，因此，网线弯曲性能的研究很重要。诚然，由于实际网线结构的复杂性，往往给理论研究带来许多困难，如实际网线中纤维的径向转移，部分纤维不完全伸直，纤维头端滑动的影响等。网线在加工、使用过程中会产生弯曲变形。网线的拉伸、弯曲和剪切性能都与网线弯曲刚度有关。因此，研究网线的弯曲性能及其测定方法很有必要。网线的弯曲刚度可采用多种方法进行实际测量，如简支梁法、圈状挂重法和悬臂梁法等（图 3-26）。现举例说明如下。简支梁法如图 3-26（a）所示，将网线搁在钩子 A 上，用中间挂有小重锤（P）的另一支架 B，对称地挂在钩子 A 的两边，网线产生弯曲，挠度为 y，通过经验公式（$R_{nt}=\dfrac{P\cdot l^3}{48y}$）可以计算得到网线的弯曲刚度 R_{nt}。圈状挂重法如图 3-26（b）所示，将长度 L 的网线制成一圆环挂在支点 A 上，圆环下端挂一小重锤，质量为 W，测得圆环下垂的变形量 d，通过经验公式（$R_{nt}=k\cdot WL^2\dfrac{\cos\theta}{\tan\theta}$）可以计算得到网线的弯曲刚度 R_{nt}。

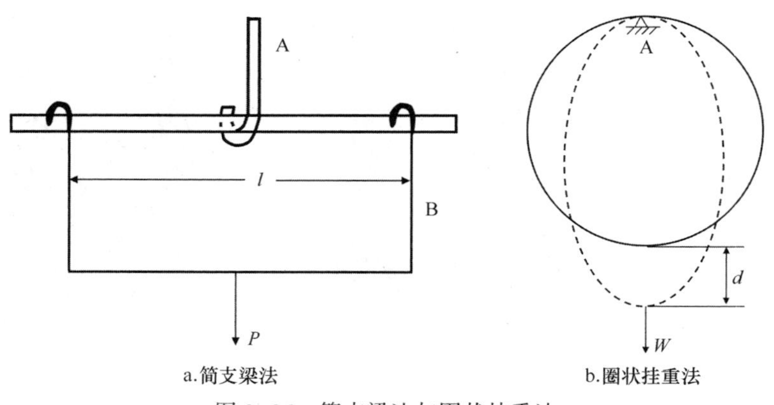

图 3-26　简支梁法与圈状挂重法

2. 疲劳性能

生态围栏养殖网线在实际使用中的受力情况是经常要承受外力多次拉伸、弯曲、压缩或其联合作用，在这种多次反复载荷作用下，网线内部结构恶化的现象称为疲劳。疲劳破坏是网线在多次拉伸、弯曲、压缩或其联合作用下，其内部结构逐渐破坏的过程。疲劳几乎不造成材料质量的减少。材料抵抗多次负荷或多次变形所引起的内部结构恶化或破断的能力称为疲劳强度，用断裂时外力反复作用的次数来表示。网线的疲劳强度是用多次拉伸至断裂时外力反复作用的次数来表示。网线疲劳主要包括弯曲疲劳和拉伸疲劳。网线在加工生产和实际生产应用中，经常发生多次弯曲循环变形。网线在重复弯曲作用下，也像重复拉伸一样，会使结构逐渐松散、破坏，最后引起疲劳断裂。多次弯曲作用通常采用单面弯曲、双面弯曲和多次弯曲进行实验。疲劳试验机种类很多，INSTRON 3360 系列疲劳试验机如图 3-27 所示。网线的弯曲疲劳机理相当复杂，有兴趣的读者、企业可参考相关文献资料或与农业农村部绳索网具产品质量监督检验测试中心等单位联系。

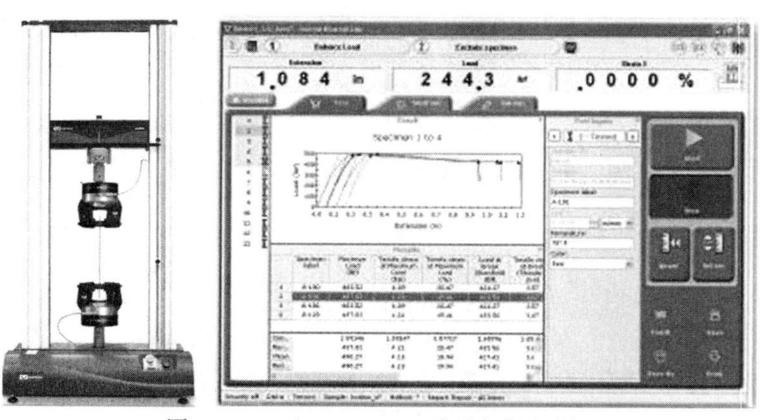

图 3-27　INSTRON 3360 系列疲劳试验机

网线在生态围栏工程中会受到不同频率的多次拉伸作用。在多次拉伸过程中，网线及其基体纤维结构会发生变化而导致疲劳破坏。结构良好的网线，多次拉伸循环的疲劳破坏可分为三个阶段（或相）。如图 3-28：第一阶段，大多数网线及其基体纤维以结构单元的取向排列为主要特征，结构得到改善；第二阶段开始，结构将不再继续改善，如果拉伸量和频率适当，则拉伸作用产生快速可逆变形、弹性变形和部分快速消失的缓弹性变形（此时，网线结构几乎没有什么变化，能承受数万次、数十万次，有时甚至数百万次的多次拉伸；结构缺陷的发展，缓慢恢复的缓弹性变形以及塑性变形，不可逆变形的积累十分缓慢，只有经过很多次循环后，才出现一定量的不可逆变形）；第三阶段开始时，网线的结构以比较快的速度破坏瓦解；结构有缺陷的位置，可能出现应力集中，网线用纤维断裂、网线解体；图 3-29 显示了用显微镜观察到的纤维移动和纱线结构的松散化，包括纤维的断裂、滑移、起拱抽拔等整体结构的劣化，这阶段称为“衰竭”或“疲劳”。结构不良的网线，基体纤维间联系较弱，或者网线结构良好，但拉伸作用产生的变形较大，则不经历第一阶段和第二阶段，直接出现第三阶段的衰竭。如果作用力非常大，则经过若干次拉伸后，不存在结构逐渐瓦解的衰竭过程，与一次拉伸断裂相似，只是中间增添了若干次卸载。网线在小于断裂强力的载荷作用下，作“加载—卸载”（即拉伸—松弛）多次往复循环试验，每次拉伸循环中将出现一部分塑性伸长，并也包括一部分短时间松弛而没有恢复的弹性伸长；随着循环次数的增多，塑性伸长逐渐积累（称为循环剩余变形），直至一定循环次数后，网线结构松散，基体纤维间联系减弱而呈现疲劳现象，继而发生断裂。疲劳现象出现的速度与试验方法密切相关，同时也决定于每次拉伸循环中所加载荷的大小，多次反复作用的时间及材料弹性大小等因素。网线拉伸疲劳试验方法和表示耐久性的指标与纤维类相同。网线的疲劳寿命除与纤维性质、网线结构等因素有关外，拉伸循环试验条件的影响也很大。拉伸循环负荷值越大，网线的疲劳寿命越低。

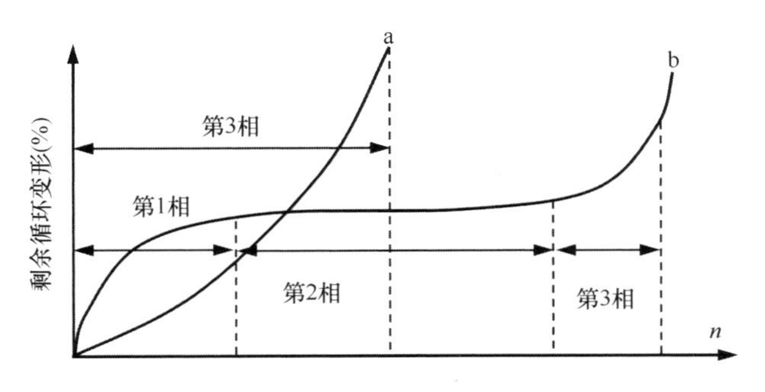

图 3-28 多次作用后渔网线剩余变形增长曲线

a. 结构不良渔网线；b. 结构良好渔网线

a.作用前的结构

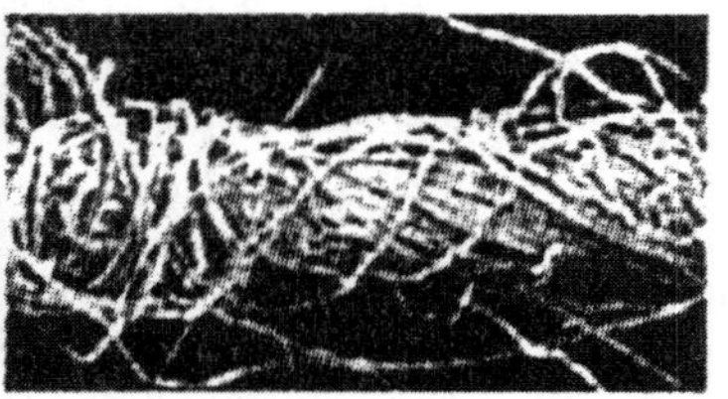

b.作用后的结构

图 3-29　棉纱线拉伸前后的结构变化

3. 耐老化性

网线在加工、贮存和使用过程中，在光、热、水、化学与生物侵蚀等内外因素的综合作用下其性能将逐渐下降，从而部分或全部丧失其使用价值，这种现象称为老化。网线老化可分为化学老化和物理老化两大类。网线抵抗光、热、氧、水分、机械应力及辐射能等作用，而不使自身脆化的能力称为耐老化性。耐老化性可用网线老化后的强力保持率等指标来表示，并以外观和尺寸变化程度作为另一指标。网线抵抗日光、降雨、温湿度和工业烟尘等气候因素综合影响的能力称为耐候性。耐候性用耐候试验后网线的强力保持率来表示。网线抵抗日光紫外线破坏作用的能力称为耐光性。耐光性用试样经暴晒一定时间后的强力保持率来表示。要把每个因素分别的影响加以区分是不可能的，但可以认为最大破坏因素是由太阳紫外线所引起。大多数纤维材料经日光长时间暴晒后，将引起硬化、脆化，断裂强力和伸长降低，使用期缩短。最常见的致老化因素为热和紫外光，因为网线从生产、贮存、加工到制品使用接触最多的环境便是热和阳光。对未加稳定剂和抗氧剂的网线进行耐老化试验，是研究和评价各种网线在一定环境条件下耐老化性和老化规律的一种有效方法。老化试验方法很多，目前最常用的有两种：一种是天然大气老化试验，即把试样放在室外天然阳光下暴露的自然暴露老化（简称自然老化）试验；另一种是模拟阳光辐射，用人工光源（如碳弧灯、紫外灯等）进行辐射的人工加速老化（简称人工老化）试验。人工老化试验方法可日夜进行，因此，人工老化试验比自然老化试验快得多。合成纤维网线的耐老化性与材料种类、粗度、着色、光照时间和光强度等因素有关。网线种类不同，则其耐老化性不同。合成纤维网线中 PVC 网线耐光性最好，即使把它暴露几年，仍有很高的耐光性。人工老化试验可参照标准 GB/T 16422.3 及相关文献。人工老化耐候性测试前按紫外老化试验箱等设备的准备程序进行操作（图 3-30）。自然老化试验依据东海所石建高研究员起草的行为标准 SC/T 4039—2018 及相关文献。老化试验方法可咨询农业农村部绳索网具产品质量监督检验测试中心。

图 3-30　紫外灯耐候试验箱与氙灯耐候试验箱

4. 网线的沉降性

网线在水中下沉的性能称为沉降性。沉降性影响生态围栏重量等。网线单位体积的质量称为密度。网线密度在数值上等于网线的质量与网线体积的比值。纤维是具有空腔和勾缝的物体，因此，网线密度应采用除去空腔和勾缝的体积来计算。网线密度测定常用液体浮力法。此法是将网线直接浸没在液体中（一般用水）进行测定，为保证测定结果的精确性，当试样浸入水中后，必须除去试样表面的空气泡（以手挤捏试样）以使网线充分浸透。网线一般包括密度大于 1 g/cm³ 以及密度小于 1 g/cm³ 两种网线，对上述两种网线试样需要采用不同的测定方法。网线的质量等于网线的密度乘以网线试样的体积。各类合成纤维材料的密度如表 3-9 所示。（网线）材料在水中的重力称为沉降力，单位为 N。沉降力在数值上等于材料在空气中的重力与其沉没在水中所排开水的重力之差值。（网线）材料单位重力所具有的沉降力称为沉降率。沉降率亦即材料的沉降力对其在空气中重力的比值。密度大的（网线）材料其沉降力亦大，它可作为配备生态围栏网具长度等的依据。当密度小于 1 g/cm³ 时，则网衣材料漂浮在水中，生态围栏网具长度可以适当长一些。网线单位时间在水中下沉的距离称为沉降速度。网线沉降速度对某些渔具是重要的，尤其是捕捞围网，它需要沉降得尽可能快，所以采用密度大的网线对捕捞围网等网具有利。网线在水中的沉降速度随纤维材料的密度增加而增加，除此之外，网线沉降速度还与纤维形态、网线粗度、加捻程度、表面光滑程度及后处理（如染色、树脂或焦油处理）等因素有关。如用长丝制成的紧捻线比短纤维制成的松捻线有较快的沉降速度，因前者具有较小的水阻力。又如经焦油处理过的网衣会增加沉降速度，但附着过量的焦油，其沉降速度反而会慢些（表 3-10）。

表 3-9　合成纤维材料的密度

纤维种类	PE	PP	PA	PVA	PVC	PET	PVD
δ_n（g/cm³）	0.94~0.96	0.91	1.14	1.30	1.35~1.38	1.38	1.70

表 3-10 不同网线的沉降速度

网线种类	未处理网线（cm/s）	煤焦油染处理后的网线（cm/s）
PA 网线	3.5	6.5
PVA 网线	4.5	7.3
PET 网线	7.0	—
PVC 网线	8.0	9.0
PVD 网线	10.5	11.5

注：表中数据是通过直径 2~3 mm 的网线试验获得，仅供参考。

5. 吸水性和吸湿性

网线在水中吸收水的性能称为吸水性。网线在空气中吸收和释放水蒸气的性能称为吸湿性。网线含有水分时的重量称为含水重量。网线经一定方法除去水分后的重量称为干燥重量。网线吸湿会影响其结构、形态和物理机械性能。网线吸水和吸湿后常用指标有回潮率、含水率和吸水率。纤维材料及其制品的含水重量与干燥重量之差数，对其干燥重量的百分率称为回潮率。根据测试条件不同，回潮率又分为实测回潮率和标准回潮率。在某一温度、湿度条件下实际测得的回潮率称为实测回潮率。纤维材料及其制品在标准大气条件下达到吸湿平衡时的回潮率称为标准回潮率。网线标准大气条件是按国际标准 ISO 139 的规定，空气相对湿度为（65±2）%、温度为（20±2）℃。网线相关的几种主要合成纤维材料的标准回潮率如表 3-11 所示。由标准回潮率来计算网线的标准质量，可作为研究材料性能和进行商业贸易的依据。影响纤维材料及其制品（如网线、网片等）吸湿的外因主要是吸湿时间和环境温湿度等因素。纤维材料及其制品（如网线）的含水重量与干燥重量之差数，对其含水重量的百分率称为含水率。纤维材料及其制品（如网线）浸入水中所吸收水的重量，对其浸水前实测重量的百分率称为吸水率。网线回潮率一般用烘箱干燥法，可用烘箱或专用的烘箱测湿仪来测定。烘箱种类很多，八篮恒温烘箱如图 3-31 所示。取网线试样 200~400 g（称量精度为 0.05~0.1 g）放入烘箱中烘干，一般烘干温度为 100~110℃，在烘干过程中，隔 10~20 min 称量一次，待至最后两次称量的差值不超过后一次称量的 0.1%时，为网线被烘干的标志，最后一次称量作为干燥质量，然后可按公式计算其实测回潮率。网线回潮率的测定还可采用真空干燥法、吸湿剂干燥法和高频加热干燥法等直接测试法。网线性能随吸水多少而变化，又由于网线的种类、结构和工艺上的关系，其性能变化的情况又有所不同。网线的重量随着吸着水分的增加而增加，网线浸入水中后，水分首先浸入制线用纤维间的空隙，而后再渗入纤维（合成纤维材料吸水量最大的是 PVD 网线。网线吸水后体积膨胀，其横向膨胀大而纵向膨胀小，导致网线直径、长度、截面积和体积的增大。网线吸水后，其强力、模量、刚度和弹性等力学性能随之变化；网线种类不同，吸水后力学性能变化不同）；合成纤维网线一般随着回潮率的增大，其强力、模量、刚度和弹性等下降，伸长率增加；网线少量吸水时，体积变化不大，水分子吸附在纤维大分子间的孔隙，单位网线体积质量随吸湿量的增加而增加，这使网线密度增加。

表 3-11　合成纤维材料的标准回潮率

纤维种类	PP	PE	PVC	PET	PVD	PA	PVA
W_b（%）	0	0.1	0.3	0.4	0.4	4.5	5

6. 耐磨性

网线等制品在使用时受各种外界因素的作用（如摩擦、反复弯曲和拉伸、光线、湿度和其他因素的影响），结果使制品性能逐渐变坏，这个过程称为磨损。材料抵抗机械磨损的性能称为耐磨性（亦称磨损性）。耐磨性是网线的一个重要性能。当磨料在网线表面往复摩擦时，磨料与网线表面纤维直接接触，使纤维表面磨损；当磨料深入网线表层时，对纤维产生切割作用及引起纤维从网线中抽拔或拉断，致使网线结构解体而破坏。合成纤维网线损坏主要由磨损而引起。网线耐磨性不仅影响纺、织等加工性能，而且还影响后续网具制品的使用性能和安全性等。网线磨损破坏过程相当复杂，通常以试验方法测试评价其耐磨性。网线耐磨仪的类型很多，根据磨料和试样间接触表面的运动方式可分为：磨料单方向旋转；磨料顺、逆两个方向旋转；磨料沿网线轴向往复运动；磨料往复运动的方向与网线轴呈一定的角度；接触表面产生的复合运动（图 3-32）。网线直径不同，试样摩擦至断裂时的摩擦次数也完全不同，因此，不宜以“试样摩擦至断裂时的摩擦次数”作为网线耐磨性的唯一指标。为了消除网线直径差异可能引起的网线耐磨性比较误差，东海所石建高等率先在渔用网线耐磨性试验研究中创新引进了“耐磨度”这一概念，通过线密度这一因素进一步减小直径差异可能引起的网线耐磨性对比试验结果误差。单位线密度磨断次数称为“耐磨度”，单位通常为 ind/tex；磨断次数单位为次。影响网线耐磨性的关键因素是网线自身性能。网线磨损可以认为是由于纤维受到非常复杂的应力（拉、弯、扭、剪、摩擦等）而损坏，还受到切割以及纤维的整个或局部抽拔作用，因此，网线结构与其中网线的紧密程度对磨损也有影响。影响材料耐磨性因素的多样性，使得网线耐磨性能的研究变得较为复杂，也使得摩擦磨损试验的结果差异较大，目前我国尚未有渔网线耐磨性试验标准，因此，尽快制定相关标准非常重要。目前，东海所石建高研究员团队正在开展相关标准研究，值得期待。

图 3-31　八篮恒温烘箱

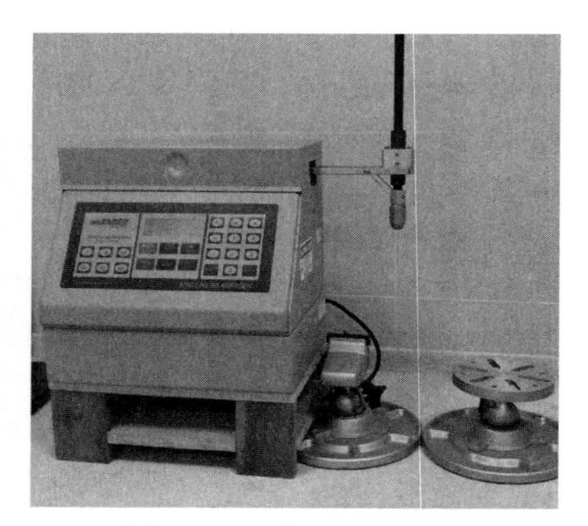

图 3-32　网线耐磨试验机

7. 拉伸性能

网线不经进一步加工就可直接用于编织网片，并适合于制造生态围栏等。网线拉伸时的断裂特性不仅与纤维本身的性能有关，而且与网线工艺结构等有关。网线是细长体，其受外力作用后经常只发生纵向拉伸变形（即伸长）。纤维材料及其制品（如网线）抵抗外力破坏的强弱程度称为强度。强度用拉伸下材料单位线密度、单位面积的强力表示。材料在拉力作用下，产生伸长变形的特性称为延伸性。延伸性用拉伸下材料的伸长率、断裂伸长率和定负荷伸长率等伸长指标来表示。强度和伸长是网线拉伸时所表现的主要物理机械性能，这些性能对生态围栏等的强度、变形和安全性等都有直接关系；同时，强度和伸长也是评定网线质量的主要指标。网线拉伸时，在不同外力的作用下，其产生的变形特征可分为断裂、一次反复载荷（加载-卸载）所产生的变形特征、多次反复载荷的变形情况即疲劳特征。断裂强力和断裂伸长率等网线拉伸性能用一种专门的强力试验机进行测定。为测定未打结网线的断裂强力，试样应装在选用如图 3-33 所示的特殊夹具内。网线测试夹具种类很多，读者可参考相关文献。

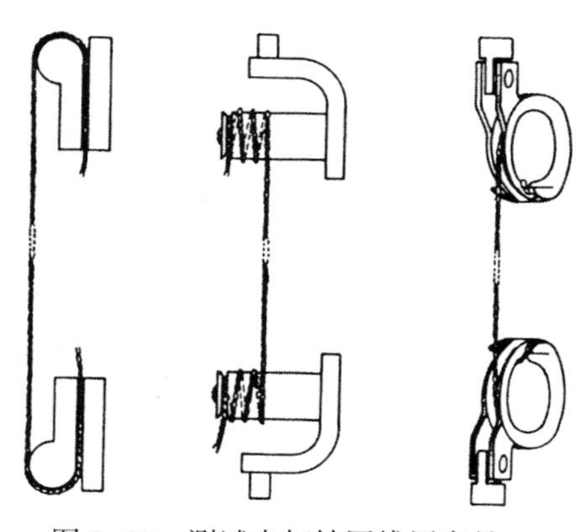

图 3-33　测试未打结网线用夹具

网线强度与组成该网线的纤维强度之比为纤维的强度利用率（以百分率表示）。网线断裂强度小于纤维断裂强度。不同纤维的网线，强度利用率也不同，其大小主要决定于纤维性能、网线结构及其加工工艺等因素。纤维长度、线密度、表面摩擦性能及其不均率情况等都影响网线的强度利用率。表示网线拉伸过程受力与变形的关系曲线，称为网线拉伸曲线。不同类型的网线，由于结构工艺与材料性能不同，拉伸曲线的形状也不一样。拉伸曲线可用负荷-伸长曲线表示，也可用应力-应变曲线表示。网线的拉伸性能指标有断裂强力、断裂强度和单线结强力等。我国现行水产行业标准 SC/T 4039—2018 中渔网线的结强力采用的是单线结强力。由于加捻作用，网线单纱中纤维相互紧密抱合，网线的断裂过程就是线股加工用单纱中纤维的断裂和相互滑移的过程。对网线来说，单纱断裂时，纤维的断裂是主要的。关于单纱中纤维断裂破坏过程相当复杂，有兴趣的读者可参考相关文献。网线拉伸性能除了与基体纤维性能、网线结构及其生产工艺等因素有关外，试验条件对网线拉伸性能试验结果也有一定影响。拉伸速度、试样长度、大气条件、试样根数、试样预加张力和强力试验机类型等试验条件对网线拉伸性能有一定影响。我国于 2018 年颁布的水产行业标准 SC/T 4039—2018 对网线拉伸性能测试条件进行了详细规定。网线在拉力作用下，产生伸长变形的特性称为延伸性。在渔业设计中，对网线延伸性的要求已达到和断裂强力同等重要的地位。网线在小于断裂强力作用下变形能力，涉及许多不同的因素和情况，因此，网线的延伸性是网线一个较为复杂的性能。在小于断裂强力的任一负荷作用下，材料的伸长值对其原长度的百分率称为伸长率。材料被拉伸到断裂时所产生的总伸长值称为断裂伸长。材料被拉伸到断裂时所产生的伸长值对其原长度的百分率称为断裂伸长率。在一定外力拉伸下，材料产生的总伸长值称为总伸长（包括弹性伸长和塑性伸长两部分）。材料总伸长值中，当外力卸除后可以恢复原状的伸长值称为弹性伸长（包括急弹性伸长和缓弹性伸长两部分）。材料的弹性伸长中，当卸除外力后立即恢复的部分伸长值称为急弹性伸长。材料的弹性伸长中，当外力卸除后，须经过相当时间才会逐渐恢复原状的部分伸长值称为缓弹性伸长。材料总伸长值中，当外力卸除后，不能恢复原状的伸长值称为塑性伸长（又称永久伸长）。延伸性一般用断裂伸长率表示，ISO 3790 标准规定网线在干态或湿态时，在 1/2 死结断裂强力值的作用下的伸长作为研究各种网线的变形特性。网线在 1/2 湿结断裂强力时平均伸长值如表 3-12 所示。

表 3-12　网线在 1/2 湿结断裂强力时平均伸长值

网线种类	试验网线的数量（n）	综合线密度（Rtex）	平均湿伸长率（%）	最大和最小伸长率（%）
PP 长丝捻线	48	50~5 640	13.2	9.0~17.5
PP 长丝编织线	15	1 780~7 570	12.7	9.5~17.0
PE 长丝捻线	59	360~6 360	12.8	10.0~17.8
PE 长丝编织线	35	540~10 150	14.8	10.3~19.0
PA 长丝捻线	116	50~11 390	27.7	16.0~29.0
PA 长丝编织线	98	973~18 170	21.2	15.0~29.0
PET 长丝捻线或编织线	48	45~4 870	8.2	7.0~12.5
PP 裂膜纤维捻线或编织线	47	196~7 250	10.9	7.3-14.6

由混纺纱合股而成的线称为混纺线，如由PE、PVA两种纤维合股而成PE-PVA混纺纱，再由混纺纱合股而成PE-PVA混纺线。PE-PVA混纺线广泛用于紫菜养殖用网帘等。混纺纱的性能可以综合两种或两种以上不同纤维的优点，使混纺线的综合性能提高（如PE-PVA混纺线不仅具有PVA网线的容易附着孢子的优点，也具有PE网线强度高的特点）。为给紫菜养殖生产用PE-PVA混纺线的选配提供科学依据，东海所石建高等人于2006年发布实施了水产行业标准《聚乙烯-聚乙烯醇网线　混捻型》（SC/T 4019），其相关力学性能数据见表3-13，供读者参考。

表3-13　混捻型PE-PVA网线性能

项目规格	公称直径（mm）	综合线密度（Rtex）	断裂强力（N）	单线结强力（N）	断裂伸长率（%）
（PE36tex×4+PVA29.5tex×6）×3×3	3.0	4 100	802	465	20~35
（PE36tex×4+PVA29.5tex×7）×3×3	3.1	4 450	861	499	20~35
（PE36tex×5+PVA29.5tex×7）×3×3	3.2	4 940	960	557	20~35
（PE36tex×5+PVA29.5tex×8）×3×3	3.3	5 300	1 020	592	20~35
（PE36tex×6+PVA29.5tex×8）×3×3	3.4	5 780	1 100	638	20~35
（PE36tex×6+PVA29.5tex×9）×3×3	3.5	6 140	1 160	673	20~35
允许偏差	—	±10%	≥	≥	—

第三节　围栏用绳索技术

所谓绳索是指由若干根绳纱（或绳股）捻合或编织而成的、直径大于4 mm的有芯或无芯的制品。绳索在生态围栏养殖领域应用很广，因功能、习惯、地域、使用部位等的不同而有不同的名称，如“绳”“纲”“纲索”“纲绳”“上纲”“下纲”“底纲”“缘纲”“网纲”“力纲”和“边缘纲”等。合成纤维绳索应具备一定的粗度，足够的强力，适当的伸长，良好的弹性、柔挺性、结构稳定性、耐磨性、耐腐性和抗冲击性等基本力学性能。本节主要介绍绳索标记、粗度和分类等内容，为生态围栏养殖业提供参考。

一、绳索标记与粗度

1. 标记

绳索标记方法很多，往往容易引起混乱。为了统一绳索标记方法，以满足生产、贸易、技术交流等技术要求，我国制定了 GB/T 3939.3—2004 等绳索标记方法国家标准。其他领域绳索标记方法以本领域标准为准，无标准时可参考使用上述国家标准。GB/T 3939.3 国家标准规定了纤维绳及混合绳的命名原则和标记组成，适用于未经浸渍或涂层处理的植物纤维绳、合成纤维绳及混合绳的命名和标记；经浸渍或涂层处理过的绳索，标记时须注明。GB/T 3939.3 国家标准规定绳索标记采用两种方法：一是普遍使用的较为完整的标记；另一种为特定情况下使用的简便标记。绳索命名原则按材料分类进行。当绳索由单一纤维组成时，在纤维的中文名称后接“绳”字作为产品名称。当绳索由两种及两种以上纤维组成时，以其主次为顺序，按顺序确定纤维的中文名称后接“绳”字作为产品名称。当绳索由纤维与钢丝绳组成混合绳时，在纤维中文名称后接“包芯绳”（或“夹芯绳”）作为产品名称。合成纤维绳索及混合绳的标记，应按次序包括下列 5 项内容：①产品名称；②绳索结构；③绳索公称直径，以毫米值表示；④捻绳最终捻向，以 S 或 Z 表示；⑤标准号。

绳索按上述要求标记时，产品名称、绳索结构之间和标准号与前项之间留一字空位；绳索结构为 3 股复捻、4 股复捻、3 股复合捻、8 股编绞、无芯编织、有芯编织、单股初捻、6 股复捻的代号分别为 A、B、C、E、H、K、I、J；对于最终捻向为 Z 捻的捻绳可省略最终捻向，编绳则无最终捻向。

[示例 3-5]　UHMWPE 纤维 8 股编绳　L 32　GB/T 30668

表示按 GB/T 30668《超高分子量聚乙烯纤维 8 股、12 股编绳和复编绳索》生产、公称直径为 32 mm 的 UHMWPE 纤维 8 股编绳。

[示例 3-6]　8 股聚酯纤维编绳　E 80　GB/T 11787

表示按 GB/T 11787《纤维绳索　聚酯　3 股、4 股、8 股和 12 股绳索》生产、公称直径为 80 mm 的 8 股聚酯纤维编绳。

[示例 3-7]　12 股 PP 单丝编绳　T20　GB/T 8050

表示按 GB/T 8050《纤维绳索　聚丙烯裂膜、单丝、复丝（PP2）和高强复丝（PP3）3 股、4 股、8 股和 12 股绳索》生产、公称直径为 20 mm 的 12 股 PP 单丝编绳。

在产品标志、网片标记、生态围栏制图等场合使用绳索全面标记太复杂，此时，按 GB/T 3939.3 国家标准规定可采用简便标记。

产品名称用纤维的代号后接“-”号表示。产品名称与绳索结构之间不留空位。当绳索由两种及两种以上纤维组成时，在纤维代号之间用“-”号连接。当绳索由纤维与钢丝绳组成混合绳时，用 COMB 表示夹芯绳，用 COMP 表示包芯绳。

[示例 3-8]　按 GB/T 30668《超高分子量聚乙烯纤维 8 股、12 股编绳和复编绳索》生产、公称直径为 32 mm 的 UHMWPE 纤维 8 股编绳的简便标记为：

UHMWPE-L 32　GB/T 30668

[示例 3-9]　按 GB/T 11787《纤维绳索　聚酯　3 股、4 股、8 股和 12 股绳索》生产、公称直径为 80 mm 的 8 股聚酯纤维编绳的简便标记为：

PET-E 80　GB/T 11787

[示例 3-10]　按 GB/T 8050《纤维绳索　聚丙烯裂膜、单丝、复丝（PP2）和高强复丝（PP3）3 股、4 股、8 股和 12 股绳索》生产、公称直径为 20 mm 的 12 股 PP 单丝编绳的简便标记为：

PP-T20　GB/T 8050

[示例 3-11]　按 SC/T 5017《聚丙烯裂膜夹钢丝绳》生产、公称直径为 30 mm，最终捻向为 Z 捻，3 股复捻的聚丙烯裂膜夹钢丝绳的简便标记为：

PPCOMB-A30　SC/T 5017

[示例 3-12]　按 GB/T 18674《渔用绳索通用技术条件》生产、公称直径为 26 mm，最终捻向为 Z 捻，4 股复捻的 4 股 PE 单丝绳索的简便标记为：

PE-B60　GB/T 18674

值得读者注意的是，现有绳索标准中有关股数的标记并不统一，如 FZ/T 63020 等标准中 4 股、8 股和 12 股绳索采用 B、L 和 T 标记。

钢丝绳的标记可采用 GB/T 8706—2017 或 ISO 17893—2004 标准的规定。钢丝绳标记按国家标准 GB/T 8706—2017 第 3 章的规定。钢丝绳标记系列的描述应按 GB/T 8706—2006 中 3.2~3.4 条规定进行。该系列列出了描述钢丝绳所要求的最少信息量。该系列适用于大多数钢丝绳结构、级别、钢丝表面状态和层数的描述。钢丝绳的标记，应按次序包括下列 6 项内容：①尺寸；②钢丝绳结构；③芯结构；④钢丝绳级别，适用时；⑤钢丝表面状态；⑥捻制类型及方向。

[示例 3-13]　钢丝绳　22　6×36WS- IWRC　1770　B　SZ

表示结构采用组合平行捻 6×36WS 的公称直径为 22 mm 的右交互捻镀锌钢丝绳（钢芯为独立钢丝绳芯、钢丝绳级别为 1770）。

2. 粗度

构成绳索的基本组织是基体纤维（简称纤维）或绳纱。纤维或绳纱粗度一般用线密度、支数来表示（对单丝也可用直径表示）。绳纱单位长度的重量称为线密度，单位用“特”或“千特”或“旦尼尔”等表示。有关纤维和绳纱线密度、公制支数等参见相关论著。用线密度或公制支数来比较纤维或绳纱粗度，仅适用于比较同种材料（即密度相同）的纤维或绳纱粗度。密度相同的材料，线密度愈大，绳纱愈粗；支数愈小，单纱愈粗。对于不同材料，由于密度不同，即使线密度或支数相同，但因横截面不同，密度大的纤维或绳纱较细，密度小则较粗。

绳索粗度是指绳索的粗、细程度，通常以线密度、直径和周长等指标来表示。绳索粗度指标有直接和间接两种。直接指标是绳索粗、细的指标，一般用绳索的直径或周长表示。间接指标是以绳索质量或长度来确定，分为定长制的线密度与纤度、定重制的公制支数与英制支数；该指标无界面形态限制。绳索粗度的确切表示，关系到绳索各项性能的表征，同时也为绳索加工企业及其用户的选择提供了便利。在绳索物理机械性能中，绳索粗度是重要的指标之一。由于几何粗细的测量较为困难，以往大多采用粗度来表达。显微镜测量和图像处理技术等现代测试技术的飞速发展，使绳索几何粗细以及分布的表达与测量成为可能。绳索粗度直接决定网箱、生态围栏等增养殖设施的规格。不同粗度的绳索，选用基体纤维的质量要求也不相同。粗度包括相对粗细的“粗度”和绝对细的几何形态尺寸（直径或周长）。以线密度的表达与常规理解相一致，其值越大、绳索越粗；而单位质量所具有的绳索长度越长，则绳索直径越细。

线密度是表示绳索粗度最合适的指标。绳索线密度能精确测量。水产行业标准《渔具材料基本术语》（SC/T 5001）规定，绳索线密度以综合线密度来表示。合成纤维绳索线密度测定按《纤维绳索　有关物理和机械性能的测定》（GB/T 8834—2016）的规定，测定时按上述标准附录 A 的规定对纤维绳索施加一定的预加张力，量取试样长度并称其质量。绳索线密度实际上表示了绳索的重量大小。按公式（3-16）计算预加张力时的绳索试样长度，按公式（3-17）计算绳索线密度。

$$L_1 = \frac{l_2 \times L_0}{l_0} \tag{3-16}$$

式中：L_1 为在预加张力时的试样长度（m）；l_2 为预加张力下的标距（mm）；L_0 为按标准方法测量的初始长度（m）；l_0 为按标准方法测量的初始标距（mm）。

$$\rho_{x1} = \frac{m_1}{L_1} \tag{3-17}$$

式中：ρ_{x1} 为绳索线密度（ktex）；m_1 为试样的质量（g）；L_1 为在预加张力时的试样长度（m）。

按最新发布实施的 ISO 1969、ISO 1346、ISO 1140、ISO 1141、ISO 1181 标准，表 3-14 列出了几种主要类型 3 股捻绳的线密度。由表可见几种主要类型 3 股捻绳在相同直径下其线密度存在差异。捻绳线密度大多决定于制绳用纤维的线密度，在同等制绳工艺条件下，对相同直径的捻绳而言，如果制绳用纤维的线密度越大，那么对应的捻绳线密度越大。图 3-34 表示 PET、PA 和 PP 3 股捻绳线密度与名义直径的关系。特别需要说明的是，绳索总线密度往往小于绳索的综合线密度。直径和周长是绳索的重要指标。在生态围栏技术领域，绳索直径尤其重要，它不但可用来表示绳索粗度，而且可作为理论计算分析生态围栏的一个重要参数。绳索是柔性体，其截面是一个近似圆，绳索边界因存在毛羽而不清楚，并且直径与制绳用绳纱种类、结构、捻度及干湿状态等因素密切有关，因此，要非常精确地测定绳索直径必须采用显微镜、投影仪、光学自动测量仪等现代测试技术。国际上绳索直径测定一般按 ISO 2307 标准的规定，所获得的直径值仅是一个近似值，绳索直径也因此称之为公称直径或名义直径。绳索周长也因此称之为公称周长或名义周长。绳索直径和周长仅给出绳索规格大小的一个指标，不能单独用来作为评定绳索性能的依据。目前纤维绳索标准中给出的最大公称直径范围为 4～160 mm。周长和直径的量取应在一定预加张力下测量，该预加张力的大小应按 ISO 2307 或 GB/T 8834—2016 标准的规定。测量绳索周长一般用卷尺，或用一条纸带紧密的绕绳索一周，在重叠处把纸带切断测量其长度；同样应沿着绳索在不同部位测量数次，取平均值；由周长可推算绳索的“计算直径”。测量直径一般用游标卡尺，测量时游标卡尺两块夹钳的宽度应在 20 mm 以上，游标卡尺的两夹钳应慢慢地与绳索相切，游标卡尺应沿着与绳索捻向相反的方向滑动；在绳索不同部位测量数次，取平均值。上述周长和直径测量方法比较适用于捻绳、横截面呈圆形的有芯编绳，但它对无绳芯的管形编绳及 8 股编绞绳则误差较大。在现代测试技术中，对无绳芯的管形编绳、8 股编绞绳的直径和周长可采用显微镜、投影仪或光学自动测量仪等先进仪器设备进行测量。光学自动测量是采用 CCD 摄像获得绳索直径信号曲线，然后经微分处理得到绳索直径；或直接成像进行图像处理，获得绳索直径；比较成熟的设备有 Uster 公司的 Uster Tester Ⅳ和 Lawson-Hemphill 公司的 EIB 系统等。为了避免误解，在进行设计开发、技术交流或商业贸易等活动时，周长和直径测量方法应由双方取得一致，并在设计报告、检验报告、技术交流资料或商业贸易合同等文献中加以明确说明。

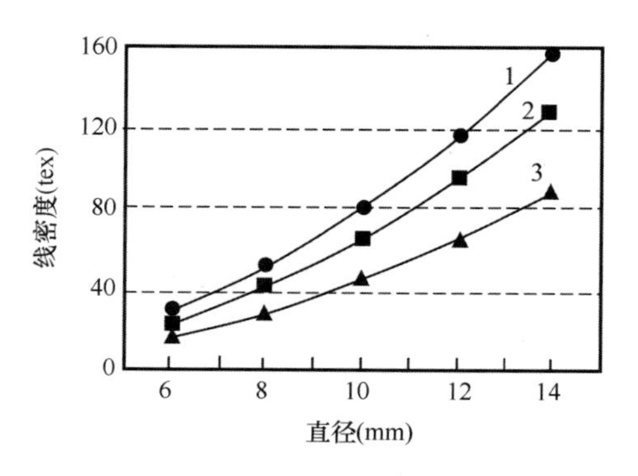

图 3-34　PET、PA、PP 3 股捻绳的线密度与直径之间的关系

1. PET 捻绳；2. PA 捻绳；3. PP 捻绳

表 3-14　几种主要类型 3 股捻绳的线密度[1]

公称直径[2] (mm)	线密度[3,4] 3 股 PE 绳索 (ktex)	3 股 PP 绳索 (ktex)	3 股 PA 绳索 (ktex)	3 股 PET 绳索 (ktex)	3 股 Manila 绳索 (ktex)	允许偏差 (%)
4	8. 02	7. 23	9. 87	12. 1	—	±10
4. 5	10. 1	9. 15	12. 5	15. 3	14. 0	
5	12. 5	11. 3	15. 4	19. 0	17. 3	
6	18. 0	16. 3	22. 2	27. 3	24. 9	
8	32. 1	28. 9	39. 5	48. 5	44. 4	
9	40. 6	36. 6	50. 0	61. 4	56. 1	
10	50. 1	45. 2	61. 7	75. 8	69. 3	±8
12	72. 1	65. 1	88. 8	109	99. 8	
14	98. 2	88. 6	121	149	136	
16	128	116	158	194	177	±5
18	162	146	200	246	225	
20	200	181	247	303	277	
22	242	219	299	367	335	
24	289	260	355	437	399	
26	339	306	417	512	468	
28	393	354	484	594	543	
30	451	407	555	682	624	
32	513	463	632	776	710	
36	649	586	800	982	898	
40	802	723	987	1 210	1 110	
44	970	875	1 190	1 470	1 340	
48	1 150	1 040	1 420	1 750	1 600	
52	1 350	1 220	1 670	2 050	1 870	
56	1 570	1 420	1 930	2 380	2 170	
60	1 800	1 630	2 220	2 730	2 490	
64	2 050	1 850	2 530	3 100	2 840	
72	2 600	2 340	3 200	3 930	3 590	
80	3 210	2 890	3 950	4 850	4 440	
88	3 880	3 500	4 780	5 870	5 370	
96	4 620	4 170	5 690	6 990	6 390	

注 1. 表中数据取自 ISO 1969、ISO 1346、ISO 1140、ISO 1141、ISO 1181 等国际标准；2. 公称直径相当于以毫米表示的近似直径；3. 线密度（以 ktex 为单位）相当于单位长度绳索的净重量，以每米克数或每千米千克数来表示；4. 线密度在 ISO 2307 规定的参考张力下测量。

二、绳索分类

绳索生产设备有钢领机、制股机、制绳机、主辅联合机、编织绳机和编绞绳机等。适应各种需要，绳索的股数、捻向、卷装形式、制绳用基体纤维材料（亦称制绳用纤维材料）的组成、制绳用纤维的类别、制绳用混合纤维的分布等均可不同，因此，绳索分类复杂。

1. 按用途分类

按绳索的用途可细分为船用绳索、军用绳索、建筑用绳索、运输用绳索、清洗用绳索、消防用绳索、登山用绳索、救生用绳索、打捞用绳索、渔用合成纤维绳索、休闲用绳索和蔬菜种植用绳索等。按水域可分为海水用绳索和淡水用绳索。海水用绳索又可进一步细分为刺网用绳索、拖网用绳索、张网用绳索、钓鱼用绳索、敷网用绳索、笼壶类绳索、捕捞围网用绳索、藻类养殖用绳索、贝类养殖用绳索、网箱养殖用绳索和生态围栏网绳索等。

2. 按性能分类

按绳索的性能，可分为普通绳（索）、高性能绳（索）和特种用途绳索（亦称特种绳）等。采用普通纤维加工而成的绳索称为普通绳索，普通绳索应用范围很广。采用高性能纤维加工而成的绳索称为高性能绳索，如在渔业上人们采用超高强聚乙烯 Dyneema 纤维、对位芳香族聚酰胺纤维和高强 PE 条带等加工成的 Dyneema 绳索、Kevlar 绳索、Vectran 绳索和高强 PE 条带绳索等，这些高性能绳索应用于网箱、生态围栏等养殖设施中，不仅可以减小相同规格网箱箱体或围栏网具在水中承受的水阻力，而且降低网箱或围栏生产用原材料消耗、降低网箱或围栏绳索上的防污涂料用量、发展深远海绿色养殖。特种用途绳索是为了特种用途加工的绳索，如军用绳索、消防用绳索、登山用绳索、救生用绳索、耐火绳索、发光绳索、逃生绳索、拖车绳索和建筑绳索等。

3. 按纤维材料类别分类

按（制绳用基体）纤维材料类别，绳索可分为天然纤维绳索（如剑麻绳等）、合成纤维绳索（如 UHMWPE 绳等）、无机纤维绳索（如碳纤维绳等）、钢丝绳（如热镀锌 6 股钢丝绳等）和纤维夹钢丝绳（如夹塑钢丝绳）等。19 世纪末之前人类主要认知和使用的绳索为天然纤维绳索（图 3-35），在当时历史条件下，天然纤维绳索对渔业的发展和进步起到了积极作用。诚然，天然纤维绳索在渔业上也存在许多缺点（如植物纤维绳索使用周期短，其综合性能不如合成纤维绳索等），这为渔业生产带来了许多不利。当今渔业生产中广泛应用的是钢丝绳（图 3-36）和合成纤维绳索（图 3-37）等。

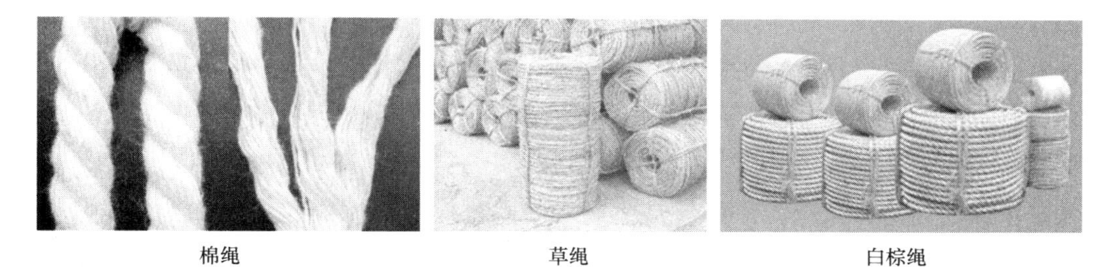

图 3-35　天然纤维绳索

图 3-36　钢丝绳

图 3-37　合成纤维绳索

4. 按结构形式分类

按绳索的结构形式，可分为捻绳（图 3-38）和编绳（图 3-39）。组成捻绳和编绳的基本单元是绳纱。绳纱的形式有单纱、复捻纱或复合捻纱，绳纱的基体纤维有单丝、长丝和条带等。对单丝绳索而言，绳纱粗度可结合绳索规格、绳索结构、喷丝板孔数及生产加工成本等来综合考虑。由绳纱通过加捻而制成的绳索称为捻绳。

捻绳按照捻合的方式又可分为单捻绳、复捻绳和复合捻绳。由若干根绳纱经一次加捻制成的绳索称为单捻绳。单捻绳是由绳纱作为单股，再将 2 个或 3 个单股以股的相反捻向捻制成绳索。由若干根（2 根或更多根）绳纱加捻制成绳股，再将若干根绳股（大多为 3 股或 4 股）以与绳股相反捻向加捻制成的绳索称为复捻绳。用 3 根或更多根复捻绳为绳股，采用与复捻绳相反的捻向加捻制成的绳索称为复合捻绳（亦称缆绳）。捻绳按捻向可分为 Z（左）捻绳、S（右）捻绳。捻绳的捻向一般为 Z 捻，如有特殊要求或习惯需要时，也有 S 捻。对 Z 捻的单捻绳，其单股的捻向为 S 捻；对 Z 捻的复捻绳的绳纱为 Z 捻、绳股为 S 捻；对 Z 捻的复合捻绳的绳纱应为 S 捻、绳股为 Z 捻、次级绳股为 S 捻。不同国家和地区的水产养殖户按偏好、习惯选用不同捻向的绳索。在养殖网具上使用双根平行纲索时为避免相邻绳索间的缠绕结节等，养殖户多采用两种相反捻向的绳索。捻绳按捻合绳股数量又可分为 2 股捻绳、3 股捻绳、4 股捻绳、6 股捻绳和 8 股捻绳等。在渔业上应用较多的是 3 股捻绳和 4 股捻绳（图 3-40）。由于在捻合过程，绳索在模孔内被强力挤压，3 股捻绳的中心空隙很小（图 3-40a）。4 股捻绳或 6 股捻绳等又可分有芯和无芯两种。4 股捻绳等在绳索中心会形成中空，容易积蓄水分，并在弯曲或拉紧时引起绳股变形，因此，一般在 4 股捻绳或 6 股捻绳等多股捻绳的中心充填绳芯（图 3-40 b 、c）。绳芯既可用股、绳索制作，又可用纱、线和丝等制作。绳芯材料可与制绳用材料相同或不同，但绳芯材料的伸长率应不小于制绳材料，以确保绳索的力学性能。在渔业上，3 股捻绳和 4 股捻绳一般简称为 3 股绳（索）和 4 股绳（索）。

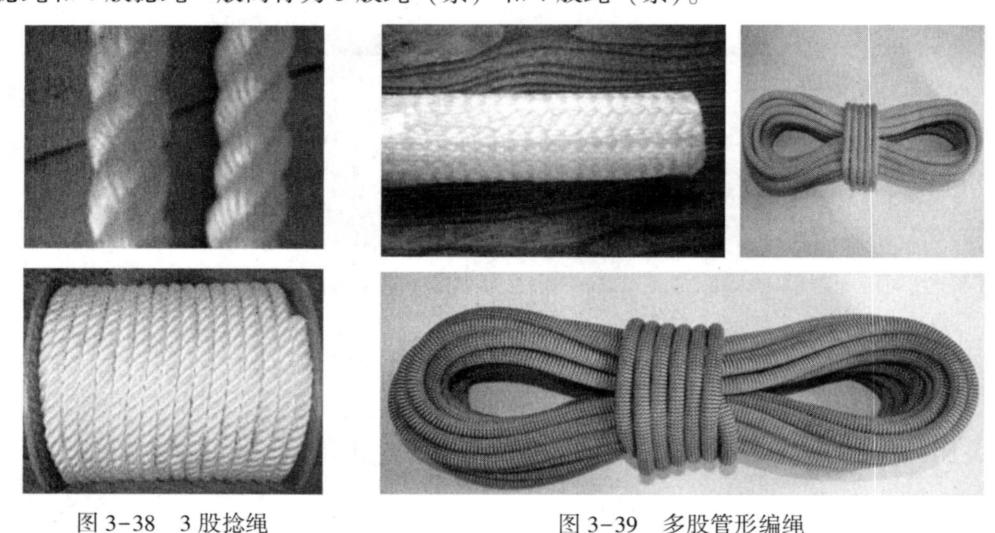

图 3-38　3 股捻绳　　　　图 3-39　多股管形编绳

由若干根绳股采用编织或编绞方式而制成的有绳芯或无绳芯绳索称为编绳。编绳可以加捻也可以不加捻，它通过编织机的锭子将绳股相互交叉穿插在一起编织而

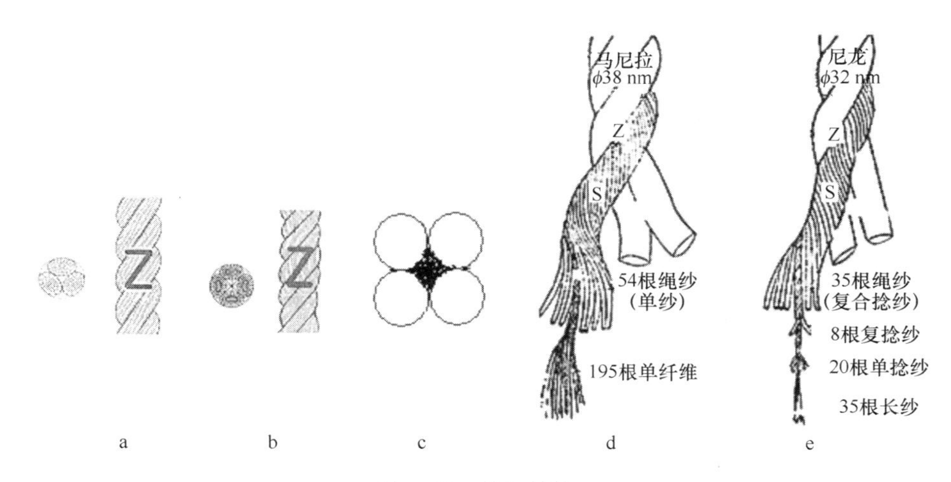

图 3-40　捻绳结构

a. 3 股捻绳；b. 4 股捻绳；c. 4 股捻绳横截面；d. 3 股马尼拉捻绳；e. 3 股 PA 复丝捻绳

成。编绳按结构可分为管形编绳（图 3-39）和 8 股编绞绳（图 3-41）等。其中，编绳按股数又可分为 4 股编绳、6 股编绳、8 股编绳、12 股编绳、16 股编绳、24 股编绳和 32 股编绳等。

图 3-41　8 股编绞绳

由 4 根 Z 捻和 4 根 S 捻的绳股，成对交叉编制成的绳索称为 8 股编绞绳（图 3-42）。8 股编绞绳适用于船只系泊，因此，它主要制成大规格绳索。8 股 PE 编绞绳、马尼拉编绞绳和西沙尔编绞绳等的名义直径一般为 20～96 mm，而 8 股 PET 编绞绳、PA 编绞绳、PP 编绞绳等的名义直径为 20～160 mm。因为用直径来表示 8 股编绞绳的粗度非常不精确，所以，在国际上一般用“名义直径”或“公称直径”来反映大致的 8 股编绞绳粗度状况。8 股编绞绳与其他编绳类似，在外力作用下不会扭转，而且该类粗绳索手感柔软、结构稳定。8 股编绞绳纤维间内摩擦较低，即使有 1～2 股断裂，也不至于松散。8 股编绞绳适于制作船用缆绳、拖车绳索和生态围栏绳索等。由若干股（4 股、6 股、8 股、12 股、16 股或更多股）有规律编织成管状结构的绳索称为管形编绳（亦称圆形编绳、编织绳）。管形编绳结构与编线相同，其绳股由一根或数根绳纱组成，而绳纱则用松捻的单纱，捻线，未加捻的长丝束、单丝、裂膜纤维以及条带等组成。为了确保各绳股受力均匀，加捻的绳股在一个方向上为S捻，另一个方向上则为Z捻。管形编绳绳股数量越多，绳索编织得越紧密，而管子中间的空隙也就越大。管形编绳管子中间的空隙大小随着绳股数量增加和股径增大而增大。为了使绳索有适当粗度和近似圆形横截面，一般在管子中插入绳芯；绳芯可以是绳股或单纱，也可以是单丝或长丝等。绳芯能承受编绳管子内部分载荷的作用。编绳松紧度与编线相类似，不仅取决于股数和股径，而且也决定于花节数和节距（亦称花节长度）。管形编绳花节走向一般平行于绳索的轴线，花节长度一般为绳索公称直径的2.8~3.7倍，某些高强力特殊编绳花节长度达7倍绳径。特殊用途管形编绳花节长度可根据生产需要调整。管形编绳在渔业上人们习惯简称为编织绳。与相同规格的捻绳相比，管形编绳加工成本较高。目前，管形编绳在渔业发达国家应用较多，在我国则主要在大型生态围栏等领域推广应用。

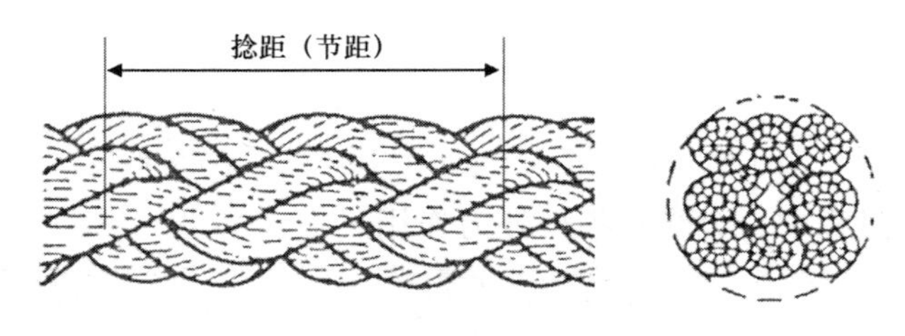

图3-42　8股编绞绳结构

5. 按纤维材料的组成分类

按（制绳用）纤维材料的组成，绳索可分为纯纺绳索和混合绳索。所谓纯纺绳索即由一种纤维或组分不变的高聚物制成的绳索称为纯纺绳索，如PP绳索、PA绳索和PE绳索等。在渔业上纯纺绳索使用较为普遍。由不同材料按一定的数量比例混合制成的绳索称为混合绳索，如包芯绳、夹芯绳和多种纤维混合绳等。包芯绳或夹芯绳一般是用植物纤维或合成纤维与钢丝混合制成；其中，以钢丝绳为绳芯，外围包有植物纤维或合成纤维绳股的复捻绳称为包芯绳（图3-43和图3-44）；以钢丝绳为股芯，外层包以植物纤维或合成纤维绳纱捻制而成绳股的3股、4股或6股复捻绳称为夹芯绳（图3-44）。多种纤维混合绳在藻类养殖工程上有一定的应用，如养殖网帘用PVA-PE混合绳索等。包芯绳包括包棕钢丝绳、包丙纶钢丝绳等。包棕钢丝绳是由钢丝

图3-43　钢丝包芯绳

绳为绳芯，以马尼拉麻为绳股捻制而成；而包丙纶钢丝绳是由钢丝绳为绳芯，以 PP 裂膜纤维为绳股捻制而成。混合绳索可以集两种材料的优点于一体，使其更适合渔业生产的要求。如用 PE 单丝与 PVA 短纤维混合捻制混合绳索，由于 PVA 纤维表面粗糙，PE 单丝较光滑柔挺，两者混合制成的绳索既兼有两者的优点，同时又克服了 PE 绳索表面光滑、不易与网衣缝扎的缺点。

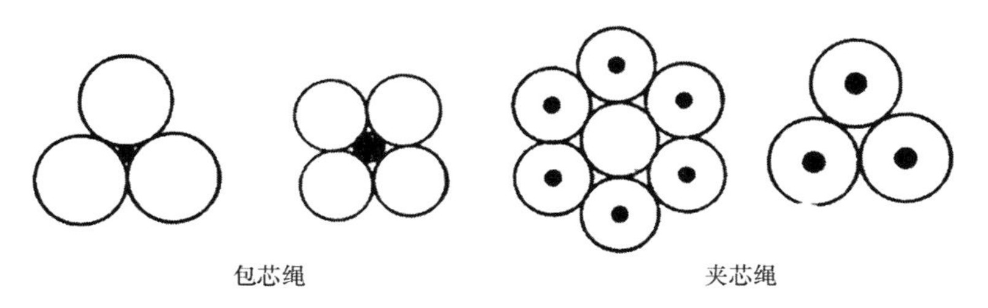

图 3-44　包芯绳与夹芯绳

三、主要物理机械性能

绳索在使用过程中，会受到各种外力作用。绳索物理机械性能有断裂长度、延伸性、断裂强力和断裂伸长率等。对这些性能的测试应在实验室或专门的绳网测试中心进行。对于绳索物理机械性能测试已制定了一些国际标准（如 ISO 2307 等）。我国于 2016 年发布实施了国家标准《纤维绳索　有关物理和机械性能的测定》（GB/T 8834），它规定了纤维绳索的物理机械性能测定方法。国际上 ISO 已制定的与绳索相关的标准有 ISO 9554、ISO 1969、ISO 1181、ISO 1140、ISO 1346、ISO 10325 和 ISO 17893 等。

1. 断裂长度

所谓断裂长度是指绳索自身重力等于其断裂强力值时所具有的长度。断裂长度是表示绳索强度的一个相对指标。因为断裂长度与绳索的规格大小无关，所以它可以用来比较不同种类和结构绳索的断裂强力大小。断裂长度越大，绳索强力越大。根据专著《渔业装备与工程用合成纤维绳索》，表 3-15 列出了合成纤维绳索的断裂长度值。由表 3-15 中可见：①所列绳索中，PA 双层编织绳断裂长度最大；②所列同类结构合成纤维捻绳中，断裂长度最大的绳索为 PA 复丝绳，其次为 PP 绳、PE 单丝绳，最小为 PET 复丝绳；③所列的编织绳中，断裂长度最大的编织绳为 PA 复丝管形编绳；④所列 8 股编绞绳中，断裂长度最大的 8 股编绞绳为 PET 复丝编织绳。在实际生产中，表 3-15 中所示的断裂长度可供读者选用绳索参考。

表 3-15　空气中纤维绳索的断裂长度

绳索种类	制绳用纤维	断裂长度平均值（km）	断裂长度范围（km）
3 股捻绳	椰棕	3.4	3.3~3.5
	西沙尔	9.6	8.9~10.1
	马尼拉（SP 级品）	11.9	11.1~12.9
	马尼拉（1 级品）	10.8	10.1~11.8
	马尼拉（2 级品）	9.6	8.9~10.1
	PA 复丝	30.6	27.4~32.1
	PET 复丝	19.2	17.3~20.1
	PP 单丝或裂膜纤维	23.8	25.3~32.4
	PE 单丝	21.2	19.0~24.7
	PVAA 复丝	20.0	15.0~23.8
	PP 单丝纺织纤维	21.3	20.5~24.0
编织绳	PA 复丝（管形编绳）	30.6	30.0~31.4
	PET 复丝（管形编绳）	21.3	16.0~24.6
	PA 复丝（实心编织绳）	24.4	22.1~25.1
	PET 复丝（实心编织绳）	16.1	12.7~19.5
8 股编绞绳	马尼拉（SP 级品）	11.4	10.5~12.8
	马尼拉（1 级品）	10.4	9.6~11.6
	PA 复丝	28.4	26.5~32.0
	PET 复丝	18.3	17.3~19.1
特殊结构绳	PA 复丝+PA 单丝（Atlas 绳）	32.8	31.0~33.9
	PA 双层编织绳（Samson 绳）	34.6	32.3~38.2

2. 延伸性

所谓延伸性是指绳索在拉力作用下，产生伸长变形的特性。延伸性是一个比较复杂的性能，它包含有多方面的特性，如伸长、不同载荷下加载不同时间后的弹性、载荷大小与伸长之间的关系、能量吸收和韧性等。所有这些特性又随制绳用纤维种类与质量、绳索粗度与结构、绳索加载时间与加载大小等因素而发生变化，且延伸性试验结果还决定于试验方法及试验机类型等。所谓伸长率是指在规定条件下绳索的伸长值（张力为额定最小断裂强力的 50%时标距与预加张力下的标距差值）对预加张力下的标距的百分率；按公式（3-18）可以计算绳索的伸长率。所谓断裂伸长率是指绳索被拉伸到断裂时所产生的伸长值对预加张力下标距的百分率。最新 ISO 2307 国际标准建议规定每根绳索在额定最小断裂强力的 50%作用下，绳索长度的增加值作为绳索的伸长，绳索对应的伸长率按公式（3-18）计算。一般绳索的使用载荷不会超过断裂强力的 20%~25%，故以 50%断裂强力时的伸长值作为参考基准，显然在大多数实际情况下是相当高的。不同种类绳索的伸长有很大区别，大伸长率绳索特别适用于经受冲击和振动的场合，而小伸长率绳索适合于承受静载荷场合。绳索结构对伸长有一定的影响。例如，在绳索断裂时，4 股 PA 捻绳的伸长比 3 股 PA 捻绳大 5%左右；复合捻绳伸长特别大，马尼拉复合捻绳的伸长可大于 50%，合成纤维复合捻绳的伸长可达 100%。实心编织绳伸长比管形编绳大。捻绳与管形编绳两者伸长没有明显区别，它们的伸长分别决定于捻距和编织的紧密度。在实际生产中，人们可以通过工艺调整生产适当伸长的绳索。在大型生态围栏产业，人们可根据需要采用低伸长绳索，以减小实际使用中网具的变形量。

$$A = \frac{l_{dl} - l_2}{l_2} \times 100\% \qquad (3-18)$$

式中：A 为伸长率（%）；l_2 为预加张力下的标距（mm）；l_{dl} 为张力为最小断裂强力时的标距（mm）。

所谓弹性是指绳索在外力作用下产生变形，当外力卸除后，可恢复其原有尺寸的性质。所谓弹性伸长是指绳索总伸长值中，当外力卸除后可以恢复原状的伸长值。绳索在受外力作用下，所产生的伸长是由急弹性伸长、缓弹性伸长和塑性伸长三部分组成。合成纤维绳索不会像金属线那样有真正的弹性，金属线的拉伸变形或多或少与施加的载荷成正比，而且卸载以后可短时间内恢复到原长。合成纤维绳索中的塑性伸长经常是结构上的伸长，这种情况在新绳索初次加载时尤为明显。例如，PA 复丝绳索由于纤维材料自身延伸性好的特点，弹性伸长所占比例较大，初次拉伸时塑性伸长可占总伸长的 50%。如果这类绳索使用于固定长度的地方，如生态围栏或养殖网箱的力纲，在装网前要把新绳索作适当的预拉伸、定伸长或释放静置等，以去掉伸长中不可恢复部分。此外，在绳纱加捻成绳股、绳股加捻成绳索时，需要规定张力值；当绳索从这个张力下松开时，绳索和绳股因要恢复原来的长度而引起绳索收缩。所谓韧性是指材料在外力作用下产生变形而吸收功的特性，其大小用韧度表示。韧度是表示韧性的指标，一般用材料拉伸曲线下的面积值来表示；它在数值上等于将绳索拉伸至断裂或拉伸至规定伸长值时所耗机械能（图 3-45）。当强力试验机产生一个力作用于绳索，使绳索产生伸长时，说明试验机输出了一定量的功而被绳索吸收。如果载荷卸除后，那么绳索恢复这种伸长需做产生伸长时所吸收的相同数量的功。换言之，储存在伸长绳索中的势能将转换成动能。绳索拉伸至断裂或拉伸至任意载荷时的韧度可以从载荷-伸长曲线图得到，按公式（3-19）计算绳索韧度。韧度反映了绳索抵抗冲击和突变载荷的能力；绳索韧度越高，绳索抵抗冲击和突变载荷的能力越大。在实际生产中，读者可根据需要选择合适韧度的绳索。

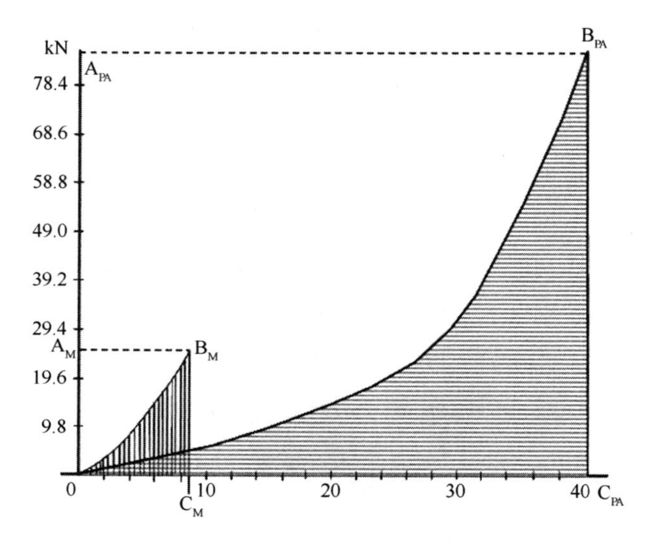

图 3-45 马尼拉和 PA 复丝绳索载荷-伸长曲线

$$\psi_{ss} = \frac{P_{ss} \times l_{ss} \times Q_{ss}}{1\ 000} \tag{3-19}$$

式中：ψ_{ss} 为绳索的韧度（J）；P_{ss} 为绳索的负荷（N）；l_{ss} 为绳索试样的伸长（mm）；Q_{ss} 为面积系数。

3. 伸长（率）与断裂强力

绳索断裂强力是反映绳索性能的最重要技术指标之一，对绳索断裂强力的误判能导致严重的后果，因此，人们必须精确测量绳索断裂强力。所谓断裂强力是指绳索在标准规定的条件下作断裂试验时，拉伸至断裂所施加的最大载荷。与网线一样，绳索断裂强力因绳索结构、绳索捻度、制绳用纤维种类与纤维形态、绳索后处理方式及干湿状态等的不同而有所区别。绳索断裂强力试验在绳索强力试验机上进行，试验机可对绳索试样施加拉力直至断裂。绳索试验方法对试验结果有一定的影响，所以，为了比较试验结果，试验方法必须严格按照国家标准 GB/T 8834—2016、国际标准 ISO 2307、GB/T 8358—2014、国际标准 ISO 3108 和 GB 8918—2006 等标准进行。根据 GB/T 8358—2014、国际标准 ISO 3108，可测试钢丝绳的断裂强力。根据国家标准 GB 8918—2006，钢丝绳伸长的测量应由供需双方协议。根据国家标准 GB/T 8834—2016、国际标准 ISO 2307，可测试合成纤维绳索的断裂强力、伸长率。断裂强力的测量结果以批中每个试样的断裂强力来表示，不计算平均值。实际断裂强力测试值应标明断裂是否发生在两标记“r”之内。试样在两标记“r”限定的区间范围之外发生断裂时，如果断裂时所记录到的力不低于最小断裂强力的 90%，该试样被认为符合断裂强力技术要求；然而在这种情况下，不需要将试验过程中实际记录值以外的断裂强力作为报告值。伸长的测量结果取批中每个试样测试值的算术平均值。绳索试验报告应包含以下信息：①与国家标准 GB/T 8834—2016 的关联；②根据国家标准 GB/T 8834—2016 第 10 章来表示试验结果；③计算结果时所用的各数值；④具体的试验条件（试样的调节、所用试验机的类型、测定伸长率的步骤，如使用了国家标准 GB/T 8834—2016 附录 B 和附录 C 所述的方法，应予以说明）；⑤非本方法规定的具体步骤及可能影响结果的细节。

经有关各方同意，由无润滑剂处理的同一种材料且绳纱线密度相同的构成公称直径不小于 44 mm 的 3 股、4 股、8 股及 12 股绳索的断裂强力，可用 GB/T 8834—2016 附录 C 给出的方法由绳纱的断裂强力进行计算，其条件是在测定绳纱的断裂强力之前，绳索在其他方面均已满足所规定的要求。为取得试验所需的绳纱，将足够长度的一段绳索解捻，解捻时避免绳索的各构成部分（绳纱、绳股）绕其自身纵轴线旋转。对于 3 股和 4 股绳索，至少需试验 15 条绳纱，其中 3 条绳纱应从股芯中选出；对于 8 股和 12 股编绞绳，至少需试验 8 条 S 捻绳纱、8 条 Z 捻绳纱（即至少试验 16 条绳纱）。除非其他特定绳索标准中有新规定，否则检测速度应为（250±50）mm/min。将所选取的绳纱依次装夹在试验机上，在此过程中应采取必要措施，避免绳纱在试验前退捻。用所测结果的算术平均值，根据公式（3-20）计算被抽取绳纱绳索的断裂强力 F_c：

$$F_c = F_y \times n \times F_r \tag{3-20}$$

式中：F_c 为绳索的断裂强力（daN）；F_y 为绳纱的平均断裂强力（daN）；n 为绳索中的绳纱总数；F_r 为计算系数（表 3-16）。

表 3-16　计算系数

公称直径（mm）	计算系数 F_r^a					
	PET 绳索	PA 绳索	PP 绳索	混合聚烯烃绳索	蕉麻或剑麻绳索	PE 绳索
44	0.499	0.613	0.829	0.684	0.598	0.694
48	0.495	0.605	0.820	0.674	0.597	0.688
52	0.492	0.597	0.811	0.663	0.593	0.684
56	0.488	0.591	0.803	0.652	0.590	0.681
60	0.486	0.585	0.795	0.640	0.588	0.677
64	0.484	0.579	0.787	0.640	0.586	0.673
72	0.478	0.569	0.775	0.631	0.580	0.667
80	0.474	0.560	0.764	0.627	0.577	0.661
88	0.470	0.552	0.757	0.621	0.573	0.656
96	0.467	0.544	0.745	0.615	0.569	0.650

续表

公称直径	计算系数 F_r^a					
(mm)	PET 绳索	PA 绳索	PP 绳索	混合聚烯烃绳索	蕉麻或剑麻绳索	PE 绳索
104	0.463	0.538	0.739	0.599	—	—
112	0.460	0.532	0.732	0.596	—	—
120	0.457	0.526	0.725	0.596	—	—
128	0.455	0.521	0.718	0.596	—	—
136	0.452	0.517	0.714	0.595	—	—
144	0.451	0.512	0.707	0.594	—	—
160	0.446	0.507	0.702	0.586	—	—

注：a 为计算系数使用于 3 股、8 股和 12 股绳索。4 股绳索的计算系数较表中数据降低 10%。

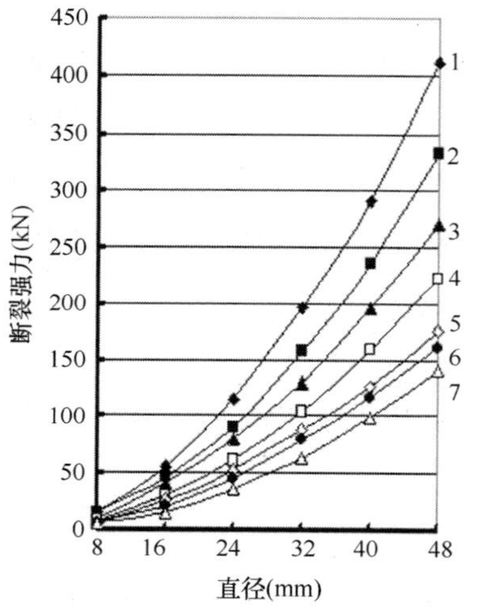

图 3-46　3 股捻绳直径与断裂强力之间的关系曲线

1. PA 捻绳；2. PET 捻绳；3. PP 捻绳；4. PE 捻绳；5. MSP 捻绳；6. M1 捻绳；7. M2 捻绳

在直径相同的前提下，由于制绳用纤维、绳索结构等不同，绳索断裂强力也存在差异。目前 PA 捻绳、PET 捻绳、PP 捻绳和 PE 捻绳等代表性合成纤维捻绳已有国际标准或国家标准，各类绳索的技术特性可参见相关国际标准（如 ISO 1969、ISO 1346、ISO 1140、ISO 1141、ISO 1181 等）或国家标准。图 3-46 表示几种代表性合成纤维捻绳断裂强力与直径之间的关系。从图 3-46 可见，不同材料的捻绳，在直径相同的情况下，其断裂强力相差很大。PA 捻绳的断裂强力最高，其余顺次为 PET 捻绳、PP 捻绳、PE 捻绳，而 M2 捻绳为最低。同时可见，合成纤维捻绳的断裂强力大大优于植物纤维捻绳（MSP 捻绳、M1 捻绳、M2 捻绳分别指 SP 级品马尼拉捻绳、1 级品马尼拉捻绳、2 级品马尼拉捻绳）。

四、使用性能

绳索技术数据由生产企业提供，或查阅有关绳索标准。绳索在实际工作条件下，超过了使用期，上述技术数据就不足以对绳索的性能作出最终评价。由于绳索在实际使用中受到各种载荷作用，并在使用形式、环境状态和使用持续时间等条件变化时，对绳索的断裂强力和伸长这类重要性能将会有很大变化。生态围栏养殖上使用绳索方式和工作条件差异很大，基于新绳索技术数据得出它其实是困难的，因此，人们必须对绳索承受冲击载荷、反复载荷、持续载荷、耐磨、抗光等一些性能进行试验研究，以正确评判绳索在实际工作条件下的使用性能。

1. 持续载荷对绳索的影响

常规强力试验中绳索试样仅经受短时间的增加载荷的作用，而实际上绳索常常处在持续载荷作用下。在持续载荷下，绳索会继续伸长，其值会超过短时间试验所达到的值。在持续载荷作用下，经过一段时间，使绳索发生断裂，该断裂时的载荷要比标准断裂强力试验时的断裂强力值低得多。表 3-17 列出了直径为 7 mm 的几种主要纤维绳索在 25%、50%、75%断裂强力持续载荷作用下的试验结果。由表 3-17 可见，PA 长丝绳索、PET 长丝绳索、PP 单丝绳索和 PP 裂膜纤维绳索适合于在长时间持续高载荷的场合中使用。

表 3-17　直径 7 mm 的各类绳索在持续载荷作用下的试验结果比较

绳索种类	载荷占断裂强力的百分比（%）	持续加载对绳索的影响结果
马尼拉麻	25	没有断裂
	50	1~5 h 后断裂
	75	5 min 以后断裂
西沙尔麻		在持续的载荷作用下比马尼拉绳的影响大得多，并更快断裂
PE 单丝	25	没有断裂
	50	2~4 周后断裂
	75	1~6 天后断裂
PP 单丝纺织纤维	25	没有断裂
	50	大多数不断裂
	75	约 1 天断裂
PP 长丝	25	不断裂
	50	不断裂
	75	10 天后断裂
PP 单丝	25~75	不断裂
PP 裂膜纤维	25~75	不断裂
PET 长丝	25~75	不断裂
PA 长丝	25~75	不断裂

2. 反复载荷对绳索的影响

生态围栏养殖绳索有时会受到多次反复加载卸载作用。在反复载荷作用下会使绳索伸长值继续增加，绳索在一定次数反复作用下会发生断裂。ISO 2307 或 GB/T 8834 标准附录中提供了反复载荷试验。用直径 14 mm 的几种绳索按上述标准附录中提供的试验方法，加载到75%的标准断裂强力，使绳索在短的时间间隔内承受120次反复加载卸载的试验，其测试结果如表3-18和图3-47所示。由表3-18和图3-47可见，PE单丝绳索、马尼拉绳分别在第41次、94次时断裂；根据拉伸-松弛曲线图上拉伸曲线和松弛曲线在横坐标上的距离可估算弹性度，上升与下降曲线之间距离小表示弹性高，上升与下降曲线之间距离大表示弹性低。PE单丝绳索、马尼拉绳上升与下降曲线之间距离大，松弛曲线下降较陡，表示弹性低。在试验中加载和松弛是连续进行的，绳索试样在下一次加载前，弹性伸长部分没有机会得到恢复，所以伸长随每次连续加载而增加，松弛曲线从左向右顺次移动，PA和PET绳索伸长的增加是非常小的，即从第1次加载至第120次加载仅分别增加2%和3%。PE单丝绳索加载到第40次伸长增加10%，随后它就发生断裂。由第1次和最后一次松弛曲线之间的距离可评估绳索的蠕变。可见，绳索基体材料弹性越大，绳索反复作用次数越多；绳索基体材料蠕变越大，绳索越易出现疲劳。

表3-18　绳索抵抗反复载荷75%断裂强力时的伸长

加载次数	PA长丝	PET长丝	PP长丝	PE单丝	马尼拉麻
第1次	38%	30%	29%	21%	15%
第40次	39%	31%	32%	31%	17%
第120次	40%	33%	33%	※	※

注：表中“※”表示绳索已断裂。

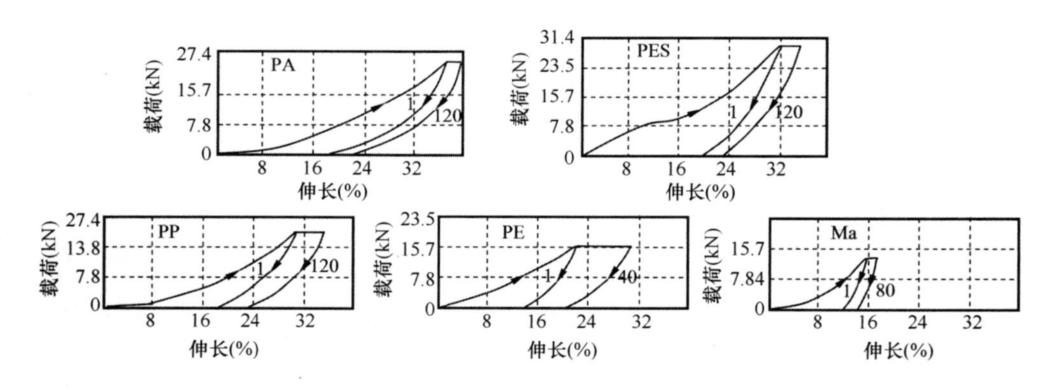

图3-47　捻绳在75%断裂强力反复载荷作用下载荷-伸长曲线

3. 冲击载荷对绳索的影响

生态围栏养殖中绳索一般会承受冲击载荷的作用。断裂强力和断裂长度、伸长和弹性、沿绳索长度方向传递应力的速度等参数都影响着绳索抵抗冲击载荷的能力。尤其是伸长和弹性对冲击载荷影响较大，高伸长和高弹性的绳索有类似弹簧一样吸收冲击能量的作用。例如，PA 绳索有很高的强力和弹性，承受冲击载荷是最好的，而钢丝绳由于断裂伸长较小，就不适合在承受冲击载荷的场合使用；另外有部分冲击载荷在整根绳索中以独特的速度传递，这种传递速度很大程度上取决于绳索的种类和材料。冲击载荷在 PE 绳索中的传递速度为 4.6 m/s，在 PP 绳索中的传递速度为 61 m/s，在 PA 和 PET 绳索中的传递速度约为 152 m/s。由于 PE 绳索以非常慢的速率传送应力，冲击载荷的大部分能量转变成可达到熔点的热量，因此，PE 单丝绳索在具有冲击载荷的场合不适合使用。绳索吸收冲击载荷能量的能力还随冲击力、冲击速度的大小而变化，因此，冲击载荷可以使绳索在比断裂强力小得多的情况下发生断裂，在网具设计时尤其要注意这一点。绳索耐冲击载荷作用的能力可通过下落重锤的方法来试验。例如直径 6 mm 的 PE 捻绳（断裂强力为 3.92 kN），当 13.7 kg 的重锤从 1.5 m 高度上落下，可使其断裂；直径为 24 mm 的 PA 圆形编绳（断裂强力为 94.57 kN），当 865.0 kg 的重锤以 1.5 m 高度上落下，可使其断裂。当绳索在冲击载荷作用下没能断裂时，冲击载荷对绳索的破坏作用仍然存在，它增加了绳索永久伸长并减少了韧度。绳索每次冲击作用后，由于其弹性伸长减少、韧度降低，以致绳索耐冲击载荷作用的能力降低、断裂的危险增加。在绳索使用中应记录绳索的使用情况，在条件许可的前提下对冲击后的绳索进行抽样检测，以防发生绳索断裂事故，确保围栏养殖生产安全。

五、在围栏养殖中应用的绳索

可在围栏养殖上应用的渔用绳索包括天然纤维绳索、钢丝绳索和合成纤维绳索，现简介如下。

1. 天然纤维绳索

以天然纤维为原料制成的绳索称为天然纤维绳索。天然纤维绳索以植物纤维绳索为主。植物纤维绳索主要包括棉绳、马尼拉绳和西沙尔绳等几种；其他植物纤维绳索（如稻草绳、菠萝叶纤维绳索和香蕉茎纤维绳索等）在渔业上用量很少。蕉麻为多年生热带草本植物，主要为菲律宾的马尼拉麻。剑麻取自于剑麻叶，属龙舌兰麻类。剑麻主要有西沙尔麻、Maguey 麻和 Cantala 麻等。适于在合成纤维绳索的叶纤维主要有马尼拉麻、西沙尔麻等。以龙舌兰麻纤维作原料制成的绳索统称为白棕绳。剑麻纤维是我国制造白棕绳的原料。白棕绳的技术特性见 GB/T 15029—2009《剑麻　白棕绳》。以马尼拉麻为原料制成的绳索称为马尼拉绳，以西沙尔麻为原料制成的绳索称为西沙尔绳。马尼拉绳强度高、伸长率低，湿强比干强高，耐海水腐蚀性强。西沙尔绳强度高，湿强比干强高，耐海水腐蚀性强，一般用途与马尼拉绳相同。马尼拉绳和西沙尔绳适于作船用缆绳，历史上优质马尼拉绳曾被制成拖网纲索使用，因其手感好目前在某些特殊场合使用。ISO 1181 规定了 3 股马尼拉绳和西沙尔绳的技术指标。天然纤维绳索与合成纤维绳索的加工工艺略有不同。白棕绳制造过程中，制造工艺（如剑麻纤维的挑选、喷油发酵、梳麻和并条等）与操作技术对绳索的性能（如外观、手感和断裂强力等）有着密切的关系，这里不做讨论。除马尼拉绳和西沙尔绳外，还有红棕绳索、白麻绳索和油麻绳索等。植物纤维绳索一般具有强力较低、易腐烂和易扭捻等特点。在渔业上，植物纤维曾是制造绳索的最重要的材料，但由于其综合性能不如合成纤维绳索，已逐渐被后者所替代，但稻草绳、马尼拉绳和西沙尔绳等植物纤维绳索在绿化、运输、油田、森林和矿山等领域仍有使用。

2. 钢丝绳

钢丝绳是指由多层钢丝捻成股，再以绳芯为中心，由一定数量股捻绕成螺旋状的绳索（图 3-36）。根据钢丝绳柔软程度，钢丝绳通常分为硬钢丝绳、半硬钢丝绳和软钢丝绳。钢丝绳的强度高、自重轻、工作平稳、不易骤然整根折断，工作可靠。除硬钢丝绳外，半硬钢丝绳和软钢丝绳均由钢丝和绳芯组成。钢丝绳的性能主要由钢丝决定；钢丝是碳素钢或合金钢通过冷拉或冷轧而成的圆形或异形丝材，具有很高的强度和韧性，并根据钢丝绳使用环境条件不同对钢丝进行镀锌等表面处理。硬钢丝绳在钢丝绳中最坚硬，强度也最大，但使用不方便；在渔业上，一般作为静索使用。半硬钢丝绳一般为 6 股，制绳用钢丝较细且钢丝根数较多，同时油麻芯含有焦油可以防锈；半硬钢丝绳中油麻芯在使用受力时能起到缓冲和减少内摩擦的作用，有利于绳索保养，使用也较方便；半硬钢丝绳通常作为静索和动索（如曳纲、吊纲）使用。软钢丝绳在钢丝绳中强度最小，但重量较轻且柔软，使用比较方便；它一般作为动索使用。渔业上使用的钢丝绳一般用镀锌钢丝或光面钢丝制作，钢丝直径为 0. 20~0. 80 mm。软钢丝绳的主要优点是具有较大的强力和较高的耐久性；其缺点为弹性小，不耐受冲击载荷，质硬，承受不了急剧的弯曲和扭结，在操作中握持困难，易从手中滑出，有时绳索表面有破断的钢丝头露出，易发生刺伤手的现象。钢丝绳的种类及结构不同，其生产工艺也存在着一定的差异，现以面接触钢丝绳为例，将其工艺流程作简要介绍：

绳芯→ 烘干 →浸油
原料钢丝→捻股拉制]→合绳→检验→包装→入库

钢丝绳制造过程中，制绳工艺与操作技术对绳索的性能有着密切的关系，钢丝绳加工工艺与操作技术内容参见相关文献资料，这里不做详细介绍。钢丝绳是由钢丝捻制成绳股，再由若干根绳股（大多为 6 股）捻制成钢丝绳。钢丝绳的结构形式有：单捻式（由一束钢丝经过一次捻合而成的结构形式；单捻式钢丝绳具有较高的强力，但其性质很硬，适用于曳行和悬挂用，而不能通过滑轮或在滚筒上使用）、两重捻式［由若干根钢丝先捻制成股，再以若干股（大多为6股）以相反方向捻制成的结构形式］和三重捻式（将钢丝经三次捻合而成的钢丝绳；三重捻式钢丝绳加工方法是先将钢丝捻成小股，再将若干小股捻成绳股，最后将若干根绳股捻制成钢丝绳，三重捻式钢丝绳粗硬而笨重，强力最大，可承受较大的载荷）。渔业上大多采用6股两重捻结构的钢丝绳，带有绳芯，并以普通捻索最为常用。一般用途钢丝绳技术特性参见GB/T 20118和GB/T 16762等相关标准。

3. 合成纤维绳索

合成纤维绳索以合成纤维为原材料制成。用于加工网线的合成纤维都可作为绳索的基体纤维材料，渔业中使用较多的普通合成纤维绳索主要有PE绳索、PP绳索、PA绳索和PET绳索四种。其中，PP单丝和裂膜纤维绳索既便宜，性能又好。虽然PVA纤维一般价格较低，但PVA纤维很少单独制作绳索，仅把它和其他纤维混合使用。除上述普通合成纤维绳索外，随着科学技术的进步，国内外出现了许多合成纤维绳索新品种，如UHMWPE纤维绳索、HSPE单丝绳索、PPTA纤维绳索、聚芳酯纤维绳索和高强PE条带绳等。合成纤维绳索的性能与理论设计和工艺计算关系密切。绳索生产前，可以按照预定的目标要求进行理论设计和工艺计算，而后再按制绳工序组织生产。理论设计包括绳索结构设计、绳索工艺设计、绳索原材料设计等。工艺计算一般包括制绳机捻度变换齿轮的计算、制绳机转速计算、绳索结构参数计算和产量计算等。在整个理论设计和工艺计算过程中要考虑技术经济、性价比和环境保护等问题。通过理论设计和工艺计算，按照预定的目标要求确定绳纱用丝根数、绳纱粗度、绳纱捻向、绳纱捻度、绳股用纱根数、绳股粗度、绳股根数、绳股捻向、绳股捻度、绳索捻向及绳索捻距等结构参数。制绳生产操作工序通常包括准备工作、调换绳股筒子、绳股接头、生头、调换捻度变换齿轮和规格控制器、张力调节、卸绳与扎绳、包装和入库等。合成纤维捻绳的生产工艺因制绳机的不同而略有区别，相关工艺流程读者可参考相关绳网著作（如《绳网技术学》等）。合成纤维绳索品种很多，下面仅对当前渔业生产常用几种主要普通合成纤维绳索以及一些合成纤维绳索新品种作简单介绍。

1）聚乙烯绳索

聚乙烯绳索亦称PE绳索、PE绳、乙纶绳索和乙纶绳，主要由PE单丝制成。聚乙烯绳索以其比重小、滤水性强、表面光滑等良好的渔用性能，成为渔业生产中的主要绳索材料，广泛应用于拖网渔具、养殖网箱、生态围栏和贝藻养殖设施等。PE单丝具有密度小、耐磨性好、耐酸碱性良好和耐光性一般等特点。低牵伸的PE单丝，在连续和长时间载荷作用下会发生蠕变。在达到断裂试验的最大载荷以后，并在实际断裂以前聚乙烯试样可以继续伸长，而此时张力已下降，在这种情况下，断裂载荷不等于最大载荷，而是远小于最大载荷。因此用于绳索的 PE 单丝需经高倍牵伸，以减少 PE 绳索的蠕变。PE 绳索的技术特性见 ISO 1969 等相关标准。蠕变问题在大型生态围栏等渔业设施设计开发上已经逐渐受到人们的关注。目前，东海所石建高研究员团队正从事相关研究。

2）聚丙烯绳索

聚丙烯绳索亦称 PP 绳索、PP 绳、丙纶绳索和丙纶绳，由 PP 纤维制成。PP 纤维形态主要有复丝、单丝、短纤维和裂膜纤维等几种。PP 纤维具有密度小、强度较高、耐磨性较好、耐热性较差、耐光性较差和染色性较差等特点。PP 纤维是制造绳缆、渔网和扎带等的理想材料。PP 复丝的外观与 PA 复丝、PET 复丝非常相似，其粗度为 0.22~1.67 tex。PP 单丝直径一般为 0.15~0.40 mm，其短纤维类似于马尼拉麻、西沙尔麻等植物硬纤维。PP 裂膜纤维是经高倍牵伸的薄膜带，其伸长度较小，甚至比 PP 复丝还低；另外，PP 裂膜纤维柔挺性好，制绳索时仅需较少加捻，制造工艺较为简单，比其他几种形态的纤维制绳索价格相对较低；制造绳纱的 PP 薄膜带的宽度为 20~40 mm。PP 绳索的技术特性见 ISO 1346 等相关标准。PP 绳索在锚绳等渔业领域应用很广。

3）聚酰胺绳索

聚酰胺绳索亦称尼龙绳索、尼龙绳、PA 绳索、锦纶绳索和锦纶绳，由 PA 纤维制成。近年来，PA6 纤维的发展速度超过 PA66 纤维，PA6 纤维在渔业等领域应用较广。PA 纤维具有强度和耐磨性好、弹性高和耐光性一般等特点。在国外，目前渔用 PA 纤维品种除 PA6 纤维和 PA66 纤维外，还有少量的芳香族聚酰胺纤维等。制绳用 PA 纤维形态有复丝、单丝两种，且 PA 复丝最为普遍，PA 复丝的粗度在 0.66~2.22 tex。用 0.66 tex 很细的纤维制成的绳索较软，有较好的可绕性。用 2.22 tex 粗纤维制成的绳索则具有较高的断裂强力。由 PA 单丝制成的绳索，其单丝直径为 0.10~5.00 mm 或更粗些；这些单丝通常是圆形横截面，细的单丝可作为一根单纱，粗的单丝可直接作为绳纱加捻成股；由 PA 单丝制成的 8 股编绳可用于金枪鱼延绳钓作为干绳索使用等。PA 绳索的技术特性见东海所石建高等起草的 SC/T 5011—2014 标准。

4）聚酯绳索

聚酯绳索亦称涤纶绳索、涤纶绳和 PET 绳索。PET 绳索用纤维一般为复丝形态。PET 纤维外形和粗度与 PA 复丝很相似，但两者在其他性能上有所区别，PET 复丝的断裂强力略比 PA 复丝低，伸长比 PA 复丝小，粗度约 0.6 tex，甚至比 PA 复丝更细。近年来，百厚网具与东海所石建高研究员团队等合作，在国内率先开展了绿色高效防污型特种复合聚酯单丝的研发，并成功应用于水产养殖设施用绳网的加工制作（包括养殖网箱、生态围栏和贝藻养殖筏绳等），引领了我国绳网产品的技术升级，其产品的应用前景非常广阔。PET 绳索的技术特性见东海所石建高主持起草的 GB/T 11787 标准。

5）超高分子量聚乙烯纤维绳索

随着 UHMWPE 纤维材料的售价逐步降低以及大型生态围栏等大型养殖设施的发展，UHMWPE 纤维在渔业中逐渐得到更多的应用。UHMWPE 纤维绳索一般由 UHMWPE 纤维复丝制成，其特性为断裂强度高、伸长小、自重轻、耐磨耗、特柔软和易操作等（图 3-48）。近年来，东海所石建高研究员团队联合山东爱地、千禧龙和九九久等 UHMWPE 纤维企业，在国内率先开展了 UHMWPE 纤维绳网在深远海网箱、大型生态围栏等领域的应用示范，大大提高了水产养殖设施的抗风浪性能，引领了我国水产养殖设施技术升级。渔用 UHMWPE 纤维绳索的技术特性参见石建高等起草的 GB/T 18674 标准。

图 3-48　UHMWPE 纤维绳索

6）芳纶纤维绳索

随着 PPTA 纤维材料产量的增加，人们已将 PPTA 纤维应用于渔业等领域。在渔业中应用 PPTA 绳索（图 3-49），可大幅度减小网具纲索直径、网具阻力及其在平台等设施上的占用空间。随着大型生态围栏的发展以及 PPTA 纤维价格的下调，PPTA 纤维将在大型生态围栏等领域得到推广应用。PPTA 绳索具有耐高温、耐酸碱、高强度、高模量的优异性能。芳纶绳在 204℃下 5 min 内不熔融，不焦化。PPTA 纤维绳索的技术特性参见行业标准《芳纶纤维绳索》（FZ/T 63045—2018）标准。

图 3-49　PPTA 纤维绳索

7）碳纤维绳索

碳纤维是指纤维化学组成中碳元素占 90%以上的纤维。碳纤维主要用于制作增强复合材料，可用于航空、航天、基建、汽车、能源、文体、国防军工及休闲用品等领域。由于碳纤维既具有钢铁的拉伸模量、具有高于钢铁几倍乃至数十倍的拉伸强度，又具有纤维的可编织性能，以此作为纤维制作碳纤维绳索，恰好可弥补钢丝绳和有机高分子绳索的不足，获得高性能的碳纤维绳索（图 3-50）。碳纤维绳索与结构和直径差不多的钢丝绳相比，其重量还不到钢丝绳的 1/4，埋入混凝土中，在拉拔时的附着强度为钢丝绳的两倍多。碳纤维绳断裂伸长比钢丝绳小得多，应力-应变曲线为一直线，中间无屈服点，在多次重复使用中无参与应变，在应力振幅小的情况下几乎无疲劳现象发生，当应力振幅较大时也表现出优良的疲劳特性。碳纤维复合材料绳索耐腐蚀，不生锈和优良的耐候性也是钢丝绳和高分子绳索无法比拟的。碳纤维主要用于支持（撑）性绳缆，如大跨度斜拉桥缆绳；增强混凝土，如海洋工程混凝土；舰船、海上作业船用绳索；游艇支索；登山用绳索以及替代钢丝绳用于电梯缆绳等。

图 3-50　碳纤维绳索

8）玄武岩纤维绳索

玄武岩纤维是玄武岩石料在 1 450~1 500℃熔融后，通过铂铑合金拉丝漏板高速拉制而成的连续纤维（简称 CBF 纤维，图 3-51）。CBF 纤维的成分几乎囊括了地壳中的所有元素，硅、镁、铁、钙、铝、钠和钾等主要元素成分，约占 99%以上。CBF 纤维与 CF 纤维、PPTA 纤维和 UHMWPE 纤维等高科技纤维相比，具有力学性能佳、耐温性能好、耐酸耐碱性好、介电性能优良等特点，可用于航天、航空、高速列车、汽车、船舶、国防、军工、安防、建筑工程、防火工程、海洋工程、土木工程、公路工程、桥梁工程、电力工程、石油工程和加固工程等领域。CBF 纤维绳与玻璃纤维等其他材料绳索相比，具有明显优势，使用温度范围更宽，如玄武岩纤维绳在 650℃下连续工作时，其断裂强度仍能够保持 80%的原始强度，而即使是优良的矿棉此时也只能保持50%～60%的原始强度，玻璃纤维绳则被完全破坏。玄武岩纤维绳还具有可压缩性、较高的回弹性和较低的摩擦系数、耐酸碱腐蚀、介电性能更好、耐辐射和紫外线等优点；玄武岩纤维纱捻合而成的玄武岩纤维绳具有强度高、伸长率小、耐热性和绝缘性优良等特点，可通过涤纶、聚酯纤维或聚四氟乙烯、橡胶表面编织一层保护套，解决了耐磨等问题。玄武岩纤维绳除应用于消防安全制备及应用领域，还可应用于海洋、游艇、船舶和特种装备等领域。

图 3-51　CBF 复丝纤维绳索

9）中高分子量聚乙烯单丝绳索

中高分子量聚乙烯是一种具有优良综合性能的新型纤维材料。具有高强高模性能的 MHMWPE 单丝新材料可取代 PE 单丝在深水网箱、大型生态围栏等领域推广应用（图 3-52）。近年来，东海所石建高研究员团队联合淄博美标等单位，在国内率先开展了 MHMWPE 单丝绳网在绳网等领域的应用示范，研究结果表明：直径 14 mm 的 MHMWPE 绳索新材料的线密度、破断强力、破断强度、断裂伸长率分别为 101 ktex、2.56 kN、2.53 cN/dtex 和 22.9%；在保持绳索强力优势的前提下，以 MHMWPE 绳索新材料来替代普通合成纤维绳索，既能使绳索直径减小 0～17.6%、线密度减小 1.9%～35.3%、破断强度增加 7.1%～62.0%、断裂伸长率减小 49.1%～54.2%、原材料消耗减少 1.9%～35.3%，又能使网具阻力相应减小，其性价比、安全性及物理机械性能相对较好，产业化应用前景广阔。目前，东海所石建高研究员团队正将研制的 MHMWPE 绳索新材料在渔业生产中应用示范。

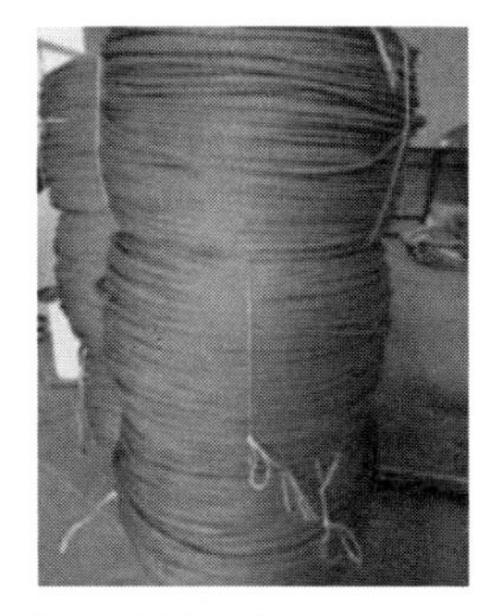

图 3-52　MHMWPE 单丝纺丝及其绳索

除上述绳索新材料外，国内外还出现了许多合成纤维绳索新材料，如共混改性PP/PE单丝绳索、HSPE条带绳索、HSPE单丝绳索、石墨烯复合改性绳索等。如4股改性PP/PE单丝绳索主要由东海所石建高团队开发生产。4股改性PP/PE单丝绳索采用共混改性PP/PE单丝制成，它具有强力高的特性，在保持强力优势的前提下以4股改性PP/PE单丝绳索替代具有GB/T 18674标准合格品指标的普通4股PE单丝绳索用作合成纤维绳索，能使绳索线密度减小、使用直径减小、原材料消耗减小、绳索阻力减少，从而实现渔业生产的节能降耗；在保持强力优势的前提下，使用4股改性PP/PE单丝绳索比使用普通4股PE单丝绳索和普通3股PA复丝绳索更经济，其在渔业生产中推广应用具有经济可行性。在保持同等直径的前提下，4股改性PP/PE单丝绳索较传统普通3股PE单丝绳索具有相对较好的安全性和耐磨性，其使用寿命也长于3股PE单丝绳索、渔用安全性也相对较好。综上所述，可在围栏养殖上应用的新型绳索有其特殊性能和功能，值得期待和研究。

第四节　围栏用网片技术

网片是指由网线编织成的具有一定尺寸网目结构的片状编织物。渔用网片应具有强力高、结牢度大以及网目尺寸均匀等特点；而理想的养殖网片还应具有防污功能，以减少污损生物在网衣上的附着、提高养成鱼类品质和养殖设施安全。网片在生态围栏养殖领域应用很广，因功能、习惯、地域、使用部位等的不同而有不同的名称，如“侧网”“底网”“防护网”“拦杂网”“饲料挡网”“防逃网”和“防磨网”等。网片种类、结构、规格、形状及加工用基体纤维材料等直接影响网具的性能、安全性。本节主要概述网片分类与标记、网目基本形式、网目尺寸和网目结构等内容，为生态围栏养殖业提供参考。

一、网片分类与标记

1. 网片分类

网片分类方法很多，根据定型与否，可分为定型网（片）和未定型网（片）两大类；根据材料柔性与否，可分为柔性网（片）和刚性网（片）两大类；根据编织方式，可分为机织网片和手工网片两大类；根据网结有无，可分为有结网（片）和无结网（片）两大类；根据网目形状，可分为菱形网（片）、方形网（片）、六角形网（片）、多边形网（片）和其他形状网（片）；根据技术领域，可分为捕捞网（片）、养殖网（片）、运输网（片）和吊装网（片）；根据基体材料，可分为PE单丝网（片）、PA单丝网（片）、PA复丝网（片）、PP复丝网（片）、PET复丝网

(片)、UHMWPE(纤维)网(片)和金属网(片)等。在上述分类的基础上，还可以对网片进行细分，如捕捞网(片)可根据潜在制作的渔具类型分为拖网网片、围网网片、张网网片和刺网网片等；养殖网(片)根据潜在制作的养殖设施类型分为网箱网片、生态围栏网片、扇贝笼网片和围拦网片等；金属网(片)根据结构可分为斜方网、编织网、拉伸网和电焊网；养殖网片根据养殖设施离岸距离或布设区域水深可分为近岸养殖网片、深水养殖网片和深远海养殖网片等。

所谓无结网片是指由网线或股相互交织而构成没有网结的网片，一般由机器编织加工而成。按网目连接点形式分类，无结网片可分为经编网(片)、辫编网(片)、绞捻网(片)、平织网(片)、插捻网(片)和成型网(片)等；无结网片网目连接点形式如图 3-53 所示。如果无结网片网目连接点上相互连接的网线多，那么网目连接点长度增加、网目形状会因此从菱形变成六角形或其他多边形。与采用相同基体纤维材料的同规格有结网片相比，无结网片因没有网结而具有以下优点：①不易被污损生物附着、容易清洗且干燥较快；②耐磨性较好，网目断裂强力较高；③网目尺寸稳定；④在相同条件下能降低网具阻力，可实现渔业生产的降耗减阻；⑤在同等面积与目脚粗度条件下，重量较轻、网片及其相关网具体积较小，便于渔业生产上的网具操作。无结网片的上述优点在实际生产中已被证实，如在养殖网箱、大型生态围栏上使用绞捻网片可减小网片对鱼体的伤害。诚然，由于无结网片结构较多，在实际生产中并非各种无结网片都有上述优点，如绞捻网片生产应用表明，若养殖网具未采用特殊装配方法，一旦网片中的某个目脚磨损断裂，则将扩展到整个网片。若养殖网具使用中经常磨损或承载较强应力时，则应优选有结网片；若养殖网具采用特殊装配方法，则可选用无结网片。此外，无结网片最大缺点是网片破损后，修补和缝合比较困难，这也限制了它在渔业领域的应用。

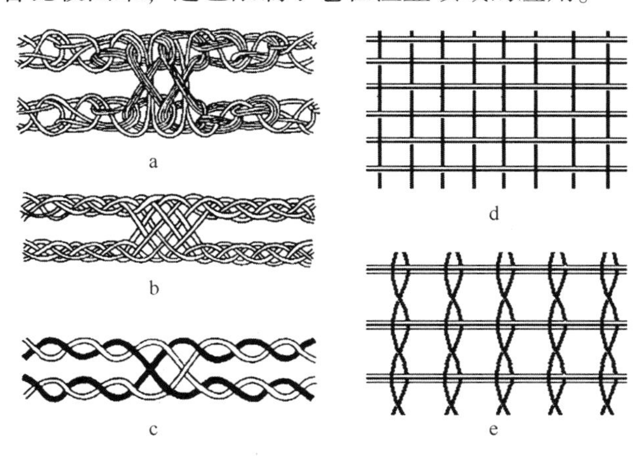

图 3-53　无结网片网目连接点的形式

a. 经编；b. 辫编；c. 绞捻；d. 平织；e. 插捻

成型网片是指由热塑性合成材料直接挤出成型，再经牵伸制成的网片（亦称成型网，其代号为 CX）。成型网片目前尚无国家标准或行业标准。插捻网片是指由纬线插入经线的线股间，经捻合经线构成的网片（亦称插捻网，图 3-53，其代号为 CN）。插捻网片目前尚无国家标准或行业标准。插捻网片也是将织布机改造后生产的一种无结网布。它根据经线和纬线结构的不同可分为单纬双经和双纬双经两种，俗称虾网、银鱼网。插捻网片基体纤维材料目前主要是聚乙烯单丝材料。插捻网片的网目尺寸由经线密度和纬线密度决定；网片幅宽和长度与平织网片相同。插捻网片的主要优点是网片表面光滑平整、质地牢固、网目结构稳定不易窜动，目前，主要用于龙虾养殖、贝类养殖、黄鳝养殖、银鱼捕捞、对虾养殖和螃蟹养殖等。插捻网片目前尚无水产行业标准，其性能测定可参照东海所石建高研究员申请的发明专利——养殖与捕捞用乙纶插捻网片性能测定方法。

平织网片是指由经线和纬线一上一下相互交织而构成的平布状网片（亦称平织网，图 3-53d，其代号为 PZ）。平织网片是在织布机改造后生产的一种无结网布，平织网片正反面平坦光滑，外观效果相同，它具有组织简单、滤水性能好等特点。平织网片的基体纤维主要是聚乙烯单丝等。平织网片的网目尺寸是由经线密度和纬线密度决定的，即指一平方厘米内有多少孔；也用丝直径、开口两个数据来表示，开口是指丝与丝之间的距离。现有 PE 平织网片标准为国家标准 GB/T 18673；此外，平织网片的性能测定可参考东海所石建高研究员申请的相关发明专利——渔用聚乙烯平织网片物理性能测定方法。

辫编网片是指由两根相邻网线各股作相互交叉并辫编而构成的网片（亦称辫编网，图 3-53b 和图 3-54，其代号为 BB）。辫编网片目脚是由 3 股或 4 股编织而成，用相邻目脚的股编织在一起，形成网目连接点，所有的股斜向贯穿网片中。辫编网片一般采用 PA、PP 或 UHMWPE 合股复丝等纤维为股线，通过相互交编，分别构成目脚和网目连接点。辫编网片目前尚无国家标准或行业标准。3 股辫编网片特点包括：①因为其结构特殊，所以它在海水中所受阻力较小；②耐磨性良好；③即使股线断裂，网目也不会磨损松散；④较同规格有结网的体积更小。

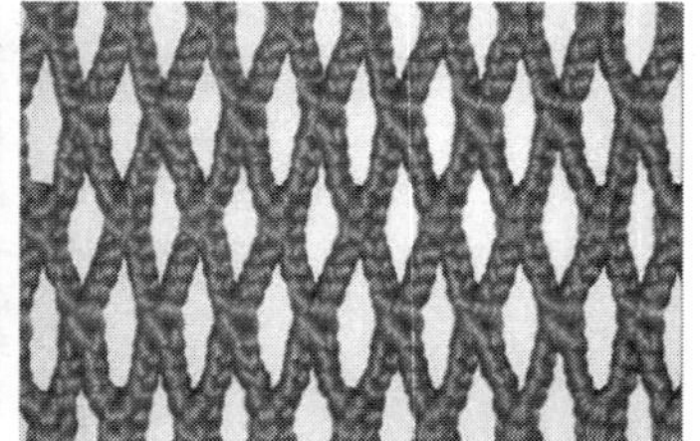

图 3-54　辫编网片

绞捻网片由两根相邻网线的各股作相互交叉并捻而构成的网片（亦称绞捻网，图 3-53c 和图 3-55，其代号为 JN）。绞捻网网目的目脚一般由两股组成，每股包括数根单纱、单丝或单捻线等，由绞捻网机将它们捻合在一起，达到目脚所需长度以后，一根目脚的两股同相邻目脚的两股经一次或数次交叉而相连接，于是形成网目连接点。在连接处相互连结的网线愈长，网目形状的变化愈大，可从菱形变成六角形。如果网目的股仅交叉一次，则线股斜向通过网片的网目连接点；如果线股交叉两次或多次，则线股呈"Z"字形通过网目连接点。绞捻网片可采用 PE 单丝线股、PA 复丝线股、PET 复丝线股、PP 复丝线股、UHMWPE 线股或 MMWPE 单丝线股等，由 2 股或 3 股相互绞捻穿插而成，在渔业上目前 PE 单丝绞捻网、UHMWPE 绞捻网较多。绞捻网经过定型处理，可增加网片网目连接点的捻合强力。绞捻网具有耗料少、网片纵横向强力高、水流阻力小和网目尺寸稳固等优点，但绞捻网片目前也存在单价较高、撕裂强力较差、在单根目脚断裂后网片易发生大面积撕裂破损等缺点。日东制网株式会社发明了绞捻网机，目前在绞捻网的生产与应用方面处于世界领先地位。国内生产绞捻网片的绞捻网机包括日产和国产两种，国产绞捻网机装备技术有待提高，目前应用范围主要集中于广东、广西和海南等南方地区。在渔业上，绞捻网主要用于网箱、生态围栏等。绞捻网强力通常测试网目连接点断裂强力，具体技术要求参考行业标准《聚乙烯网片　绞捻型》（SC/T 5031—2014）、《超高分子量聚乙烯网片　绞捻型》（SC/T 4049）。绞捻网性能测试难度很大，绞捻网片单线强力测试方法专利因此曾获上海市优秀发明银奖。绞捻网片的性能测定可参考东海所石建高研究员申请的相关发明专利——绞捻网片单线强力测试方法和绞捻型网片网目连接点断裂强力测试方法。

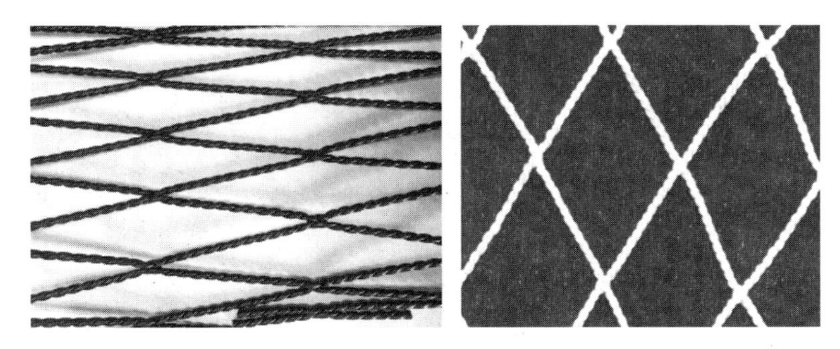

图 3-55　绞捻网片

经编网片亦称经编网、拉舍尔网片或套编网片。经编网片是指由两根相邻的网线，沿网片纵向各自形成线圈，并相互交替串联而构成的网片（图 3-53a 和图 3-56，其代号为 JB）。以 PE 单丝、PA 复丝、PET 复丝、PP 复丝、UHMWPE 纤维或 MMWPE 纤维等为基体纤维加工线股，再通过舌针和梳节，套穿成目脚和网目连接点，从而编织经编网片（其中经纱排列与梳栉的横移情况直接影响到线圈的结构形态）。经编网片结构特征是由基体纤维种类、号数与经纱排列及经编机的机号、针床数、梳栉（导纱针）等综合因素决定。经编网片目脚结构、网目连接点比绞捻网片复杂。经编网可以制成不同结构和长度的网目连接点；若增加网目连接点的长度，经编网片的网目形状可变为六角形（图 3-57）。因为网目连接点套穿时只有部分股线相互连接，所以，经编网片网目的纵向强力和横向强力有所差异；在实际生产中应根据实际需要（如强力大小、网目张开要求等）选择合适的经编网片装配方向。在渔业上，经编网片主要用于网箱、生态围栏和扇贝养殖设施等。经编网片的缺点是修补困难，为此可参考东海所石建高研究员团队申请的相关发明专利——渔用菱形网目经编网片修补方法。经编网强力通常测试网目断裂强力或网片强力，具体技术要求可参考行业标准《聚乙烯网片 经编型》（SC/T 5021—2017）、《超高分子量聚乙烯网片 经编型》（SC/T 5022）和 GB/T 18673。与采用相同基体纤维材料的同规格有结网片相比，经编网片因没有网结而具有以下优点：①网目尺寸可编得很小；②网片容易清洗且干燥较快；③网片表面光滑，不易擦伤鱼体，适于用作养殖网具或捕捞渔具囊网；④网片耐磨性较好且网片强力较高，克服了有结网片结节强力损失大的缺点，网片强力保持率大；⑤（在同等面积条件下）因经编网片无结导致其重量较轻、网片及其相关网具体积较小（这便于网具操作）；⑥在相同拖速下经编网片能增加拖网的主尺度或在同样拖网主尺度下提高拖速，可实现渔业生产的节能降耗或降耗减阻；⑦网目尺寸稳定（其结构紧凑，网目连接点内用丝相互交错，定型后不易松动变形，这可以保证网目尺寸稳定、网目不易变形）；⑧成本低（经编网片耗线量小，相同规格下比有结网重量轻，加上其生产加工周期短，又减少了捻线工序，基体纤维整经后即可织网，因此其成本相对较低）等。

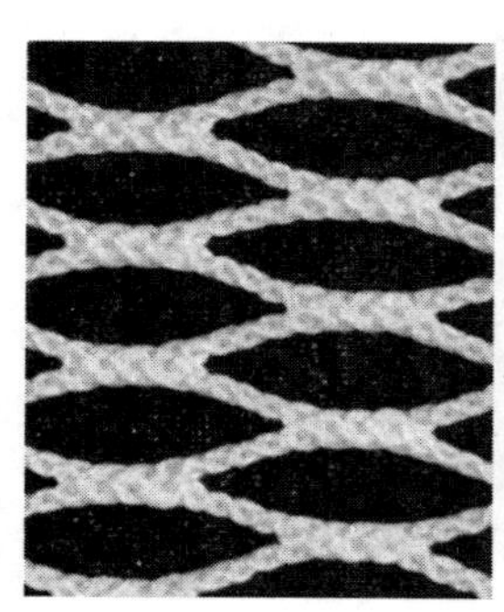

图 3-56 经编网片

有结网片种类很多，它是指由网线通过作结构成的网片（亦称有结网）。按网结类型，有结网片分为活结网片、死结网片和变形结网片（图 3-58）。按整块网片

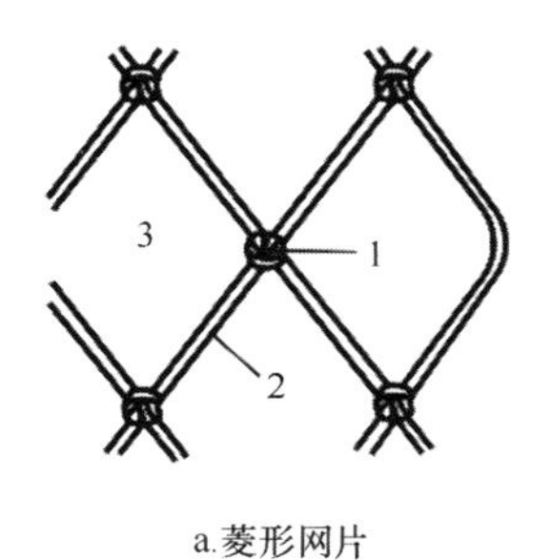

a.菱形网片

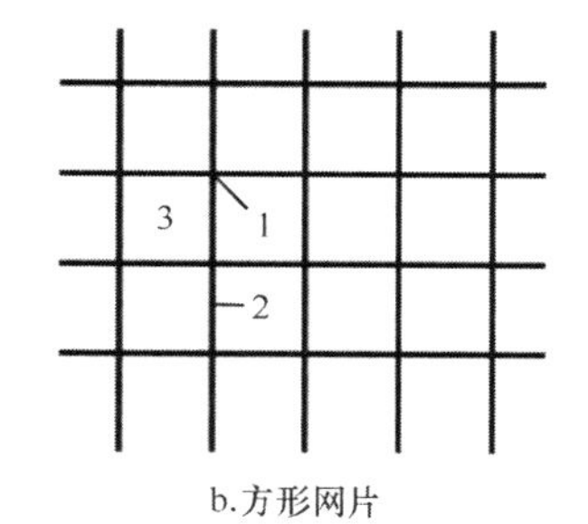

b.方形网片

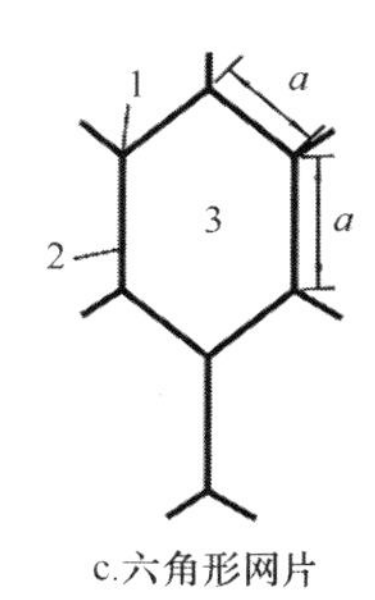

c.六角形网片

图 3-57　网目结构示意

a. 网结或网目连接点；b. 目脚；c. 网目

的所有网结方向，有结网片分为无捻型网片和加捻型网片（图 3-59）。如果有结网机织出的整块网片上网结作结方向正反交替，那么这样的有结网片称为无捻型网片；如果有结网机织出的整块网片的所有网结的方向相同，那么这样的有结网片称为加捻型网片。所有有结网片均可用单股网线、多股网线或小规格绳索加工生产。

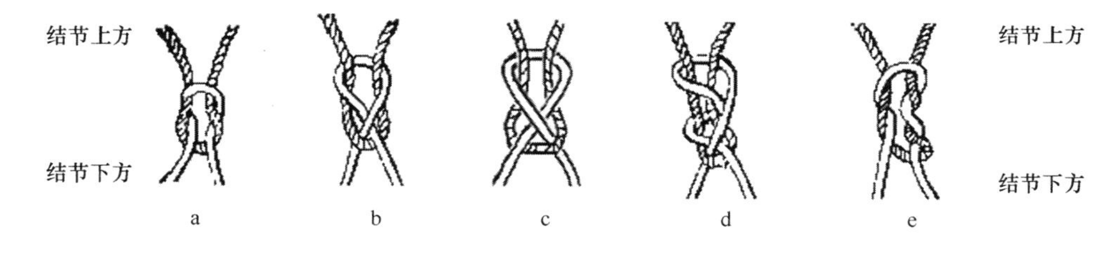

图 3-58　网结种类

a. 活结；b. 手编单死结；c. 机织单死结；d. 机织双死结；e. 双活结

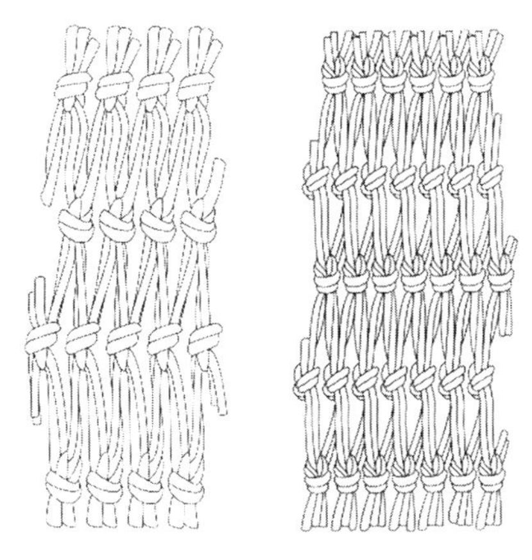

图 3-59　无捻型网片与加捻型网片

按生产形式，有结网片分为单线式和双线式（图 3-60）。单线式的有结网基本由手工制成，网线都缠绕在网针上，同排的所有网目都分别依次打结；织网过程中通过使用网目尺寸控制板（亦称目板）来获得相同的网目尺寸；如果要将网片织成平整，网线的走向都依次为从左到右，再从右到左；如果要将网衣织成连续不断的圆筒，网线的走向就应沿着同一方向。双线式的有结网片基本上由织网机生产而成，其中的一条线是来自筒子像织布一样进行的，而另一条线则缠绕在梭子上，并由梭子引线穿过钩形或针形结网装置；双根网线或多根网线均适用于双线式有结网片。

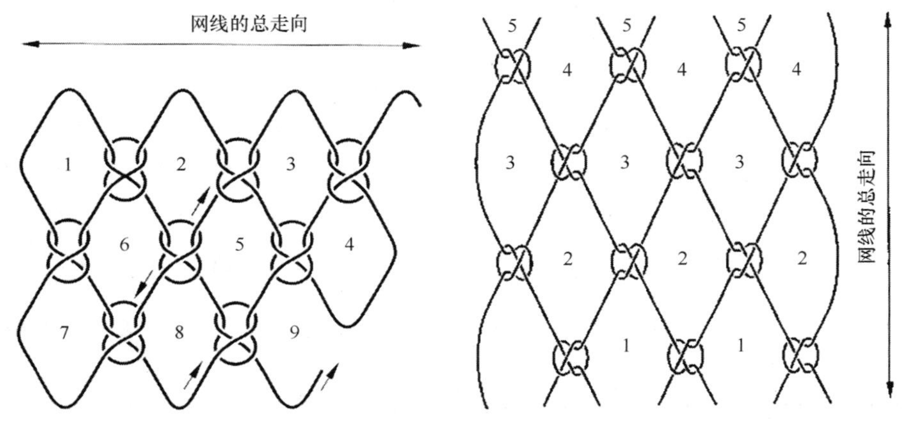

图 3-60　单线式与双线式

按目脚用网线根数，有结网片分为单线结（有结）网片和双线结（有结）网片。按网结类型，单线结网片又分为单线单死结网片和单线双死结网片。按网结类型，双线结网片又分为双线单死结网片和双线双死结网片。按死结的数量，有结网片分为单死结网片（简称死结网片）和双死结网片。单死结网片和双死结网片是目前捕捞网具上使用最普遍的网片。有结网片可采用手工编织或机器编织，其优点是便于加工制造以及损坏后的修补。与相同材料同规格的无结网片相比，有结网片缺点包括：①突起的网结易受磨损；②网结会引起网片强力显著降低；③有相当长度的网线打在网结内，这增加了网片重量；④网结重量占网片总重量的百分率随着网目尺寸增大和网线直径减小而减小。当有结网的网目长度为 5 cm 时，网结重量在网片总重量中所占的百分率随网线直径的变化情况如表 3-19 所示；由此可见，在其他条件相同的前提下，当网线直径由 0.56 mm 增加至 2.02 mm 时，其网结重量占网片总重量的百分率由 20%增加为 61%。

表 3-19　网结重量占网片总重量的百分率

网线直径（mm）	0.56	0.78	1.15	1.40	1.63	1.88	2.02
网结重量占网片总重量的百分率（%）	20	26	36	41	47	51	61

2. 网片标记

根据《主要渔具材料命名与标记 网片》（GB/T 3939.2—2004）可对网片进行标记，其他领域的网片按相关领域标准进行标记。若其他领域没有网片标记标准，则可参照 GB/T 3939.2—2004 进行标记，但需在文献或报告等论述中加以说明。网片标记按次序包括下列内容：①产品名称；②网线技术特性；③双线网片，以乘 2 表示；④网目长度（目大），以毫米值表示；⑤网片尺寸，以横向目数和纵向目数表示；⑥网片结构形式，以网片代号表示；⑦标准号。

产品名称、网线技术特性之间和标准号与前项之间留一字空位。网线技术特性，插捻、平织网片以经、纬纱的线密度的特克斯值表示，在数值前加“ρ_x”；经编、辫编、绞捻网片以目脚的单丝（单纱）线密度的特克斯值乘其根数表示，在数值前加“ρ_x”；编线有结网片以编线的综合线密度的特克斯值表示，在数值前加“R”；捻线有结网片以捻线的单丝（单纱）线密度的特克斯值乘其总根数表示，在数值前加“ρ_x”；单丝有结网片以公称直径表示，单位 mm，数值前加“ϕ”。单线、单丝和无结网片无第 3 项内容。网目长度内容用“-”与前项内容连接。网片尺寸，横向网目之前加“T”，纵向目数之前加“N”。对于插捻、平织网片，网目长度为经纱密度乘以纬纱密度，网片尺寸一幅宽乘以长度的米数表示。网片结构形式：活结、死结、双死结、经编、辫编、绞捻、插捻、平织，成型网片的代号分别为 HJ、SJ、SS、JB、BB、JN、CN、PZ 和 CX。

[示例 3-14] 渔用聚乙烯机织网片单线单死结型 ρ_x36×90-60T800N700SJ GB/T 18673

表示按国家标准《渔用机织网片》（GB/T 18673）生产、网线是由 90 根线密度为 36 tex 的聚乙烯单丝捻成的复捻线、网线最终捻向为 Z、目大为 60 mm、网片尺寸为横向 800 目、纵向 700 目的单线单死结网片。

在产品标志、渔具制图、网片由不同材料组成等场合全面标记太复杂时，可采用简便标记。产品名称用纤维材料的代号后接“-”表示。产品名称和网线技术特性之间不留空位。当网片由两种及两种以上纤维材料组成时，在纤维材料代号之间用“-”号连接。不需表明网片尺寸时，可省略网片尺寸。

如上述示例“渔用聚乙烯机织网片单线单死结型 ρ_x36×90-60T800N700SJ GB/T 18673”可简便标记为：

PE-ρ_x36×90-60 SJ GB/T 18673

根据国家标准 GB/T 18673，以机器编织并经定型处理后的聚乙烯菱形网目经编网片、PA 单丝网片、聚乙烯死结网片可采用以下示例标识方法。

[示例 3-15] PE-ϕ0.20 mm×120-80 mm（400T×2000N）JBL

表示直径为0.20 mm、名义股数为120股、网目长度为80 mm、横向目数400、纵向目数2 000的聚乙烯菱形网目经编网片。

[示例3-16] PA-ϕ0.20 mm-90 mm（1000T×300N）SS

表示直径为0.20 mm、网目长度为90 mm、横向目数1 000、纵向目数300的PA单丝网片。

[示例3-17] PE-ρ_x40×45×3-45 mm（100T×300N）SJ

表示线密度为40 tex的单丝构成的45×3的网线，网目长度为45 mm、横向目数100，纵向目数300的聚乙烯网片。

水产行业标准《聚乙烯网片　经编型》（SC/T 5021—2002）、《超高分子量聚乙烯网片　经编型》（SC/T 5022）及国家标准GB/T 18673均对（超高分子量）聚乙烯经编网片的标识分别做了相应规定。水产行业标准SC/T 5021—2002规定以表示网片材料、单丝直径、名义股数、网目尺寸等要素和本标准号构成聚乙烯经编网片的标记。

[示例3-18] 聚乙烯经编网片 PE-0.18×60-78 mm　SC/T 5021

表示按水产行业标准《聚乙烯网片　经编型》（SC/T 5021—2002）生产、织网用单丝直径为0.18 mm、名义股数为60股、网目长度为78 mm的聚乙烯经编网片。

行业标准SC/T 5022对UHMWPE经编网片的标记规定如下：

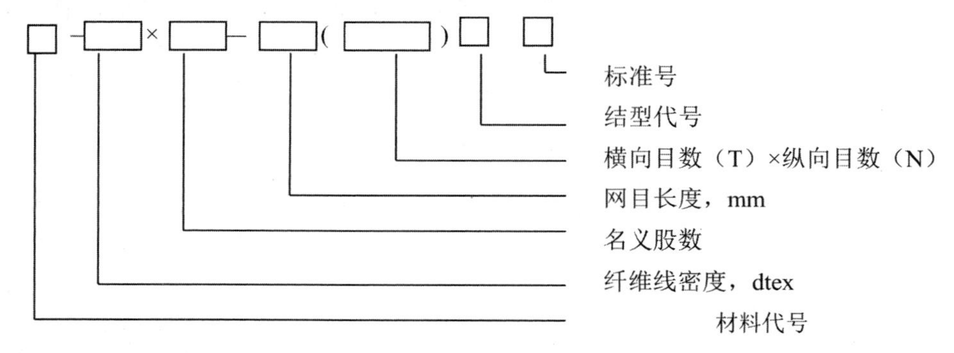

[示例3-19] UHMWPE经编网片 UHMWPE-1 778 dtex×15-55 mm（100T×600N）JB　SC/T 5022

表示按水产行业标准《超高分子量聚乙烯网片　经编型》（SC/T 5022）生产、织网用UHMWPE纤维线密度为1 778 dtex、名义股数为15股、网目长度为55 mm的UHMWPE经编网片。

二、网目基本形式、尺寸和结构

网目俗称网眼，是组成网片的基本单元。现将网目基本形式、网目尺寸和网目结构简介如下。

1. 基本形式

因为网片自身的特殊结构，所以，在网片剪断目脚后在网片边缘或目脚剪断处网目会出现单脚、边旁和宕眼3种基本形式（图3-61）。单脚是指沿网结外缘剪断一根目脚，组成3个目脚和一个网结的结构，代号B。单脚的特点是：在单脚结上有3个目脚完整，仅有一个目脚被剪断。单脚结（或三脚结）不可以解开，一旦解开，网目结构就会受到破坏。一个单脚，在网片的纵向和横向都计半目。边旁是指沿网结外缘剪断纵向相邻两根目脚所组成的结构，代号N。边旁的特点是：边旁结不能解开，一旦解开，网目结构就要受到破坏。一个边旁，在网片的纵向计1目，横向不计目数。宕眼是指沿网结外缘剪断横向相邻两根目脚所组成的结构，代号N。宕眼的特点是：宕眼结可以解开，一旦解开，网目结构仍然完好无损。一个宕眼，在网片的横向计1目，纵向不计目数。

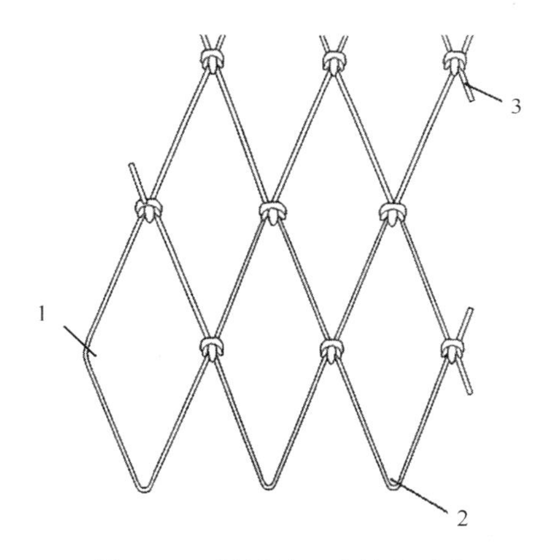

图3-61　网目的3种基本形式

1. 边旁；2. 宕眼；3. 单脚

2. 网目尺寸

网目尺寸是指一个网目的伸直长度，一般用目脚长度、网目长度和网目内径等3种方式表示（图3-62）。目脚长度是指当目脚充分伸直而不伸长时网目中两个相邻结或连接点的中心之间的距离［亦称节，图3-62a］。目脚长度通常用符号“a”表示，单位mm。在实际测量时，可从一个网结下缘量至相邻网结的下缘。在正六角形网目中，正六角形网目的6个目脚的目脚长度相同，但在不规则六角形网目中，六角形网目的目脚长度可能存在两个不同值，读者应加以区别。网目内径是指当网目充分拉直而不伸长时，其对角结或连接点内缘之间的距离［图3-62b］。网目内径符号用“M_j”表示，单位 mm。值得读者注意的是，我国在渔具图标记或计算时，习惯用目脚长度、网目长度来表示；但在西非等国家，网目尺寸有时用网目内径表示，网片生产厂家需根据用户要求加工生产。网目长度是指当网目充分拉直而不伸长时，其两个对角结或连接点中心之间的距离［简称目大，图 3-62b］。若菱形网片和方形网片的网目中一个目脚长为 a，则网目长度符号用“$2a$”表示，单位 mm。网目长度测量时，可在网片上分段取 10 个网目拉直量取，然后取其平均值。菱形网片和方形网片的网目有 4 个目脚、4 个结节或节点，而六角形网片的网目有 7 个目脚和 6 个节点。若正六角形网片的每一个目脚长为 a，则其网目长度符号用“$4a$”表示，单位 mm［图 3-62c］。

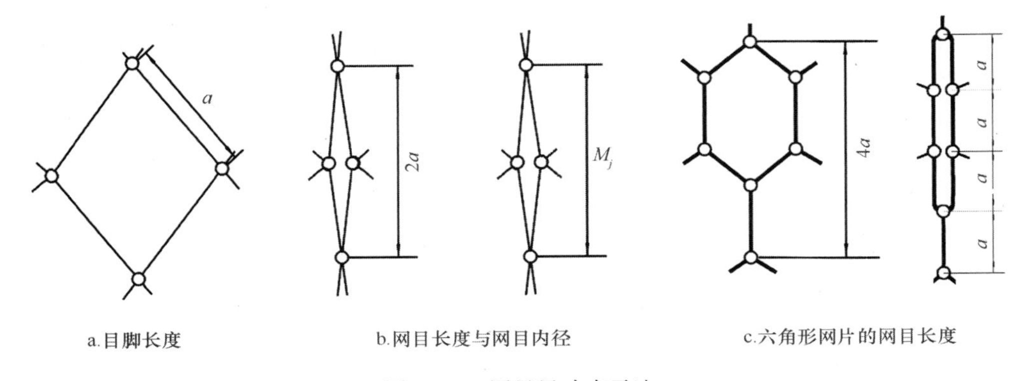

图 3-62　网目尺寸表示法

3. 网目结构

网目由网线通过网结或绞捻、插编、辫编等方法按设计形状编织成的孔状结构，其形状呈菱形、方形或六角形等（图 3-57）。网目包括目脚、网结（或网目连接点）两部分；一个菱形或方形网目由 4 个网结和 4 根等长的目脚所组成。就整块网片而言，一个菱形或方形网目包含 2 个网结（或网目连接点）和 4 根目脚。传统渔具的网目一般由菱形网目构成，它能较好地适应渔具作业需要，然而，渔业生产实践表明，在封闭水域、释放幼鱼、减小阻力以及节省材料等方面，菱形网目结构还需进行改进和完善。20 世纪 70 年代中期起，正方形网目网片和六角形（六边形）网目网片引起了人们的重视，目前，它们逐步得到应用示范。目脚是指网目中相邻两结或网目连接点间的一段网线。目脚决定网目尺寸和网目形状的正确性。就菱形网目和方形网目而言，目脚长度都应相同，以保证网片强力和网目的正确形状。就六角形网目而言，其中 4 根目脚一般等长，另两根目脚可以和其他 4 根不等长；当 6 根目脚都等长时则为正六角形网目（正六边形网目）。网目连接点是无结网片中目脚间的连接结构（简称连接点）。网结是指有结网片中目脚间的连接结构（简称结或结节）。网结或网目连接点的主要作用是限定网目尺寸和防止网目变形，它对网片的使用性能具有重要意义。网结牢固程度决定于网结种类。对以合成纤维网线编织的网片，需通过热定型处理或树脂处理等后处理工序来提高网结牢固性。网结种类主要有活结、死结和变形结（如双死结、双活结等，见图3-58）。死结是编织网片时使用最普遍的一种网结。死结的网结形状表面突起，较活结易受磨损。死结的网结较牢固，使用中不易松动或滑脱。单死结又叫蛙股结、死结。单死结因打结方法不同又有手工编单死结、机织单死结的区别。最常用的变形结为双死结。因为合成纤维网线表面光滑、弹性较大（尤其是用PA单丝线打成的网结牢固性较差），所以人们在原死结上多绕一圈构成双死结，以提高网结的牢固性。活结结形扁平、耗线量少，这可减轻网具重量。活结使用时对网结磨损程度较轻，但活结的牢固性较差，受力后易变形。活结一般适用于编织小网目网片。不管哪种网结，编织时必须具有正确的形状，使网结部分的线圈相互紧密嵌住，并应勒紧。完全良好的网结不应变形，并在拉紧网结上任何一对线端时，网线不会滑动。网结的滑动不仅会导致网目不稳定、网目形状变形和网目尺寸不等，而且会引起网线间磨损，导致网片强力减小，影响使用周期。无结网片网目连接点的形式主要有经编、辫编、绞捻、平织、插捻和热塑成型等几种（图3-53）。在无结网片中，目前渔业上使用较多网片包括经编网片、绞捻网片和辫编网片等。如果无结网片网目连接点上相互连接的网线多，那么网目连接点长度就会增加，网目形状也会因此从菱形变成六角形或其他多边形。在生态围栏上，我国目前使用较多的网片包括经编网片、绞捻网片、金属网衣和半刚性PET网衣等。

三、网片方向、重量和尺寸

1. *网片方向*

网片方向有纵向、横向和斜向之分。需要注意的是，无结网片的方向一般与网线的总走向有关，其网目最长轴方向与网线总走向相平行，但有时网线的总走向不易判断。如果网目的两个轴长相等，则网片的方向就无法确定，这时，网目的尺寸可按任一方向来确定。在一片网片中，与织（结）网网线总走向相垂直的方向称网片纵向，代号N（图3-63）。平行于网片纵向的网目，称为纵目。网片纵向一列的网目数，称网片的纵（向）目数。手工编织有结网片，横向设定的网目数不再扩大，纵向网目数在编织中不断增加，因此，手工编网一般采用纵向编织。机器编织有结网片时，纵向设定的网目数不再扩大，横向网目数在编织中不断增加，因此，机器编网一般采用横向编织（图3-63）。在一片网片中，与织（结）网网线总走向相平行的方向称网片横向，代号 T。平行于网片横向的网目，称为横目。网片横向一排的网目数，称网片的横（向）目数。网片上与目脚相平行的方向，称网片斜向，代号 AB（图 3-64）。

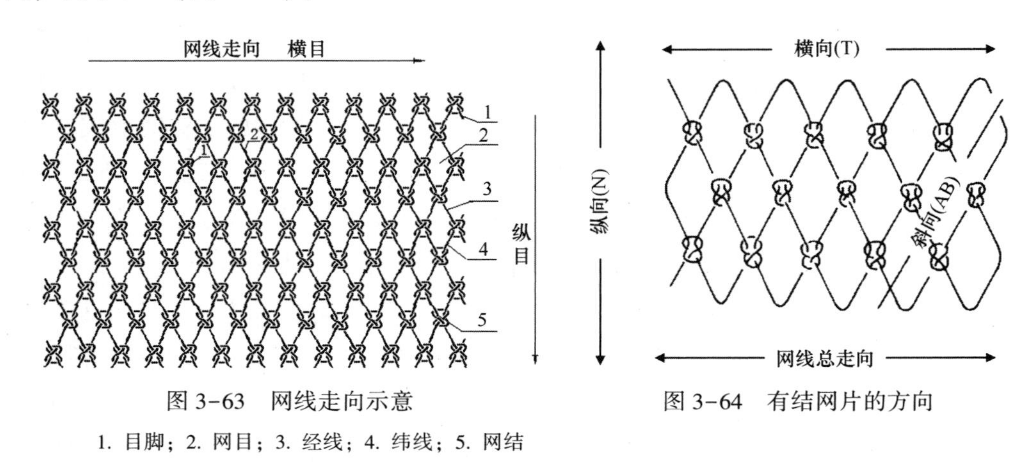

图 3-63 网线走向示意

1. 目脚；2. 网目；3. 经线；4. 纬线；5. 网结或网目连接点

图 3-64 有结网片的方向

2. 网片重量

网片重量取决于网线粗度、网目尺寸、网结类型和网线种类等因素。在其他条件相同的前提下，同种网线编织的网片，网结越复杂，其耗线量就越多，因此，死结网片重量大于活结网片。其他条件相同的前提下，无结网片则重量最轻。在网片尺寸相同的情况下，小网目网片由于网结数量较多，网片重量较大。网片重量还与基体材料吸湿性与否相关，吸湿性材料网片吸湿后重量大于未吸湿前的网片重量。网片重量可通过网线耗线量进行计算，根据网片和网目数量进行推导。整块网片消耗网线的总长度（即网片总用线长度，L）为目脚长度和网结用线长度之和。设网片纵向拉紧长度为 L_0，网片横向目数为 n，则网片上每一纵行网目的目脚用线长度 L_1 可用公式（3-21）表示：

$$L_1 = 2L_0 \cdot n \tag{3-21}$$

式中：L_1 为网片上每一纵行网目的目脚用线长度（mm）；L_0 为网片纵向拉紧长度（mm）；n 为网片横向目数。

计算全部网结的用线长度必须先算出网片上网结的总数量。而网片上每一横列几个半目中包含几个网结，在长度为 L_0 的网片中，其半目的横列数等于 n，故整块网片网结的总数为 $\frac{L_0}{a} \cdot n$（网片边缘网结数量的差别均予从略）。则整块网片网结用线长度 L_2 网结用线总长度可用公式（3-22）表示：

$$L_2 = c \cdot d \cdot \frac{L_0}{a} \cdot n \tag{3-22}$$

式中：L_2 为网片网结用线长度（mm）；d 为网线直径（mm）；c 为网结耗线系数；L_0 为网片纵向拉紧长度（mm）；a 为目脚长度（mm）；n 为网片横向目数。

整块网片消耗网线的总长度可用公式（3-23）表示：

$$L = L_1 + L_2 = L_0 \cdot n(2 + c \cdot \frac{d}{a}) \tag{3-23}$$

式中：L 为整块网片消耗网线的总长度（mm）；L_1 为网片上每一纵行网目的目脚用线长度（mm）；L_2 为网片网结用线长度（mm）；L_0 为网片纵向拉紧长度（mm）；n 为网片横向目数；c 为网结耗线系数；d 为网线直径（mm）；a 为目脚长度（mm）。

如果网线单位长度的重量为 G_l，那么网片用线总重量可用公式（3-24）表示：

$$G = G_l \cdot L_0 \cdot n(2 + c \cdot \frac{d}{a}) \tag{3-24}$$

式中：G 为网片用线总重量（N）；G_l 为网线单位长度的重量（N）；L_0 为网片纵向拉紧长度（mm）；n 为网片横向目数；c 为网结耗线系数；d 为网线直径（mm）；a 为目脚长度（mm）。

因为公式（3-24）的缺点为须代入网片纵向拉紧长度和网片横向目数，所以，它只适用于计算矩形网片的重量。其他形状的网片重量可用公式（3-25）表示：

$$G = G_l \cdot \frac{S_0}{a}(1 + \frac{c}{2} \cdot \frac{d}{a}) \tag{3-25}$$

式中：G 为网片用线总重量（N）；G_l 为网线单位长度的重量（N）；S_0 为网片虚构面积（mm^2）；c 为网结耗线系数；d 为网线直径（mm）；a 为目脚长度（mm）。

先计算出一个网目的用线量，然后乘以网片总目数，即得整块网片的用线量；再根据网线每米的重量，得出网片重量。网结的耗线量与网线的粗度、网结的类型有关。对菱形网目网片而言，网片中一个网目是由 4 个目脚和 2 个网结组成。设目脚长度为 a，每个结节耗线长度为 l，则每个网目的耗线长度可用公式（3-26）表示：

$$L_{h1} = 4a + l = 4a + c \cdot d \tag{3-26}$$

式中：L_{h1} 为每个网目的耗线长度（mm）；l 为一个网结的耗线长度（mm）；c 为网结耗线系数（表 3-20）；d 为网线直径（mm）。

表 3-20　网结耗线系数

网结类型	活结	死结	双死结	双线双死结
网结耗线系数 c 值	14	16	24	32

如果网线单位长度的重量为 G_l 、网片中网目总数为 N_{ms} ，那么网片用线总重量可用公式（3-27）表示：

$$G = G_l \cdot L = G_l \cdot \frac{2a + cd}{500} \cdot N_{ms} \tag{3-27}$$

式中：G 为网片用线总重量（N）；G_l 为网线单位长度的重量（N）；L 为整块网片消耗网线的总长度（mm）；a 为目脚长度（mm）；c 为网结耗线系数；d 为网线直径（mm）；N_{ms} 为网片中网目总数。

3. 网片尺寸

网片尺寸包括网片长度和网片宽度，既可用宽度与长度的乘积来表示，又可用网片纵向网目数与横向网目数的乘积来表示。网片的横向（T）尺度，用目数表示时，逐个计数网片宽度方向平行排列的目数；用长度表示时，将网片摊平、拉直，在网片的中部任取一目，按网目长度的构成方向，从一端第 1 目开始，用卷尺量至另一端，单位 m。网片的纵向（N）尺度，用目数表示时，逐个计数网片长度方向平行排列的目数；用长度表示时，将网片摊平、拉直，在网片的中部任取一目，按网目长度的构成方向，从一端第 1 目开始，用卷尺量至另一端，单位 m。

四、网片材料

中国是世界上产量最大的网片材料生产国，2018 年全国渔用绳网制造总产值约 136.2 亿元，相关网衣技术已形成论著《渔具材料与工艺学》《渔用网片与防污技术》《绳网技术学》等，现对相关代表性网片材料进行简要介绍，供生态围栏养殖业参考。

1. 聚乙烯网片

聚乙烯纤维属于聚烯烃类纤维，主要包括普通 PE 单丝、UHMWPE 复丝纤维和熔纺 UHMWPE 单丝等产品（详见本章第一节）。以普通 PE 单丝加工而成的网片称为普通聚乙烯网片（普通 PE 网片，图 3-65）。由于普通 PE 网片材料价格低，因此，它在渔业、建筑业、运输业等领域已得到广泛应用。普通 PE 网片既可用手工编织为单死结网片，又可用机械编网为有结网片和无结网片。普通 PE 网片标准有 GB/T 18673—2008、SC/T 5031—2014 和 SC/T 5021 等。除普通 PE 单丝外，在国家支撑项目（2013BAD13B02）等项目的资助下，东海所石建高研究员团队联合淄博美标等单位根据我国渔用材料的现状，以特种组成原料（如 MMWPE 原料、UHMWPE 粉末等原料）与熔纺设备为基础，采用特种纺丝技术，研制具有性价比高和适配性优势明显，且易在我国渔业生产中推广应用的高性能或功能性单丝新材料（如深蓝渔业用纲索、海水鱼类养殖网衣用纤维、海水网箱或栅栏式堤坝养殖围网用绞线、离岸网箱网袋主纲加工用单丝、深远海网箱或浮绳式养殖围网用防污熔纺丝等）。因高性能或功能性单丝新材料性能或功能好、性价比高的特点，其应用前景非常广阔。东海所石建高研究员等将上述特定的高性能或功能性单丝新材料命名为中高聚乙烯及其改性单丝新材料、熔纺超高聚乙烯及其改性单丝新材料（图 3-66）。

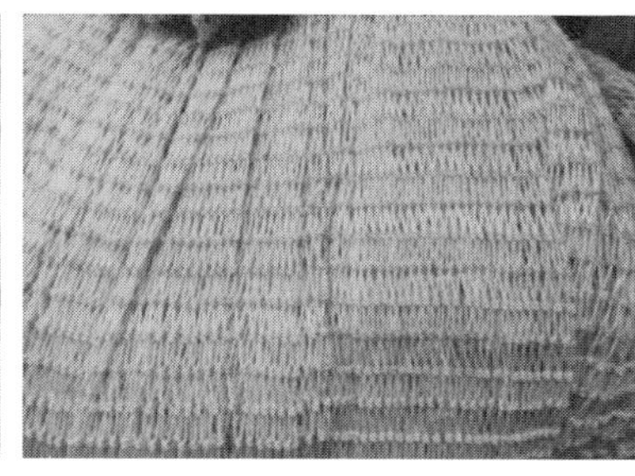

图 3-65　普通聚乙烯网片

图 3-66　熔纺超高强单丝新材料

2. 聚酰胺网片

PA 纤维主要品种为 PA6 纤维、PA66 纤维和 Kevlar 纤维等（详见本章第一节）。在渔业中，PA 复丝纤维广泛用来制造绳索、生态围栏网衣和网箱箱体网衣等；PA 单丝则广泛用来加工刺网、钓线、防磨网和饲料挡网等。目前，生态围栏网具用 PA 纤维网衣以 PA 经编网居多。东海所石建高研究员团队联合经纬网、联合水产和艺高网业等单位开展了 PA 单丝有结网产业化生产应用研究，目前已实现其在金鲳鱼养殖网箱防磨网、虹鳟养殖网箱上的产业化应用。PA 复丝纤维网片后处理加工如图 3-67 所示。2016 年东海所石建高研究员团队联合相关单位制定了行业标准 SC/T 4066，该标准推动了 PA 经编网衣在渔业上的应用。PA 单线单死结型渔用机织网片和 PA 单线双死结型渔用机织网片技术要求参考 GB/T 18673。

图 3-67　PA 纤维复丝网片的后处理加工

3. 聚酯纤维网片

我国将聚对苯二甲酸乙二酯组分大于 85%的合成纤维称为聚酯纤维（详见本章第一节）。在渔业中，PET 复丝纤维广泛用来制造绳索、生态围栏网衣和网箱箱体网衣等。目前，生态围栏网具用 PET 复丝纤维网衣以 PET 经编网、PET 有结网居多。2017 年东海所石建高研究员团队联合好运通等制定了行业标准 SC/T 4043，该标准推动了 PET 经编网衣在渔业上的应用。除了上述 PET 复丝纤维外，渔业上人们还采用特种聚酯单丝网衣。在国外，人们以不同于聚酯复丝的 “polyester monofilament - polyethylene terephthalate” 为基体纤维，采用特殊倍捻织造方法制作成名称为 “Kikko net” 或 “EcoNet” 的水产养殖网衣，据相关网站介绍，“Kikko net” 或 “EcoNet” 具有重量轻、海水使用寿命长的特点，目前它已在水产养殖网箱等工程上应用（图 3-68 至图 3-72），为人们选择水产生态围栏网片材料提供了一个新的途径。如图 3-68 所示的半刚性 PET 网衣人们俗称龟甲网。龟甲网加工的网具网衣优点是不生锈、耐腐蚀、比重轻，质地硬，在风浪大的养殖场箱体变形小。

图 3-68　可用于养殖网箱工程的 Kikko net

图 3-69　网箱装配

图 3-70　Kikko net 在海洋防护网上的应用案例

图 3-71　PET 网箱

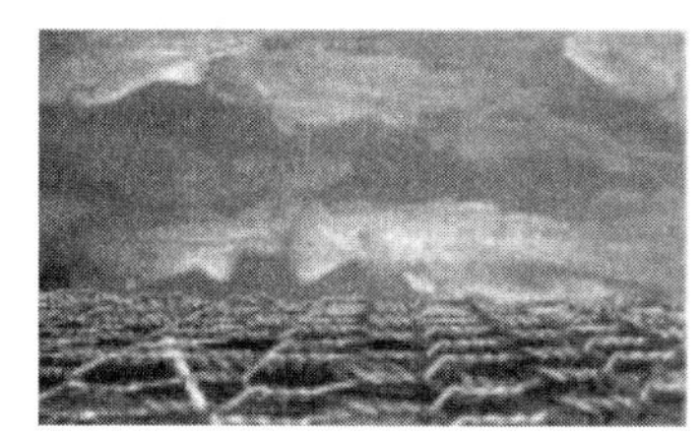

图 3-72　EcoNet 应用案例

目前，宁波百厚联合石建高研究员团队开展了特种龟甲网——半刚性高分子复合网（商品名称：Hope net）的研发，并实现其在生态围栏、养殖网箱、防护网等领域的产业化应用，其综合技术达到国际先进水平。

图 3-73　Hope net 及其在生态围栏上装配

4. 超高分子量聚乙烯网片

在渔业上 UHMWPE 网片可被用于制造拖网、网箱、捕捞围网和生态围栏等。用 UHMWPE 纤维制作的网衣具有高强力特点，可提高滤水性和抗风浪性能，从而大幅度降低网具水阻力。UHMWPE 网衣主要品种包括 Dyneema©网衣、Spectra©网衣和 Trevo™网衣等。Trevo™网衣为山东爱地与东海所石建高研究员团队联合开发的渔用 UHMWPE 网片（详见本章第一节）。UHMWPE 经编网衣与绞捻网衣分别如图 3-74 所示。

2000 年以来，在“渔用超高分子量聚乙烯绳网材料的开发研究”“水产养殖大型养殖围网工程设计合作”“牧场化大型养殖围网及 MHMWPE 单丝绳网的研发与应

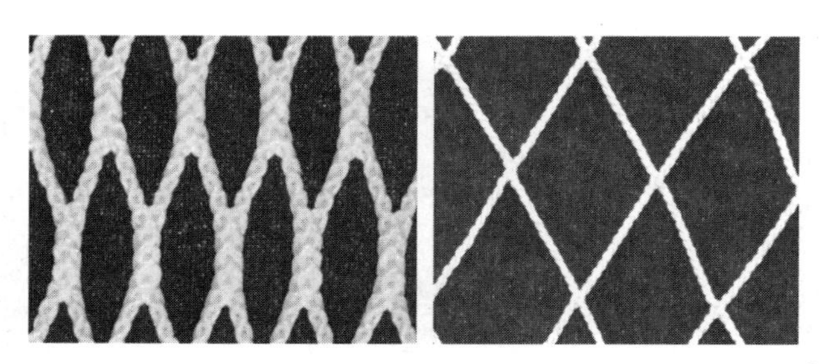

图 3-74　UHMWPE 经编网衣与绞捻网衣

用示范”“特力夫纤维网衣标准制定及其在大网箱与养殖围网上的应用”“白龙屿生态海洋牧场项目堤坝网具工程设计”“白龙屿栅栏式堤坝养殖围网用高性能绳网技术开发”“桩式大养殖围网及藻类养殖设施的开发与示范”和“石墨烯复合改性绳索网具新材料的研发与产业化”等 10 多项研发项目的持续支持和帮助下，东海所石建高研究员团队开始了 UHMWPE 绳网材料、UHMWPE 网箱、HDPE 框架特种组合式网衣网围、管桩式（超）大型牧场化养殖围网设施技术系统研究，联合温州丰和、浙江东一、美济渔业、恒胜水产、广源渔业、鲁普耐特、千禧龙、金枪网业、山东爱地、九九久和好运通等单位或团体成功设计开发出 HDPE 框架特种组合式网衣网围、双圆周（超）大型组合式网衣生态围栏、生态海洋牧场堤坝生态围栏及其内置网格式生态围栏（开展了大黄鱼养殖试验；项目利用绳网在白龙屿生态海洋牧场两边栅栏式堤坝进行生态围栏，形成650 亩白龙屿生态海洋牧场养殖海区）、方形管桩式超大型抗风浪生态围栏、双圆周大跨距管桩式生态围栏（内外圈跨距高达 10 m）和超大型特力夫网衣生态围栏等多种生态围栏新模式（图 1-1 至图 1-8、图 3-75 和图 3-76），授权“一种大型复合网围”等 10 多项（超）大型牧场化生态围栏设施发明专利，上述（超）大型牧场化生态围栏设施技术安全可靠、抗风浪能力强、养殖鱼类品质高、经济效益显著，成果技术成效已获得水产行业高度认可并在全国各地大力发展。随着水产养殖业向深远海方向发展，UHMWPE 网衣将会得到更加广泛的应用，UHMWPE 网衣前景非常广阔！

图 3-75　周长 200 m 的超大型深海养殖网箱

图 3-76　周长 158 m 深远海浮绳式网箱

5. 锌铝合金网衣等其他网片

除上述网片材料外，人们在渔业领域还使用金属网衣等其他网片。对镀锌金属网而言，人们既可采用锌铝合金丝或镀锌钢丝（钢丝材料表面镀锌）、铜-锌合金丝等制作金属斜方网或金属编织网，又可以采用特种金属板材加工拉伸网等网片材料。锌铝合金网衣为日本等国在海水养殖设施上使用的一种金属网衣。锌铝合金网衣一般采用特种金属丝网加工工艺，由一种经特殊电镀工艺制造的锌铝合金网线（亦称锌铝合金丝、锌铝合金线等）编织而成。相关资料显示，锌铝合金网线采取双层电镀的尖端技术，确保合金网衣的高抗腐能力，锌铝合金网线一般为 3 层结构，其最里层为铁线芯层，再在铁线芯层外镀有铁锌铝合金层，最后在铁锌铝合金层外镀有特厚锌铝合金镀层。金属丝的特厚锌铝合金镀层，一般采用锌铝合金 300 g/m^2以上的表面处理技术或其他特种处理技术。钛网的强度和不锈钢相同，但比重仅为 4.5 g/cm^3，比铁轻，耐海水腐蚀性能可与白金相比，但经受不住风浪引起的磨损，只能用于港湾内网箱养殖场或者有刚性支撑类型的网箱（如球形网箱等）上，同时因为钛网价格高，所以钛网目前还未能在水产养殖生产中普及应用。镀锌金属网与其他几种养殖网衣材料性能的比较如表 3-21 所示。由于金属网衣为刚性结构，带有力纲（亦称网筋）等骨架，又有自重，因此，金属网衣养殖网箱一般不需要配重块或沉子，而金属网衣生态围栏通过桩网连接技术固定柱桩等构件上。水产养殖过程中，金属网衣表面也需要定期清洗，人们一般采取高压水枪、洗网机等清除金属网衣表面的钩挂生物、漂浮物等。东海所、大连天正等单位对金属网衣养殖设施进行了相关研究，有兴趣的读者可参考东海所石建高研究员主编的《渔用网片与防污技术》或其他文献资料。

表 3-21 几种养殖网衣材料性能的比较

材料类型	镀锌金属网	钛网	龟甲网	合成纤维网衣
抗流能力	良好	良好	良好	柔软、易飘起，需采用配重等措施
使用寿命	2~3 年	长	10 年	1~2 年（基于网箱养殖海况的好差，可能有修补）
成本	高于普通合成纤维网衣	镀锌金属网的 5 倍	镀锌金属网的 2 倍	普通合成纤维网衣成本便宜，UHMWPE 网片成本高
河豚养殖	可养殖未剪齿河豚	可养殖未剪齿河豚	可养殖未剪齿河豚	UHMWPE 网片可以养殖未剪齿河豚；其他网片一般不能养殖未剪齿河豚
抗污能力	较好	优于普通合成纤维网衣	优于普通合成纤维网衣	未防污处理的普通合成纤维网衣抗污能力差；同等网片强力下，UHMWPE 网片的抗污能力优于普通合成纤维网衣
网片清洗方式	潜水员洗网、采用洗网机等清洗方式，2~3 次/年	潜水员洗网、采用洗网机等清洗方式，3~4 次/年	潜水员定期洗网、采用洗网机等清洗方式	在陆上、框架或海上工作平台等处洗净、采用机械等清洗方式，普通合成纤维网衣 3~6 次/年
材料操作性能	较普通合成纤维网衣重，加工、运输和安装等借助辅助机械设备	比镀锌金属网轻	较镀锌金属网轻，稍偏硬	柔软轻便，加工、运输和安装等操作方便；UHMWPE 网片操作性能优越

五、网片物理机械性能

网片物理机械性能是保证网片相关产品质量的重要条件。网片物理机械性能的好坏可从网片的结牢度、外观质量、网目长度偏差率和网片强力等方面进行综合评价。网片结牢度按水产行业标准 SC/T 5019 进行测试。

1. 结牢度

结牢度是指网结抵抗滑脱变形的能力。结牢度以网结在拉伸中出现滑移时所需的力来表示。网片结牢度的大小与基体材料种类、网线粗度、网结类型、网结打结时的勒紧张力等因素有关。东海所与上海水大曾对几种合成纤维网片结牢度进行了试验，结果如下：①在其他条件相同时，结牢度随网线综合线密度增加而增加，两者呈幂函数关系；②同种网线，S形死结结牢度大于Z形死结结牢度，双死结结牢度大于单死结结牢度；③以同种规格网线打成Z形死结，则结牢度随打结张力的增加而增加，两者呈线性关系；④在其他条件相同时，各种网材料的结牢度有所差异，对较粗捻线，PE网线的结牢度明显比PA网线高，而较细捻线，PE网线、PA网线、PET网线三者的结牢度基本相近，PA单丝的结牢度最低。

2. 外观质量

网片外观质量应在自然光线或白炽灯等无色光源下，通过目测并采用卷尺进行检验，观察网片的网结是否整齐紧实、有无明显的大小行和异形结等出现，同时观察网片是否平整无紧边现象。网片外观质量主要包括破目、漏目和活络结等内容。根据GB/T 18673，渔用机织网片外观质量应符合表3-22和表3-23的相关要求，其他网片外观质量可参考相关标准或合同要求。

表3-22　PE经编网片和平织网片的外观质量

项目	要求	项目	要求
破目（%）	≤0.03	缺股（%）	≤0.02n
漏目（%）	≤0.01n	每处修补长度（m）	≤1.0
跳纱（%）	≤0.01	修补率（%）	≤0.10

注 1. n 为名义股数；2. 每处修补长度以网目闭合时长度累计；3. 修补率为网片修补目数对网片总目数的比值。

表3-23　PE网片、PA复丝网片和PA单丝网片外观质量

项目	要求	项目	要求
破目（%）	≤0.01	混线	不允许
漏目（%）	≤0.02	K形网目	不明显
活络结（%）	≤0.02	色差（不低于）	3~4
扭结（%）	≤0.01		

3. 网目长度偏差率

网目长度是指网目大小的允许公差。根据GB/T 18673—2008，渔用机织网片的网目长度偏差率应符合表3-24和表3-25的相关要求。

表 3-24　PE 经编网片和平织网片的网目长度偏差率要求

网目长度（mm）	要求	
	未定型	定型
$2a \leq 10$	±6.0%	±4.5%
$10 < 2a \leq 20$	±5.5%	±4.0%
$20 < 2a \leq 45$	±5.0%	±3.5%
$2a > 45$	±4.5%	±3.0%

表 3-25　PE 网片、PA 复丝网片和 PA 单丝网片的网目长度偏差率要求

网目长度（mm）	要求		
	聚乙烯网片	PA 复丝网片	PA 单丝网片
$10 \leq 2a \leq 25$	±4.5%	±5.5%	±3.0%
$25 < 2a \leq 50$	±4.0%	±5.0%	±2.5%
$50 < 2a \leq 100$	±3.5%	±4.5%	±2.0%
$2a > 100$	±3.0%	±4.0%	±1.5%

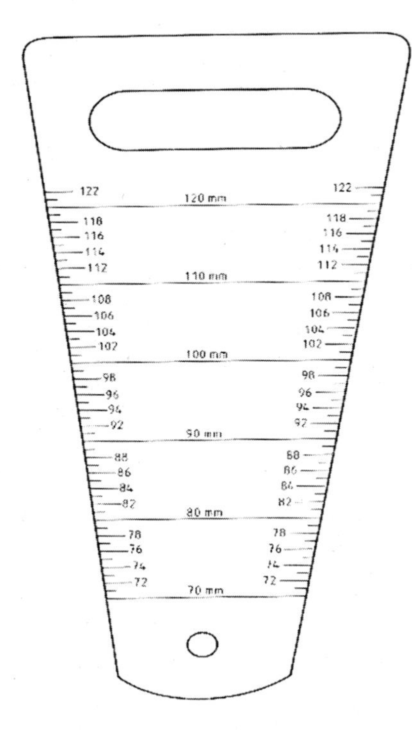

图 3-77　网目测量仪

网目长度按东海所石建高研究员起草的国家标准 GB/T 6964—2010 进行测试，然后按 GB/T 18673 等标准来计算网片的网目长度偏差率。渔网网目内径一般采用扁平楔形网目测量仪。网目测量仪由铝合金制成，其表面有涂层（图 3-77）。网目测量仪 2 mm 厚，扁平且有两条逐渐变细的边，边的锥度为 1∶8。在网目测量仪的细端应有一个孔。网目测量仪的边缘成半径为 1 mm 的圆形。离印刷或雕刻标记末端 2 mm 范围内的数字均可以使用。量程的刻度间隔为 1 mm、5 mm 和 10 mm。距离测量仪细端 50 mm 外无刻度标记处不可以使用。渔网网目内径一般需配备 10～470 mm、60～120 mm、110～170 mm、150～250 mm 几种尺寸的网目测量仪。当渔网网目内径大于 250 mm 时可选用其他尺寸的网目测量仪。

网目长度测量步骤时沿有结网的纵向或无结网的长轴方向拉紧网片。在预加张力下力测量网目长度，当网目长度大于 20 mm 时，从有结网的第一个结或无结网的第一个网目连接点在内的距离应用一把精度为 1 mm 的钢质直尺测量；当网目长度小于等于 20 mm 时，从有结网的第一个结或无结网的第一个网目连接点在内的距离应用一把精度为 0. 02 mm 的游标卡尺测量（图 3-78）。每次用连续的 5 网目测量，将测量长度除以 5 得到网目长度。最后计算出网目长度偏差率。

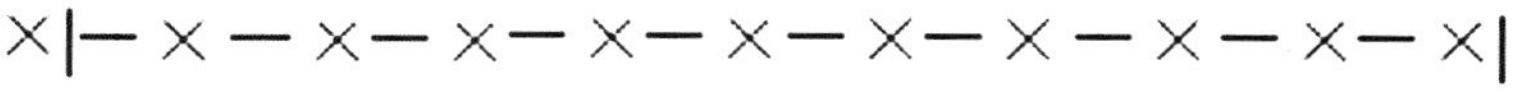

×|—×—×—×—×—×—×—×—×—×—×|

图 3-78　测量网目长度

4. 网片强力

网片强力是网片拉伸时的重要机械性能。根据现行国家标准 GB/T 4925—2008 的规定，网片强力用网目断裂强力、网片断裂强力和网片撕裂强力 3 种方式进行表示。网目断裂强力为单个网目被拉伸至断裂时的最大强力值。网目断裂强力按东海所石建高研究员起草的国家标准《渔网网目断裂强力的测定》（GB/T 21292—2007）进行测试（图 3-79）。

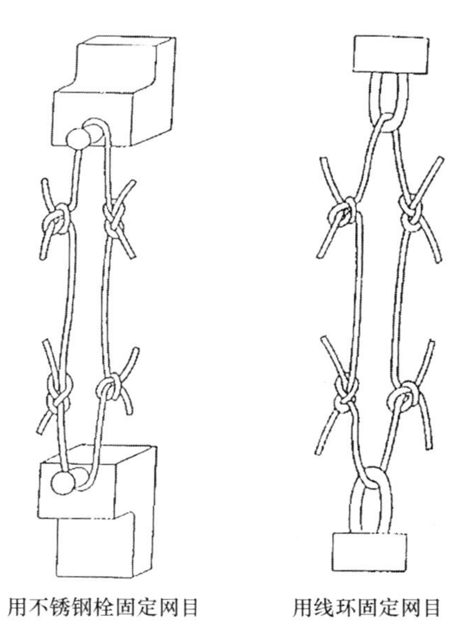

图 3-79　网目强力测试方法

网片撕裂强力为试样上保留的网结或连接点被全部撕裂时的最大强力值。网片撕裂强力按东海所石建高等起草的国家标准 GB/T 4925—2008 进行测试（图 3-80）。网片强力首先取决于所使用基体材料、网片结构、网片规格、网片质量，同时还与网目尺寸、网目结节或连接点的方式、网片受力方向、织网条件和网片后处理质量等因素有关。在编网过程中，如果目大均匀、目脚长短一致，那么网片能经受相当大的拉力。但通常由于织网机故障，尤其是在网机规格边缘区，往往产生目脚长短不一的现象，从而出现 K 形网目。当网线打结后，在剧烈的弯曲条件下，由于断面上所出现的复杂应力状态，产生应力集中，从而降低了网线强力。网片破裂强力的大小还与其受力时相对状态有关。网片吸水后所表现出来的强力变化因材料吸湿性不同而异，并表现出不同的趋势。

网片断裂强力为网片试样被拉伸至断裂时的最大强力值。网片断裂强力测试的同时，可测得试样在断裂时被拉伸的长度与原来的百分比即为网片断裂伸长率。网片断裂强力按东海所石建高等起草的国家标准 GB/T 4925—2008 进行测试（图 3-81）。

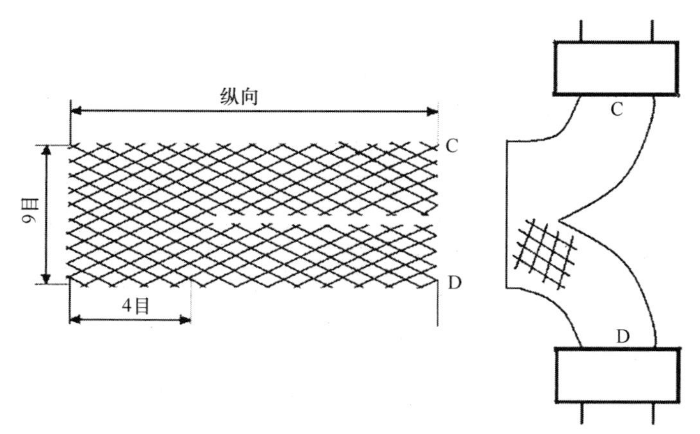

图 3-80　网片撕裂强力测定方法

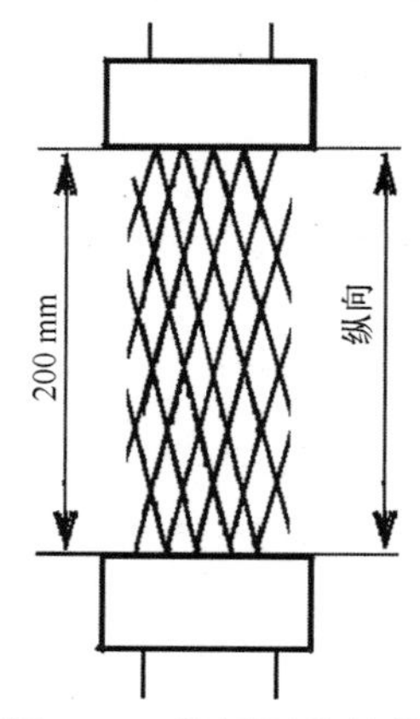

图 3-81　渔网网片断裂强力与断裂伸长率的测定

第四章　深远海生态围栏网衣防污技术

深远海生态围栏养殖（以下简称“生态围栏”）作为一种新型养殖模式，近年来发展快速。但由于海区污损生物大量附着，不同程度地会造成围栏网衣堵塞，一方面，使得围栏内外水体交换减少、养殖环境变差，导致围栏养殖鱼类疾病多发；另一方面，也使得围栏网衣的阻力增大、造成围栏网衣漂移以及网衣间的相互磨损，导致围栏使用寿命缩短。由于海生物以及海洋污损生物种类繁多、水产养殖海况千变万化、网衣结构类型复杂多变、网衣防污又要求安全环保等，导致网衣防污技术难度较大，网衣防污目前已成为水产技术领域公认的世界难题。开展生态围栏网衣防污技术研究，对提高生态围栏的性能与安全性非常重要。本章主要概述网衣防污技术的研究进展、海洋防污涂料、合成纤维网衣防污技术成果以及养殖网衣防污剂研究成果，为生态围栏网衣防污技术的深入研究提供参考。

第一节　生态围栏网衣防污技术的研究进展

传统养殖小型围栏一般采用换网、清洗、暴晒和敲打等机械方法清除围栏网衣上的各类附着物，但很难适应目前生态围栏养殖业的绿色发展需要。本节主要介绍了网衣防污技术的研究背景、海洋污损生物的主要种类、数量及变化，分析了污损生物对养殖的危害性，概述了网衣防污技术研究进展情况，为创制或应用生态围栏网衣防污技术提供科学依据。

一、网衣防污技术的研究背景

海洋中大量海洋生物及微生物的幼虫和孢子漂浮游动，发展到一定阶段后就附着在浮标、桥墩、码头、船体、网箱网衣、（养殖）围栏网（衣）等海洋设施上，称为海洋生物污损。防止这种生物污损称为防污。海洋中有 4 000~5 000 种污损生物，多数生活在海岸和海湾等近海海域。海洋污损生物的危害很大，当污损生物大量繁衍时不及时清理就会增加船舶阻力、堵塞管道、加速金属腐蚀、使海中仪表及转动机件失灵、危害水产养殖等。全世界每年因为生物污损所造成的损失难以估算。在特定条件下网衣上的污损生物代谢产物（如氨基硫化氢）可毒化水产养殖环境、滞留有害微生物，这将导致水产养殖对象易于发病、养殖户换网操作频繁以及养殖网具内外水体交换不畅，从而给养殖业造成经济损失。围栏、网箱等养殖设施长期在水中浸泡会吸附鱼体排泄物及水中污物，网衣上着生水绵、双星藻、转板藻等大量的丝状藻类。这些附着物的增多既阻碍了养殖设施网衣内外水流畅通和水体交换，又容易造成养殖设施网衣内水质恶化、缺氧，影响养殖设施内鱼类生长（图 4-1）。养殖设施网衣中附着的藤壶、牡蛎等贝类和杂藻，将增加养殖设施重量和水阻力，大大降低养殖设施的安全性和抗风浪性能；养殖设施上着生的大量藻类及污物又成为嗜水气单胞菌、海水弧菌等致病菌生长繁殖的场所；养殖设施内的鱼苗常会被水绵等丝状藻类缠绕无法逃出而窒息死亡，出苗率大大受到影响；同时还会降低鱼苗的活动能力，致使鱼苗摄食量降低，在越冬期会出现大面积的弯体病等疾病。

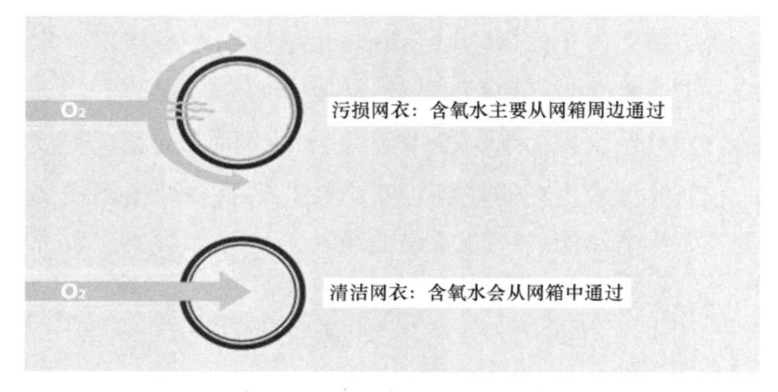

图 4-1　污损生物对养殖网箱溶氧的影响

放在海水中的任何物体表面很快就被一层聚合物基质所覆盖，通常称为调节膜。调节膜是由蛋白质占主要成分的大分子沉淀或吸附而形成的。随着调节膜的形成，污损生物的菌体开始附着并形成基体膜。开始的细菌附着是可逆的，细菌可被水流冲掉。而不可逆吸附是一个较长期现象，细菌在菌体与基材间架桥形成牢固的黏着，从而产生细胞外的聚合物，这种聚合物拥有配位体和受体，能形成特定的立体黏接。配位体和受体的作用（小范围内）将大大有助于细菌和表面、细菌体与基材之间的黏附。随着不可逆吸附的紧密层的形成，细菌开始繁殖，并由另外的细胞附着进而形成小菌落，产生大量细胞外聚合物（黏液）。这些聚合物本质上大多是多聚糖或糖蛋白。随着基膜、生物膜的形成，后续在养殖网衣上逐步附着小型污损生物（硅藻孢子等)、大型污损生物（牡蛎、贻贝、藤壶等，见图 4-2)。防止污损生物污损围栏网（衣）等水产用网衣的技术称为围栏网衣防污技术。传统养殖业一般采用人工防污法清除围栏网衣附着的污损生物（附着物)，但其劳动强度高、工作效率低；为此人们正在开发应用机械清除法、生物防污法、金属网衣防污法和防污涂料法等防污方法，以解决（深远海）围栏（养殖）设施网衣防污技术难题。机械清洗网衣速度快，一般比人工洗刷提高工效 4~5 倍。目前国外已开发出高压射流水下洗网机等智能洗网机，助力了围栏网衣防污技术的发展与现代化建设（参见第二章第二节)。

图 4-2　污损生物成因形成示意

二、污损生物对养殖的危害性分析研究

海洋污损生物对网养或笼养设施的危害性主要表现在以下几个方面：①对网具本身使用寿命的影响。因为污损生物的大量附着会造成网孔堵塞、水流不畅，使得围栏、网笼或网箱等设施在自然海区中受到水流的冲击增大，所以大大影响围栏等养殖设施的使用寿命；再加上污损生物本身生命活动对网线的侵蚀作用及人们在清理污损生物操作过程中对网具的磨损，也会减少围栏等养殖设施的使用寿命。②对网具养殖容量的影响。在水产上养殖设施能够高产的机理就是围栏等养殖设施处在一个开阔的水体，网内和网外能够进行充分的水流交换，从而保证网内养殖对象得到充足的氧气；有实验表明，被污损生物堵塞网孔后的网具，与外界水体交换的频率要下降好几倍，造成网内外溶解氧的差别很大；这样集约化养殖的优势就丧失了。③对养殖对象自身的危害。首先是被堵塞网孔的网具，由于与外界水流的交换降低，在围栏等养殖设施内部形成了一个相对封闭的环境，有利于有害病原菌的滋生，从而导致疾病的暴发；再则污损生物的大量附着还会与养殖对象争夺饵料和空间，特别是一些养殖贝类表现得更加明显。④对养殖收入的影响（污损生物附着增加渔业生产的劳力投入，从而降低养殖业利润)，等等。

三、海洋污损生物的主要种类、数量及变化研究

一般来讲，海洋中存在的污损生物都有可能着生在围栏等养殖设施上。污损生物种类主要有各种藻类、细菌、原生动物、海绵动物、腔肠动物、扁形动物、纽形动物、轮虫、苔藓虫、腕足类、节足动物、软体动物、棘皮动物和脊索动物等。污损生物附着盛期通常多在生物繁衍的夏季，但具体到每个海区和不同的养殖条件，围栏等养殖设施上附着的污损生物种类和数量会因不同的养殖条件而异，如在4个养殖场，分别以不同型号、不同网目的PE网片和PA网片进行实验，实验结果表明：网目大小为3.8~5.1 cm的网片受污损最严重，而网目大小小于3.8 cm的网片受污损相对较轻；进一步实验结果表明，网目大于5.1 cm的网片受污损也较轻；其原因是网目过大的网片可供附着的基质少，网目太小的网片则由于水流不畅，会大量滞留淤泥和形成微生物黏液膜，这都不利于污损生物的附着；此外，旧网比新网受污损严重。就特定海域和特定的养殖条件而言，网衣上污损生物的附着种类与数量也是一个动态过程，如在厦门港的实验网片上，春季附着薮枝虫、中胚花筒螅和管钩虾等，夏秋季则附着笔螅和网纹藤壶等；而在大亚湾养殖网衣上，春季以海鞘为主要污损生物，夏季以海鞘和各种软体动物为主，秋季除海鞘外苔藓虫也较多，冬季则是苔藓虫占绝对优势。此外，养殖设施上污损生物的附着种类与数量还有较大的年变化，如人们于1991—1999年对某一海域污损生物进行过调查，结果表明：1991—1992年未发现污损生物，1993—1994年主要污损生物为苔藓虫，1995年主要污损生物为海鞘；1997—1999年主要污损生物则是牡蛎。

四、网衣防污技术研究进展

网衣防污方法很多，现有网衣防污方法有人工清除法、机械清除法、生物防污法、金属网衣防污法、本征防污法和防污涂料法等。

1. 人工清除法

人工清除法包括换网工况下的人工清除法和不换网工况下的人工清除法。其中，换网工况下的人工清除法是首先换网，再将污损网衣移至沙滩或养殖平台等地进行阳光暴晒、雨淋或淡水浸泡等以杀死污损生物，然后再用棍棒敲打或“人工+水枪”清洗等方法来清除渔网上的污损生物（如藤壶、藻类等，见图4-3）。这种清除法的特点为：①换网影响鱼类正常生长发育；②工人劳动强度大；③人工成本高；④污染环境；⑤脏臭。

不换网工况下的人工清除法是养殖工人站在框架上，手持杆式刷子从不同方向来刷洗网衣上的附着物；或者是潜水员携带高压水枪、高压水龙带等工具入水，利

用高压水来清除养殖网衣上的藤壶、藻类等污损生物（图4-4）。这种清除法的特点为：①人工成本高；②工作效率低；③配套潜水工作属于高危工作；④作业范围有限（一般水深不大于20 m）。

图4-3　换网工况下的污损生物人工清除法

图4-4　不换网工况下的污损生物人工清除法

2. 机械清除法

对围栏的机械清除污损生物方法通常采取下列措施：①机械清洗和刮除；②定期更换网衣；③转换网衣到水面或陆地上接受太阳光暴晒或淡水喷淋以杀死污损生物，然后再用棍棒敲打以去除网衣上的污损生物。对于网笼（如扇贝笼、珍珠笼等）一般先采用倒笼或换网措施，然后再接受太阳光暴晒或淡水喷淋以杀死污损生物，最后用棍棒敲打以去除网衣上的污损生物。

使用洗网机等机械清洗或刮除网衣污损生物。机械清洗网衣速度快，一般比人工洗刷提高工效4~5倍。目前已开发的洗网机械主要有机械毛刷洗网机（便携式机械毛刷洗网机和电动式机械毛刷洗网机）、射流毛刷组合洗网机（涡旋水流式洗网机和水动力洗网机）、高压射流水下洗网机等类型（图4-5）。有关洗网机的相关理论和技术参见第二章第二节。机械清除法的特点为：①工作效率高；②人工成本低；③作业范围大；④工人劳动强度小；⑤洗网时一般不需要潜水员操作；⑥避免了换网对鱼类正常生长发育的影响；⑦洗网机一次性投入高（要求用户有一定的经济实力或达到一定的养殖规模）；⑧用户有智能化养殖装备技术需求；⑨清洗时，可以检查网（仅限高端智能洗网机）。

图 4-5　不同结构类型的洗网机

3. 生物防污法

生物防污法即在围栏、网箱及扇贝笼等设施内适当搭配一定比例能摄食污损生物的鱼虾来控制污损生物。如在围栏内放养一些既能刮食植物又能摄食动物的杂食性鱼类，像篮子鱼、罗非鱼、鲷鱼等能有效地防除污损生物（图 4-6）；在围栏中放养一定数量的篮子鱼，篮子鱼常以附着在围栏等设施网衣上的丝状绿藻、褐藻及硅藻为食。有人用光棘球海胆来控制皱纹盘鲍养殖笼上的污损生物，取得了很好的效果。生物防污技术的特点如下：①满足混养前提条件；②清污鱼类需达到一定的养殖密度；③清污鱼类应可作为商品鱼进行销售；④经济效益和养殖技术等可行。

图 4-6　清污鱼类

4. 特种合金网衣防污法

特种合金网衣防污法即在养殖设施中使用具有防污功能的特种金属网衣以抑制污损生物的生长。东海所联合相关单位开展了相关合金网衣的研究与应用（图 4-7）。特种合金网衣防污技术的特点如下：①试验用特种合金网衣材料具有较好的防污性能；②网衣重量重，运输、装配一般需配置起吊设备；③养殖生产用网衣需具有较好的强度、抗疲劳等物理机械性能；④养殖设施规格、网具装配技术和养殖海况条件等需满足一定的要求……

图 4-7　特种网箱与围栏

5. 防污涂层保护法

最初用于舰船的防污涂料，以防污剂释放型防污为主要技术途径，通过涂料中可释放的铜、锡、汞、铅等重金属防污剂，在材料周围形成对海洋植物孢子以及海洋动物幼虫有毒杀作用的防污剂浓度层，从而达到防污效果。常用的防污剂如有机锡 TBT（包括三丁基氟化锡、三丁基氧化锡、三苯基氢氧化锡和甲基丙烯酸三丁基锡等）、氧化汞、氧化亚铜、DDT、敌百虫等。后来涂料的基料多采用自抛光型。自抛光涂料不溶于水，但遇到海水时缓慢水解，水解产物溶于水，释放出不含有机锡（RnSnX4-n）的防污剂，同时出现新的表层。但这一类防污剂的毒害很大，即使含百亿分之几的 RnSnX4-n 就足以使某些海洋生物发生畸变，抑制其繁殖，并且不适于食用。所以随后使用更多的是无锡自抛光涂料。

自抛光防污涂料的基料采用可水解聚合物做成膜物，可添加防污剂，也可在分子骨架上引入锡、锌、铜等金属离子，一般做成丙烯酸的金属盐或硅烷化丙烯酸聚合物使用。涂层在海水中通过离子交换作用释放金属离子起到防污效果，并且通过直接水解不断将表面溶解更新，防止表层钝化及海洋生物附着。自抛光涂料在静止的海水里更新效果差，对航行的船舶作用更好，航速越高，自抛光作用越明显。无锡自抛光防污涂料不含 RnSnX4-n，又具有自抛光的功能，既克服了原有机锡自抛光涂料中因含 RnSnX4-n 而毒性高的缺点，又具有自抛光防污涂料节能的优点。2008 年 1 月，伊朗科学家详细研究了影响无锡自抛光涂料的溶蚀和防污性能的诸多因素，并公布了一个制备无锡自抛光涂料的设计规范。近年来，许多国家均致力于低毒或无毒防污材料和技术的研究与开发，并探索从生物学领域和表面物理学领域出发，根据海洋污损生物由动物幼虫和植物孢子附着、变态、成长的生态习性，通过降低材料表面自由能、采用表面吸水性防污材料、改变材料的表面电性以及生物防污材料，实现长效和无公害防污的技术途径。

涂层保护法一般分为药物浸泡法和涂料涂层保护法。药物浸泡法即将网衣浸入能够防污的药物中浸泡一段时间，然后取出风干，使药物在网衣表面形成一层保护膜，在一段时间内有效防除污损生物的附着。涂料涂层保护法可分为涂层毒杀法和非毒涂层保护法。涂层毒杀法即是在网线表面涂上一层漆膜，在漆膜中使用铜、汞、镉、砷、铅等无机化合物或 RnSnX4-n，并建立漆膜的毒物渗出理论，这种方法可取得显著防污效果，但严重污染海水、破坏生态环境、影响水产养殖，现在这种涂层毒杀法已经禁止使用，人们一般采用非毒涂层保护法进行防污。非毒涂层保护法一般是用低表面能材料［如聚四氟乙烯（PTFE）材料或含有机硅氧烷材料等］做成网衣涂层，利用低表面能材料污损生物不易附着的特性来防除污损生物，但这种方法的缺点是开发和研制这些材料的费用较高，不适宜养殖生产中大面积推广（如低表面自由能网衣防污涂料是利用漆膜的低表面自由能和较大的水接触角，使液体在其表面难以铺展而不浸润，从而达到防污目的）。另外，日本还开发出用荞麦粉为材料做成的无毒涂层，可有效防除污损生物的附着。近年来，环保型海洋防污涂料不断问世 ，其主要种类有：①低表面自由能防污涂料；②硅酸盐防污涂料；③导电防污涂料；④仿生防污涂料；⑤酶基防污涂料；⑥含植物提取物的防污涂料（如辣素防污涂料）。

图 4-8　防污涂料及其在网衣上后处理加工

6. *其他防污方法*

除上述防污方法外，近年来，东海所石建高团队联合淄博美标、迈科技和方中运动制品公司等单位以特种防污剂为原料研发出特种 UHMWPE 单丝网衣防污法等多种新型防污方法，部分防污技术正在进行研究与产业化应用试验。通过对养殖区污损生物种类附着习性的了解，采取合理的生产管理技术，可以减小污损生物的危害。例如，根据不同种类污损生物的附着习性，对网箱、围栏等养殖设施采用不同季节升降或旋转等方法防污；通过升降或旋转养殖设施可以晒网，以清除或晒死污损生物。2018 年 9 月，由振华重工自主研制的“振渔 1 号”深远海黄鱼养殖装备在启东海洋公司顺利合拢。该装备总长 60 m、型宽 30 m、型深 3 m，养殖水体 13 000 m^3，由结构浮体、养殖网箱、旋转机构 3 个主要部分组成，包括牵引绞车、发电机、风力发电机、蓄电池组、自动化控制系统等主要设备，预计年产优质商品海水鱼 120 t。结构浮体为整个装备提供浮力，使装备浮于水上。养殖网箱通过旋转机构安装在结构浮体上，并可绕轴做 360°旋转。养殖网箱箱内安装渔网，其内形成封闭的养殖空间。养殖网箱浸入水中部分为鱼类活动区域，上部露出水面部分，通过日晒，风干等过程去除网箱上附着的海生物。养殖网箱通过旋转，定期将水下部分转动出水，实现对水下渔网的清洁。该装备的成功研制，将传统的人工养殖模式变为机械养殖模式，大大降低养殖人员的工作强度，提高工作效率。2019 年 5 月，“振渔 1 号”深远海大鱼网箱养殖平台在福建连江正式投产（图 4–9）。“振渔 1 号”解决了传统养殖模式抗风浪能力差的缺点，可将现有近海养殖区域扩展到深远海；通过机械化手段，有效降低养殖人员工作强度，提高养殖效率，增大养殖产量；设有自动监测先进功能，平台实时影像、海水水质监测情况所有数据可通过“电信通讯卡”无线传输到养殖户手机终端上，只要下载一个客户端 APP，就能轻松掌握整个平台的所有监测情况，实现“一机在手，一目了然”的智慧养殖模式；具有专利的电动旋转鱼笼设计，攻克了长期困扰海上养殖业的海上附着物难题；充分考虑海上丰富的风力资源，引入风力发电系统，为海水鱼养殖提供了绿色动力，节能环保，基本实现平台电源的自给自足。针对扇贝笼、珍珠笼的养殖，可以根据不同种类污损生物的附着习性，采用不同季节在不同深度挂笼等方法防污。通过在不同季节、不同深度挂笼，以使养成笼下海时间避开附着高峰期，减少或避开污损生物在养殖笼的附着；这种技术途径现已在个别养殖区采用。另外，针对大孔径网衣能减少污损生物附着的特点，可以根据实际情况尽量采用大孔径的网衣，也能在一定程度上减少污损生物的附着。

图 4–9　深远海黄鱼养殖装备

在污损生物附着机理的研究中，许多学者认为网笼或附着基只要在海水浸泡数小时，就会出现其表面附着一层由细菌为主的微生物生成的黏性薄膜，而这是海洋细菌膜所产生的信号（即外源凝集素），它是诱导某些无脊椎动物（如藤壶、贻贝之类）和藻类附着栖息的重要媒介。可设想利用生物技术研制专一性的抑制剂来干扰污损生物的幼体及藻类固着行为，或使用那些信号分子的类似物质及其衍生物来堵塞其化学感受器部位，从而阻止其附着；这些研究成果和构想在理论上为控制生物附着提出新的依据。在20世纪50年代，有人发现碳酸酐酶可用作为抑制剂涂在物体表面干扰污着生物的代谢；此外多酚氧化酶也具有类似的作用。80年代国外科学家发现，从鹦鹉属、巨蛎属、硬壳蛤属中所含有的一种有机基质中提取的生物活性物质表面活性肽能强有力地抑制海洋中诸如牡蛎、藤壶、船蛆、藻类等海洋生物附着，这种化学物质为聚合结构。这是一种高效能的防海洋生物附着物质，既能干扰生物代谢，达到抑制海洋生物附着的目的，又不危害养殖贝类的发育生长。到目前为止，人们已从多种海洋植物、海洋动物（主要为海洋无脊椎动物）和海洋微生物中提取了一系列具有防污活性的天然产物（包括有机酸、无机酸、内酯、萜类、酚类、甾醇类和吲哚类等天然化合物）。初步研究结果表明，这些物质都具有卓有成效的防污能力。进一步研究表明，海洋天然产物的防污作用机制是多种机制综合作用的结果，如有抑制附着、抑制变态、驱避作用和干扰神经传导（可恢复性麻醉、神经传导）等，因此，深入探讨各种化合物的防污机理，在海洋天然产物防污研究中非常重要和必要。此外，从自然界中分离提取多种具有较好防污活性的物质，然后研究这些防污活性物质的结构与防污效果之间的因果关系，找到防污活性功能团，再进一步通过人工合成此类防污活性化合物或其结构类似物来研制开发海洋天然产物防污剂，已经成为目前防污研究热点。

第二节　海洋防污涂料

网箱、船舶、生态围栏等海上设施在使用中会受到海洋生物的侵害，如木船会受到蛀蚀、网箱、生态围栏网衣以及现代船舶会受到污损生物附着等。为了防止海洋生物污损，人们研究了多种防污方法，目前，防污涂料是一种较好的防污方法。本节对海洋防污涂料进行简单介绍，供生态围栏养殖业参考。

一、防污剂品种与筛选

海洋中污损生物种类繁多，且各海区污损情况也各不相同。能杀死污损生物的防污剂种类很多，但有的只对某个海区中的部分污损生物种类有效，有的则对人体和环境危害很大，因此，管理部门严格限制防污剂，以确保人体、环境和食品等的安全，如氧化汞（HgO）防污效果很好，但许多国家已禁止使用。防污效果主要由漆膜中防污剂的渗出量等因素决定。防止污损生物附着所要求的防污剂最低渗出率称为“临界渗出率”。临界渗出率的高低意味着对污损生物的毒性高低。防污涂料中防污剂既可以以添加剂加入，又可以通过反应接在成膜物上；然后通过降解逐步释放出来。现将历史上曾经使用的几种船用防污剂简介如下，仅供读者了解船用海洋防污涂料时参考。需要特别说明的是船用防污涂料与围栏等增养殖设施网衣防污涂料有着本质区别（即使是无毒环保型船用防污涂料也必须在经过严格安全认证、网衣防污涂料生产许可和网衣防污涂料养殖生产安全试验验证等多道工序后才可用于增养殖设施网衣，以确保相关养殖水域、养殖对象和养殖环境的安全）。

氧化亚铜类防污涂料曾在涂料中占主导地位，但由于铜元素会在海洋中，特别是海港中大量积聚，导致海藻的大量死亡，从而破坏生态平衡，因此，氧化亚铜类防污涂料最终也将被禁用。铜离子可降低生物机体中主酶对生物生命代谢的活化作用，以此缩短生物寿命，并可使生物体内的蛋白质凝固。铜类毒剂中最主要的品种是氧化亚铜（Cu_2O）。Cu_2O 为鲜红色粉末状固体，几乎不溶于水，在酸性溶液中岐化为二价铜；它可用于加工船底防污漆（杀死低级海生动物）等。Cu_2O 对人体毒害较小，临界渗出率为 10 μg/（cm^2 · d），但它在涂料中的实际渗出率往往大大超过临界渗出率，造成铜离子的大量流失。渗出率既和漆膜结构有关，又和 Cu_2O 的质量有关，Cu_2O 和少量 HgO 合用有增效作用。铜粉（Cu）对水体、土壤和大气等可造成轻微污染。（纳米）铜粉是一种有效的防污剂，如果将其用作船用防污剂，对船舶途经的水体会造成轻微污染。RnSnX4-n 的临界渗出率只有 Cu_2O 的 1/10。RnSnX4-n 种类很多，主要有三丁基锡和三苯基锡两大类（如三丁基氟化锡、双三丁基氧化锡、三苯基氟化锡等）。RnSnX4-n 可和 Cu_2O 合用，其效果非常明显。有机化合物作为防污剂的有双对氯苯基三氯乙烷（俗称 DDT）等。DDT 又叫滴滴涕，二二三，为白色晶体，不溶于水，溶于煤油，可制成乳剂，是有效的杀虫剂。20 世纪初期，为防止农业病虫害、减轻疟疾伤寒等蚊蝇传播的疾病危害起到了不小作用，对防止藤壶、贻贝等贝类附着有特效，与 Cu_2O 配合可改善漆膜龟裂和降低铜离子的渗出率，但由于 DDT 对环境污染过于严重，目前很多国家和地区已禁止使用。20 世纪 80 年代末各国又纷纷立法，开始禁用或限用有机锡防污涂料。国际海事组织（IMO）决定到 2008 年，RnSnX4-n 全面禁用。目前，我国应尽快立项开展铜材料等防污剂研究，以分析研究集中用铜对养殖环境的影响等，确保水产养殖的绿色发展与现代化建设。

二、防污涂料主要类型

1. 接触型防污涂料

接触型防污涂料的防污作用是通过防污剂（如 Cu_2O 颗粒等）的溶解来实现。与溶解型防污涂料有差异的是，其溶解作用是通过海水和漆膜中的防污剂（如 Cu_2O 颗粒等）直接接触后完成，因此，该类防污涂料中防污剂含量高于溶解型防污涂料。因为基材不溶解，当防污剂（如 Cu_2O 颗粒等）溶解后便在漆膜上留下细小孔穴，通过这些孔穴，海水又可以和新露出的防污剂（如 Cu_2O 颗粒等）接触，这样由表及里的溶解作用，可留下一个多孔的漆膜骨架（漆膜厚度基本不变）。若漆膜通道被不溶物（如 $CuCO_3$ 等）所堵塞，则下层防污剂（如 Cu_2O 颗粒等）便不能和海水接触，这就不能发挥防污作用。接触型防污涂料有效期比溶解型防污涂料长。为了控制防污剂的渗出量，在接触型防污涂料中要加入一定量的松香或填料（如 ZnO）来代替部分防污剂（如 Cu_2O 颗粒等）。

2. 扩散型防污涂料

扩散型防污涂料的特点是防污剂主要使用和基料相容的材料（如 RnSnX4-n 等）。涂料和作为基料的树脂间形成固体溶液，涂料均匀分布在漆膜中；当扩散型防污涂料形成的漆膜表面和海水接触时，表层的 RnSnX4-n 浓度下降，内层的 RnSnX4-n 浓度高，于是内层的 RnSnX4-n 可通过扩散补充到表层中来。由于涂料以分子形式扩散，不会留下孔穴，因此，表面不致粗糙，这样可减少船舶航行阻力。为了提高防污效果，在扩散型防污涂料中需加入一定量的防污剂（如 Cu_2O）与辅助涂料（如 $C_6H_{12}N_2S_4$）；扩散型防污涂料因此属于复合型涂料，具有广谱性特点，它不但可以防除大型污损生物，又可以防除微型污损生物。

3. 溶解型防污涂料

溶解型防污涂料是依靠海水对防污剂和部分基料的溶解来实现防污。溶解型防污涂料的基料由可溶性松香和不溶性树脂（如油、沥青等）组成，后者可增加漆膜强度、调节渗透率。氧化亚铜类防污涂料可和海水作用生成可溶性的 $CuCl_2$ ［参见公式（4-1）］。可溶性铜离子在漆膜表面形成有毒溶液的薄层，它可杀死或排斥企图在漆面上停留的生物。松香的溶解主要是因为它含有松香酸，海水的 pH 值一般为 7.5~8.4，因此，可使松香酸不断溶解。前期研究结果表明：因为松香酸也可以和 RnSnX4-n 反应生成不溶物，所以松香不宜和 RnSnX4-n 防污剂配合，防污涂料不断地溶解，漆膜厚度会越来越薄；另一方面，防污涂料和海水的反应比较复杂，既可使基料和 Cu_2O 溶解，也有一些反应可导致不溶物的生成，这些不溶物沉淀在漆膜表面，加上残留的不溶性基料，它们覆盖在漆膜表面，又越来越厚，最终可导致溶解过程慢到失去防污作用。

$$\frac{1}{2}Cu_2O+H^++2Cl^- \rightleftharpoons CuCl_2^-+\frac{1}{2}H_2O \tag{4-1}$$

4. 自抛光型防污涂料

自抛光型防污涂料的基料一般是丙烯酸防污涂料有机锡酯的共聚物（如丙烯酸三丁基锡/甲基丙烯酸甲酯的共聚物）；它和海水接触可发生水解，释放出 RnSnX4-n 涂料，并逐渐变成水溶性的聚丙烯酸盐而与下层漆膜分离，这一过程可用公式（4-2）表示。在自抛光防污涂料中还有可溶于海水的活性颜料（如 ZnO），以及控制有机锡共聚物水解的疏水性有机物（如阻滞剂）等，这种涂料形成的漆膜不但有防污作用，而且涂层在水流作用下表层颜料和失去防污剂的聚合物均可均匀地与漆膜分离（露出新鲜的涂层），起到自抛光作用，因而可保持船体平滑度。船体平滑度对船舶来说十分重要，船舶粗糙度增加可降低船速、增加能耗、缩短船舶使用寿命，增加船舶运营成本。含有机锡自抛光防污涂料有效防污期长（可达 5 年以上），但由于对海水污染严重，已经被禁止使用。为了减轻环境污染，人们要求用无锡自抛光防污涂料取代有锡自抛光防污涂料。无锡自抛光防污涂料原理与有锡自抛光相同，其差异是前者常用毒性较低的聚合物材料（如丙烯酸铜聚合物、丙烯酸锌聚合物）取代丙烯酸锡聚合物，或在聚合物链上接上可水解的防污基团（如酚、喹啉等）。

$$\begin{array}{l}
\left[\begin{array}{l}-\overset{O}{\overset{\|}{C}}-OSnBu_3\\ -\overset{O}{\overset{\|}{C}}-OSnBu_3\end{array}\right]\left[\begin{array}{l}-\overset{O}{\overset{\|}{C}}-OSnBu_3\\ -\overset{O}{\overset{\|}{C}}-OSnBu_3\end{array}\right] \xleftarrow{\quad} \begin{array}{l}Na^+\ Cl^-\\ H_2O\end{array}\ \text{海水}\\[2ex]
\left[\begin{array}{l}-\overset{O}{\overset{\|}{C}}-OSnBu_3\\ -\overset{O}{\overset{\|}{C}}-OSnBu_3\end{array}\right] \vdots \underset{H_2O}{\overset{Na^+\ Cl^-}{\xleftarrow{\text{海水}}}} \left[\begin{array}{l}-\overset{O}{\overset{\|}{C}}-O\\ -\overset{O}{\overset{\|}{C}}-O\end{array}\right] \xleftarrow{\quad} \begin{array}{l}Bu_3Sn\ Cl\\ Na^+\ Cl^-\\ H_2O\end{array}\ \text{海水}\\[2ex]
\left[\begin{array}{l}-\overset{O}{\overset{\|}{C}}-OSnBu_3\\ -\overset{O}{\overset{\|}{C}}-OSnBu_3\end{array}\right] \underset{H_2O}{\overset{Na^+\ Cl^-}{\xleftarrow{\text{海水}}}} \begin{array}{l}Bu_3Sn\ Cl\\ \text{海水}\\ Bu_3SnOSnBu\end{array}
\end{array} \tag{4-2}$$

三、防污涂料研究发展

除了上文所述的几种典型防污涂料外，还有一些长效、低污染的新品种，但是用防污剂来（毒）杀生物，必然引起海洋环境污染；又由于防污剂含量的限制，不可能解决真正长效问题。要发展无污染长效防污涂料必须从传统防污作用中解放出来，采用其他防污措施。现代材料学、生物学和表面物理学等学科的发展，为新型防污涂料的研发与产业化应用提供了可能。现将低表面能型防污等新型防污涂料简介如下。

1. 导电防污涂料

导电防污涂料有两种：①不通弱电流方法，以电导率为 10~9 S/cm 以上掺杂的导电高分子材料为有效成分的涂料具有防污性；②在漆膜表面通过微弱电流，使海水电解产生次氯酸离子达到防污目的（由于产生的离子膜仅 10 μm 厚，在海水中的浓度低于自来水中的浓度，这种方法不污染环境）。目前，可溶性本征导电聚合物的制备进展很快，这为未来导电防污涂料的产业化应用提供了条件。

2. 微相 μ 分离结构的防污涂料

具有微相分离结构的高分子材料是优良的抗凝血材料，而生物污损与人体内的“污损”（如血管内血栓的形成和人工脏器的凝血现象等）有很大的相似性。荷叶效应是基于低能表面的高粗糙度（特殊）结构。微相分离是获得这种表面高粗糙度（特殊）结构的重要方法，因此，通过微相分离结构涂料是实现无毒防污的一种有效途径。虽然通过合成嵌段共聚、接枝共聚等方法可以达到纳米级微相分离，但是真正实现其产业化应用任重道远。

3. 生物防污剂与仿生防污涂料

传统防污涂料通过防污剂的渗出，对污损生物进行毒杀以达到防污目的，然而，生物界通过非常“友好”的方法，同样可以达到防污目的，因此，发展生物防污剂和仿生防污涂料是未来的方向。科学研究表明，已发现海洋生物中有 60 余种具有生物防污活性物质，这些物质结构复杂，防污机理尚不清楚，它们可以防止海洋污损生物附着，但自身无毒。理想海洋防污剂应具备以下特点：①经济；②无污染；③具有广谱性；④低浓度下具有防污活性；⑤具有生物可降解性；⑥对人体及其他有机体无害等基本条件。生物防污剂是设计仿生低毒防污剂的先导化合物。现在防污涂料的可控释放技术日趋成熟，如果能与高效生物防污剂相配合，那么应该可以制备出高效、无污染仿生防污涂料。目前，水产养殖网衣防污技术仍较落后，生物防污剂与仿生防污涂料真正实现其产业化还须走很少的路。

4. 低表面能型防污涂料

低表面能型防污涂料主要是指基于氟碳树脂及有机硅化合物的低表面能防污涂料。低表面能型防污涂料的共同特点为表面能非常低，海洋生物在其上的附着力非常弱，利用自重，航行中水流的冲击或辅助设备的清理可以轻易除去。

5. 可溶性硅酸盐防污涂料

海洋生物适宜的生长环境是pH值为7.5~8.0的微碱性海水，强碱性或强酸性环境下均不易生存。用碱性硅酸盐为成膜物的防污涂料，在海水中可形成长期稳定的高碱性表面，因此，可获得较好的防污效果。但可溶性硅酸盐为主防污涂料的有效防污期不长，理化性能差，与实际产业化应用还有相当长的距离。

6. 含植物提取物的防污涂料

含植物提取物的防污涂料（如含有辣素的防污涂料）是一种环保型防污涂料。中国具有丰富的辣素资源，辣素作为一种天然植物提取物，可广泛地应用于医学、药物、日用、军事等诸多领域，有着良好的应用前景。辣素最早由Thres从辣椒果实中分离出来并命名，是辣椒中产生辛辣味的主要物质（一种稳定的生物碱，是香草基胺的酰胺衍生物）。天然辣椒碱由一系列同类物族组成，按其含量高低依次为辣椒碱族、二氢辣椒碱族、对甲基辣椒碱族、对甲基辣椒碱烯烃族、对甲基辣椒碱烷烃族和对苯甲基辣椒碱族。各族中又有若干成分，但是彼此结构性质非常相似，因此，人们在研究、生产中通常不做区别（并统称为辣素或辣椒碱）。东海所以辣素为防污涂料添加剂，成功开发了几种用于海水养殖网衣的防污涂料，并在东海区某水产养殖基地进行了挂网试验与养殖网衣防污实验。实验结果表明，辣素防污涂料在某水产养殖基地网衣上的防污效果较好。在防污涂料中，辣素作为防污剂，既可以是均匀分散的辣椒素、含油树脂辣椒素液态溶液，又可以是结晶的辣素。辣素作为一种稳定的生物碱，不受温度的影响，并具有抗菌、驱除海洋污损生物的功能。而添加化学类防污剂的防污涂料以防污剂释放型防污为主要技术途径，在使用过程中它们对海洋环境会有一定的污染，若作为围栏网衣防污涂料，则会对鱼虾贝藻等养殖对象的品质有一定的影响。例如，有机锡类防污剂虽然有较好的防污效果，但是海水中仅含有$1/10^{10}$的RnSnX4-n就足以使某些海洋生物发生畸变，并能抑制海洋生物的繁殖（含有RnSnX4-n的海洋生物也不适合食用）。使用含有氧化亚铜类的防污剂时，当海水中Cu_2O的浓度为0.68 mg/L时，则可以抑制各种藻类生长；当海水中Cu_2O的浓度为25~50 mg/L时，则可以毒死硅藻，进一步对以硅藻为食物的鱼类等生物带来危害。与添加化学类防污剂的防污涂料相比，辣素类防污涂料既不会毒害污损生物（导致生物变异），又不会破坏海洋食物链或造成海水水体污染；从环保的角度看，辣素类防污涂料具有广阔的发展前景。在今后辣素类防污涂料研究中，人们还应关注辣素与其他防污剂的协同防污作用，以及对特定生物的抗附着性，进一步研究，辣椒素对不同种类污损生物驱除的机理，助力辣素类防污涂料的技术升级。

第三节　合成纤维网衣防污技术成果

污损生物多数生活在近海海域。在一定条件下网衣上的污损生物代谢产物（如氨基硫化氢）可毒化水产养殖环境并可滞留有害微生物，这将进一步导致水产养殖对象易于发病、养殖户换网操作频繁以及养殖网具内外水体交换不畅，从而给养殖业造成经济损失。防止污损生物污损围栏、网箱和扇贝笼等网衣的防污技术称为网衣防污。由于污损生物种类繁多、水产养殖海况千变万化、网衣防污又必须确保安全环保，导致网衣防污技术难度较大。网衣防污目前已成为公认的世界性技术难题。参考相关文献资料，本节主要概述海豚表面皮肤结构——低表面能疏水防污涂层、具有微观相分离结构的防污涂料、导电防污涂料和新型防污剂等防污技术成果，供读者参考。

一、海豚表面皮肤结构——低表面能疏水防污涂层

海洋生物有天然的抗附着特性，如螃蟹、海豚和海绵等长期置身于海水中，但其表面不会被海洋生物大面积附着。这是因为上述生物可分泌一种对污损生物有驱避作用的特殊物质，或通过其特殊的表面形态，避免其他海洋生物在体表附着。海洋生物在物体表面上的附着首先是分泌一种黏液，这种黏液对物体表面润湿并在其上分散，然后通过化学键合、静电作用、机械联锁和扩散这几种机理中的一种或几种进行黏附，因此，调控物体的表面性能就可以削弱这种黏接力。这里所说的表面性能是指表面能、官能团排列及表面形态等。美国和德国等国科学家研究这些大型海洋动物的表皮结构存在纳米-微米级双重结构，Baum 通过利用冷冻扫描电镜和多种样品制备技术，对鲸鱼表皮结构进行了系统研究，并有望在今后根据巨头鲸皮肤的这种独特构造与原理研制出船舶防污漆、网衣防污涂料。

Barthllot 和 Neinhuis 通过观察植物叶表面的纳米-微米微观结构，发现荷叶表面的特殊微结构是荷叶不沾水的原因，并提出“荷叶效应”理论。合适的表面粗糙度对于构建疏水性自清洁表面非常重要。根据 Wenzel 理论，浸润性由固体表面的化学组成和微观几何结构共同组成，一定的表面微观粗糙度既可以增大表面静态接触角，进一步增加表面疏水性，更重要的是又可以赋予疏水性表面较小的滚动角，从而改变水滴在疏水性表面的动态过程，使荷叶具有优异的自清洁功能。中国科学院江雷课题组模仿植物叶子的自清洁功能方面做了大量开创性研发工作，并于 2005 年获国家自然科学二等奖，研究体系集中在无机微纳米结构制备及其表面功能性修饰。中国科学院江雷课题组通过碳纳米管的蜂窝状排列和岛状排列制备了超疏水的表面，

其水的接触角在160°以上。中国科学院江雷课题组还用亲水性高分子聚乙烯醇通过模板挤出的方法，制备了超疏水表面，并成功实现全pH值范围内呈现超疏水性的碳纤维薄膜，将超疏水性质从纯水拓展到酸性或碱性溶液、将超疏水与超亲油两个因素相结合，成功获得了用于油水分离的网膜。中国科学院化学研究所徐坚课题组利用聚合物在溶剂蒸发过程中自聚集、曲面张力和相分离的原理，在室温和大气条件下一步法直接成膜构筑类似荷叶一微纳米双重结构的聚合物表面。综上所述，要构建用于海洋防污的超疏水涂层，就要在低表面能材料的表面构建微米-纳米粗糙结构；典型的低表面能材料是有机硅和氟树脂以及其相应的改性树脂。

仿生防污涂料的研究大多从生物附着机理入手，一方面寻找防污高分子材料，对一些生物的表皮状态进行模仿，赋予涂层以特殊的表面性能（如低表面能），使海生物不易附着或附着不牢；另一方面寻找合适天然防污剂，在不破坏环境的前提下防止生物附着，这是一种全新的防污概念（俗称仿生防污）。近年来，仿生防污涂料的研究主要集中在新型防污剂和新型防污高分子材料等方面。在仿生防污涂料研究方面，华盛顿大学的Karen L. Wooley在该方面取得了一定的进展，其研制的结合亲水性聚乙烯醇树脂与疏水性聚四氟乙烯树脂特点合成具有纳米级山谷结构的仿海豚皮防污涂料基料，并制成无毒仿生防污涂料；相关试验结果表明，它对阻止一些海生物幼虫早期吸附有效；配方不同，其防污效果也不同。Karen L. Wooley认为通过进一步调整表面结构特征，将有可能最终解决藤壶幼虫的早期附着（这打破了人们对于粗糙表面不具有防污性的传统观点，人们可以通过具有微相分离并具有疏水和疏油两种特性的聚合物来研发防污涂料）。

低表面自由能防污涂料是利用漆膜的低表面自由能和较大的水接触角，使液体在其表面难于铺展而不浸润，从而达到防污目的。根据Dupre推导的公式可知，固体表面自由能越低，附着力越小。近期研究发现，低表面能防污涂料自身性质对防污性能造成影响的主要因素有表面能、弹性模量、涂膜厚度、极性、表面光滑性和表面分子流动性。一般认为，涂料的表面能只有在低于2.5×10^{-4} N/m且涂料与液体的接触角大于98°时才具有防污效果。目前，低表面自由能防污涂料主要有氟聚合物防污涂料和硅聚合物防污涂料。氟碳树脂涂料与有机硅树脂是以不同方式达到防污目的。上述因素对它们的影响也存在差异。氟碳树脂是刚性强的聚合物，涂层表面污损物的脱落是通过它们之间界面的剪切来实现，降低表面能对其特别重要，极性、表面光滑性及表面分子流动性对其也有重要影响；而有机硅弹性体涂层容易变形，污损物的脱落是通过剥离机理来实现。降低表面能并不是其主要手段，而弹性模量及涂层厚度都有重要影响，因此，设计有效的氟碳防污涂料与设计有机硅防污涂料的思路不同。

含氟树脂是指主链或侧链的碳原子上含有氟原子的合成高分子材料，它包括氟烯烃聚合物和氟烯烃与其他单体的共聚物两类。用于涂层的含氟树脂主要有：Teflon 系列、PVDF、FEVE 和 PVF 树脂等。有机氟聚合物的表面张力是高聚物中最低的，这是由于氟原子的加入使单位面积作用力减小的缘故。含长链的全氟烷基化合物既显示出憎水性，又对普通的烃、油类也有憎油性。陶氏化学曾经开发出一种有效的氟碳树脂水性防污涂料，该涂料采用聚（2-异丙烯基-2-唑啉）交联聚全氟表面活性剂而制成。M. Khayet 用一定比例的聚醚酰亚胺（PEI），γ-丁内酯，含有端氟化基团的聚氨酯和一定量的 N，N-二甲基乙酰胺。采用相转换法，得到表面改性的高分子聚合物膜，X 射线光谱分析表明，在 PEI 膜表面含氟基团富集，增大了表面对水的接触角。John. W. Fitch 等用 1，3-二（1，1，1，3，3，3-六氟化-2-羟基-2-丙基）苯的钠盐和溴化五氟化甲基苯反应，得到 1，3-二（1，1，1，3，3，3-六氟化-2-五氟苯基甲氧基-2-丙基）苯，然后和双酚反应，得到如图 4-10 所示的可溶的、疏水的和低介电常数的含氟聚醚。

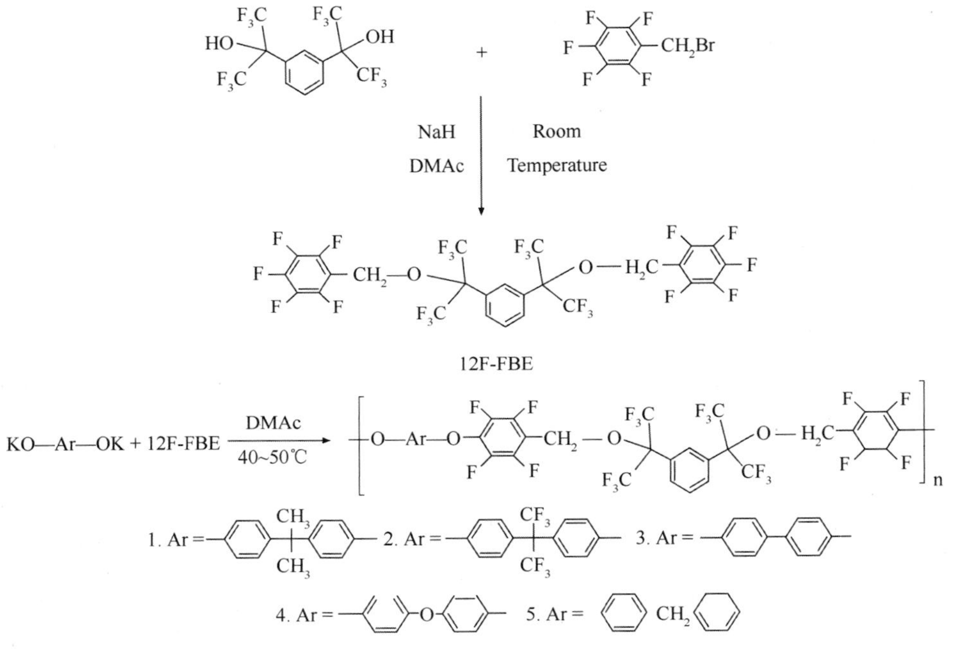

图 4-10　可溶的、疏水的和低介电常数的含氟聚醚的制备过程

有机硅树脂是具有高度支链型结构的有机聚硅氧烷。因有机硅树脂具有耐高低温、优良的电绝缘性、耐候性、耐臭氧性、耐水耐潮湿性、耐化学腐蚀性和低表面活性等特点而在涂料中得到广泛应用。由于有机硅树脂分子具有很好的柔顺骨架，使聚合物链段易于调整成低表面能结构构型。有机硅树脂的临界表面张力明显低于其他树脂，仅略高于氟树脂，但有机硅树脂与氟树脂相比成本更低廉。有机硅系列

化合物包括硅氧烷树脂、有机硅橡胶及其改性物等。但限于工艺条件、经济性等多种因素的影响，目前研究主要集中在以改性 PDMS 树脂为基料和以硅橡胶为基料的涂料合成上。前期研究结果表明，低表面能有机硅防污涂料的关键问题是涂料对底材的附着力差和强度不够。如硅橡胶加上甲基及苯基的硅系配合物有不错的防污效果，但其附着力、强度等方面性能较差，因此，通常还需要增加一道过渡层来改善附着力。高分子 PTFE 有极低的表面能，是理想的选择，但因其不溶于溶剂，不熔化、软化，无法用普通方法制成涂膜，因此，研究上转向了其衍生物（如氟化环氧、氟化多元醇、氟化丙烯酸酯等）。Slater 等研制了一种由带有功能性羟基的聚二甲基有机硅氧烷及其交联剂组成的硅橡胶系低表面能防污涂料，已固化涂层中由交联剂提供的与硅相连可水解基含量增大，可导致涂料防污性能下降；当交联剂的量足以使带羟基的聚二甲基有机硅氧烷固化但又低于某一数值的时候，涂料的防污性能最好。Kishihara 等介绍的含硅氧烷树脂自抛光防污涂料，兼有自抛光涂料的水解特性及硅氧烷树脂涂料的低表面能特性。涂料能从表面缓慢水解释放出硅氧烷，从而产生亲水基团；当亲水基团达到一定数量后，表面树脂溶解于海水中不断形成表层。东京大学的研究人员在四乙基原硅酸酯（TEOS）中引入丙烯酸聚合物，采用相分离技术（相分离可控制结构的尺寸），得到火山口样微观表面结构，接着氟烷基硅化处理，得到和普通硅基一样硬度的透光超疏水涂层，这在设计制备超疏水性涂层的研究方面具有重要的借鉴意义。还有文献报道了采用溶胶—凝胶法制备含纳米组成的氟碳涂层，疏水的表面形貌随硅粒子的含量、聚集程度和浓度等因素变化。华盛顿大学研究人员 H. M. Shang 通过控制各种硅前体在溶胶—凝胶过程中的水解和缩合反应，调节微观结构，从而得到所需要的粗糙表面；用单层表面缩合反应进行表面化学改性，通过直接浸涂，接着自组装，得到的涂层接触角最大达到 165°，透明性达 90%以上。有文献报道将聚二甲基硅氧烷用无光敏感剂在室温条件暴露于二氧化碳脉冲激光源下，激光辐射 PDMS 表面导致分子链有序，使表面更具有疏水性。美国 The University of Akron 的研究人员将苯甲酸钠混合在硅树脂涂料中，并研究了苯甲酸钠在硅树脂涂料中的分散及缓慢释放机理。

二、具有微观相分离结构的防污涂料

现在许多高分子材料应用于制造人工脏器，由于在使用中大多数要与血液相接触，因此，需要具有优良的抗凝血性能，人们在此方面进行了大量研究。相关研究结果表明，材料表面和血浆蛋白吸附的关系主要包括材料表面的化学组成、临界表面张力、界面能、表面亲水/疏水性、表面电荷、表面的粗糙度、微相不均匀结构和血浆中蛋白浓度对表面蛋白吸附的影响。今井于 1972 年首先提出高分子材料的微观非均相结构具有优良的血液相容性，认为非均相结构尺寸达到 0.1~0.2 μm 时就有抗凝血性。冈野等合成了由甲基丙烯酸羟乙酯与苯乙烯组成的嵌段共聚物，发现此嵌段共聚物表面亲水/疏水微观结构与血浆蛋白吸附之间有相关性，指出材料表面产生的蛋白质吸附是与材料中亲水性与疏水性各自的微观区域相对应的，表面层状微相分离结构的尺寸在 30~50 μm 时，有明显的血小板黏附抑止作用。Huang 等对具有表面微相分离的聚氨酯共聚物的研究结果表明，硬段相区的大小为 5~25 nm 的聚合物表面具有最小的蛋白吸附量，他们认为其原因在于该尺寸与蛋白质分子的大小相近似。Childs 等对 PDMS 基聚羰酸酯共聚物的研究表明水相区的大小在 6~12 nm 时，聚合物表面具有最有效的抗血栓性能。这些文献集成了多种具有微相分离结构的接枝和嵌段共聚物，从不同角度研究了微相分离结构同血液相容性的关系，指出适宜的微相分离结构既能抑制血小板的黏附，还能抑制血小板变形和活化凝聚。这些文献同时还指出，具有亲水-疏水微相分离结构的高分子材料最有可能用作血液相容性材料。BAler 指出，生物污损与血管内血栓形成有很大的相似性，它们都是从蛋白质或生理物质的附着开始；而具有微相分离结构的高分子材料是优良的抗凝血材料；基于上述研究，科学家开发出了具有微相分离结构的防污涂料，并在相关领域得到了应用。这类涂料的难点是如何在多变的施工条件下形成相分离结构，以及如何控制微相分离结构在一定的尺寸范围内。这既可以通过化学方法如合成嵌段共聚或接枝共聚树脂，也可以通过物理方法如共混来达到。后又发现，物理共混使低表面能物质在表面聚集，当表层被磨蚀后，防污性能可能会急剧下降，因此，目前多采用化学方法。而有机硅及有机氟树脂由于本身具有一定的防污性能，因此其衍生物也成了研究的重点。海洋污损生物附着过程如图 4-11 所示。Gudipati 最近在文献中进一步强调，海洋有机物的附着首先涉及生物蛋白和葡聚糖胶状分泌物在涂层表面的黏附，所以设计海洋防污涂层或生物应用的高分子材料，首先应考虑抑制蛋白的吸附性能，其次还需考虑表面自由能和机械性能。为获得具有抗蛋白吸附的共聚物涂层，涂层表面应存在纳米级疏水、亲水区域并存的不均匀结构，以减弱纳米级蛋白质分子与涂层表面的相互作用。复旦大学武利民教授的课题组采用两步溶液聚合方法合成了一系列聚二甲基硅氧烷（PDMS）4，4′-二苯基甲烷二异氰酸酯（MDI）-聚乙二醇（PEG）多嵌段共聚物；利用轻敲模式原子力显微镜（AFM）观察了嵌段共聚物的表面形貌，研究了退火、共聚物组成以及 PEG 分子量和不同的官能团对涂层表面微相分离行为的影响，同时对微相分离行为的形成机理也作了相应的探讨。他们在文献中阐述该嵌段共聚物即使在 PDMS 含量大于 50wt%时，涂层表面仍呈现出规整有序的纳米级相分离结构，其中疏水相和亲水相分别由 PDMS 链段和 MDI-PEG 组分构成。

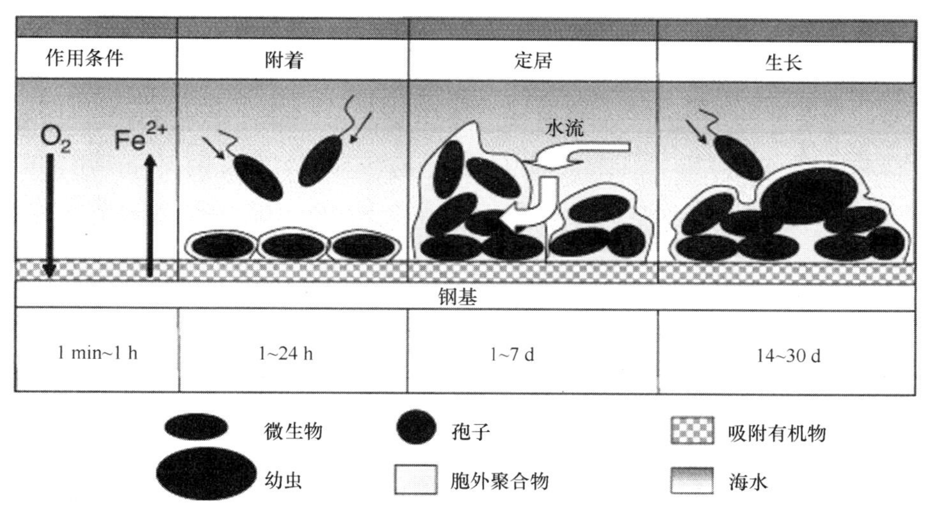

图 4-11　海洋污损生物附着过程

三、导电防污涂料

海水电解用导电防污涂料是日本三菱重工株式会社于 20 世纪 90 年代开发的新型防污涂料。导电防污涂料以导电涂层为阳极、以船壳钢板为阴极，当微小电流通过时，会使海水电解，产生次氯酸钠，以达到船壳表面防止海洋生物附着的目的。我国中科院长春应化所的王佛松课题组多年致力于聚苯胺等导电高分子材料方面的研究，1999 年他们发表了关于将聚苯胺用于海洋防污防腐涂料方面的文章。他们采用官能化的质子酸为掺杂剂制备了导电聚苯胺分散液，在与涂层基料和其他添加剂共混后制成了导电涂料。该导电防污涂料既能防除藤壶等海生物，还能对海生物的前期附着粘泥有防除作用，经海上实验证明该导电防污涂料在海洋环境下电导保持稳定超过 1 年。

四、新型防污剂

1. 不含重金属的无毒或低毒防污剂

继重金属防污剂之后，目前的研究热点是一些不含重金属的无毒或低毒的防污剂（表 4-1），然而，目前仍未能找到一种其有效性、广谱性可与 RnSnX4-n 化合物相匹敌的防污剂代用品。现在关注的重点是不含锡的有机化合物防污剂。已发现效果较好的有 Sea-Nine 211（化学名 4，4-二氯代-2-正辛基-4-异噻唑啉-3-酮）、Copper Omadine（吡啶硫酮铜，又称奥麦丁酮）、Irgarol 1051［N-环丙基-N′-（1，1-二甲基乙基）-4-（甲基硫代）-1，3，4-三嗪-2，4-二胺］等。其中 Sea-Nine

211 对硅藻、细菌、藻类植物和藤壶等动物有很好的抑制作用，效率高，并可通过水解、光降解和生物降解很快分解，不会产生累积效应，可见对海洋环境非常安全。Copper Omadine 已证明对水产养殖鱼类无污染。Irgarol 对藻类和细菌有效，但对动物污损生物无效。这些有机防污剂都需要与其他防污剂如氧化亚铜配合使用才会有较好的综合效果。

表 4-1　目前热点研究的低毒安全的防污剂

类型	商品名与化学名称	结构式
Matal-hased	Diehlofluanid（N′-dimethyl -N-pheny bulphamide）	$(CH_3)_2N-S(=O)-O-N(C_6H_5)-S-C(Cl)_2F$
	Maneb（manganese ethy lene bisdith iocarbamete）	$[H_2C-NH-C(=S)-S \mid H_2C-NH-C(=S)-S-Mn^{2+}]_x\ x(x>1)$
	Thiram [bis (dimethy hiocarbamoyl) disulphide]	$(H_3C)_2N-C(=S)-S-S-C(=S)-N(CH_3)_2$
	Zineb（zine ethy lene bisdith iacar-bemate）	$[H_2C-NH-C(=S)-S \mid H_2C-NH-C(=S)-S-Zn^{2+}]_x\ x(x>1)$
	Zine pyrithione（zine complex of 2-mereaptopyri-dine-1-axide）	$(C_5H_4N(\rightarrow O)-S)_2Zn^{2+}$（$O \rightarrow Zn^{2+} \leftarrow O$）
	Ziram [zine bis（dimethy lthi ocar-bamates）]	$(H_3C)_2N-C(=S)-S^- Zn^{3+}\ ^-S-C(=S)-N(CH_3)_2$

续表

类型	商品名与化学名称	结构式
Non-metallic	Chlorothelonil（2，4，5，6-tetrechloro is ophtha-lonitrile）	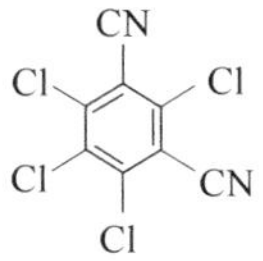
	Diuron［3－（3，4－dichlorophenyl）－1，1-dimethyluree］	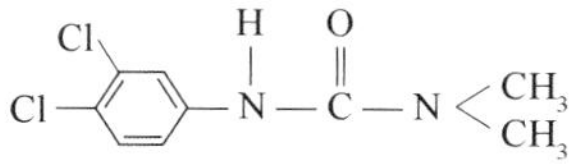
	Irgarol 1051（2-methylthio-4-tgr to butylamine-6-cy clopropy lamino-3-triazine）	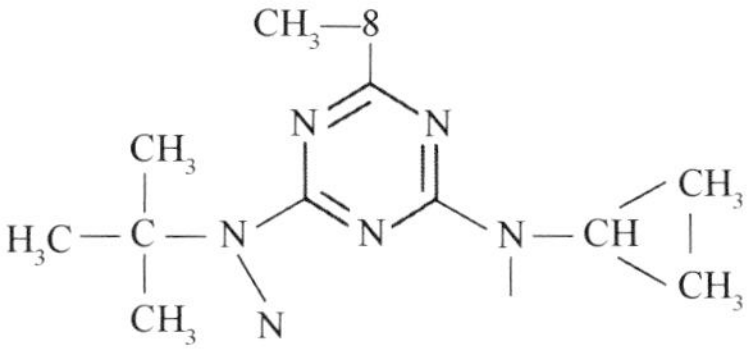
	Kathon 5287（4，5，dichloro-2-n-octyl-4-isothiazo-lin-3-one）	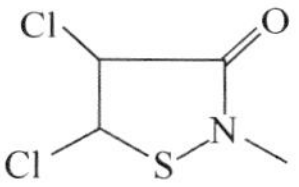
	See-Nine 211［4，5-diehloro-2-n-octyl-3（2H）-isothiazo lone］	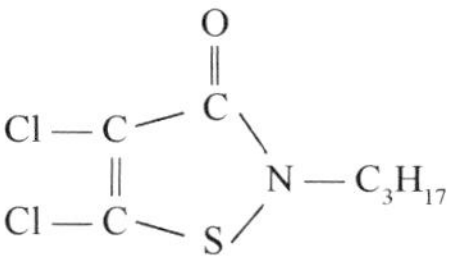

2. 酶基防污剂

海螃蟹等生物表面一般不长生物，经深入研究发现，其表面至少存在6种以上的酶，由此开展了大量的酶基防污的研究。酶基防污涂料在近十几年被研究的较多，按照机理可分为直接型和间接型两大类。酶基防污的作用类型如图4-12所示。直接型的酶基防污所采用的酶作用有两种：一种是可以将污损生物致死的酶作用物，这一类型的酶被先后用于酶基防污的有细胞壁降解酶、溶解酵素、几丁质酶；另一种是只影响污损生物的附着能力的酶作用物，直接作用于污损生物的黏附物，这类酶有蛋白酶、纤维素酶、木瓜蛋白酶、丝氨素蛋白酶、糜蛋白酶、糖苷酶和葡糖氧化酶。间接型的酶基防污涂料中的酶可以赋予酶作用物防污作用。这类酶作用物可能存在于海水环境中，例如加卤酶，苹果酸盐氧化酶；也可能存在于涂层中，酯酶（催化反应 $RCOOR' + H_2O \rightarrow RCOOH + R'OH$）、酰胺酶（催化反应 $RCONHR' + H_2O \rightarrow RCOOH + R'NH_2$）、乙醇脱氢酶（催化反应 $RCOH + O_2 \rightarrow RCO + H_2O_2$）己糖氧化酶（催化反应 $C_6H_{12}O_6 + O_2 \rightarrow C_6H_{10}O_6 + H_2O_2$）。

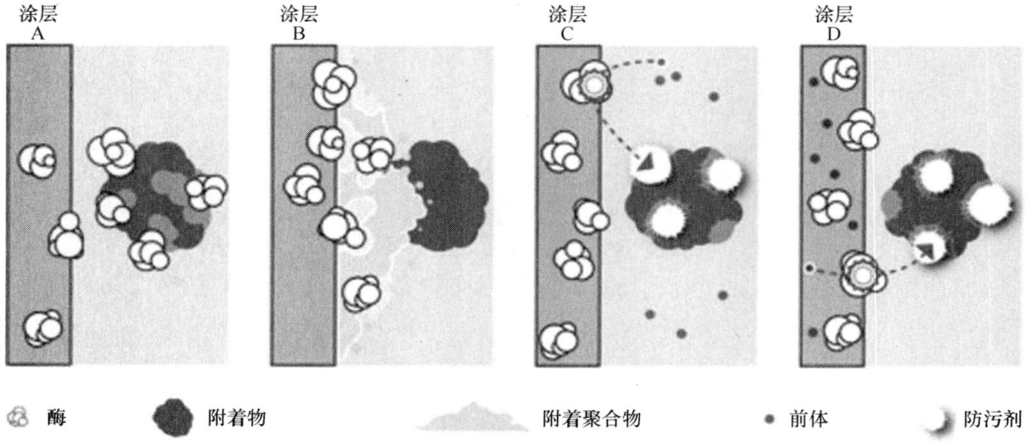

图 4-12　酶基防污的作用类型

3. 利用海洋生物次级代谢物或植物提取物作防污剂

2002 年，Singh 等从桉树叶子苯提取物中分离出 sideroxylonal A，经过生化试验证明其对紫贻贝的附着有忌避作用。2004 年美国阿克伦大学 Carlos A. Barrios 等研究了大叶酸（Zosteric acid）的防污性能。大叶酸是大叶藻或鳗草的天然提取物。大叶酸易溶于水，大部分聚合物涂层都是憎水的，而很多生物活性防污剂又是亲水的，所以，制备聚合物分散均匀的聚合物生物活性防污剂涂层是难点。最早，大叶酸被以粉末的形态与硅树脂机械共混（释放速度几毫克每天每平方厘米）得到涂层中大叶酸聚集体（54~100 μm）；这种大的聚集体可能分布于整个涂层中，可以为水分子的进入和溶解建立较大的通道。美国阿克伦大学 Carlos A. Barrios 课题组研究了大叶酸与硅树脂基体不同的共混方法，并通过图像处理技术（ScionImage）估算出不同样品的大叶酸聚集体尺寸，及其微观形貌以及抗菌性能。早在 1946 年 Harris 就发现细菌膜可避免藤壶幼虫和管虫附着。1960 年，Crisp 和 Ryland 报道了苔藓虫幼虫亲和未被细菌成膜的表面，而不亲和细菌膜。1989 年，纪伟尚等发现氧化硫杆菌和排硫杆菌具有防污能力，由于它们在代谢过程中产生硫酸，能够抑制大型海洋生物的附着；通过细胞固定化技术制成的防污涂料，在海上做挂片试验表明具有较强的防污能力。1994 年，哈佛大学的 Maki 小组在“生物膜及其在诱导和抑制无脊椎动物的附着中的作用”研究中指出，一些细菌的代谢产物中具有多糖和蛋白质成分存在，可防止生物附着。上述研究表明，海洋细菌对无脊椎动物的幼虫的抑制作用具有相当的普遍性。目前，这方面的研究非常活跃，但离实际应用还有相当距离，技术上还有许多难点。首先，必须找到一种或几种能广谱防止生物附着的细菌；其次，制成涂料后细菌应仍具有活性；再者，该涂料还必须经受不同海域、不同季节、海港内特殊环境、干湿交替、船舶航行时海水的冲刷等环境的考验；而价格也是另一个必须考虑的重要因素。此外，在海洋无脊椎动物的次生代谢物中也发现大量有防污作用的物质。Hirota H 等从海洋海绵的 2 个种中共得到 3 种二氯代碳亚胺倍半萜烯和 1 种愈创型倍半萜烯，这 4 种物质都能强烈抑制纹藤壶幼虫的附着，且致死率都小于 5%，比 $CuSO_4$的低。Denys R 等从红藻中分离纯化得到一系列次级代谢产物卤代呋喃酮，能够有效抑制纹藤壶、大型藻石莼和海洋细菌 SW8 这 3 类有代表性的污损生物附着。实验还证明，红藻的粗提物具有广谱防污性，能同时抑制多种污损生物的附着，而分离提纯后得到的每一种化合物单体都只能有效抑制一种污损生物。因此，在防污涂料研制开发的过程中，可以考虑综合使用几种具有不同防污活性的化合物，进而制备出具有广谱防污作用的高效防污剂。除了海绵以外，人们对珊瑚类也做了较多的研究。Targett 等从珊瑚中提取的龙虾肌碱和水性提取物，可防海洋底栖硅藻的附着。生化试验表明，龙虾肌碱和其类似化合物吡啶、烟酸和吡啶羧酸都能抑制硅藻的生长，又羧基在吡啶环的 2 位上对其活性有重要贡献。1984 年，Standing 等发现某些珊瑚的粗提物能抑制藤壶的附着。Rittschof 等对这种粗提物进行了研究，认为其主要成分是萜烯类化合物，并在较低浓度下呈现抑制性，且无毒性，而在高浓度下有毒。2007 年，巴西的科学家从巴西褐藻中得到图 4-13 所示的天然的防污物质。

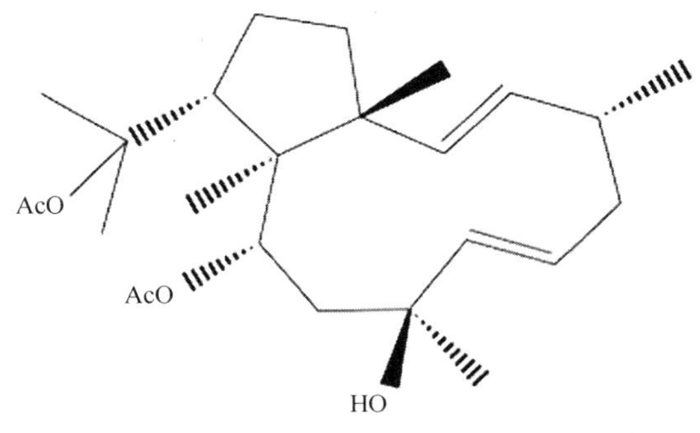

图 4-13　从巴西褐藻中得到天然防污物质示意

2004 年，查尔摩斯科技大学的 Liubov S. Shtykova 分析了美托咪啶作为防附着药物，醇酸树脂做基料的涂层系统中美托咪啶与醇酸树脂间的相互作用（图 4-14）。

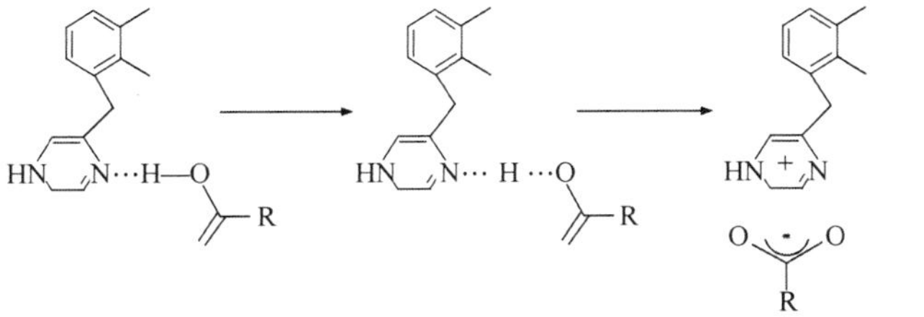

图 4-14　醇酸树脂做基料的涂层系统中美托咪啶与醇酸树脂间的相互作用

2006年，瑞典的海洋生态学专家Anna-Sara Krång报道盐酸美托咪啶（MEDETOMIDINE）可以削弱端足类动物（Corophium volutator）雄性体对其雌性体所分泌的繁殖信息素的敏感度，可以用来作为新型海洋生物防污剂。苯甲酸钠、丹宁酸也被用来做环保无毒的新型防污剂材料。苯甲酸盐阴离子对污损生物有抑制作用，早期的研究成果已经证实苯甲酸可以抑制微生物膜的形成。确切地讲，苯甲酸只能抑制微生物的生长，而不能杀死微生物。其抗菌机理是由于苯甲酸干扰微生物细胞膜的渗透性而抑制细胞膜对氨基酸的吸收。另外，它还能引起氧化硫酸化电子传递系统与底物之间的解偶联反应（UNXOUPLING），使ATP的合成反应受到障碍。苯甲酸还能抑制微生物体内的某些酶系统，尤其是脂肪酶，α-酮戊二酸脱氢酶及琥珀酸脱氢酶。由于苯甲酸难溶于水，直接使用苯甲酸比较困难。因此，通常使用的是其钠盐——苯甲酸钠，但起抑菌作用的仍是苯甲酸。

第四节　养殖网衣防污剂研究成果概述

宜兴市燎原化工有限公司从20世纪90年代开始对养殖网衣防污剂进行了探索和研究，2007年起正式成立课题组，之后与东海所石建高研究员团队等课题组合作，实施了“渔网防藻剂试验开发研究项目”（项目负责人：石建高）、“环保型防污功能材料的开发与应用”（项目负责人：石建高）等渔网防污项目，项目取得较好的试验效果（为便于叙述，下文将上述课题组及其合作团队简称为燎原-东海课题组）。参考前期研究报告、论著等文献资料，本节主要探讨了养殖网衣防污剂的防污机理，并概述了成膜剂的筛选、防污药物的筛选、可供养殖网衣防污剂选用的药物等养殖网衣防污剂研究成果，供研究生态围栏养殖业健康发展参考。

一、养殖网衣防污剂的防污机理探讨

燎原-东海课题组经多年研究开发出来的新型环保型养殖网衣防污剂是一种非水溶性、非释放型的“封闭型”制剂，其防污机理概述如下。

1. *污损生物的污染过程*

海洋污损生物对渔网或其他海洋设施的污染过程还得从海洋污损生物的生活史说起。真菌、藻类、苔藓、藤壶、龙介、牡蛎、贻贝类、端足类、腔肠动物等与各种海洋污损生物，其生活史是孢子或受精卵→生根→发芽→成长→结果的过程。海水中污损生物的孢子或受精卵附着或固着在渔网或者设施上，然后生根、发芽、发育，吸收海水中的营养快速生长，最后长成成体或成虫又产生下一代的孢子或者受精卵。例如：真菌是一种丝状体，它用孢子繁殖，其生活史是孢子→发芽→菌丝

（根、茎）→子带孢子或孢子带孢子或分生孢子。薮枝螅为一种树枝状的水螅型群体，生活于浅海，是污染渔网的常见生物。薮枝螅受精卵成熟后漂浮在海水中，然后在生物体表面固着下来，以出芽式发育成树枝状的群体，其基部很像植物的根，故称螅根，螅体上生出许多直立的茎，称为螅茎。薮枝螅生活史是受精卵→发育→成长（螅根、螅茎）→水螅群体。综上所述，海洋污损生物对渔网或设施的污染过程首先是污损生物的孢子或受精卵的附着或固着（着床），而不是污损生物的成体或者成虫的吸附。

2. “开放型”防污剂与“封闭型”防污剂

水溶性和释放性的防污剂为“开放型”防污剂，而非水溶性和非释放性的防污剂为“封闭型”防污剂。所谓“开放型”防污剂，其机理是由于防污剂中的药物（有效成分）不断释放出来，将污损生物的成虫或成体驱赶掉，或在涂膜表面形成一层薄膜，使成虫或成体吸附不上去。但污损生物对网或设施的污染是孢子或受精卵的固着而不是成虫或成体的吸附。孢子或受精卵既没有吸食器官也没有排泄器官，它不会被驱赶。即使是“开放型”防污剂中的药物较多，也不可能形成薄膜，因此，很难起到防止海水中污损生物对渔网的污染。另外，药物在不断释放，会造成对围栏等养殖设施内养殖物的伤害，所以，“开放型”防污剂用在养殖渔网上是不现实的、“封闭型”防污剂是非水溶性和非释放性的。不溶于水的防污染物放入成膜剂树脂薄膜中，涂抹在渔网上，靠成膜剂牢固地黏附在渔网上，使渔网表面有了“抗体”，污损生物的孢子或受精卵就不能在其表面着床、生根、发育，更谈不上生长、成熟和“结果”了，并对网内养殖生物不会造成伤害。近年来，国外开发成功的铜合金网，也是“封闭型”环保材料的例子。其实不管是“开放型”还是“封闭型”防污剂，其作用主要取决于所选择的防污染药物是否对路，以及药量是否到位。

3. 污损生物对药物的敏感度和药物对污损生物的专一性

防污药物对污损生物的杀死或抑制作用主要取决于对各种污损生物对不同药物的敏感程度，如某种污损生物对某种防污药剂没有敏感性或者敏感程度不高，该污损生物就不会被抑杀。各种污损生物对同一种防污药物的敏感性是不一样的，甚至差别很大。反之，防污药物对污损生物的作用具有专一性，某种防污药物能够抑杀某种或某些污损生物，但对其他污损生物可能无效。另一种防污药物对另一种或另一些污损生物有作用，而对其他污损生物可能无效。单靠一种防污药物来对付海洋中的众多污损生物是不现实的，没有单一药物可包治百病。海洋污损生物种类繁多，黄渤海区、东海区和南海区生物种类各不相同，所以必须针对各海域的污损生物种类筛选试验出不同组合的防污药物，研制成多功能的广谱性防污材料。

二、成膜剂的筛选

养殖网衣防污剂是由防污药物与成膜剂两部分组成。防污药物无黏附性能，放入水中很快被水冲走，起不到防污的功效。成膜剂属高分子聚合物，涂布在渔网表面经干燥后，具有极强的黏附性能，能牢固的黏附在其表面，不易脱落。利用成膜剂此特性，将防污药物均匀地分散于成膜剂中，再涂布于渔网的表面，就能将防污药物均匀地黏附在渔网上，在较长时间内不脱落，起到防污的功效。成膜剂的好坏是渔网防污成败的关键之一。成膜剂的种类很多，性能各异，价格不一，必须进行合理的选择。涂布在渔网上的成膜剂与涂布在内外墙及金属表面的成膜剂，在性能和要求上显著不同。用于渔网涂布的成膜剂，要有一定的柔软度、耐水性能良好、黏附性强、与防污药物要有良好的配伍性、使用安全、价格适中等。根据要求，共收集了氯偏乳液、聚氨酯树脂、乳化沥青、氯丁橡胶、聚乙烯树脂、苯丙树脂、纯丙树脂等各种型号的十多个成膜剂样品，经多次小样试验和综合性能的评价，筛选出结膜致密、成膜优良、耐水性好、耐磨性好、有一定柔软度、能与防污药物配伍等特点的成膜剂。同时成膜剂无挥发性气味、不刺激皮肤。对成膜剂的筛选，燎原-东海课题组进行了下列性能的试验，并将结果列于表 4-2 中。

表 4-2　成膜剂性能一览

序号	成膜剂	成膜性	柔软度	与药物配伍性	耐水性	黏附力	备注
1	氯偏乳液	AAA	A	※	AA	AA	发脆
2	乳化沥青	AA	A	&	AAA	AAA	太软，发黏
3	氢偏+沥青＝1：1	AA	A	※	AAA	AAA	有反应
4	氢偏+沥青＝2：1	AA	A	※	AAA	AAA	有反应
5	氢偏+沥青＝1：2	AA	A	※	AAA	AAA	有反应
6	氯丁橡胶	AA	A	※	AAA	AAA	有反应
7	氯偏+氯丁＝3：1	AAA	AAA	※	AA	AAA	有反应
8	苯丙乳液	A	A	&	AAA	+	成膜性差
9	大桥 1#	AA	A	&	A	AA	耐水性差
10	SB 乳液	AA	AA	&	A	AA	耐水性差
11	MC 乳液	AA	A	&	A	AA	耐水性差
12	RF 乳液	AA	A	&	A	AA	耐水性差
13	大桥 6#	AA	A	&	A	AA	太硬

续表

序号	成膜剂	成膜性	柔软度	与药物配伍性	耐水性	黏附力	备注
14	聚氨酯	AAA	AAA	&	AAA	AAA	性能好，价贵
15	纯丙乳液 A	AAA	A	&	AAA	AA	太硬
16	纯丙乳液 B	AAA	A	&	AAA	AAA	太软
17	纯丙乳液 A+B＝1：1	AAA	A	&	AAA	AAA	稍硬
18	纯丙乳液 A+B＝2：1	AAA	A	&	AAA	AAA	稍硬
19	纯丙乳液 A+B＝1：2	AAA	AAA	&	AAA	AAA	性能好价适中
20	纯丙乳液 A+B＝1：3	AAA	AA	&	AAA	AAA	稍软
21	纯丙乳液 C	AAA	AA	&	AAA	AAA	较好价低

注：表中成膜性一列，符号“A”表示较差，“AA”表示较好，“AAA”表示良好；表中柔软度一列，符号“A”表示太硬或太软，“AA”表示偏硬或偏软，“AAA”表示适中；表中符号“&”表示能配伍，“※”表示有反应，不能配伍；表中耐水性一列，符号“A”表示一般，“AA”表示较好，“AAA”表示良好；表中黏着力一列，符号“A”表示一般，“AA”表示较好，“AAA”表示良好。

取 5 g 成膜剂，加 5 g 水稀释，搅拌均匀后，倒入直径为 90 mm 的玻璃平板内，放入 45℃的恒温烘箱中过夜，让其干燥，第二天取出，观察成膜情况和柔软度情况。

按养殖网衣防污剂的配方，取 50 g 成膜剂，另外逐步加入所需添加的防污药物、分散剂、增稠剂、消泡剂等成分，做成养殖网衣防污剂的样品。观察加工过程中是否有异常情况出现、成膜剂与防污药物的配伍性能是否良好。

分别取聚乙烯和尼龙为原料的渔具用网片，在上述防污剂小样中浸渍涂布后，放在直径为 90 mm 的玻璃平板中，将平板放入 45℃的恒温烘箱中烘干。取出后，浸入预先配制好的含盐量为 3 g 的 500 mL 水溶液中（仿海水含盐量），可作长期观察是否有溶出物、是否有膜脱落情况，判断其耐水性能的好坏和成膜剂与网片的黏附性能。

为了缩短观察期，可将已浸渍涂布的干网片放入 500 mL 的 3% 盐水溶液中后，用搅拌机不停搅拌 24 h 或更长的时间，观察是否有溶出物和成膜剂脱落的情况。

将经过搅拌的网片晾干后，反复擦搓并反复折叠，观察成膜剂是否会断裂和脱落。

经过筛选，燎原-东海课题组认为表 4-2 中第 14、19、21 三例各项性能都较好，并在近两年内制成各种配方的挂片，在渤海、黄海和南海海域进行实地挂片试验，均未发现有膜脱落的情况。第19例还在东海海域3个场所进行鱼类养殖的大网应用试验，也未发现有脱膜情况。用此成膜剂配制的养殖网衣防污剂，做成各种不同配方，经过两年在海水中实地挂片试验及养殖贝类和养育的试验，都没有发现有脱膜情况，证明该成膜剂是可行的。

三、防污药物的筛选

海水围栏等增养殖设施养殖生物都是供人们食用的，必须做到绝对安全。作为养殖网衣防污剂与船舶、墙壁等硬表面上应用的防污剂有很大的区别。目前，船舶等应用的防污剂大部分是采用缓释型的驱避剂，有一定毒性。渔网上所使用的防污剂不能参照使用缓释型的药物，必须另辟新径。据此，选择封闭性的防污剂，即防污药物必须是不溶于水的，与成膜剂结合在一起后，能较长时间保留在渔网的表面，使海水中的污损生物不能在渔网上生根、发芽和成长，保持渔网表面的清洁，使海水流通，有利于网中养殖的鱼类和贝类的生长。因此，对防污药物的选择有严格的要求：①安全，即使用安全，对养殖物无影响，对水域无污染；②高效，即对藻类和其他污损生物的抑杀效果要好；③广谱，即对所有藻类和污损生物均具抑杀作用；④稳定，即要求药物性能稳定，不起分解反应而失效；⑤配伍性良好，即能与成膜剂和其他成分能良好配伍，不起反应或沉淀；⑥价格适中，货源充沛，便于推广。

几年来，燎原-东海课题组根据国内外资料的介绍及对药物性能的了解，共收集了吡啶硫酮盐类、异噻唑啉酮类、拟除虫菌酯类、甲腈类、咪唑噻唑类、噁嗪类等几十种抗生药物来进行筛选和试验。首先在实验室通过借用对细菌和霉菌的平板抑菌圈法进行了初步的筛选（供试细菌为大肠杆菌、金色葡萄球菌、枯草芽孢杆菌、巨大芽孢杆菌、光单细胞杆菌5种，供试霉菌为黑曲霉、黄曲霉，变色曲霉、橘青霉、宛氏拟青霉、绿色木霉、球毛壳霉和蜡叶芽枝霉8种），主要看药物对细菌和霉菌的抑杀能力和其广谱性能，选择其中低毒高效和广谱比较好的药物，供以后养殖网衣防污剂复配试验中应用。

1. 防污剂配方探索性试验

在2007—2008年，共设计了20个配方，在黄渤海、东海、南海等海域作实地挂网片及养殖贝类和鱼类的网具试验。如在黄渤海的大连和烟台作扇贝养殖试验，在黄渤海的长岛和南海的临高做鱼类养殖试验，在东海嵊泗做挂网片试验。防污试验结果表明：一般情况是下海后的前3个月网上基本无海洋污损生物生长，网具清洁。3个月后，部分配方逐步有污损生物出现。在渤海海域的贝网养殖试验情况较好，6个月收网时，只有少量污损物，能保持海水的流通，在东海的嵊泗挂片上只有一种当地渔民俗称“猴毛草”的海生物在网片上长得很多，但无其他污损生物生长。从上述几个海域的实地试验中，发现吡啶硫酮盐类的防藻性能良好，并对海水中其他污损生物均有较好的防治作用，比传统使用的氧化亚铜作为主要防污剂的防污涂料的防污效果要好很多。并且，吡啶硫酮盐类性质稳定，不溶于水，可长期保存在成膜剂中，发挥长效的防污功效，其价格适中，货源充沛，可作为养殖网衣防污剂的基础防污药物。但海生物种类繁多，各海域中海生物品种和数量也不一样，光靠一个药物不能全部解决防污，所以要再添加其他药物进行复配，才更能发挥其防污功能。通过这两年的试验，基本上探明了防污药物要多种复配的方向，为后两年的配方试验打下良好的基础。2007—2008 年防污剂药物配方见表 4-3。

表 4-3　2007—2008 年防污剂药物配方

序号	药物配方	备注
1	吡啶硫酮 A+吡啶硫酮 B+噁嗪类化合物	
2	吡啶硫酮 A+吡啶硫酮 B	
3	吡啶硫酮 A+吡啶硫酮 B+噁嗪类化合物	比例不同
4	吡啶硫酮 A+噁嗪类化合物	
5	吡啶硫酮 A+吡啶硫酮 B+噁嗪类化合物	比例不同
6	吡啶硫酮 A+噁嗪类化合物+硫氰基化合物	
7	吡啶硫酮 A+噁嗪类化合物+甲腈化合物	
8	吡啶硫酮 A+噁嗪类化合物+拟除虫菊酯 A	
9	吡啶硫酮 A+噁嗪类化合物+异噻唑啉酮 A	
10	吡啶硫酮 A+噁嗪类化合物+拟除虫菊酯 C	
11	吡啶硫酮 A+吡啶硫酮 B+噁嗪类化合物	比例不同
12	吡啶硫酮 A+吡啶硫酮 B+噁嗪类+硫氰基化合物	比例不同
13	吡啶硫酮 A+吡啶硫酮 B+噁嗪类+硫氰基化合物	比例不同
14	吡啶硫酮 A+噁嗪类化合物+吡啶硫酮 C	比例不同
15	吡啶硫酮 A+噁嗪类化合物+吡啶硫酮 C	比例不同
16	吡啶硫酮 A+噁嗪类化合物	比例不同
17	吡啶硫酮 A+噁嗪类化合物	比例不同
18	吡啶硫酮 A+噁嗪类化合物	比例不同
19	吡啶硫酮 A+吡啶硫酮 B+噁嗪类化合物	比例不同
20	吡啶硫酮 A+噁嗪类化合物	比例不同

2. 黄海海域实地试验及结果

燎原-东海课题组在确定了吡啶硫酮盐类作为防污剂的主要成分后，又设计了复配配方（表4-4），同成膜剂等其他添加物一起，每个配方加工成养殖网衣防污剂后，由渔网防藻剂试验开发研究项目组负责海水中的挂片试验和评定。试验地点选择在威海海域，网片均在2009年4月下海，每月定期观察网片上附着物面积的情况，并做好记录，其结果列于表4-5。从表4-5可以看出，涂布了养殖网衣防污剂的网片，其防止海水中藻类和其他污损生物的效果明显。

表4-4　2009年黄海海域用养殖网衣防污剂药物配方

序号	药物配方	备注
0	吡啶硫酮A+硫氰酸盐	比例不同
1	吡啶硫酮A+硫氰酸盐	比例不同
2	吡啶硫酮A+硫氰酸盐	比例不同
3	吡啶硫酮A+硫氰酸盐	成膜剂不同
4	吡啶硫酮A+硫氰酸盐	成膜剂不同
5	吡啶硫酮A+吡啶硫酮B+噁嗪类+甲腈类	成膜剂不同
6	吡啶硫酮A+吡啶硫酮B+噁嗪类+甲腈类	成膜剂不同
7	吡啶硫酮A+硫氰酸盐	成膜剂不同
8	吡啶硫酮A+硫氰酸盐	成膜剂不同
9	吡啶硫酮A+硫氰酸盐	成膜剂不同
10	吡啶硫酮A+硫氰酸盐+噁嗪类+甲腈类	
11	吡啶硫酮A+硫氰酸盐	比例不同
12	吡啶硫酮A+硫氰酸盐	比例不同
13	吡啶硫酮A+吡啶硫酮B	
14	吡啶硫酮A+吡啶硫酮B+硫氰酸盐	
15	吡啶硫酮A+吡啶硫酮B+异噻唑啉酮A+拟除虫菊酯A	
16	吡啶硫酮A+吡啶硫酮B+噁嗪类化合物	成膜剂不同
17	吡啶硫酮A+吡啶硫酮B+噁嗪类化合物	成膜剂不同
18	吡啶硫酮A+吡啶硫酮B+异噻唑啉酮A+拟除虫菊酯A	比例不同

表 4-5　2009 年黄海海域用养殖网衣防污剂试验情况统计

序号	配方编号	是否涂料	一定时间后海洋污损生物在渔网上的附着情况（月）							
			1	2	3	5	6	7	8	9
1	12#	#涂料旧网	□	□	■	10%	50%	55%	5%	5%
2	13#	#涂料新网	□	□	■	8%	10%	5%	□	□
3	空白	白色、未涂	少量	10%	50%	60%	65%	70%	70%	70%
4	空白	黑色、未涂	少量	5%	40%	50%	55%	45%	45%	45%
5	0#	染涂	少量	25%	60%	70%	75%	78%	40%	40%
6	1#	染涂	□	PA 微 PE　0	■	■	2%	2%	□	□
7	2#	染涂	□	PA 5% PE　0	■	■	2%	2%	□	□
8	3#	染涂	□	□	■	■	2%	2%	2%	2%
9	4#	染涂	□	□	□	□	2%	2%	2%	2%
10	5#	染涂	□	□	□	□	□	□	□	□
11	6#	染涂	□	□	■	■	2%	2%	□	□
12	7#	染涂	□	□	□	□	□	□	□	□
13	8#	染涂	□	□	PA■ PE　0	■	2%	2%	□	□
14	9#	染涂	□	□	□	□	2%	2%	□	□
15	10#	染涂	□	□	■	■	■	—	—	—
16	11#	染涂	□	□	■	■	2%	2%	□	□

注 1：涂料均未发现脱落；表中所列数据取自燎原-东海课题组“渔网防藻剂试验开发研究项目”研究报告；表中符号“□”为无附着物生长，“■”为有很少附着物生长；“%”为附着物污染面积与整块网片的比例；序号 1、2 是用市场上销售的某种涂料产品（表中用“#涂料”标识）所作的对比试验；序号 3、4 为空白对照试验。

在做挂网片试验的同时，燎原-东海课题组与渔网防藻剂试验开发研究项目组一起开展了养殖网衣防污剂网箱养殖试验。燎原-东海课题组与渔网防藻剂试验开发研究项目组从众多渔网防藻剂配方中挑选了 3 个配方的养殖网衣防污剂，并将上述 3 种养殖网衣防污剂用于威海海域周长 50 m×深 8 m 的一只深水网箱（该深水网箱箱体渔网分成 3 部分，每部分分别涂布 1 个配方的养殖网衣防污剂作对比试验）上从事海上黑鲪养殖应用效果试验。该深水网箱养殖黑鲪 800 条，养殖到冬季收获时未出现黑鲪死亡，黑鲪生长良好。经过权威检测部门检测养成黑鲪，所养黑鲪无受污染，使用养殖网衣防污剂深水网箱养殖的黑鲳中的甲基汞、无机砷、铬、铅的检测结果符合《鲜、冻动物性水产品卫生标准》（GB 2733—2005），养殖黑鲳符合食用标准。使用3个配方的养殖网衣防污剂后的威海海域试验网箱污损生物面积结果见表4-6。

表4-6　威海海域试验网箱中的海洋污损生物面积统计

配方号	试验网箱在海中放置一定时间后的海洋污损生物面积比例（月）					
	3	5	6	7	8	9
1#	3%	10%	20%	15%	3%	3%
2#	2%	5%	15%	10%	2%	2%
3#	3%	3%	12%	8%	2%	2%
空白	35%	60%	80%	75%	70%	70%

注：试验网箱在海中放置上述时间中，试验人员未见渔网上涂料脱落；试验网箱在海中放置8个月后开始进入冬季。

3. 东海海域实地试验及结果

由于各海域地理位置的不同，其气候条件及海水温度也不同。海水中的海藻类生物及其他污损生物的品种和数量也不相同。通过前几年的试验可看出，有些配方的防污剂在黄海和渤海防止海藻及污损生物的污损有较好的效果，但放到东海和南海时，其效果就不一样了。为此，进一步收集了多种防污药物，设计了20多个配方，做成网片，在东海海域的舟山、大陈岛及福建沿海三地进行了挂片实地试验，并且挑选了3个配方，做成三口大网箱，进行鱼类养殖的试验。2010年东海海域养殖网衣防污剂药物配方见表4-7。从表4-8试验结果可看出，网片经养殖网衣防污剂处理后，其防污效果较好，与空白对照相比较效果尤为明显。若要做得更好，尚需再做改进。另外，在大陈岛及福建海域也做了挂网试验，可能由于海域环境和生物品种不同，其防污效果较舟山稍差，燎原-东海课题组将做进一步的研究和改进。2007—2009年期间，燎原-东海课题组在黄渤海做了一系列的试验，取得了较好的效果。

表4-7　2010年东海海域养殖网衣防污剂药物配方

序号	日期	药物配方	备注
0	2010年4月	吡啶硫酮A+吡啶硫酮B+硝基咪唑烷类+苄基马来酰亚胺类	
1	2010年2月25日	吡啶硫酮A+硫氰酸盐+拟除虫菊酯B	

续表

序号	日期	药物配方	备注
2	2010年2月25日	吡啶硫酮A+吡啶硫酮B+拟除虫菊酯B	
3	2010年2月25日	吡啶硫酮A+吡啶硫酮B+苄基马来酰亚胺类	比例不同
4	2010年2月25日	吡啶硫酮A+吡啶硫酮B+苄基马来酰亚胺类	比例不同
5	2010年2月25日	吡啶硫酮A+吡啶硫酮B+苄基马来酰亚胺类+拟除虫菊酯B	
6	2010年2月25日	吡啶硫酮A+吡啶硫酮B+拟除虫菊酯C	
7	2010年2月25日	吡啶硫酮A+吡啶硫酮B+硝基咪唑烷类	
8	2010年2月25日	吡啶硫酮A+吡啶硫酮B+硝基咪唑烷类+拟除虫菊酯B	
9	2010年2月25日	吡啶硫酮A+吡啶硫酮B+甲基脲类化合物	比例不同
10	2010年2月25日	吡啶硫酮A+吡啶硫酮B+甲基脲类化合物	比例不同
11	2010年2月25日	吡啶硫酮A+吡啶硫酮B+甲基脲类化合物+拟除虫菊酯B	
12	2010年2月25日	吡啶硫酮A+吡啶硫酮B+异噻唑啉酮B	
13	2010年2月25日	吡啶硫酮A+吡啶硫酮B+异噻唑啉酮B+拟除虫菊酯B	
14	2010年2月25日	吡啶硫酮A+吡啶硫酮B+硝基咪唑烷类+甲基脲类化合物+拟除虫菊酯B	
15	2010年2月25日	吡啶硫酮A+吡啶硫酮B+苄基酰亚胺类+甲基脲类化合物+拟除虫菊酯B	
16	2010年2月25日	吡啶硫酮A+苄基酰亚胺类+硝基咪唑烷类+甲基脲类化合物+拟除虫菊酯B	
17	2010年2月25日	吡啶硫酮A+硫氰酸盐+硝基咪唑烷类+苄基马来酰亚胺类	
18	2010年2月25日	吡啶硫酮类+苄基酰亚胺类+硝基咪唑烷类+甲基脲类化合物+拟除虫菊酯B	比例不同
19	2010年2月25日	吡啶硫酮A+苄基酰亚胺类+硝基咪唑烷类+甲基脲类化合物+拟除虫菊酯B	比例不同
20	2010年2月25日	吡啶硫酮A+苄基酰亚胺类+异噻唑啉酮B +拟除虫菊酯B	比例不同
21	2010年3月	吡啶硫酮A+硫氰酸盐+吡啶硫酮B	比例不同
22	2010年3月	吡啶硫酮A+硫氰酸盐+吡啶硫酮B	成膜剂不同
23	2010年3月	吡啶硫酮A+吡啶硫酮B	

表 4-8　2010 年试验网片在舟山海域实地试验结果统计

配方编号	9 月附着面积%		11 月附着面积%	
	网片材料种类		网片材料种类	
	PE 网片	PA 网片	PE 网片	PA 网片
空白	86	80	100	100
0	10	12	4	4
1	15	13	8	6
2	8	13	5	6
3	5	7	5	5
4	5	7	4	4
5	8	7	4	3
6	5	6	5	4
7	10	5	5	6
8	5	5	6	5
9	3	4	5	5
10	3	4	4	4
11	5	7	7	6
12	6	8	6	8
13	10	12	5	4
14	10	18	8	6
15	25	15	7	13
16	15	18	11	8
17	18	23	12	11
18	20	22	4	6
19	18	15	0	1
20	20	20	5	3
21	5	5	8	6
22	6	8	6	5
23	6	8	4	—

注：网片于 7 月初下海，每隔两月观察 1 次。

4. 安全性评估

作为渔网使用的防污涂料，其安全性十分重要。倘若防污涂料安全性不达标，即使防污效果好的也不可使用。燎原-东海课题组十分重视防污涂料的安全性评估，项目实施期间，项目组分别对渔网防污涂料的毒性、使用和未使用养殖网衣防污剂处理网箱养殖鱼类、使用和未使用养殖网衣防污剂处理扇贝笼养殖扇贝、用防污网片浸泡的水质与对照海水等均送样到第三方检测机构进行检测，相关安全性评估结果简述如下。

1）防污涂料的毒性评估

燎原化工养殖网衣防污剂课题研发的LY渔网防藻剂样品经上海市预防医学研究院进行了毒性和急性皮肤刺激性检测。LY渔网防藻剂样品急性经口毒性试验结果显示，LY渔网防藻剂样品对小白鼠的急性经口LD50雄性为9 260 mg/kg 、雌性为9 260 mg/kg，依据GB 15193.3—2003标准，LY渔网防藻剂样品属实际无毒级；此外，LY渔网防藻剂样品急性皮肤刺激性试验结果为“无刺激性”。

2）养殖鱼类安全性评估

国家轻工业食品质量监督检测上海站对使用和未使用养殖网衣防污剂处理网箱养殖的黑鲪依据GB 2733—2005标准进行了安全检测。试验结果显示，使用养殖网衣防污剂处理网箱养殖的黑鲪与未使用养殖网衣防污剂处理网箱养殖的黑鲪相比，两者之间的检测项目（如甲基汞、无机砷、铬和铅）差异很小，且检测结果均合格。

3）养殖扇贝的安全性评估

经第三方检测机构检测，使用和未使用养殖网衣防污剂处理扇贝笼养殖的扇贝相比较其主要重金属元素含量无变化。

4）用防污网片浸泡后的海水安全性评估

经第三方检测机构检测，用防污网片浸泡后的海水与对照海水相比较其主要重金属元素含量无变化。防污网片浸泡试验时必须将5 g重量的渔网放入50 kg海水中（即相当于将100 g渔网放入1 t海水中）；经称重，每只扇贝笼的渔网重量为200~300 g，相当于每只扇贝笼的水体约为2~3 t海水，比实际海上扇贝在海洋中放养时的水量小很多；作为海水安全性检测的用防污网片浸泡后的海水安全性评估试验步骤如下：①取两只50 kg装食品用新塑料桶；②向上述两只新塑料桶中注满浓度为1 mol的NaOH溶液，浸泡一天后倒去NaOH溶液，然后用无离子水将反复清洗干净；③向上述两只新塑料桶中注满1 mol的HCl溶液，浸泡一天后倒去HCl溶液，然后用无离子水将塑料桶反复清洗干净；④向上述两只新塑料桶两只塑料桶中各注入50 kg试验海域的海水；⑤将5 g试验渔网放入其中一只新塑料桶内浸泡，另一只新塑料桶作为对照组，盖上桶盖；⑥上述桶装试样在夏季室内放置3个月；⑦用事先处理过的取样瓶取样送检。

由此可见，使用燎原-东海课题组研制的渔用防污剂是安全的，试验用渔用防污剂对养殖的鱼类和贝类无毒性，试验用渔用防污剂对水体环境无污染。

四、可供养殖网衣防污剂选用的药物

1. PM 防霉抗菌防藻剂

PM 防霉抗菌防藻剂别名：吡啶硫酮脲

PM 防霉抗菌防藻剂化学名称：2-吡啶基-N-氧化物异硫脲氢溴酸盐

PM 防霉抗菌防藻剂分子式：$C_6H_8N_3SOBr$

PM 防霉抗菌防藻剂分子量：250. 11

PM 防霉抗菌防藻剂结构式：

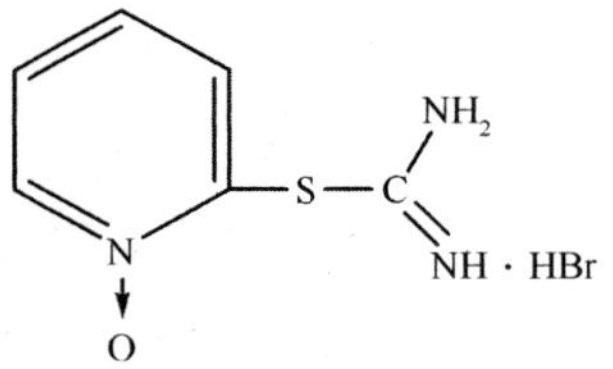

PM 防霉抗菌防藻剂理化性能：浅灰色或奶黄色粉末，略有酸味，含量不小于 97%。水不溶物不大于 0. 05%，产品 pH 值不小于 3. 0，应用 pH 值范围 3. 0~10. 0。PM 防霉抗菌防藻剂产品在阴凉、通风、干燥处存放 3 年质量不变。PM 防霉抗菌防藻剂对大鼠急性经口 LD50 为 970 mg/kg，经皮 LD50 为 2 000 mg/kg；它对皮肤、黏膜无刺激性和过敏性，对动物脏器无不良影响。三致试验阴性。

PM 防霉抗菌防藻剂用途：可用于防霉抗菌、防藻防污。

2. 三氯异氰尿酸（chlorinated isocyanuric acid）

三氯异氰尿酸别名：强氯精；TCCA

三氯异氰尿酸化学名称：2，4，6-三氯 1，3，5-异氰尿酸

三氯异氰尿酸结构式：

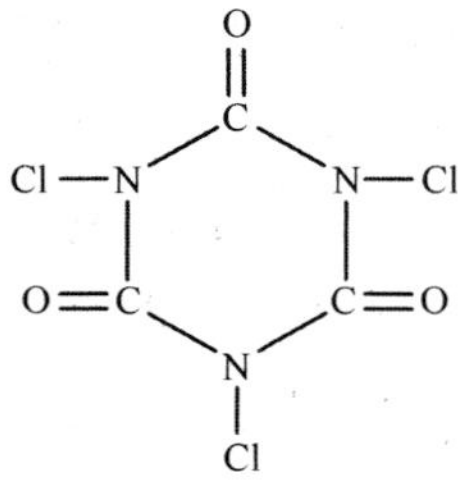

三氯异氰尿酸理化性能：白色结晶，具氯气味。纯品有效氯含量为 91. 5%，熔点 225~230℃（分解），相对密度为 1. 768（20/4℃），微溶于水，能溶于热醇、吡啶、浓盐酸、浓硫酸中，易溶于碱水溶液内，不溶于甲醇、醚、酮、苯等。稳定性较好。本剂对眼睛有刺激。

三氯异氰尿酸用途：常作为食品加工场所、工业循环水、排放水等的杀菌消毒剂。对常见腐霉微生物有抑制作用，对细菌效果尤佳。

3. N-（2，4，6-三氯苯基）马来酰亚胺

N-（2，4，6-三氯苯基）马来酰亚胺别名：TCPM

N-（2，4，6-三氯苯基）马来酰亚胺分子式：$C_{10}H_4Cl_3NO_2$

N-（2，4，6-三氯苯基）马来酰亚胺分子量：276.5

N-（2，4，6-三氯苯基）马来酰亚胺结构式：

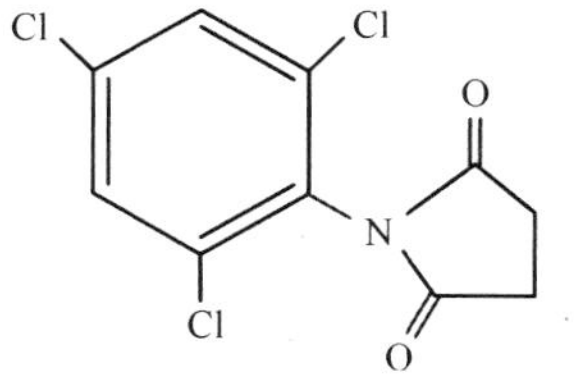

N-（2，4，6-三氯苯基）马来酰亚胺理化性能：纯品为米黄色晶体，熔点128~131℃。溶解性（20℃）：不溶于水，溶于甲苯、二甲苯、乙醇、氯仿等有机溶剂。N-（2，4，6-三氯苯基）马来酰亚胺属低毒化合物，对鼠急性经口LD50不小于4 500 mg/kg，对皮肤和眼睛有一定刺激性。

N-（2，4，6-三氯苯基）马来酰亚胺用途：对细菌、霉菌以及藻类均有较好的抑杀作用。尤其对防止海洋贝类动物、海洋软体动物和海藻类海洋植物等寄生附着在船体上有特效。它可作为海洋防污涂料，也可用在木材、地板、胶合板等防腐防霉剂。

4. 防霉剂A4（Dichlofluanid）

防霉剂A4别名：抑菌灵；Bay47531；苯氟磺胺

防霉剂A4化学名称：N-二甲基-N′-酚-N′-（氟二氯甲硫基）-硫酰胺

防霉剂A4分子式：$C_9H_{11}Cl_2FN_2O_2S_2$

防霉剂A4分子量：333.21

防霉剂A4结构式：

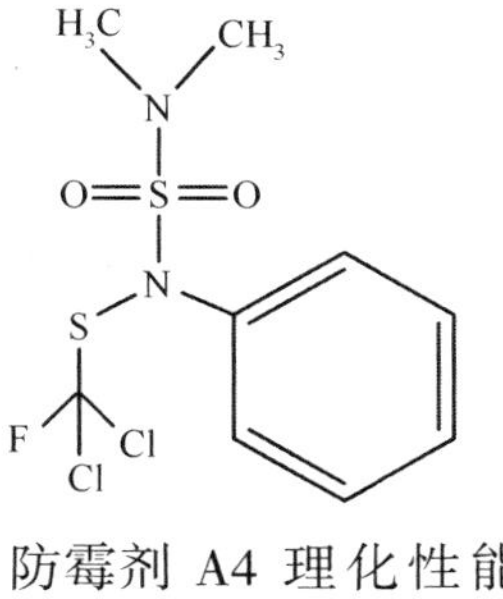

防霉剂A4理化性能：纯品为白色粉末。熔点：106℃（不稳定）。溶解度（20℃）：水1.3 mg/L，二氯甲烷大于200 g/L，甲苯145 g/L，二甲苯70 g/L，甲醇

15 g/L，异丙醇 10.8 g/L，己烷 2.6 g/L。20℃时蒸汽压为 0.015 mPa。对光敏感，但遇光变色后不影响其生物活性。遇强碱分解，也可被多硫化物分解。防霉剂 A4 大鼠急性经口 LD50 为 2 500 mg/kg，兔子急性经口 LD50 为 1 000 mg/kg，大鼠急性经皮 LD50 为 1 000 mg/kg。对兔皮肤有轻微刺激，对眼睛有中等刺激。鱼毒：虹鳟鱼 LD50 为（96 h）0.01 mg/L，雅罗鱼 LD50 为（96 h）0.12 mg/L。

防霉剂 A4 用途：对很多真菌、藻类、苔藓、木材变色菌均有效，较低温度就能阻止其繁殖。防霉剂 A4 属保护性杀菌剂，可用于农业、涂料、海洋防污剂、木材防腐等，与 TBZ 并用涂料时效果更佳。

5. 百菌清（chlorothalonil）

百菌清别名：达科宁；达克灵；达克尼尔；克劳优；霉必清；桑瓦特；四氯异苯腈；顺天星一号；TDN 等。

百菌清化学名称：2，4，5，6-四氯-1，3-苯二甲腈

百菌清结构式：

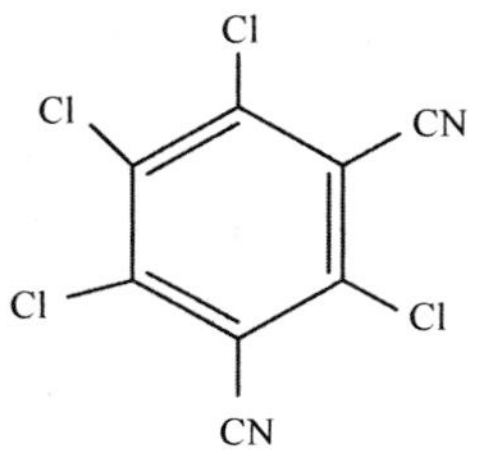

Cl
Cl　　CN
Cl　　Cl
CN

百菌清理化性能：纯品为白色结晶，无臭味，熔点 250~251℃，沸点 350℃，40℃蒸汽压低于 1.33 Pa。工业原药为略带刺激气味的黄色结晶。25℃时溶解度为：水 0.6 mg/L，丙酮 2 g/kg，环乙醇 3 g/kg，二甲基亚砜 2 g/kg，二甲苯 8 g/kg。在常温下稳定，对一般酸碱溶液剂及紫外光稳定，在强碱下分解。无腐蚀性。百菌清对大鼠经口 LD50 大于 10 000 mg/kg，小鼠为 3 700 mg/kg，兔经皮 LD50 为 1 000 mg/kg，虹鳟鱼 LD50 为 0.205 mg/L，鲤鱼 LD50 为 0.1~0.5 mg/L，对兔眼睛的结膜和角膜有较强的刺激作用，对人眼睛不敏感。动物实验未见致畸、致癌、致突变作用。

百菌清用途：是一种广谱性保护性杀菌剂，药效稳定，残效期长；是一种用途广泛的著名农用杀菌剂和防霉剂，可用于木材、皮革、涂料等的防霉。它通过结构中的氰基与菌体的原生质和酶蛋白中的—SH 进行作用而致效。

6. 氰戊菊酯（fenvalerate）

氰戊菊酯别名：中西杀灭菊酯；杀灭菊酯；戊酸氰菊酯；异戊氰菊酯；速灭杀丁；杀灭速丁；致电菊酯；杀虫菊酯；百虫灵；分杀；芬化利；军星 10 号；杀灭虫

净；sumicidin；belmark；pydrin；s-5602；fenkill；WL43775。

氰戊菊酯结构式：

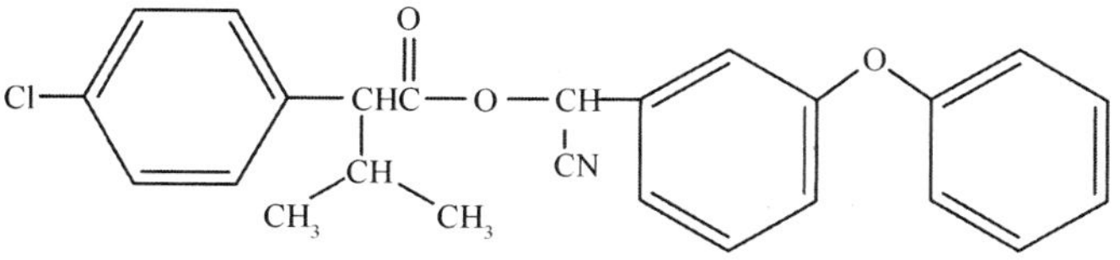

氰戊菊酯理化性能：原药为黄色油状液体。沸点 300℃（4.9×10^3 Pa）（25℃），蒸汽压 3.703×10^{-5} Pa。相对密度（25℃）1.175，折射率 $\eta_D^{21.5}$ 为 1.565 5。能溶于甲醇、丙酮、乙二醇、氯仿、二甲苯等有机溶剂，20℃时溶解度均大于 450 g/L；微溶于己烷；难溶于水。分配系数（正辛醇/水）1.03×10^{-5}（23℃）。热稳定性好，75℃放置 100 h 无明显分解，对酸不稳定，pH 值大于 8 不稳定，对光稳定。氰戊菊酯对大鼠经口 LD50 为 451 mg/kg，小鼠经口 LD50 为 200～300 mg/kg；大、小鼠经皮 LD50 大于 5 000 mg/kg；大鼠吸入 L_{C50} 大于 100 mg/L。对兔眼睛有中度刺激性，对皮肤有轻度刺激性。大鼠两年喂养无作用剂量为每天 250 mg/kg。原药对人 ADI 为 0.06 mg/kg。动物实验未发现致畸、致癌、致突变作用。虹鳟鱼为 7.3 μg/L（48 h）。鸟类急性经口 LD50 大于 1 600 mg/kg，

对蜜蜂高毒。氰戊菊酯用途：广谱、高效、快速拟除虫菊酯。以触杀和胃毒作用为主，无内吸作用，对螨类无效，对翅鱼类有效。注意不要在桑园、鱼塘、蜂场附近使用。

7. N-辛基异噻唑啉酮（2-Octyl-2H-isothiazol-3-one）

N-辛基异噻唑啉酮化学名称：α-正辛基-4-异噻唑啉-3-酮，简称 OIT

N-辛基异噻唑啉酮分子式：$C_{11}H_{19}NOS$

N-辛基异噻唑啉酮分子量：213.33

N-辛基异噻唑啉酮结构式：

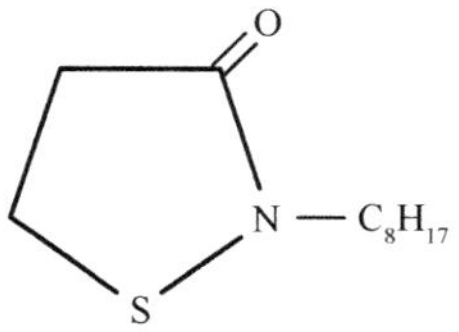

N-辛基异噻唑啉酮理化性能：纯品在低温下均为白色固体，在常温下位白色透明液体。通常含有 45%有效成分的容积（OIT-45）。在水中的溶解度为 480 mg/L，易溶于丙乙醇及极性有机溶剂。N-辛基异噻唑啉酮低毒化合物，大鼠急性经口 LD50 不小于 4 000 mg/kg。可生物降解，无致畸致突变性。在强光和高温下稳定。N-辛基异噻唑啉酮用途：对多种细菌、霉菌、酵母菌、藻类都有优异的抗菌效果，

是一种低毒、高效、广谱型防霉抗菌剂，可用于涂料、油漆、皮革化学、木材制品、文物保护等产品中。

8. 氯菊酯（Permethrin）

氯菊酯别名：二氯苯醚菊酯；苄氯菊酯；除虫精；苯醚氯菊酯；久效菊酯；克死命；百灭宁；百灭灵；毕诺杀；闯入者；登净热；克死诺；神杀等。

氯菊酯结构式：

$Cl_2C{=}CH{-}CH{-}CH{-}C(=O){-}O{-}CH_2{-}C_6H_4{-}O{-}C_6H_5$（环丙烷环碳上连 $C(CH_3)_2$）

氯菊酯理化性能：纯品为固体，原药为棕黄色黏稠液体或半固体。相对密度（20℃）1.198，（32℃）1.202，熔点约35℃，沸点（46.7 Pa）200℃，（39.99 Pa）220℃，蒸汽压（25℃）4.53×10^{-5} Pa，折射率 η_D^{20} 为1.569，闪点大于200℃。30℃时在丙酮、甲醇、乙醚、二甲苯中溶解度大于50%，在乙二醇中小于3%；在水中小于0.1 mg/L。氯菊酯在酸性和中性条件下稳定，在碱性介质中分解；在水中半衰期500 h。土坯中半衰期15 d（20℃），在可见光和紫外线照射下半衰期约4 d，弱光处半衰期可达3周；药剂耐雨水冲刷。原药对大鼠急性经口LD50为1 200~2 000 mg/kg，急性吸入LC50大于23.5 mg/L（4 h），大鼠和兔急性经皮LD50大于2 000 mg/kg。对兔皮肤无刺激作用，对眼睛有轻微刺激作用。以1 500 mg/kg剂量喂养大鼠6个月无影响。动物实验未发现致癌、致突变作用。虹鳟鱼、蓝鳃鱼LD50为0.003 2 mg/L（96 h）。

氯菊酯用途：拟除虫菊酯类杀虫剂，对光线稳定，在同等使用条件下，对害虫抗性发展较缓慢，有较强的触杀和胃毒作用，具击倒力强、杀虫速度快的特点。

9. 溴菌腈（bromothalonil）

溴菌腈别名：休菌清；炭特灵；溴菌清；Tektamer 38

溴菌腈结构式：

$NC{-}C(Br)(CH_2Br){-}CH_2CH_2{-}CN$

溴菌腈理化性能：纯品为白色结晶，熔点为52.5~54.5℃。原药（95%）为白色或浅黄色结晶固体，熔点48~50℃。易溶于醇、苯等一般有机溶剂，难溶于水。对光、热、水等介质稳定。溴菌腈对雄性大鼠经口LD50为680 mg/kg，雌性为794 mg/kg。大鼠经皮LD50大于10 000 mg/kg。对兔眼睛有轻度刺激性。大鼠90 d

喂养实验无作用剂量大于 170 μg/mL，无明显蓄积毒性作用。动物实验无致癌、致畸、致突变作用。在使用浓度中对鱼类、鸟类安全。

溴菌腈用途：广谱、低毒的防腐、防霉、灭藻杀菌剂。能抑制和杀死细菌、真菌和藻类的生长，适用于纺织、皮革等防腐、防霉，工业水灭藻，对果树、蔬菜等作物病害，特别是炭疽病有较好效果。

10. 硫氰酸亚铜（Cuprous Thiocyanate）

硫氰酸亚铜分子式：CuSCN

硫氰酸亚铜分子量：121. 62

硫氰酸亚铜理化性能：白色或灰白色粉末，相对密度 2. 846。几乎不溶于水，难溶于稀盐酸、乙醇、丙酮，能溶于氨水及乙醚，易溶于浓的碱金属硫氰酸盐溶液中，可形成结合物。溶于浓硫酸即分解。在空气中加热至 140℃ 可发火燃烧。干燥的硫氰酸亚铜在冷时能吸收氨而形成含氨硫氰酸亚铜（$2CuSCN \cdot 5NH_3$）的加成物，加热后放出氨。

硫氰酸亚铜用途：一种高效防污剂，具有杀菌、防藻防海生物特性。

11. 甲苯氟磺胺（Tolylfluanid）

甲苯氟磺胺别名：防霉剂 A5；对甲抑菌灵；甲抑菌灵；Bay49854；A5

甲苯氟磺胺化学名称：N，N－二甲基－N′－4－甲基苯基－N′－（氟二氯甲硫基）磺酰胺

甲苯氟磺胺分子式：$C_{10}H_{13}Cl_2FN_2O_2S_2$

甲苯氟磺胺分子量：3 472

甲苯氟磺胺结构式：

O O H3C S N N CH3 H3C S Cl Cl F

甲苯氟磺胺理化性能：纯品为淡黄色无味结晶粉末。熔点 93℃，蒸馏时分解。20℃时蒸汽压为 0. 2 MPa，相对密度 1. 52（20℃）。室温下溶解度：水 0. 9 mg/L，已烷 5~10 g/L，二氯甲烷大于 250 g/L，异丙醇 20~50 g/L，甲苯大于 200 g/L。在环境条件下，水解发生速度比光解迅速。甲苯氟磺胺对大鼠急性经口 LD50 大于 5 g/kg，小鼠大于 1 g/kg，豚鼠 LD50 为 250~500 mg/kg。大鼠急性经皮 LD50 大于 5 g/kg。对兔皮肤有严重刺激，对眼睛有中等刺激。鱼毒 LD50（96 h）：金色圆腹雅罗鱼 0. 06 mg/L，虹鳟 0. 05 mg/L。对蜜蜂无毒。水溞 LD50（48 h）0. 57 mg/L。

甲苯氟磺胺用途：对真菌、细菌及藻类均有较好的抑制效果，是一种保护性杀菌剂。主要用于木材、纸张、涂料防腐、船漆防污、渔网防藻等。

12. 二氯异氰尿酸（DICHIOROISOCYANURICACIA）

二氯异氰尿酸别名：防散剂

二氯异氰尿酸结构式：

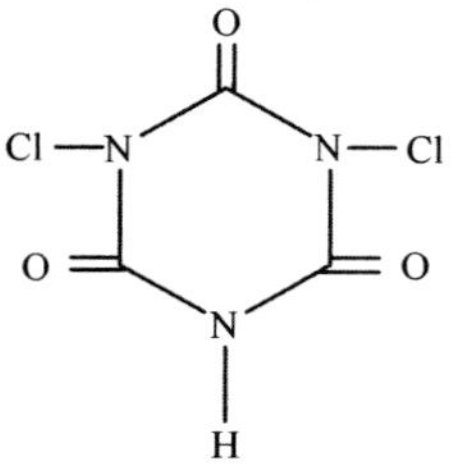

```
            O
            ‖
Cl—N ⁄   \ N—Cl
   |       |
O═       ═O
    \   ⁄
      N
      |
      H
```

二氯异氰尿酸理化性能：为白色结晶粉末。有氯气味，相对密度（20℃）1.10~1.20，25℃时在水中的溶解度为0.8%。干燥时稳定，遇酸碱易分解。对金属有腐蚀性。

二氯异氰尿酸用途：pH 值小于 8.5 时具有极强的杀菌灭藻和对粘泥的剥离能力。适用于饮水机游泳池水消毒。亦可作织物漂白剂，羊毛防缩剂等。

13. 代森铵（amobam）

代森铵别名：铵乃浦，阿巴姆等

代森铵结构式：

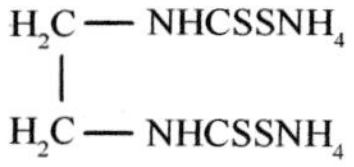

$$\begin{array}{l} H_2C — NHCSSNH_4 \\ \ \ | \\ H_2C — NHCSSNH_4 \end{array}$$

代森铵理化性能：结晶为无色结晶，熔点为 72.5~72.8℃；工业品为橙色或淡黄色水溶液，呈弱碱性，有氨及硫化氢气味。易溶于水，微溶于酒精、丙酮，不溶于苯等有机溶剂。在空气中不稳定，水溶液中化学性质较稳定，但温度高于 40℃时易分解。代森铵对大鼠经口 LD50 为 395 mg/kg，雄小鼠 LD50 为 450 mg/kg，对人体皮肤有刺激性，对鱼的毒性很低，鲤鱼 LD50 大于 40 mg/L（48 h）。

代森铵用途：具有保护和治疗作用，能渗入植物组织，杀菌效果好，杀菌谱广，主要用于防止农作物的各种病害，对藻类有一定防治功效。

14. 二硫氰基甲撑酯（MBTC）

二硫氰基甲撑酯别名：二硫氰基甲烷

二硫氰基甲撑酯结构式：

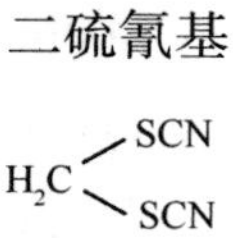

$$H_2C \begin{array}{l} \diagup SCN \\ \diagdown SCN \end{array}$$

二硫氰基甲撑酯理化性能：无色针状结晶。熔点 102~104℃，工业品为黄色粉末，难溶于水，室温时溶解度为 2 300 mg/L。可溶于二甲基甲酰胺、二氧六环，微溶于其他有机溶剂。光照下易变色，在 100℃以下较稳定。对 pH 很敏感，当 pH 值为 8 以上时极易水解。二硫氰基甲撑酯对小鼠急性经口 LD50 为 27.5 mg/kg；它经水解后化合物毒性极低，无排污困扰。

二硫氰基甲撑酯用途：它通过抑制呼吸酶系统而致效。对细菌、霉菌、藻类具有很强的灭杀活性。可用于工厂循环水处理及包装纸、船体防腐。用于循环水处理时，使用浓度为 10～100 mg/L，杀菌率（24 h）可达 99%。

15. 5-氯-2-甲基-4-异噻啉-3-酮

5-氯-2-甲基-4-异噻啉-3-酮结构式：

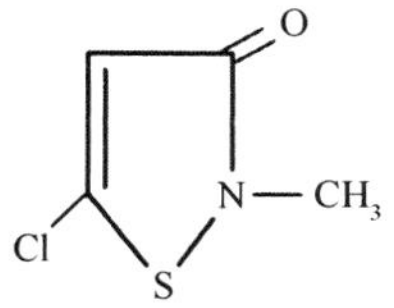

O
N— CH_3
Cl
S

5-氯-2-甲基-4-异噻啉-3-酮理化性能：琥珀色液体，相对密度 1.25 g/m^3。pH 值为 2～4，能与水、乙醇、异丙醇、醋酸和乙二醇等混溶。在常温下可稳定一年，在 50℃时可稳定 6 个月以上。胺类的硫化物可使之失去活性。5-氯-2-甲基-4-异噻啉-3-酮对大鼠急性经口 LD50 为 475 mg/kg，对兔为 660 mg/kg。刺激性强，对眼睛亦有较大的刺激性。无过敏症状。

5-氯-2-甲基-4-异噻啉-3-酮用途：是一种用途广泛的防霉剂和防藻剂。可用于涂料、胶黏剂、纸、纸浆、冷却塔和金属加工业。在 pH 值为 3.5～9.5 下有效，无发泡性。对几乎所有霉菌、细菌的最低抑制浓度为 1～9 mg/L，对藻类的最低抑制浓度为 1 mg/L 以下。使用时以 10 mg/L 的浓度即使在低温时亦有效。其通常与 2-甲基-4-异噻啉-3 酮混用，此即为注明的防霉剂卡松。

16. 菌霉净

菌霉净化学名称：5，5′-二氯-2，2′-二羟基二苯甲烷

菌霉净分子式：$C_{13}H_{10}O_2Cl_2$

菌霉净分子量：269.12

菌霉净理化性能：菌霉净的纯品为白色或浅黄色结晶，工业品为棕色粉末。熔点为 160℃，难溶于水，易溶于醇类和酮类等有机溶剂，为了便于使用，可制成水合胶悬剂，含量为 30%。菌霉净对大鼠急性经口 LD50 为 12 000 mg/kg，小鼠急性经口 LD50 为 1 250 mg/kg，狗 LD50 为 2 000 mg/kg。小白鼠腹部注射 LD50 为 6 500～8 000 mg/kg，安全性相当高。

菌霉净用途：菌霉净对多种细菌、霉菌和酵母菌有良好的抑制效果，有效广泛

的抗菌谱。可用于纺织、化工、等行业的防霉防腐，循环冷却水的防腐、防藻，是一种较好的灭藻剂。

17. 福美钠

福美钠化学名称：二甲基二硫代氨基甲酸钠

福美钠结构式：

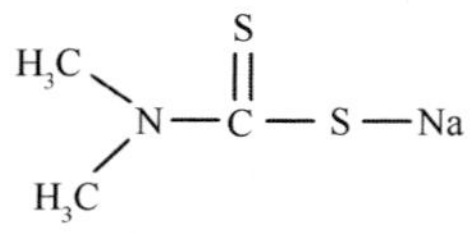

$$\begin{array}{c} H_3C \\ \quad\diagdown \\ \quad\quad N-\overset{\overset{S}{\|}}{C}-S-Na \\ \quad\diagup \\ H_3C \end{array}$$

福美钠理化性能：琥珀色至浅绿色结晶。液体产品为淡黄色至橘黄色液体。液体产品为20%含量的水溶液。福美钠对大鼠经口 LD50 为 500 mg/kg（30%浓度）。

福美钠用途：抗菌性能像二硫氰基甲烷，是一种广谱杀菌剂，对细菌、霉菌、藻类及原生动物都有很好的杀菌效果，特别对硫酸盐还原菌效果良好。

18. 聚苯乙烯磺酸铜（Copper Polyst-yrene Sulfonate）

聚苯乙烯磺酸铜结构式：

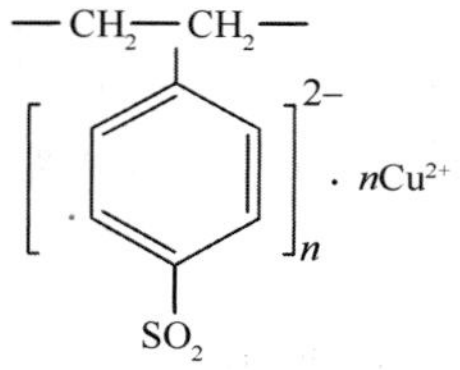

$$\left[-CH_2-CH_2- \; C_6H_4 \; SO_2 \right]_n^{2-} \cdot nCu^{2+}$$

聚苯乙烯磺酸铜性状：淡黄色粉末，不易燃。

聚苯乙烯磺酸铜用途：对霉菌、细菌等腐霉微生物有效，亦可作为灭藻剂，主要用于工业用水和涂料防霉。它通过在离子交换树脂上结合的铜以铜离子形式释出后，吸附，吸收于藻类、霉菌、细菌上，作用于微生物中的酶、辅酶中的-SH 基，从而抑制呼吸而致效。

19. 吡虫啉（imidacloprid）

吡虫啉别名：咪蚜胺；吡虫灵；蚜虱净；扑风蚜；比丹；高巧；康福多；大功臣；灭虫精；一遍净；益达胺；一扫净。

吡虫啉化学名称：1-（6-氯吡啶-3-吡啶基甲基）-N-硝基亚咪唑烷-2-基胺

吡虫啉结构式：

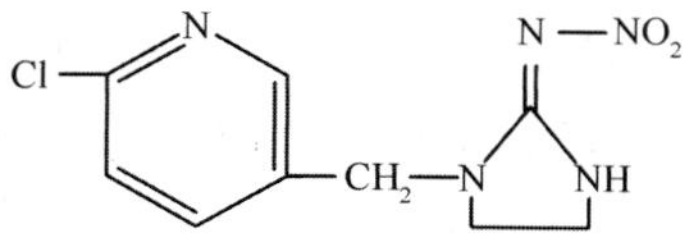

Cl N N—NO₂ CH₂—N NH

吡虫啉理化性能：纯品为白色结晶，熔点 143.8℃（A）、136.4℃（B）蒸汽压

（20℃）2×10^{-7} Pa，20℃时溶解度为已烷小于 0.1 g/L，异丙醇 1～2 g/L，水 0.5 g/L。密度 1.543（20℃）。在土坯中稳定性较高，半衰期 150d。原药对雄性大鼠急性经口 LD50 为 424 mg/kg，雌性大鼠经口 LD50 为 450～475 mg/kg；大鼠急性经皮 LD50 大于 5 000 mg/kg；大鼠急性吸入 L_{C50} 大于 0.5 mg/L。对兔眼睛和皮肤无刺激作用。对大鼠蓄积系数 K 大于 5。未见引起长期或繁殖影响，动物实验无致癌和诱变作用。对鱼类低毒。

吡虫啉用途：氯化烟酰杀虫剂，具有内吸、胃毒、拒食、驱避作用；具有广谱、高效、低毒、低残留、害虫不易产生抗性，对人、畜、动物和天敌安全等特点。

20. 代森锌（Zineb）

代森锌别名：锌乃浦；培金；Parzate Zineb；Dithane Z-78；aspor；IEB；diPHer

代森锌结构式：

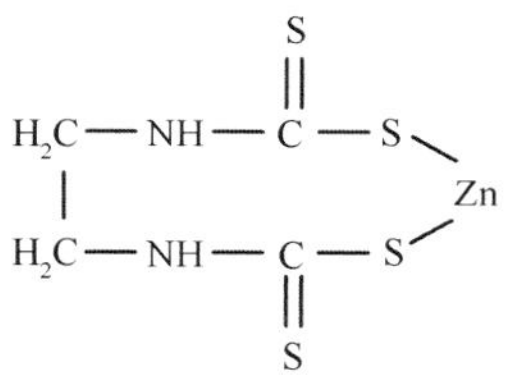

代森锌理化性能：纯品为白色结晶，工业品为白色至淡黄色粉末。蒸汽压（20℃）小于 10^{-7} Pa，相对密度（20℃）为 1.74，熔点大于 100℃。能溶于二硫化碳和吡啶，不溶于大多数有机溶剂。难溶于水（10 mg/L）。对光、热、潮湿下不稳定，遇碱性物质或铜也易分解。代森锌分解产物中有亚乙基硫脲，其毒性较大。代森锌为大鼠经口 LD50 大于 5 000 mg/kg，经皮 LD50 大于 5 200 mg/kg，对黏膜有刺激性。鲤鱼 LD50 大于 40 mg/L，对蜜蜂无毒。

代森锌用途：广谱性、保护性杀菌剂，用于防治农作物的多种病害。

21. 敌草隆（Diuron）

敌草隆别名：3-（3，4-二氯苯基）-1，1-二甲基脲

敌草隆分子式：$C_9H_{10}Cl_2N_2O$

敌草隆分子量：233.09

敌草隆结构式：

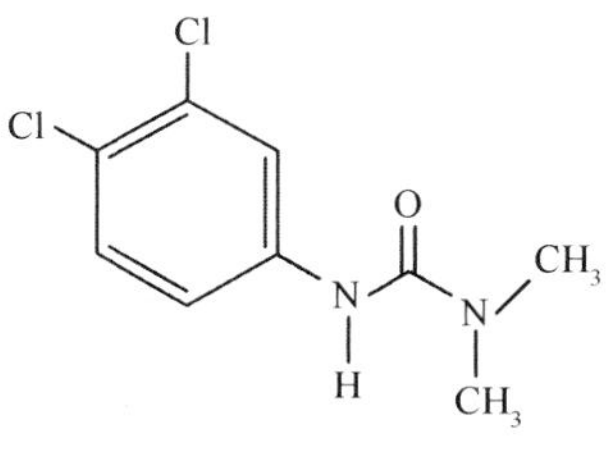

敌草隆理化性能：纯品为白色结晶固体，工业品熔点 135℃以上，蒸汽压为 4.13×10^{-4} Pa。水中溶解度为 0.004 g/100 mL，易溶于热酒精。27℃时在丙酮中溶解度为 3%～6%，稍溶于醋酸乙酯、乙醇和热苯。在空气中稳定，常温下水解很小，在升温和碱性条件下水解速度增大，在 189～190℃时分解，敌草隆大鼠急性经口 LD50 为 3 400 mg/kg。对兔眼睛和黏膜有刺激。

敌草隆用途：为脲美除草剂，主要用于棉花、玉米、大豆、茶园、果园、橡胶园等旱田作物除草，也能防治水稻田眼字菜，在水中能防治藻类。

22. 代森锌锰（mancozerb）

代森锌锰别名：Dithane-M-45；Manzate zoo；Nemispor；叶班青等

代森锌锰化学名称：［1，2-乙撑-双（二硫代氨基甲酸）-2-］锰锌盐

代森锌锰结构式：

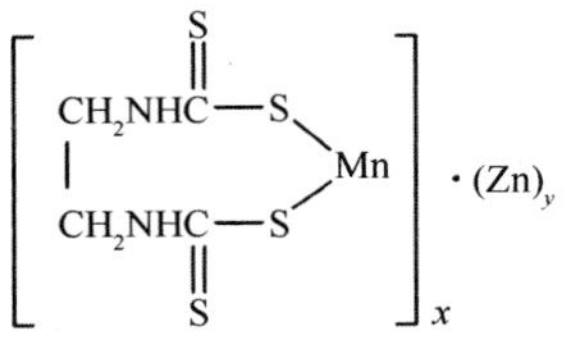

$$\left[\begin{array}{l} CH_2NHC(=S)-S\diagdown \\ \quad | \qquad\qquad\qquad\quad Mn \\ CH_2NHC(=S)-S\diagup \end{array}\right]_x \cdot (Zn)_y$$

代森锌锰理化性能：灰黄色粉末，无臭，136℃分解，闪点为 137℃，相对密度 2.03 g/cm^3。不溶于水和大多数有机溶剂。室温下不挥发。35℃时每月约失重 0.18%。高温、高湿及酸性环境下易分解，无腐蚀性。代森锌锰对大鼠经口 LD50 为 8 000～10 000 mg/kg，兔经口 LD50 大于 10 000 mg/kg，对鲤鱼 LD50 为 4.0 mg/L（48 h）。对兔皮肤和眼睛有一定刺激性。动物试验未见三致现象。

代森锌锰用途：广谱的保护性杀菌剂，通过抑制菌体中-SH 基而致效。可作为涂料、水处理剂用防腐剂。对细菌、霉菌、酵母菌及藻类有效，尤对霉菌更为有效。

23. 福美锌（ziram）

福美锌别名：什来特；锌来特；milbam；fuklasin 等

福美锌结构式：

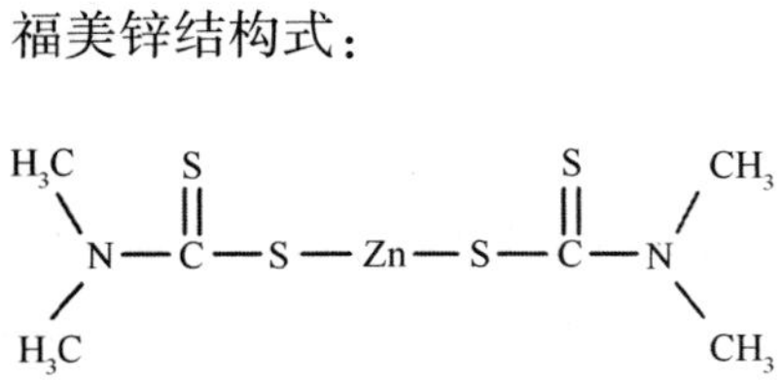

$$(H_3C)_2N-\overset{S}{\overset{\|}{C}}-S-Zn-S-\overset{S}{\overset{\|}{C}}-N(CH_3)_2$$

福美锌理化性能：纯品为白色粉末，熔点为 250℃，无气味；原药为白色至淡黄色粉末，熔点为 240～244℃。相对密度为（20℃）2.00，蒸汽压很低。能溶于丙酮、二硫化碳、氨水和稀碱溶液；难溶于一般有机溶剂；常温下水中溶解度为 65 mg/L。在空气中易吸潮分解，但速度缓慢，高温和酸性加速分解，长期贮存或与铁接触会分解而降低药效。福美锌对大鼠经口 LD50 为 1 400 mg/kg，对皮肤，鼻

黏膜及喉头有刺激作用。鲤鱼 LD50 为 0.075 mg/L（48 h）。

福美锌用途：保护性杀菌剂。对多种真菌引起的病害有抑制和预防作用。

24. 代森锰（maneb）

代森锰别名：Manzate；Dithane M-22

代森锰化学名称：乙撑双二硫代氨基甲酸锰

代森锰结构式：

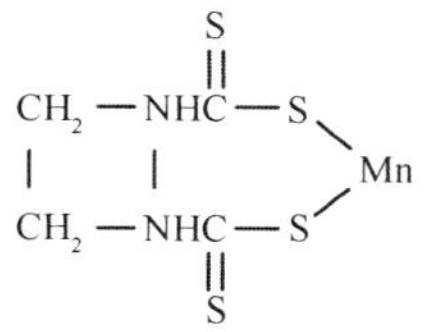

```
            S
            ‖
CH2 — NHC — S
|      |      \
|      |       Mn
|      |      /
CH2 — NHC — S
            ‖
            S
```

代森锰理化性能：黄色结晶或淡黄色粉末，难溶于水，不溶于有机溶剂。相对密度 1.92 g/cm^3，遇酸碱易分解。对光、热不稳定。代森锰对大鼠急性经口 LD50 为 6 750 mg/kg，对豚鼠为 7 500 mg/kg

代森锰用途：分解物能抑制菌株中-SH 基的代谢，能与菌体中微量重金属结合，从而致使菌株金属匮缺而发挥作用。可用于工业用水、造纸工业粘泥、涂料等作为防霉剂，对多种霉菌、细菌、酵母菌及藻类均有效。对菌类预防效果好。杀菌、杀藻通常以 5~100 mg/L 的浓度使用。用于造纸厂粘泥时则以 20~30 mg/L 浓度使用。

25. 联苯菊酯（bifenthrin）

联苯菊酯别名：氟氯菊酯；天王星；虫螨灵；毕芬宁；talstar；biphenthrin；capture；brigadle；brookade；FMC54800

联苯菊酯结构式：

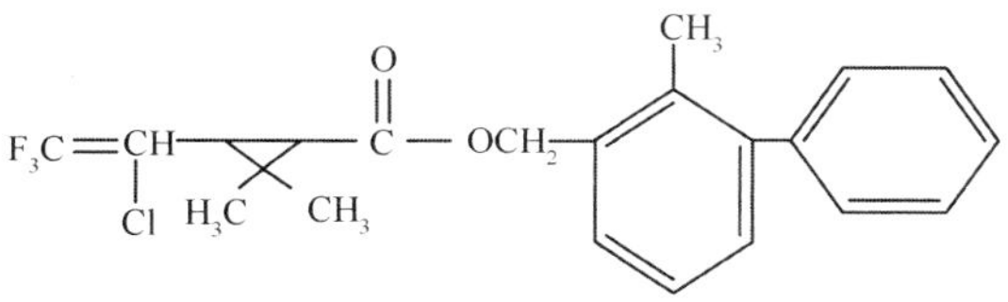

```
                              O          CH3
                              ‖           |
F3C ═ CH — (cyclopropane) — C — OCH2 — (C6H3) — (C6H5)
      |      H3C   CH3
      Cl
```

联苯菊酯理化性能：纯品为灰白色固体。熔点 68~76℃（工业品 61~66℃），相对密度（25℃）1.210，蒸汽压 2.4×10^{-5} Pa，闪点 165℃。能溶于丙酮（1.25 kg/L）、氯仿、二氯甲烷、甲苯、乙醚，稍溶于庚烷和甲醇，不溶于水。分配系数（正辛醇/水）为 1 000 000。原药在常温下稳定一年以上，在天然日光下半衰期 255 d，土坯中 65~125 d。原药对大鼠经口 LD50 为 54.5 mg/L，兔经皮 LD50 大于 2 000 mg/kg，对大鼠、兔皮肤和眼睛无刺激作用，对豚鼠皮肤无致敏作用。动物两年饲喂实验无作用浓度为 50 mg/kg。动物实验未见致癌、致畸、致突变作用，三代实验也未见异常情况。对鱼类高毒，蓝鳃翻车鱼 LD50 为 0.35 μg/L（96 h），虹鳟鱼 LD50 为 0.15 μg/L（96 h），水溞 LD500.16 μg/L（48 h），野鸭经口 LD50 浓度 1 280 mg/kg 饲料（8 d），鹌鹑 LD50 为 4 450 mg/kg 饲料（8 d）。

联苯菊酯用途：拟除虫菊酯类杀虫、杀螨剂，具有击倒作用强、广谱、高效、快速、长残效的特点，以触杀作用和胃毒作用为主，无内吸作用。

26. 福美双　thiram

福美双别名：秋美姆；阿锐生；赛欧散；TMTD 等

福美双结构式：

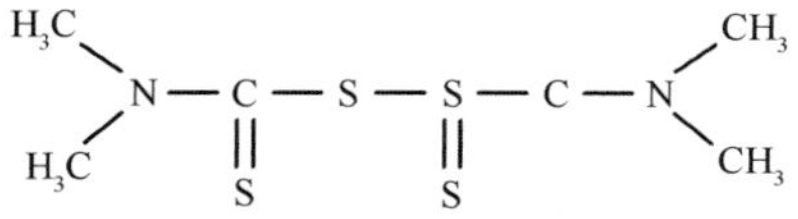

```
H3C                               CH3
   \                             /
    N — C — S — S — C — N
   /    ||      ||           \
H3C     S       S             CH3
```

福美双理化性能：纯品为无色结晶，无臭味。熔点为 155～156℃，相对密度为 1.29。易溶于苯、氯仿（230 g/L），不溶于水（30 mg/L）。遇酸分解。福美双对大鼠经口 LD50 为 780～865 mg/kg，小鼠经口 LD50 为 1 500～20 005 mg/kg。对人的黏膜和皮肤有刺激作用。鲤鱼 LD50 为 4 mg/L。

福美双用途：属广谱的保护性杀菌剂，残效期达 7 d 左右。

27. DCOIT

DCOIT 化学名称：4、5-二氯-N-辛基-异噻唑啉-3-酮

DCOIT 分子式：$C_{11}H_{17}NOSC_{12}$

DCOIT 分子量：282

DCOIT 理化性能：白色至淡黄色粉末，有效成分大于 98%，不溶于水，可溶于油性体系中。常温下稳定，在强紫外光线和酸雨条件下也稳定。释放到环境中时，会迅速渗透进沉淀物中而分解，生物降解快，在海洋生物中不会积累，对环境的影响可忽略。

DCOIT 用途：广谱、高效的抗菌剂，防腐剂，可有效杀灭青微菌、擔子菌，黑麴菌、镰胞菌、弯孢霉、绿黏扫霉等。用于海洋中的防污剂时，对藻类、藤壶类、栖管虫、盘管虫、海鞘及硅藻类等均有高生物毒性。

28. 吡啶硫酮铜（COPPER PYRITHIONE）

吡啶硫酮铜别名：奥麦丁铜，简称 CPT

吡啶硫酮铜化学名称：1-氮氧化-2-硫基吡啶铜盐

吡啶硫酮铜分子式：$C_{10}H_8N_2O_2S_2Cu$

吡啶硫酮铜分子量：316.9

吡啶硫酮铜结构式：

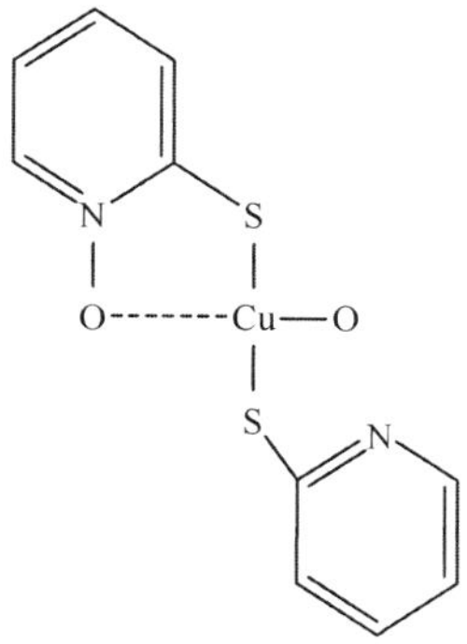

吡啶硫酮铜理化性能：绿色粉末，工业品含量大于97%，熔点260℃，干燥失重不大于0.5，pH值为6~8，粒径D50 μm，不溶于水，难溶于一般有机溶剂。在避光条件下存放2年质量不变。吡啶硫酮铜对小鼠急性经口LD50大于1 000 mg/kg；对皮肤无刺激性，三致试验阴性。

吡啶硫酮铜用途：广谱高效杀菌剂。可用于木材防腐，船体防污剂等。

29. 吡啶硫酮锌（ZINC PYRITHIONE）

吡啶硫酮锌别名：奥麦丁锌，简称ZPT

吡啶硫酮锌化学名称：1-氮氧化-2-硫基吡啶锌盐

吡啶硫酮锌分子式：$C_{10}H_8N_2O_2S_2Zn$

吡啶硫酮锌分子量：317.68

吡啶硫酮锌结构式：

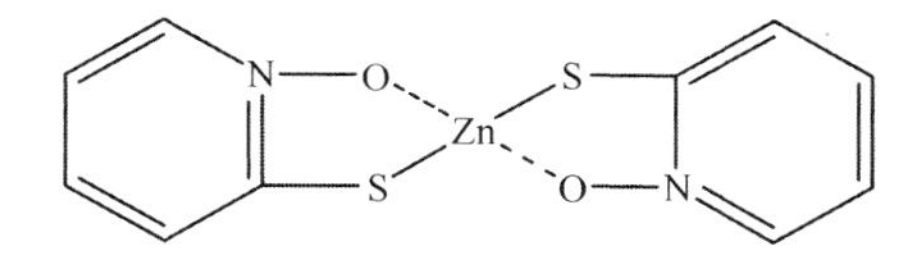

吡啶硫酮锌理化性能：纯品为白色粉末，工业品为浅灰色粉末，含量不小于96%，干燥失重不大于0.5%，熔点240℃，pH值为6~8，不溶于水，难溶于一般有机溶剂。吡啶硫酮锌在避光条件下存放2年质量不变。吡啶硫酮锌对小鼠急性经口LD50大于1 000 mg/kg；吡啶硫酮锌对皮肤无刺激性，三致试验阴性。

吡啶硫酮锌用途：广谱高效杀菌剂。在化妆品中作为止痒去屑剂大量应用，可用于海洋防污剂。

30. 吡啶硫酮钠（SODIVM PYRITHIONE）

吡啶硫酮钠别名：奥麦丁钠，简称SPT，吡啶霉净

吡啶硫酮钠化学名称：α-硫基吡啶-N-氧化物钠

吡啶硫酮钠分子式：C_5H_4NOSNa

吡啶硫酮钠结构式：

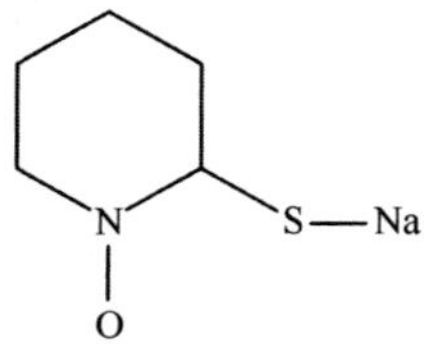

N S—Na
O

吡啶硫酮钠理化性能：纯品为类白色粉末，工业品为黄色或浅黄棕色透明液体。工业级（液体）含量不小于40%，pH值为9~11，易溶于水和乙醇等有机溶剂。在避光条件下存放2年质量不变。吡啶硫酮钠对小鼠急性经口LD50大于1 000 mg/kg。吡啶硫酮钠对皮肤无刺激性，三致试验阴性。

吡啶硫酮钠用途：吡啶硫酮钠为广谱高效杀菌剂，它在水处理中可作为杀菌防藻剂。

第五章　海水鱼类养殖技术

我国是世界上最早养殖海水鱼类的国家之一，400 多年前就有鲻鱼养殖的记载，300 多年前有遮目鱼养殖的记载。但是长期以来，由于技术水平及养殖方式的限制，发展相当缓慢。至 20 世纪 90 年代初，我国才步入工厂化养鱼阶段。现在我国的海水鱼类养殖品种已经达到 60 多种，2018 年鱼类产量达到 149.51×10^4 t，取得了前所未有的进步和发展，但是其占海水养殖总产量比例尚不足 7.36%。深远海生态围栏（以下简称生态围栏）养殖技术有别于网箱。本章主要对海水养殖鱼类概况、摄食习性与营养需求、饲料与投饲技术，以及养殖技术指标及其病害防治技术等进行分析研究，仅供生态围栏养殖业参考。

第一节　代表性海水养殖鱼类概况

从我国沿海拥有的丰富养殖水域资源和生物遗传资源来看，海水鱼类养殖还有较大发展潜力，我国有很丰富的海水鱼类种质资源可供增养殖选择利用，有包括沿岸陆地、滩涂、浅海、深远海等大量水域空间可供养殖，有包括陆基养殖工厂、潮间带池塘、围栏、浅海网箱、深水网箱和深远海网箱等多种养鱼模式可供推广，深远海鱼类养殖前景广阔，大有可为，也需要水产科技工作者几代人的不懈努力，才能走出一条让世人瞩目的海水网箱养殖繁荣之路。围栏养殖鱼类宜选择肉味美、个体大、生长快、适应性强、苗种容易解决、饵料来源广泛、饲料转化率高、养殖周期较短、经济价值高且能适合围栏养殖的品种。由于生态围栏的安全性好，更适合养殖高经济价值的鱼种。我国海域中鱼类品种繁多，目前达到产业化规模的有 30 多种。大黄鱼、鲈鱼、鮸鱼等品种是目前国内海水围栏养殖的主要群体，这些鱼类适合生态围栏养殖。生态围栏鱼类养殖技术与传统近岸小围栏或深水围栏存在一些共性技术。本节主要概述大黄鱼、石斑鱼、海鲈鱼、黑鲷等海水围栏养殖鱼类，为研究生态围栏鱼类养殖技术提供参考。

一、大黄鱼

大黄鱼隶属于鲈形目，石首鱼科，黄鱼属，俗称黄鱼、红瓜、大鲜、金龙、大仲、红口、黄花鱼、黄瓜鱼、黄姑鱼、石首鱼、石头鱼、黄金龙、大王鱼、大黄花鱼、桂花黄鱼等，为传统四大海产之一，是暖温性集群洄游鱼类，主要分布在黄海、东海和南海的中国和朝鲜半岛近海水域，为重要的经济鱼类（图 5-1）。2018 年，我国大黄鱼养殖产量高达 197 980 t。大黄鱼通常栖息于约 60 m 等深线以内、以浅沿岸的砂泥底质水域的中下层，厌强光，喜浊流。黎明、黄昏或大潮时多上浮，白昼或小潮则下浮至底层。分布在我国沿海的大黄鱼有明显的 3 个地理种群，即岱衢族、闵-粤东族、硇洲族，其中，岱衢族为南黄海—东海地理种群（第一地理种群），分布于黄海南部至东海中部，包括吕四洋、岱衢洋、猫头洋、洞头洋至福建嵛山岛附近；闵-粤东族为台湾海峡—粤东地理种群（第二地理种群），主要分布在东海南部、台湾海峡和南海北部（嵛山岛以南至珠江口），这一种群又分为北部和南部两大群体；硇洲族为粤西地理群（第三地理种群），主要分布于珠江口以西至琼州海峡的南海区。大黄鱼养殖主要有网箱养殖、土池养殖和围栏养殖等模式。围栏养殖应选择水质稳定的水域。大黄鱼为广温、广盐性鱼类，冬季一般位于冷水和暖水交汇的较深海区，对水温的适应范围为 9～32℃，最适生长水温 18～25℃，水温低于 14℃或高于 30℃时，摄食明显减少，成鱼较幼鱼更耐低温，海洋中越冬水温不能低于 7℃（当水温低于 6℃则出现死亡）。大黄鱼对盐度适应范围较广，最适盐度为 30～33，人工养殖也能适应河口区的较低盐度，但在人工繁殖中盐度影响其浮性卵在海水中的垂直分布，特别是孵化用水的密度不应低于 1.016，否则其卵粒会沉底，孵化效果差。大黄鱼对溶解氧（DO）的要求较高，幼鱼的溶解氧（DO）阈值在 3 mg/L 左右，稚鱼则在 2 mg/L 左右。所以人工育苗，尤其在养成中要注意保持 DO 在 5 mg/L 以上，否则易造成缺氧浮头导致死亡。大黄鱼养殖中的 pH 值要求为 7.85～8.35。大黄鱼为“广食性”的肉食性鱼类，在自然环境中食饵种类多达上百种。成鱼主要摄食各种小型鱼类（如龙头鱼、叫姑鱼、带鱼、幼鱼等），虾类（对虾、鹰爪虾、糠虾），蟹类，虾蛄类；幼鱼主食桡足类、糠虾、磷虾等浮游动物。同时，大黄鱼又吃自己的幼鱼，是同种残食的鱼类。人工育苗中常见 2+cm 的幼鱼吞食 1+cm 的稚鱼。大黄鱼不同种群在不同的海域，因水温不同其生长状况有一定差异，如岱衢族大黄鱼生长慢、寿命长、性成熟晚。人工养殖大黄鱼经 18 个月养殖，一般可达 300～500 g 的商品鱼规格，雌鱼生长明显快于雄鱼。成鱼生态围栏的结构形式无特别要求，现有产业化的围栏结构主要为浮绳式围栏、柱桩式围栏和堤坝式围栏等。实际生产中，人们根据养殖鱼类的大小规格来确定围栏网衣的网目大小。鱼种应选择全长在 120~170 mm/尾（质量为 24~40 g/尾）的健壮活泼、无掉鳞、无寄生虫、表面无损伤、无畸形或病态的个体；鱼种规格尽量一致，若鱼种个体相差太大在饥饿状态下会互相残食，影响养殖效果。

图 5-1 大黄鱼及其围栏养殖设施

二、石斑鱼

石斑鱼属鲈形目，体长椭圆形稍侧扁，俗称石斑、过鱼、鲙鱼、国鱼、贵鱼和海鸡鱼等。2018 年，我国石斑鱼养殖产量高达 159 579 t。石斑鱼为暖水性大中型海产鱼类，营养丰富，肉质细嫩洁白，类似鸡肉，素有“海鸡肉”之称。石斑鱼常栖息于岛礁附近，以岩礁和珊瑚礁丛为底质的水域或多石砾海区的洞穴之中，喜栖息在光线较弱的区域；肉食性凶猛，不集群；栖息水层随水升降而有深浅变化，通常分布在 10~30 m 水深处，盛夏在 2~3 m 处也有分布，秋冬季水温下降，石斑鱼适移到较深水域；幼鱼栖息的水层比成鱼浅，高龄鱼则较少移动。无论是人工培育的幼鱼，还是自然海域捕获的成鱼，于放流后的当年或第二年、第三年，均在放流处附近不远的海域重捕到。由此可见，石斑鱼是不作长距离洄游的地域性较强的定居性岛礁鱼类。石斑鱼属典型的肉食性鱼类，从开口仔鱼到成鱼，终生以动物性饵料为食。成鱼口大，凳齿尖锐且稍向内倾斜，能有力地捉住猎物，锥形的咽喉齿能压碎蟹类、藤壶和贝类的硬壳。强有力的胃肌、肝大、胆管长，以及具有幽门盲囊等构造特点都与其肉食性相适应。石斑鱼是凶猛捕食性鱼类，常以突然袭击方式捕食。但其生性多疑，在人工饲养条件下，除非饥饿才会游上水面抢食，否则多在投饵时，待饵料下沉一段垂直距离之后，再从掩蔽物处快速游出抢食，随即又游回掩蔽物中。当食物不适口或人工投喂的饵料鲜度较差时，石斑鱼有吐出口中食物的弃令现象。一般情况下，石斑鱼不食沉底食物，在人工养殖时应使食饵在水中有一定的悬浮时间，引诱石斑鱼群出来抢食，以免浪费饵料。石斑鱼有残食同类现象。在人工育苗中，仔鱼发育到稚鱼后期，大个体鱼苗吞食小个体鱼苗现象经常发生，造成鱼苗大量损耗。在网箱养殖成鱼时，也发现大鱼吃小鱼，体长 329 mm 的大肠内竟有一尾 158 mm 的小石斑鱼。世界上石斑鱼有 100 多种，我国有 30~50 种，其中常见的石斑鱼包括赤点石斑鱼、点带石斑鱼、青石斑鱼、东星斑、云纹石斑鱼、鞍带石斑鱼（亦称龙胆石斑鱼）和巨石斑鱼等品种（图 5-2 至图 5-5）。石斑鱼养殖主要有网箱、池塘、潮间带封闭式水池和围栏养殖等。设置围栏的位置及水域条件的选择十分重要，应选择风浪不大、水质条件良好、无污染的海区；底质以沙砾底、岩礁底、珊瑚礁底为佳（泥沙底质次之，不宜选用泥质底的海区）；海区流速应在 0.05～0.15 m/s，石斑鱼喜静，喜欢水流比较平稳的海区，过急的海流使石斑鱼不得安宁，不利于石斑鱼的生活。石斑鱼生性多疑，所以最好混养相同个体大小的真鲷、黑鲷、黄鳍鲷等鲷科鱼类，它们的抢食会带动石斑鱼的摄食。围栏中还可混养一些篮子鱼，以帮助清洁网衣。石斑鱼围栏中其他鱼种的混养比例约为 15%。石斑鱼投喂用饵料鱼应切成大小适宜的鱼块，不宜将饵料鱼绞碎后投喂。石斑鱼养殖日常管理类似于大黄鱼。石斑鱼对环境适应性较强，适盐范围较广，在 11～41 之间，生活最适水温为 20～30℃。当水温在 18℃以下时，随着水温的进一步下降而食欲递减。当水温低于 13℃时，食欲很低。下限温度为 6℃以下，上限温度为 35℃以上。石斑鱼为暖水性大中型海产鱼类，一般条件较好的南方海区，夏天都可以安全度过。

图 5-2　赤点石斑鱼

图 5-3　点带石斑鱼

图 5-4　青石斑鱼

图 5-5　鞍带石斑鱼（龙胆石斑鱼）

三、海鲈鱼

2018 年我国海水鲈鱼养殖产量高达 166 581 t，其中最常见的种类为海鲈鱼（简称鲈鱼，图 5-6）。海鲈鱼隶属于辐鳍亚纲、鲈形目、真鲈科、花鲈属；鲈鱼又名花鲈、青赛、赛花、板鲈、海鲈、白鲈、青鲈、七星鲈、白花鲈、鲈子鱼和日本真鲈等，主要分布于中国、朝鲜及日本的近岸浅海；为广盐、广温性鱼类，喜栖息于河口，亦可上溯江河淡水区。国内以东海舟山群岛、黄海胶东半岛海域产量较多，为经济鱼类之一，也是发展深远海养殖的品种之一。海鲈鱼肉质细嫩、味道鲜美，为优质鱼类，我国内地鲜活品的需求量较大，也销往港澳地区，还出口日本、韩国等。海鲈鱼养殖主要有网箱、池塘和围栏养殖等，主要分布于广东、福建、浙江、山东等地。应选择风浪比较平静、水质条件良好、无污染的海区；底质以沙砾底、岩礁底为佳；海区流速应在 0.05~0.15 m/s，海鲈鱼耐温范围为 0~35℃，适宜水温范围为 12~30℃，最适水温范围为 16~24℃。尽管海鲈鱼能耐低温，它们可以忍受 6~7℃的低温，但随着水温的进一步下降而食欲递减，严重影响其生长。海鲈鱼养殖区最低盐度应不低于 10。

图 5-6　海鲈鱼及其养殖设施

鱼种应选择健壮活泼、规格整齐、表面无损伤、无掉鳞、无畸形、无病态、无寄生虫的个体。放养密度根据海况条件、饵料贮备、养殖技术、养殖季节、鱼种规格和养殖计划等因素而定，一般控制在 15 kg/m^3 左右。海鲈鱼是肉食性凶猛鱼类，好掠捕食物，即使在表层海水结冰或自身处于性成熟期，也很少出现空胃；摄食量大，成鱼常单独觅食，喜捕食小鱼虾，在日常养殖生产中可通过灯诱鱼虾来补充天然饵料。食物种类依鱼体大小而异，当饲料不足时，常出现自相残杀现象。海鲈鱼在适宜环境下，摄食极为旺盛，冬季和产卵期摄食量减少；当水温过低，海水过于混浊或水面风浪较大时，常会停止摄食。现有饵料主要包括小杂鱼和人工配合饲料。每次投喂应先少后多，待鱼上浮后再加大投喂量，以吃饱不浪费为原则，当鱼不抢食后停止投喂。一般每日投喂 4~5 次，早春、晚秋水温低时，日投喂 2~3 次，当水质良好、水温 25℃以上时，一般投喂量为鱼体重的 10%~30%，成鱼投喂量为鱼体重的 3%~5%。在黄海、渤海海区，海鲈鱼当年体长可达 24~30 cm，体重达 200~450 g。海鲈鱼的生长与水温密切相关，当水温低于 3℃时，基本不长；当水温为 22~27℃时，为快速生长期。海鲈鱼的寿命约为 10 龄，在海鲈鱼的生命周期中，前

3 年体长生长最快，平均每年增加 6~10 cm 以上，4~6 龄速度开始降低，7 龄以上显著减慢。

四、黑鲷

黑鲷隶属硬骨鱼纲、鲈形目、鲷科、黑鲷属，为暖温性底层鱼类（图 5-7）。黑鲷又名海鲫、乌颊鱼、黑立、乌格、黑鲷、海鲋、黑加吉。黑鲷喜栖息于沙泥底质或多岩礁的浅海，摄食小鱼、小虾、贝类及环节动物等，一般不作长距离洄游，在我国沿海均有分布。黑鲷有明确的性逆转现象，体长 1 cm 幼鱼全为雄鱼，15~20 cm 为雌雄同体，25~30 cm 大部分为雌鱼。目前，我国黑鲷人工繁殖技术已解决，满足了人们对黑鲷的需求。黑鲷主要有网箱、池塘和工厂化养殖等，可进行围栏养殖（图 5-8）。黑鲷为广盐性鱼类，最盐度范围为 10~28，能在淡水中短时间生活。黑鲷上、下极限水温为 3.5~35℃，适宜水温 10~32℃，最适水温 20~30℃。当水温 6℃以上时，开始摄食。当水温在 20℃以上时，生长良好。

图 5-7　黑鲷

图 5-8　黑鲷养殖网箱与围栏

黑鲷食性杂，适应性强，很适合围栏养殖（既可单养，也可混养）。黑鲷生长迅速，1 龄鱼、2 龄鱼、3 龄鱼的体长可达 12.1 cm、18.7 cm、22.4 cm。当年孵化的幼鱼在围栏中养殖，当年就可长成 10~13 cm、体重 100~200 g，经过 24~30 个月的养殖，体重可达 400~800 g。成鱼养殖中需实行定时、定点、定量投喂，每天上午、下午各投喂 1 次，投喂时要将饵料投在固定地点，日投喂量控制在体重的 7.9%~13.9%，同时，根据鱼类大小、水温等对投喂量进行调整。每年 6—10 月是黑鲷生长最旺盛的季节，此期间应强化饲料管理。在浙江以南沿海养殖区，黑鲷生长较快，在海南部分养殖区，黑鲷可全年生长。黑鲷养殖中一般交替投喂新鲜小杂鱼、贝类和配合饲料，以促进其生长。有的企业在养殖中还在配合饲料添加 10%的石莼粉，以改善鱼类品质、提高耐低氧能力和耐饥饿能力。成鱼养殖密度不大于 10 kg/m^3，要注意放养规格一致。黑鲷与其他鱼类混养时，混养的对象为鲈鱼、真鲷、石斑鱼和鮸状黄姑鱼等，混养密度以 2 尾/m^3 为宜。黑鲷在混养条件下生长速度往往比单养时快 50%，而且能有效利用投喂的饵料，并能清除生态围栏网衣上的附着物。

五、真鲷

真鲷隶属硬骨鱼纲、鲈形目、鲷科、真鲷属，为近海暖水性底层鱼类（图5-9）。2018年我国真鲷等各类鲷鱼总产量为88 375 t。真鲷又名加吉鱼、红加吉、铜盆鱼、大头鱼、小红鳞、加腊、赤鲫、赤板、红鲷、红带鲷、红鳍、红立、王山鱼、过腊、立鱼。真鲷为中外驰名的名贵鱼类之一，鱼肉含有大量的蛋白质，味道特别鲜美，素有“海鸡”之称。真鲷栖息于水质清澈、藻类丛生的岩礁海区，结群性强，游泳迅速。真鲷有季节性洄游习性，表现为生殖洄游。真鲷主要以底栖甲壳类、软体动物、棘皮动物、小鱼及虾、蟹类为食。

图5-9　真鲷及其养殖设施

真鲷是我国海水网箱养殖的起步品种和主养鱼类之一。目前，我国真鲷育苗技术已经十分成熟。真鲷养殖主要有网箱、池塘和工厂化养殖等，可进行围栏养殖。养殖区大多选择在潮流平稳、水质清澈、盐度稳定、水流交换条件好、无污染源、常年水温不低于12℃的海区。真鲷喜欢盐度较高的海区。真鲷最适水温18~28℃，水温9℃以下时停止摄食，水温4℃以下时死亡，夏季水温30℃以上时身体衰弱。10龄以下生长较快，1~4龄生长最快，10龄以上生长缓慢，最大个体达10 kg，最高年龄为16龄。真鲷能忍耐的最低溶解氧为3.5 mg/L。鱼种应选择健康活泼、规格整齐的苗种。真鲷的养殖密度应控制在10 kg/m^3以下为宜。对80 mm以下幼鱼，一般投喂生鲜饵料，即使用生鲜杂鱼、杂虾碾碎后添加适量营养剂、防病药物制成鱼虾肉糜投喂。对80 mm以上的养殖鱼，可在生鲜鱼虾肉糜中添加适量鱼粉，制成湿性颗粒配合饲料投喂。此外，还可使用市售的干性颗粒配合饲料投喂。如果采用定期投停食与投喂相结合，以及不断调整投喂方案，则对真鲷生长非常有利。真鲷围栏上可以加盖遮光幕，以便达到理想的体色调整效果。当围栏网衣上的污损生物较多时，应及时洗网，以确保围栏内外水体交换。

六、美国红鱼

美国红鱼隶属于硬骨鱼纲、辐鳍亚纲、鲈形目、鲈亚目、石首鱼科、拟石首鱼属（图5-10）。2018年，我国美国红鱼养殖产量高达68 253 t。美国红鱼亦称红鱼、红姑鱼、斑尾鲈、海峡鲈、黑斑红鲈、黑斑石首鱼、红拟石首鱼和大西洋红鲈等。美国红鱼为近海广温、广盐性鱼类。美国红鱼为抗逆性强且抗病害能力强的鱼类，目前人工繁育技术已非常成熟，因此，美国红鱼已经成为美国、中国等地的重要网箱养殖鱼类。围栏养殖区底质宜平坦、无污泥；水流慢而缓，最适流速为0.15~0.25 m/s。围栏养殖环境的光照度与围栏深度、海水透明度有关，最适透明度为0.50~0.80 m。美国红鱼为广盐性鱼类，最适盐度范围为16~24，经淡化后能在淡水中养殖。美国红鱼最适水温范围为18~28℃。美国红鱼对海水的溶解氧要求很高，水中溶解氧在7 mg/L以上时，其摄食和生长发育正常，日常活动在围栏的中下层；当水中溶解氧下降到3 mg/L时，美国红鱼成群在网边狂游，并出现鱼头攒动、不摄食；当水中溶解氧为2.5 mg/L时，出现美国红鱼游动失去平衡、腹部朝上在水面上打转等现象；当溶解氧下降到2.2 mg/L并持续2~3 h时，美国红鱼陆续缺氧死亡。美国红鱼pH值适宜范围为6~9，最适pH值为7.5~8.5。美国红鱼为肉食性杂食鱼类，而且食物链环节较高，在自然水域中，主要摄食甲壳类、头足类、小鱼等。美国红鱼养殖主要有网箱、池塘和工厂化养殖等，可通过围栏进行养殖。在围栏养殖中，可投喂小杂鱼或人工配合饲料（投喂浮性人工配合饲料最好）。

图5-10　美国红鱼及其养殖设施

七、牙鲆

牙鲆，硬骨鱼纲，鲽形目，牙鲆科，牙鲆属（图5-11）。牙鲆在中国俗称鲆、偏口、平目、左口、圆眨、牙鳎、高眼、酒瓶、偏口鱼、比目鱼、牙片（鱼）等，亦称“左口鱼”。牙鲆分布在亚洲沿岸，是东北亚的特有种，分布于黄渤海、东海、南海以及朝鲜、日本、俄罗斯等北太平洋沿岸水域，在我国的分布由北向南逐渐减少。牙鲆是名贵的海产鱼类，又是我国重要的海洋经济鱼类之一，它不仅是我国重要的捕捞对象，也是主要的海水增养殖鱼类。牙鲆养殖主要有网箱、池塘和工厂化养殖等，可进行围栏养殖。因牙鲆有伏底生活特性，应选择流速小且水流比较平稳的海区，底质以砂泥、砂石、岩礁等为佳。牙鲆为广盐性鱼类，对盐类变化的适应性较强，生长最佳盐度范围为17~33，在盐度约10的河口地带也能生活，幼鱼对低盐环境有很强的适应性，对低盐度的耐受性随个体的增长而增强。牙鲆成鱼生长的适温为12~24℃（最适水温为16~22℃），冬季水温为2℃牙鲆仍能存活，致死水温在2℃以下。养殖区夏季表层水温一般不超过27℃，在水温高达33℃时，有的成鱼只能短暂存活。牙鲆在水温5℃以下不摄食，13℃以下、23℃以上摄食减少，水温长期处于27℃以上环境下易导致鱼体处于紧张应急状态，引起大量死亡。考虑到牙鲆的伏底习性，鱼苗易被围栏擦伤、围栏内较难上浮摄食等因素，建议成鱼养殖中投放大规格苗种，可在短期内养成商品鱼，以提高鱼类成活率、降低养殖风险。自然海域中的牙鲆有昼伏夜食的天然习性，喜食鱼类、甲壳类、软体动物，偶尔也摄食一些海葵类。牙鲆围栏养殖过程中既可使用室内工厂化养鱼用的湿颗粒饲料，又可购买牙鲆专用膨化饲料。牙鲆围栏养殖一般每天早晚各投喂1次。当围栏网衣上的污损生物较多时，应及时洗网，以确保围栏内外水体交换。

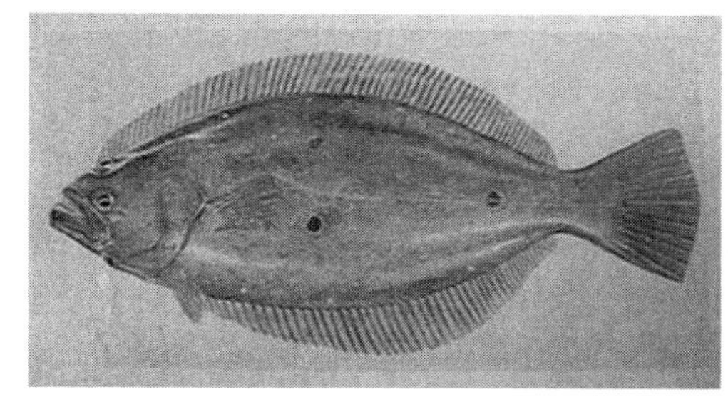

图5-11 牙鲆及其养殖设施

八、河鲀

河鲀为硬骨鱼纲鲀科鱼类的统称，另有气泡鱼、吹肚鱼、河豚鱼、气鼓鱼（江苏、浙江）和乖鱼，鸡泡（广东）等称呼。河鲀为暖温带及热带近海底层鱼类，栖息于海洋的中、下层，有少数种类进入淡水江河中。2018年，我国河鲀养殖产量高达23 054 t，常见的河鲀有红鳍东方鲀、暗纹东方鲀、黄鳍东方鲀、菊黄东方鲀、假睛东方鲀、虫纹东方鲀、弓斑东方鲀和紫色东方鲀等品种（图5-12至图5-16）。2016年，农业部（现农业农村部）办公厅和国家食品药品监督管理总局联合发布了

《关于有条件放开养殖红鳍东方鲀和养殖暗纹东方鲀加工经营的通知》，这意味着自1990年起不得流入市场的河鲀（俗称河豚）可以有条件“合法化”食用了。

图5-12　红鳍东方鲀及其养殖设施

图5-13　暗纹东方鲀

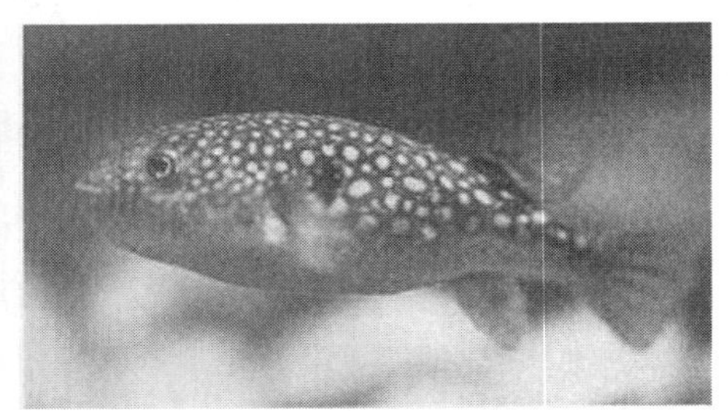

图5-14　菊黄东方鲀

图5-15　黄鳍东方鲀

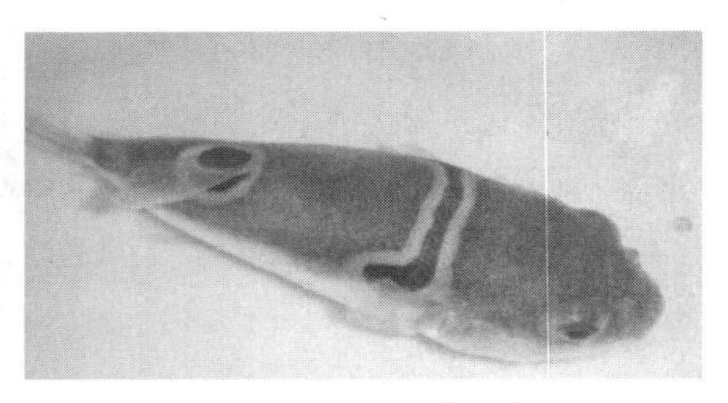

图5-16　弓斑东方鲀

红鳍东方鲀，地方名黑艇巴、黑腊头、大黑皮、气鼓鱼、河豚、龟鱼。红鳍东方鲀分布于西北太平洋区，由日本、韩国及俄罗斯沿海至东海。野生红鳍东方鲀为底层肉食性洄游鱼类，主食贝类、甲壳类和小鱼，栖息于礁区、砂泥底、河口、近海沿岸；冬居近海，春夏间入江河产卵索食，秋末返海；体长一般为350~400 mm，大者可达700 mm以上。红鳍东方鲀为暖温带及热带海洋鱼类，有少数进入淡水江河中。幼鱼常在沙泥底质的近海区域活动，游入河口等水域，一年后则移往外海区栖息。成鱼于秋季向外海洄游越冬，春季初再向近岸洄游。红鳍东方鲀游动缓慢，主要以软体动物、甲壳类、棘皮动物及鱼类等为食。红鳍东方鲀产卵期3—5月，其卵巢和肝脏有强毒，卵巢毒力随季节变化而有很大差异。在鲀科鱼类中，红鳍东方鲀的毒力相对较弱；但在各种鲀科鱼类中毒统计中，食用红鳍东方鲀而引起中毒者较多，因此，需食用专业加工后的红鳍东方鲀制品。池塘养殖至幼鱼后移至海上网箱养殖或围栏养殖是相对好的一种养殖模式。大连天正集团为我国著名的红鳍东方鲀养殖企业。围栏养殖区要求选择潮流平稳、风浪较小、水质清澈、水深10 m以上、水流交换好且无陆源污染物排放的海区。海水透明度要求达到7~8 m；海水化学指标要求溶氧量不小于5 mg/L，氨氮不大于1 mg/L，pH值为7.8~8.3；海区流速以不大于0.1 m/s为宜。红鳍东方鲀最适养殖水温为12~28℃，盐度为15~32（盐度偏低有利于生长）。红鳍东方鲀有尖利的大板牙，又有残咬的天性，所以，红鳍东方鲀围栏养殖时不仅要考虑围栏面积与放养密度的关系，而且要考虑围栏网衣的材质。红鳍东方鲀围栏的养殖面积建议控制在9~100 m^2。对未剪牙的红鳍东方鲀，围栏网衣建议选用锌铝合金网衣或特种编织结构的UHMWPE网衣等。对定期剪牙的红鳍东方鲀，围栏网衣可选用普通合成纤维等网衣材料。

九、卵形鲳鲹

卵形鲳鲹隶属于硬骨鱼纲、鲈形目、鲹科、鲳鲹属，为暖水性中上层洄游鱼类，与布氏鲳鲹极为相似（图5-17），亦称金鲳、红衫、黄腊鲳和短鳍鲳等。卵形鲳鲹主要分布于印度洋、日本、印度尼西亚和中国沿海等海域，在自然水域中以小型动物、浮游生物和甲壳类等为食；2月可见幼鱼在河口、海湾栖息，群聚性较强，成鱼则向外海深水处移动。卵形鲳鲹为肉食性鱼类，其肉色细嫩、脂肪含量高。卵形鲳鲹生长速度快，养殖半年多，个体体重可达400~800 g的上市规格，是我国粤、琼、桂、闽、台和港澳地区主要网箱养殖对象之一，个别养殖户已通过围栏进行养殖。从2002年起，科技工作者在海南采用催产法获得大量卵形鲳鲹受精卵，并用土池生态培育法培育出大量鱼苗，彻底解决了苗种供不应求的难题，有效推动了卵形鲳鲹养殖业的发展。卵形鲳鲹养殖主要有网箱、池塘、工厂化养殖等，可采用围栏养殖模式。卵形鲳鲹围栏应设置在风浪较小、水体通畅、海水清澈且无污染的海区。卵形鲳鲹为广盐性鱼类，盐度范围为15~35，盐度太高时生长缓慢。卵形鲳鲹不耐低温，最适水温范围为26~30℃，水温22℃以上时鱼类正常摄食，水温16~21℃时少量摄食，水温16℃以下时基本不摄食，水温8℃以下鱼类就会死亡。卵形鲳鲹在海南、广东和广西沿海养殖一般都可以越冬。水中溶解氧在4 mg/L以上时，卵形鲳鲹摄食和生长发育正常。适合卵形鲳鲹生长的pH值为7.6~8.8。围栏成鱼养殖密度取决于海况、养殖技术、管理技术、饵料来源和养殖鱼类规格等，养殖阶段，为早日养成出售，体长 6 cm 的鱼苗，养殖密度一般为 40~50 尾/m^3；卵形鲳鲹长大后，养殖密度可根据需要进行调整。对于水质好、水流通畅的开放性海域或深远海养殖水域，卵形鲳鲹养殖密度可适当增加。在围栏养殖中，可投喂小杂鱼或人工配合饲料。因卵形鲳鲹口小，投喂小杂鱼时，一定要通过鱼类绞碎机加工成鱼糜，以确保鱼类摄食安全。在6—8 月，小杂鱼日投喂量控制在鱼体重量的20%以上，每天投喂 2 次，为加快卵形鲳鲹的生长速度，小杂鱼日投喂量可增加为鱼体重量的 40%左右，每天投喂 3~5 次；其他季节可根据鱼类规格、养殖海况等适当降低投饵量。投喂人工配合饲料（浮性、沉性均可）时，日投喂量依据饲料说明书即可，并根据养殖海况、养殖季节、鱼类规格、鱼类生长阶段等进行适当调整。

图 5-17　卵形鲳鲹

十、黑鲪

黑鲪隶属于硬骨鱼纲、鲉形目、鲉科、平鲉属，为近海底层鱼类（图 5-18）。黑鲪亦称黑鱼、黑头、黑寨、黑猫、黑石鲈、黑石斑鱼和许氏平鲉等。黑鲪主要分布于北太平洋西部，我国黄渤海、东海等海域，北方沿海冬天可见。黑鲪喜栖息于浅海岩礁间或海藻丛中，不喜光，春秋季可结成小群作短距离洄游。黑鲪长大后，养殖密度需调整为 8~10 kg/m^3。对于水质好、水流通畅的开放性海域或深远海养殖水域，黑鲪养殖密度可适当增加。投饵在白天平潮时，若有潮流，则在流的上方投喂。海上围栏养殖应投喂沉性颗粒饲料，可以减少因鱼抢食造成水的运动，以致饵料流失；当投喂浮性颗粒饲料时，需在围栏上部设置饲料挡网，以防止饲料流失。黑鲪生长快，适应性好，是围栏养殖的较好种类。黑鲪养殖主要有网箱、围栏、池塘和工厂化养殖等。黑鲪为广盐性鱼类，盐度范围为 18~35。黑鲪较耐低温，适温范围为 8~33℃，最适水温为 14~22℃。在黑鲪养殖中，因摄食等因素会导致围栏内个体差异较大，需要对其进行分级筛选与分区域饲养，越冬前一般分级两次。

图 5-18　黑鲪及其养殖设施

十一、军曹鱼

军曹鱼隶属于鲈形目、鲈亚目、军曹鱼科、军曹鱼属，为热带暖水性中上层鱼类，不耐低温（图 5-19）。军曹鱼亦称海鲡、竹五、海干草、海竺鱼和锡腊白等。2018 年我国军曹鱼养殖产量高达 38 831 t。全世界军曹鱼类仅 1 属 1 种，主要分布于西太平洋、印度洋、大西洋和澳洲近海等热带海域；我国黄渤海、东海和南海亦有分布，但数量较少。有的军曹鱼个体的体长可达 2 m，体重达 50 kg。军曹鱼易于驯化摄食人工饲料，生长速度快，年生长体重可达 6~8 kg。军曹鱼养殖过程中，仔鱼和鱼苗大小要分筛，以免互相残食。近年来，海南、广东等地相继开展了军曹鱼养殖，特别是军曹鱼的深水网箱养殖已取得了较好的成绩。在自然水域中，军曹鱼性情凶残、游泳速度快，抢食猛且食量大，常以小鱼、小虾、小蟹和头足类等为食。军曹鱼养殖主要有网箱、池塘和工厂化养殖等，可采用围栏养殖模式。

图 5-19　军曹鱼及其养殖设施

围栏养殖最好有鱼苗中间培育阶段，将幼鱼在鱼池养殖至全长 400~500 mm，或体重 100~1 000 g 后再移入海上围栏，养殖至商品鱼规格。成鱼养殖密度取决于海况、养殖技术、管理技术、饵料来源、养殖鱼类的规格等，养殖密度一般为 20~30 kg/m^3。在围栏养殖中，可投喂小杂鱼或人工配合饲料。投喂小杂鱼时，日投喂量控制在鱼体重量的 8%~10%；投喂人工配合饲料时，日投喂量控制在鱼体重量的 4%~6%。军曹鱼生长旺季可适当增加投喂量，而在冬季则相应减少其投喂量。投饵在白天平潮时，若有潮流，则在流的上方投喂。海上围栏养殖应该投喂沉性颗粒饲料，可以减少因鱼抢食造成水的运动，以致饵料流失；当投喂浮性颗粒饲料时，需在围栏上部设置饲料挡网，以防止饲料流失。军曹鱼无鳔，必须不断浮动和摄食，其摄食量相对较大，耐饥能力相对较差。如果军曹鱼饥饿过久，那么会使鱼体衰弱、体色变黑。围栏内鱼体个体差异较大，小个体鱼不敢参与抢食，这些鱼在短期内明显消瘦，因此，投饵时应掌握“慢、快、慢”原则，兼顾弱小鱼的摄食。当围栏中军曹鱼规格不同时，会出现大鱼吃饱、小鱼挨饿的情况；当投饵量严重不足时，军曹鱼会发生自相残食。在军曹鱼养殖中，因摄食等各类因素会导致围栏内个体差异较大，这就需要对其进行分级筛选与分栏饲养。

十二、鰤鱼

鰤鱼隶属于辐鳍亚纲、鲈形目、鲈亚目、鲹科、鰤亚科、鰤属。鰤鱼俗称平安鱼、黄甘鱼、青甘鲹、番薯仔、青甘（鱼）和油甘（鱼）等。鰤鱼的主要养殖方式为海水网箱养殖，一般养殖 1~2 年即可收获，有较好的经济效益；鰤鱼可采用围栏、池塘、工厂化养殖等养殖模式。目前，鰤鱼的人工繁殖技术已解决。2018 年，我国鰤鱼养殖产量高达 25 810 t，常见品种包括杜氏鰤、黄条鰤等（图 5-20）。杜氏鰤俗称鰤、紫鰤、红甘鲹、红鲌、章红鱼、红甘鱼和勘八鱼等。杜氏鰤为温水性底层鱼类，分布于印度洋沿岸、东海和南海等海域，是重要的海水养殖种类。我国南方海区自 20 世纪 80 年代中后期开始进行杜氏鰤网箱养殖。杜氏鰤围栏应设置在风浪较小、水体通畅、海水清澈且无污染的海区，水流在 0.1 m/s 以上。围栏养殖环境的光照度与围栏深度、海水透明度有关。杜氏鰤是靠视觉索饵的鱼类，如果水混，透明度低于 0.6 m 时，杜氏鰤不摄食，因此，养殖区的海水透明度宜在 2~3 m 以上。杜氏鰤为广盐性鱼类，属外海高盐鱼类，最适盐度范围为 20~28，盐度 12 时可存活 12 h，在淡水中可存活 20~30 min。杜氏鰤为暖水性海洋鱼类，水温范围为 9~33℃，最适水温为 23~25℃，杜氏鰤摄食的水温范围为 14~30℃；水温 11~12℃时，杜氏鰤可一个月左右不摄食，但不会死亡。水中溶解氧在 4 mg/L 以上时，杜氏鰤摄食和生长发育正常；溶解氧降至 3 mg/L 时，杜氏鰤摄食下降。杜氏鰤生长的 pH 值为 7.8 以上，适宜 pH 值为 8.0~8.4。苗种选择无畸形、健康活泼、规格整齐的鱼类。杜氏鰤鱼苗自相残食现象严重，需根据规格大小分级存放。鱼苗刚从海上收购回来时，喜欢吃浮游生物，养殖工人应在投喂饲料鱼的同时，补充投喂丰年虫等饵料。成鱼养殖密度取决于海况、养殖技术、管理技术、饵料来源、养殖鱼类的规格等，杜氏鰤养殖密度如表 5-1 所示。对于水质好、水流通畅的开放性海域或深远海养殖水域，养殖密度可适当增加。在围栏养殖中，可投喂小杂鱼或人工配合饲料。杜氏鰤的饲料以新鲜或冷冻的鲐鱼、鳀鱼、玉筋鱼、沙丁鱼、蓝圆鲹和秋刀鱼等为主。杜氏鰤养殖上需投喂新鲜饵料，如果经常投喂变质饵料，则会引起鱼类生理不适，甚至生病死亡。杜氏鰤为凶猛肉食性鱼类，喜欢在水面抢食，下沉到底部的饲料不摄食。一般幼鱼的投饲量为体重的20%~30%，1~3龄鱼的投饲量为体重的3%~10%，1~2龄鱼个体小，饵料鱼需加工成鱼糜投喂，每天投喂3~4次；随着幼鱼长大，3~4龄成鱼可以投喂小规格的整条饵料鱼、碎断处理大规格饵料鱼，每天投喂1次即可。实际养殖生产中可以根据需要调整投喂次数。杜氏鰤饵料系数为8左右。

图5-20　鰤鱼及其养殖设施

表5-1　杜氏鰤养殖密度

序号	个体重量（g）	养殖密度（尾/m³）	序号	个体重量（g）	养殖密度（尾/m³）
1	1~5	1 000~2 000	5	250~450	25~30
2	10~20	300~500	6	500~600	15~20
3	30~100	60~90	7	600~1 000	10~12
4	150~200	45~50	8	1 000以上	6~8

十三、鮸状黄姑鱼

鮸状黄姑鱼系近海底层肉食性鱼类，主要以虾、蟹、小杂鱼及底栖动物为食（图5-21）。该鱼类分布于南海、台湾海峡和浙南沿海一带，成鱼体呈银灰色或银白色，与鮸鱼属的鮸鱼较接近，俗称“白鮸鱼”。鮸状黄姑鱼鱼苗大约于每年3月下旬出现在广东、福建一带近海水域，4月下旬至5月上旬在浙江玉环、洞头一带海域大量出现。鱼苗4.9~5.1 cm时，形体与成鱼基本相似。鮸状黄姑鱼生长特别快，养殖周期短、耐高温，其适宜生长水温17~33℃，最佳生长水温29~32℃，通常5月底放苗到春节前，8个月平均体重可长至500 g，大的可达860 g，鱼糜饵料的饵料系数为8~10。鮸状黄姑鱼的人工育苗已基本解决。鱼苗收购后，先暂养2 d，剔除伤残鱼苗，然后按大小分成3~4种规格，分别放养，5~6 d后进行第一次分苗，以后每隔20~25 d进行一次分苗，按大小分开放养。当体长达到18 cm以上时，放入成鱼网箱、围栏等设施中养殖。放养密度1.5尾/m³左右为宜。体长5 cm以下的鱼苗，投饵以少量多次为原则，每天 5 次，前期投喂蛋黄、鱼粉（鳗鱼饲料粉或米糠），穿插投喂鱼糜。当体长达 5 cm 左右时，改喂新鲜小虾或杂碎的低值鱼肉。成鱼阶段，以量足次少为原则，投喂至鱼停止上浮水面抢食为止。变质饵料不能投喂给鮸状黄姑鱼，阴雨天少投。当水温降至 10℃时，鮸状黄姑鱼停止摄食，水温降至 5℃时，鮸状黄姑鱼出现死亡。越冬期间不得进行拉网和换网等活动，以免惊动鮸状黄姑鱼，使之受冻、受伤而死亡。

图 5-21　鮸状黄姑鱼

十四、日本黄姑鱼

日本黄姑鱼又名黑毛鲿（图 5-22）。分布于我国东海及日本南部沿海，分布纬度最高不超过北纬 35°，喜栖息于泥沙质底，200 m 深水域，是一种大型经济鱼类，最大个体可达 1 m 以上，体重 30 kg。日本黄姑鱼虽然分布于我国沿海，但由于捕捞量原本有限，加上资源破坏等原因，要捕捞活的亲鱼用于人工繁育极为困难，为尽快开发日本黄姑鱼的养殖，浙江省海洋水产研究所于 2000—2002 年连续 3 年从韩国国立水产科学院引入日本黄姑鱼的受精卵，开展人工繁育及养殖试验，获得成功。育苗已达生产性水平，养殖显示了很好的优势。引种培育的亲鱼已经成熟产卵并用于全人工繁育，每年所培育出的苗种量均超百万，从根本上解决了日本黄姑鱼的苗种问题。日本黄姑鱼生长快，1 年可养成 1 kg 商品鱼，2 年可达 2 kg，平均年增体重 1.5 kg。养殖的饵料效率高，每养成 1 kg 体重，只需 5 kg 鲜饵。日本黄姑鱼的价格在日本市场比鰤鱼高 900~1 000 日元/kg。日本黄姑鱼还具有病害少，适应不良环境，易于养殖等优点，其生长速度、肉质及市场喜好均超过美国红鱼。日本黄姑鱼的生存温度为 7~34℃，高至 33℃，低至 11℃都能摄食。越冬的安全温度为 12℃以上，性成熟 4 龄以上，体重超过 4 kg。

图 5-22　日本黄姑鱼

十五、大菱鲆

大菱鲆音译名为“多宝鱼”，原产于大西洋东北部沿岸，为该海域特有的一种比目鱼，我国于1992年从英国引入（图5-23）。据国家海水鱼产业技术体系年度报告（2018），2018年我国大菱鲆养殖产量高达5.61×10^4 t。大菱鲆的突出特点之一是能适应于低水温生活和生长。它能短期耐受0~30℃的极端水温，1龄鱼的生活水温为3~26℃，2龄鱼以上对高温的适应性逐年下降，长期处于24℃以上的水温条件下将会影响成活率，但对于低温水体（0~3℃）只要管理得当，并不会构成生命威胁。实践证明：大菱鲆3~4℃仍可正常生活，10~15 cm的大规格鱼种，在5℃的水温条件下，仍可保持较积极的摄食状态。在集约化养殖条件下，大菱鲆要求水质清洁，透明度大，pH值为7.6~8.2，对光照的要求不高，200~3 000 lx即可，能耐低氧3~4 mg/L，适盐性较广12~40。总之，大菱鲆对不良环境的耐受力较强，喜集群生活，互相多层挤压一起，除头部外，重叠面积超过60%，对生长、生活无妨。大菱鲆喜集群摄食，饲料利用率和转化率都很高，所以是适应北方沿海养殖的一种理想良种。大菱鲆在自然界中营底栖生活，以小鱼、小虾、贝类、甲壳类等为食。成鱼养殖阶段可以投喂鲜杂鱼、冰鲜杂鱼或配合饲料。大菱鲆从幼鱼开始至整个养成期间，极易接受配合饲料，而且转化率很高，饵料系数为1.2，甚至为1。大菱鲆在水温7℃以上可以正常生长，10℃以上可快速生长，最适养殖水温为15~19℃，全长5 cm的鱼苗入池养殖一年，体重可达800~1 000 g，第二年至第三年生长速度加快，一般年增长速度可以超过1 kg，3~4龄鱼体重可达5~6 kg。

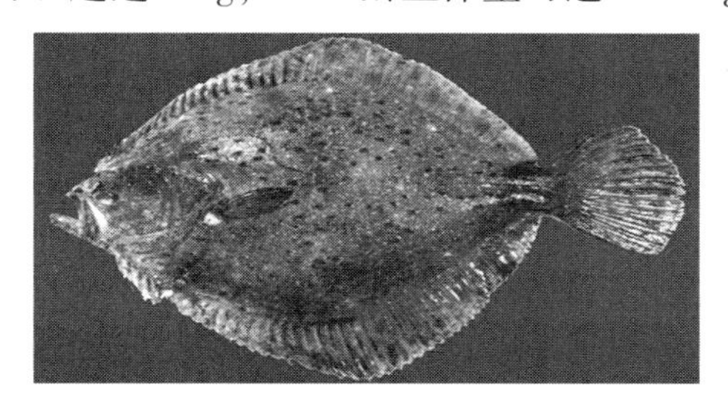

图5-23　大菱鲆

十六、黄鳍鲷

黄鳍鲷又名黄加拉、赤翅（图5-24），适应力强，生长快，为我国南方网箱等设施养殖的重要对象。黄鳍鲷广泛分布于日本、朝鲜、菲律宾、印度尼西亚、红海及我国台湾、福建、广东沿海。在河口半咸水域亦有分布。黄鳍鲷为浅海暖水性底层鱼类。幼鱼的适温范围较成鱼窄，生存适温9.5~25℃，生长最适水温为17~27℃，致死低温8.8℃，致死高温为32℃，成鱼则可抵御8℃的低温和35℃的高温。

适盐范围较广，在盐度为 0.5~4.3 的海水中均可生存，可以从海水中直接移入淡水，在半咸水中生长最佳。仔鱼以动物性饵料为主，成鱼则以植物性饵料为主，主要为底栖硅藻，也食小型甲壳类，对饵料要求不严格。仔鱼期常因饥饿而相互残食。摄食强度以水温 17~20℃以上最大。1 龄鱼体长 16.9 cm、重 150 g；2 龄鱼体长 21.8 cm，重 325 g；3 龄鱼体长 26.2 cm，体重 550 g 左右。黄鳍鲷有明显的生殖迁移活动，在产卵期来临之前约 2 个月，从近岸半咸水海区向高盐的深海区移动，产卵后又回到近岸。1 龄鱼性腺开始发育，2 龄鱼发育成熟。在我国南方近岸产卵适温为 17~24℃，10 月下旬至翌年 2 月产卵，1~2 月可见鱼苗。

图 5-24　黄鳍鲷

十七、胡椒鲷

花尾胡椒鲷别名加吉、打铁婆、打铁母、黑脚子（图 5-25）。花尾胡椒鲷主要分布于我国沿海及朝鲜、日本、越南、印度和斯里兰卡沿海。花尾胡椒鲷为中型鱼类，系亚热带浅海底层鱼类；栖息于沿海，以岛屿附近为多，部分为半咸淡水，所栖底质有砂泥质以至岩礁及珊瑚礁；栖息于沙底者多呈素色，体色斑纹常因身体生长而变异。多分散活动，移动范围不大，是肉食性鱼类，以鱼、虾及甲壳类等为食；春季产卵，为底拖网和延绳钓的兼捕对象。花尾胡椒鲷肉质细嫩，经济价值高，是南方沿海优良养殖对象；3 cm 鱼苗在网箱、围栏等设施中当年可长至 500 g。中国台湾近年来人工繁殖已获成功，可批量生产。福建、浙江等地也已成功进行了人工繁殖。由于花尾胡椒鲷商品鱼价格较高，养殖效益好，随着人工育苗的成功，养殖产量会越来越多。

图 5-25　花尾胡椒鲷

十八、鲑鳟鱼

鲑鳟鱼是一个笼统的概念，它不是特指某一种鱼，而是鲑鱼和鳟鱼的统称。到目前为止，科学家们采用分类学方法从鱼体的结构特征上发现，世界上现共有鲑科鱼类 66 个品种。人们之所以将如此多的鲑科鱼类统称为鲑鳟鱼，很大程度上与大西洋鲑（*Salmo salar*）和虹鳟（*Oncorhynchus mykiss*）这两种鱼在鲑鳟鱼类总产量中一直占有绝对优势有关（图 5-26 和图 5-27）。三文鱼定义在学术界尚有争论。三文鱼隶属于辐鳍鱼纲、鲑形目、鲑科、鲑属、鲑鱼，是我国潜在的大宗深远海养殖品种，可采用网箱、围栏等进行养殖（图 5-28）。狭窄的内湾水域使围栏内外水体交换不畅，围栏内水质变差，可能引起鱼类生理性应激反应；水流过急、风浪过大，则水体交换过于频繁，鱼类顶水游泳而消耗体力，会引起鱼类物理性应激反应，而且围栏设施易遭到破损。鲑鳟鱼喜逆流，生态围栏应设置在潮差小、水质清澈、水流畅通、水量充足、高溶解氧（DO）且无污染的海区。水流一般为 0.1~0.3 m/s，适当控制水流刺激可以使鲑鳟鱼正常活动，从而增进摄食与加快生长。鲑鳟鱼为广盐性鱼类。若需将淡水工厂化养殖的鲑鳟鱼移至海水养殖中，必须经过半咸水的过度（驯化）期，由低浓度逐渐向高浓度过渡［如虹鳟有陆封型（终生在湖泊、河川中生活）和降海型（指入海生长的硬头鳟）等类型，陆封型和降海型的杂交子代可以入海生长；随个体的成长它们对盐度的适应能力逐渐增强，当体重达 35 g 以上时，只要经半咸水过渡，即能适应于海水生活］。鲑鳟鱼对盐度的适应能力随个体的生长而增强。正常情况下的稚鱼，盐度范围为 5~8；当年鱼盐度范围为 12~14；1 龄鱼盐度范围为 20~25，成鱼能适应 30 的盐度。鲑鳟鱼水温范围为 1~25℃，适宜水温为 7~22℃，最适水温为 13~18℃。围栏养殖环境的光照度与围栏深度、海水透明度有关，海水透明度应大于 2 m。鲑鳟鱼个体大，耗氧量较一般海水鱼类高，水中 DO 在 6 mg/L 以上时，其摄食和生长发育正常；水中 DO 为 9 mg/L 时，其生长速度最快；水中 DO 低于 5 mg/L 时，鲑鳟鱼呼吸频率加快，感觉不适；低于 4.3 mg/L 时，鱼鳃长时间外张，随即会死亡；低于 3 mg/L 时，鲑鳟鱼则会大批死亡。鲑鳟鱼可以在 pH 值为 5.5~9.2 的水域中生存。同一围栏中的养殖鱼种需选择体色一致、规格整齐的健康鱼种。成鱼养殖密度取决于海况、养殖技术、管理技术、饵料来源、养殖鱼类的规格等，围栏养殖密度一般为 6~20 kg/m^3。对于水质好、水流通畅的开放性海域或深远海养殖水域，养殖密度可适当增加。为保持鱼类有旺盛的食欲，应视天气、水温及消化情况，每次以投喂八成饱为宜。在鲑鳟鱼围栏养殖中，可投喂人工配合饲料，每天投喂 2 次，日投喂量控制在鱼体重量的 1%~2%。鲑鳟鱼是典型的肉食性鱼类，其肠道很短，它们能很好地消化吸收蛋白质。鲑鳟鱼的蛋白质消化时间较长，在水温 10℃时，需要 72 h 才能完全消化，一次饱食后到再饱食需要 48 h。鲑鳟鱼饲料颗粒大小不仅影响适口性，而且影响消化率。因此，应根据鲑鳟鱼的不同生长阶段来选择颗粒饲料的规格。

图 5-26　大西洋鲑鱼

图 5-27　虹鳟

图 5-28　三文鱼养殖设施

第二节　海水养殖鱼类摄食习性与营养需求

鱼类食性一般会随鱼种、鱼类生长发育阶段、养殖环境因子、天气变化等综合因素而发生变化；同时，鱼类食物的获得和营养物质的利用必须通过消化器官的活动来完成，充分了解鱼类摄食习性与营养需求对提高网箱养殖综合效益非常必要。本节主要概述海水鱼类的消化器官、摄食习性及其营养指标与要求，为人们研究生态围栏养殖鱼类摄食习性与营养需求提供参考。

一、海水鱼类的消化器官

鱼的消化器官包括口、齿、舌、咽喉、食道、胃、肠和消化腺等。鱼类口的大小、形状和位置与其食物的大小和摄食方式有关。凶猛的肉食性鱼类（如鲈鱼等）口较大，便于摄取较大的食物团块。多数鱼类的上、下颌上附生牙齿，称颌齿，齿的形态、大小、分布位置随鱼的种类而不同。硬骨鱼类舌上有齿的称舌齿，舌上分布有味蕾，有味觉功能，味蕾起挑选食物的作用。鱼类食道通常粗而短，壁较厚，内面覆盖黏膜，分泌黏液。

鱼类胃容量的大小关系到摄食量的投饲量，最终将关系到生长率和饲料效率。在单位时间内（如在1 h内）连续投喂所能摄取的最大饲料量为饱食量。饱食后的一段时间内，鱼类不再摄食。鱼类肠道是消化食物和吸收营养物质的重要场所。多数鱼类无真正的肠腺。因种类、体重、体长等不同，鱼肠的肠长也不同。一般来说，肉食性鱼肠较短，直管状或有一弯曲。经过肠部的消化作用，大部分营养物质成为可被吸收的简单物质，随着肠道的蠕动和吸收把这些简单物质吸收入血管或淋巴管中。至此消化吸收过程基本完成，不可消化的残渣进入直肠。食物在胃肠中可被消化85%~90%。鱼类的消化腺有两类：一类是埋在消化管壁内的消化腺，如胃腺、肠腺等；另一类是位于消化道附近的消化腺，如肝脏、胰脏或肝胰脏等；消化腺有导管输出消化酶等物质。进入肠道的食糜受到肠运动的机械性消化，进而由肝脏、胰脏、肝胰脏分泌胆汁和多种消化酶与肠液中的消化酶一起对食糜进行化学性消化，使营养物质获得进一步消化。

二、海水鱼类的摄食习性

1. 食性

鱼类的食性大致可分为肉食性、杂食性和草食性三类；也有的再细分为食鱼食性和浮游生物食性。鱼类的仔鱼期几乎全是浮游生物食性，发育至幼鱼时，食性逐渐地发生改变为肉食性、杂食性和草食性。

2. 摄食效率

食物的许多特征均影响鱼类摄食的选择，如形状、可见度、正常活动、逃避能力、个体大小等。环境条件（光照、温度、溶解氧等）亦会影响摄食效率。

3. 食物的定位

鱼类对食物的定位一般以视觉为主，但对于肉食性凶猛鱼类和生活在混浊的水质环境中也往往利用其化学感觉来确定食物的位置。鱼类灵敏的嗅味觉（化学感觉）在觅食的过程中具有极重要的作用，硬骨鱼类的味觉依赖于味蕾的功能。鱼类的嗅觉也很敏感，一旦食物进入水中，不断溶出的化学物质（如氨基酸等物质）使相距一定距离之外的动物觉察到食物的存在，从而引起鱼类等动物的一系列的摄食活动，因此，如果在人工配合饲料中加入一定量的有味物质——诱饵物质，促使鱼虾等的摄食活动，就可以增进鱼类的食欲，增加摄食量，促进和降低饲料系数，降低水质被污染的程度。除化学引诱剂（或诱饵物质）可使食物定位容易外，增加可视性对一般动物来说更是重要的。增加可视性包括增大食物的大小、颜色、反差和食物的移动状态，光强度和水混浊度明显影响食物的定位和摄食。

4. 摄食强度

鱼类的摄食强度，取决于动物的饱食水平和食物在消化道中的输送速度，即与胃肠道的排空速度有关，日摄食量可能有变化，但长时间的食物消化量是较为恒定的（对该种类和特定规格而言）。鱼类的摄食强度与鱼的生理状况、体重、水温、水质、饵料组成、饲料颗粒大小与长度、投饵方法等有关。

5. 消化吸收

鱼类摄取饲料（营养物质）后必须经消化吸收后才能被机体利用，不同饲料源的营养物质可被消化吸收的程度是不一样的，这种可被消化吸收的程度可以用消化吸收率来衡量，即称之为消化吸收率。饲料营养物质的消化率受诸多因素的影响，即便同一饲料，在不同条件下其消化率也不同。影响消化率的因素主要有：鱼的种类、食性、品种、个体和年龄，蛋白质含量，投饲率、生长阶段，饲料颗粒，加工工艺，纤维素和脂肪的添加量，以及食物的粗糙度、溶解氧、温度、无机盐、有毒物质等因素都显著地影响着鱼类等水产动物对饲料的消化率。食物的消化程序分为口腔消化、胃部消化和肠的消化与吸收 3 个阶段。糖、脂肪及蛋白质分子较大，不能直接穿过肠膜被吸收，必须经过酶的作用变成分子较细的物质，才能被肠膜微血管中的血液吸收，通过血液循环供鱼体利用。

6. 饲料系数与饲料效率

1）饲料系数

饲料系数是指围栏鱼群养殖过程中，被鱼摄食的饲料总量与鱼体总增重量的比例，即鱼群增加单位体重所消耗的饲料重量。简单地说，多少千克饲料可长 1 kg 鱼类。饲料系数可用公式（5-1）表示。

$$F=(R_1-R_2)/(G_1+G_2-G_0) \tag{5-1}$$

式中：F 为饲料系数；R_1 为投饵量；R_2 为残饵量；G_0 为养殖开始时鱼群总体重；G_1 为养殖过程中死亡鱼体的重量；G_2 为养殖结束时鱼类总体重。

饲料系数是生产上通常用来评定饲料营养价值的依据，它对于养殖生产的计划管理有着很大的实用价值。生产上可根据饲料系数来确定达到计划鱼类产量所需本年度的各种饲料总量，再按季度、月份落实到采购、加工计划，以保证全年需要饲料计划的实施。饲料系数受水域环境条件、饲料加工技术、投饲技术，尤其是饲养管理水平高低的影响而有较大的变动，所以在养殖生产上，除用来评定饲料营养价值的高低外，还以它作为衡量养殖技术水平的一种考核指标。

2）投饲系数

围栏养殖生产上常用投饲系数来代替饲料系数。所谓投饲系数是指养成全过程中，投饲量与鱼类产量的比值，以公式（5-2）表示。

$$F_t=R_1/G_2 \tag{5-2}$$

式中：F_t 为投饲系数；R_1 为投饵量；G_2 为养殖结束时鱼类总体重。

与饵料系数的计算公式（5-1）相比较，公式（5-2）没有考虑残饵量、放苗时鱼苗重量和养成过程中死亡鱼的重量，但投饵系数更能反映实际生产情况，使用也比较方便。这是因为在实际养成过程中，饲料系数公式中的残饵量 R_2 和鱼体死亡量 G_1 很难准确估计。投饲系数不仅与饲料品质有关，还反映了养殖人员投饵技术的高低。目前，国内最普遍的投饵养鱼，饲料费用可占整个养成生产费用的1/2以上，因此，投饲系数的大小，往往直接决定了养鱼场是盈利还是亏损。围栏养鱼生产管理中，一味节省饵料、舍不得投饵的做法是不可取的；但是，盲目地多投饵料也会增加生产成本，有时还会引起水质污染、残饵大量沉积等问题。为了降低成本，提高饲料效率，一定要讲究投饵量的合理和投饲方式、次数的合理。影响投饲系数的因素可归纳如下几点：

（1）饲料的种类和质量。如果饲料的可食部分比例大、质量好、营养全面，投饲系数就相对小些，反之则大。对于配合饲料而言，如果饲料配比合理，黏合性能好，或加入了摄食引诱剂，鱼群喜食程度高，投饵系数就小；如果配合饲料中蛋白质等必需物质含量不符合要求，或者饲料黏合性能差，就会造成投饲系数增高。

（2）鱼群的个体大小。鱼群个体越大，基础代谢和运动消耗的能量数值越高，用于生长的能量比例越小，饲料系数也就越高。在鱼体所摄取的能量中，主要部分用于基础代谢、运动等的能量消耗，只有一小部分用于身体组织生长。在确定收获日期时，就应考虑当时的饲料效率问题。时间越往后移，鱼群的体重会有增加，但随着水温的降低，鱼群个体的长大，鱼群摄取食物用于生长的比例数就越小。这种情况下，饲料效率势必降低，有时继续饲养下去不见得经济，有必要及时收获。

（3）投饵技术。投饲过量时，会造成饲料的浪费、饲料系数的增高，但是，当投饲不足时，鱼类摄取的能量仅能维持基础代谢、运动消耗等，用于生长的能量极少或者没有；投饲严重不足时，鱼群为了维持生命不得不消耗原来的身体中储存的有机物质；上述情况会导致鱼体出现零生长和负生长，同样会导致饲料的浪费、投饲系数的增高。所以是否能合理投饲是养殖生产中的关键技术问题。因此，开展智能感知投饵技术非常关键。

（4）竞食生物、敌害生物的数量。围栏中竞食生物、敌害生物的数量较多时，一部分饲料转化为其他产量，鱼群无法利用，也会使饲料系数增高。

（5）饵料生物数量。围栏中如果饵料生物很丰富，鱼群的一部分产量可以从饲料生物转化过来，投饲量可以适当减少，投饲系数也会随之降低。

（6）水质状况。如果海水溶解氧含量下降，或者氨氮、硫化氢等有害物质含量增高，投的饲料有时鱼群不吃，鱼群生长就会受到抑制，投饲系数就增高。

（7）鱼体的死亡。如果鱼群因疾病、浮头或对环境条件的不适应而引起死亡，收获产量就降低，投饲系数升高。养鱼生产是否有利可图，常常直接取决于投饲管理和饲料的质量，而在生产上，降低投饲系数还是有很大潜力的。合理投饵，讲究投饵技术，提高饵料质量，保持良好的水环境条件是降低投饲系数的基本保证。

3）饲料效率

饲料效率是指鱼类增重量与摄食量之间的百分比，饲料效率又称饲料转化率，以公式（5-3）表示。

$$E=(G_1+G_2-G_0)/(R_1-R_2)\times 100\% \quad (5-3)$$

式中：E 为饲料效率；G_1 为养殖过程中死亡鱼体的重量；G_2 为养殖结束时鱼类总体重；G_0 为养殖开始时鱼群总体鱼；R_1 为投饵量；R_2 为残饵量。

饲料效率与饲料系数之间呈倒数关系，以公式（5-4）表示。

$$E=1/F \quad (5-4)$$

式中：E 为饲料效率；F 为饲料系数。

饲料效率与饲料系数可用来衡量饲料质量、鱼类对饲料的利用程度，其数值大小除了与饲料种类、质量有关外，还与鱼类本身的消化、吸收及代谢机能有关。用饲料转化率来表示以单位重量饲料，养殖鱼类所得（净）增重量。

4）饲料成本

饲料成本指生产单位重量鱼所需饲料费用，主要受饲料系数和饲料价格所决定。饲料成本以公式（5-5）表示。

$$C=F\times p \quad (5-5)$$

式中：C 为饲料成本；F 为饲料系数；P 为饲料价格。

5）饲料产投比

饲料产投比以公式（5-6）表示。

$$\Theta=\delta/\psi=\xi/\omega \quad (5-6)$$

式中：Θ 为饲料产投比；δ 为每千克鱼价；ψ 为每千克鱼饲料成本；ξ 为鱼产品产值；ω 为投放饲料成本。

目前较优良的鱼饲料产投比为2~3.5。

6）相对生长率

相对生长率即在t时间以增重百分比来衡量饲料效果，以公式（5-7）表示。

$$G_Q(\%)=(W_t-W_0)/W_0\times 100\% \quad (5-7)$$

式中：G_Q 为相对生长率；W_t 为t时间的体重；W_0 为放养初始体重。

7）平均日间成长率

平均日间成长率以公式（5-8）表示。

$$Л(\%)=[\log(W_c/W_f)]\times 230\div Y\times 100\% \quad (5-8)$$

式中：$Л$ 为平均日间成长率；W_c 为收获时重量；W_f 为放养时重量；Y 为放养日数。

8）肥满度

肥满度以公式（5-9）表示。

$$Я(\%) = W/L^3 \times 10^3 \tag{5-9}$$

式中：$Я$ 为肥满度；W 为体重；L 为体长。

三、海水鱼类的营养指标与要求

近年来，水产科技工作者开展了营养需求、饲料蛋白质和营养素代谢等相关技术研究。

1. 总食物转换效率

总食物转换效率是指食物转换为鱼肉的百分数。在生产性养殖的条件下，其值变动于0~50%之间。转换效率高不仅是由于有了足够的营养成分和营养平衡，也由于食物的摄取、利用和消化均处于良好的状态，且环境条件适于鱼类的生活，使得食物的营养成分主要用于鱼类的生长；而食物转换效率不高，主要是由于下列原因所致：①不适当的摄食，食物溶解于水中，食物不能消化，或消化时耗损能量太多；②管理不善，流水冲失饲料，投饵方法不对等；③生理上的原因，性腺发育时的损耗；④环境因素、溶氧量太低，水温太高或太低等。

2. 能量

能量是由于食物中所含有的营养成分被利用时所产生的，在物理学上以热量焦耳（J）为测量单位，生理学上以体重增长与减轻氧的消耗和新陈代谢活动为指标。总食物效率与能量转换效率密切相关。由于不可消化的食物和鱼类生存时消耗的能量被摄食的食物并不全部变为鱼体的增重。摄食活动，神经刺激、运动、食物的同化和异化等均为非生产性的能量损耗。表5-2中的数据是鱼类在最适环境和精选的食物条件下所获得的，这一数据同样适用于食物的能量和贮存于鱼体中的能量。

表5-2　各种营养成分的质量值（kcal/g）

营养成分	总　量	生理学上的值	
		对于热血动物	对于鱼类
蛋白	5.64	5.2	410
脂肪	9.4	9.0	9.0
糖	4.15	4.0	4.0

注：1 kcal/g=4.2×10³ J/g。

据统计，鱼类饵料对鱼类生长的能量转换一般为25%～40%，也就是说，食物中不到一半的总能量用于生长，而其余的用于生存时的能量损耗。食物中的水分、矿物质、纤维素等没有能量价值。通常，每千克含热量少于 12.6×10^{6} J的食物，由于它们含有的脂肪很少，纤维很多，总食物转换效率是很低的。

3. 鱼类对营养物质的需求

鱼类生命过程中，需要蛋白质、脂肪、碳水化合物、维生素和矿物质等各类营养物质。不同种类的鱼或同一种类的鱼在不同的发育阶段和不同的环境条件下，对营养物质的要求都不同；养殖的方式、强化培育的程度都可能影响其需求的数量和质量。这就要求养殖者根据不同的条件为自己所养殖的种类制定合理的饲料配方，尽可能满足鱼类营养要求，这是健康养殖的关键性技术。

天然饵料或人工饲料中含有各种营养物质，但没有一种食物完全包含动物所需要的全部营养物质，需要有多种食物来提供。饲料的营养好坏往往也表示了饲料中营养物质的多少和质量的高低。营养物质在体内具有3种功能，即供给能量、构成机体和调节生理机能。饲料可提供一些参与机体进行各种生化反应的生物活性物质来进行调节和控制达到动态平衡。一般来说，蛋白质主要具有第二种功用，糖类和脂质主要具有第一种功用，维生素用以调节新陈代谢，无机盐则有的构成机体，有的调节生理活动。为了满足动物对各种营养物质的需求，需要制备能满足需求的合理科学的饲料，即平衡饲料。这种饲料能满足机体在动态过程中处于最佳状态，包括了饲料的组成与数量的动态平衡，机体对饲料的反应与适应及饲料被机体利用的后果等平衡。当动物接受了平衡饲料后才能获得生长发育的最佳状态。简言之，符合于动物营养所需的饲料即为平衡饲料。

4. 各种主要营养素

1）蛋白质和氨基酸

蛋白质是生命的基础，鱼类从食物中摄取蛋白质在消化器官内经酶的分解成氨基酸，氨基酸在体内被吸收合成为鱼体蛋白，供生长、修补组织及维持生命之用。鱼类对饲料中含蛋白质的要求为40%～50%；其原因：一是鱼类生长快；二是鱼类利用碳水化合物的能力差；三是在饲料能量不足时，鱼类易将氧化氨基酸所产生的热量作为能源。氨基酸是构成蛋白质的基本单位，鱼类对蛋白质的需要，本质上就是对氨基酸的需要。蛋白质一般由20种氨基酸组成，可分必需氨基酸和非必需氨基酸两大类。必需氨基酸鱼体本身不能合成，必须从食物中摄取。如果缺乏蛋白质会影响鱼类生长，甚至导致生病。鱼类的必需氨基酸有赖氨酸、色氨酸、蛋氨酸、亮氨酸、组氨酸、异亮氨酸、吉氨酸、苯丙氨酸、精氨酸和苏氨酸等。其他氨基酸称非必需氨基酸，缺乏时鱼能正常生长，不会生病。

2）脂肪

脂肪也是鱼类必不可少的营养素，除可供作能源外，还是脂溶性维生素和必需脂肪酸的供应源。脂肪在脂肪酶分解为甘油和脂肪酸方可被鱼体吸收。一般鱼类饲料中含有5%~18%的脂肪。但脂肪与鱼类品种不同而有差异，而且受环境温度的影响。脂肪易氧化，脂肪氧化后产生醛、酮、酸等物质，对鱼类是有毒的。投饲脂肪氧化的饲料，会引起鳟鱼肝脏病变，鲕鱼发生瘦背病等。防止脂肪氧化，一般将饲料中的脂肪先提取，待投饲时再添加。

3）碳水化合物

碳水化合物在鱼类的饲料中是热能的主要来源，是廉价能源。鱼类摄食后，在消化器官内被酶分解为单糖而被鱼体吸收利用。一般饲料中碳水化合物的含量为10%~40%。但与鱼类品种不同而有差异，草食性鱼类对碳水化合物利用能力高，而肉食性鱼类则低。

4）维生素

维生素是维持鱼类生长发育，保证体内正常生理活动所必需的一类化合物。鱼类缺少维生素，就会引起鱼体内某些酶活性失调，导致代谢紊乱，从而影响一些器官正常机能和鱼体的生长发育，导致维生素缺乏症的发生。维生素一般在鱼体内不能合成或合成数量较少，不能满足机体需要，必须从食物中供给。纤维素也是一种多糖，纤维素被酶分解为单糖作为能量来源。饲料中加入少量纤维素可改善营养物质的同化作用，有助于肠的蠕动和促进消化吸收。配合饲料中加入适量的纤维素可提高饲料的硬度，减少饲料的损失。根据维生素的物质性质，可分脂溶性维生素和水溶性维生素两类。脂溶性维生素有维生素A、维生素D、维生素E、维生素K等；水溶性维生素有维生素B族、维生素C、维生素H等，鱼类对维生素的要求具有明显的特异性。不同鱼类所需的维生素不尽相同。缺乏同种维生素，在不同鱼类可能出现不同的病状。如缺乏维生素C，鳗鲡出现坏血病，而香鱼则出现神经过敏症等。

5）无机盐类

无机盐类是维持鱼体正常生理机能不可缺少的物质，不仅是构成鱼体的重要成分，而且还是鱼体中酶系统的重要催化剂，其生理功能是多方面的，可以促进生长；提高对营养物质的利用率等。缺乏无机盐类，会导致无机盐类缺乏症的发生。无机盐类主要有钙、镁、钠、磷、硫、氯等元素，还有碘、钴、铜、锰、锌、钼等元素。鱼类生活在水中，可以通过渗透、扩散等多种方式吸收一部分水中的离子，但不能满足鱼类的生长需要。因此，其主要来源还需从食物中供给。一般无机盐类的添加量是饲料总量的1%~2%。

5. 各种主要营养素之间的关系

由于鱼类饲料的营养成分多种多样，各营养不仅具有各自的营养功用，而且互相之间既互相配合，又相互制约，其关系极为错综复杂。归纳起来有下面几种类型：营养素之间互相转变；营养素相互间直接发生物理的或化学的作用；它们相互对鱼类机体的吸收和排泄产生影响；一些营养素参与或影响另一些营养素代谢，因此，了解各种营养素的适量配合，是解决平衡饲料的一个重要方面。各种主要营养素之间的关系简述如下：

1）热能营养素之间的关系

碳水化合物、脂肪、蛋白质这3种热能营养素之间的相互关系是合理利用碳水化合物和脂肪提供热能，以减少蛋白质作为产生热能的分解代谢而浪费蛋白质。各种鱼类对碳水化合物、脂肪、蛋白质的要求的比例不尽相同。

2）维生素与热能营养素之间的关系

碳水化合物含量多时，对维生素 B_1 需求量也多，蛋白质和脂肪可降低对维生素 B_1 的需求；高脂肪饲料将大大提高对维生素 B_2 的需要量，而高蛋白质饲料可以节约对维生素 B_2 的需求；烟酸与能量代谢关系密切，其需要量随热量需要量的增加而增加；维生素 B_{12} 有节约蛋白质消耗的功能。

3）氨基酸之间的相互关系

为了满足鱼类对氮的需求，不能单纯强调供给必需氨基酸，还必须满足非必需氨基酸的需要。蛋白质的营养不能离开数量而单纯强调质量。氨基酸之间有的能相互代替，如酪氨酸可以节约部分苯丙氨酸；蛋氨酸不足时，则可由胱氨酸补充。若一种氨基酸过量或不足，不论是必需氨基酸还是非必需氨基酸都会引起氨基酸的不平衡，影响其化学结构相类似的别种氨基酸的利用。

4）维生素之间的相互关系

维生素C可促进鱼类对维生素 B_1 和维生素 B_2 的利用，减轻维生素 B_2 缺乏症。维生素E能保护维生素A和胡萝卜素损耗，免遭氧化破坏，促进胡萝卜素在鱼体内转化为维生素A。维生素 B_2 与烟酸具有协同作用，当维生素 B_2 缺乏时，体内色氨酸转化为烟酸的过程受阻，出现烟酸缺乏症。维生素 B_{12} 与烟酸、维生素 B_6、胆碱之间也存在一定的协同作用。维生素 B_{12} 在体内的利用需要有叶酸的参与，维生素 B_{12} 缺乏时，叶酸便不能转化为有活性的四氢叶酸。胆碱碱性极强，可使维生素C、维生素 B_1、维生素 B_2、泛酸、烟酸、维生素 B_6、维生素K等遭破坏。维生素A与维生素C之间可能有拮抗作用。总之，各维生素之间的关系较为复杂，实际应用时应特别注意各种维生素之间的比例平衡，鱼类过量摄入某一种维生素可引起或加剧其他维生素的缺乏症。

5）几种营养素对 Ca 利用的影响

鱼类脂肪量过高时对钙（Ca）吸收减少；蛋白质缺乏时对 Ca 的吸收也减少；维生素 D 可促进对 Ca 的吸收和骨骼的钙化；碳水化合物的乳糖、蔗糖、山梨糖、葡萄糖、果糖、半乳糖、木糖都可以提高对 Ca 的吸收，但半乳糖过多可出现代谢异常使 Ca 沉淀，在眼球内形成晶体混浊导致白内障。琼脂的主要成分为半乳糖。

表 5-3　不同食性鱼类饲料中基本营养素需求量（%）

食性	蛋白质	脂肪	糖类	无机盐	水分
肉食性	40~60	5~15	5~20	1~4	10~15
杂食性	35~40	5~15	20~40	1~4	10~15

表 5-4　鱼类饲料营养素的分配

营养成分	净增 1 kg 鱼需要量（g）	鱼需要量（g/kg）	每日鱼需要量（g/kg）
蛋白质	457	329	11.4
脂肪（冷水性鱼类）	139	100	3.5
脂肪（温水性鱼类）	83.4	60	2.1
糖类（冷水性鱼类）	293	210.5	7.3
糖类（温水性鱼类）	418	300.5	10.4

表 5-5　鱼类对无机盐的需要量

元素	需要量（mg/kg）	元素	需要量（mg/kg）
钙	4 500~7 000	铁	100~170
磷	4 200~7 000	铜	1~5
镁	400~700	锰	12~13
钠	100	钢	0.1
钾	100	锌	15~30
硫	300~500	碘	0.1~0.3
氯	100	硒	0.15~0.4

表 5-6　各种鱼类对饲料蛋白质的需要量

种类	鱼体重（g）	蛋白质需要量（%）
日本鳗鲡	鱼苗~鱼种	50~56
	幼鱼	55
真鲷	鱼种	48~52
	成鱼、亲鱼	45

续表

种类	鱼体重（g）	蛋白质需要量（%）
虹鳟	0.2~2.5	45
	2.5~50、亲鱼	42
	50~100	40
黑鲈	苗种	45
	鱼种	41
石斑鱼	苗种~成鱼	40~45
鰤鱼	苗种~成鱼	55
红鳍东方鲀	鱼种	50
鲽	幼鱼	50
月鳢	苗种	43~47
大菱鲆	成鱼	46
大麻哈鱼	苗种~成鱼	46~55

表 5-7　几种鱼类对必需氨基酸的需要量（%）

鱼类	精氨酸	组氨酸	异亮氨酸	亮氨酸	赖氨酸	蛋氨酸	苯丙氨酸	苏氨酸	色氨酸	缬氨酸
鳗鲡	1.7	0.8	1.5	2.0	2.0	1.9	2.2	1.5	0.4	1.5
真鲷	2.5	0.85	2.3	3.25	3.55	1.4	1.8	2.05	0.50	2.45
鲑	2.4	0.7	0.9	1.0	2.0	1.6	2.1	0.9	0.2	1.3
虹鳟	1.4	0.64	0.96	1.76	1.3	1.1	1.24	1.36	0.2	1.24
罗非鱼	142	0.58	0.75	1.58	1.88	0.58	0.88	0.96	0.29	0.88

第三节　生态围栏养殖鱼类饲料与投饲技术

生态围栏养殖分为给食式围栏养殖和零投喂式围栏养殖。零投喂式围栏养殖鱼类主要依赖天然饵料，而给食式围栏养殖依赖人工饲料。目前在生态围栏养殖中以给食式围栏养殖为主。饲料种类、投饲技术、养殖环境等直接影响投喂型生态围栏养殖鱼类的生长发育与养殖效果。针对给食式围栏养殖项目，本节主要概述饲料种类、投饲技术，并对影响围栏鱼类养殖饲养效果的几个非生物因素进行分析研究，为生态围栏养殖业的可持续健康发展提供参考。

一、饲料种类

1. 新鲜饲料

新鲜饲料（如新鲜小杂鱼等，亦称冰保鲜品）一般能满足远海围栏养殖鱼类的营养需要，但来源较为困难，特别是禁渔期时根本没有新鲜小杂鱼。在高温季节，鱼体蛋白质和脂肪分解氧化产生臭味和有毒物质（如硫化氢、醛和酸性物质），这不仅对鱼类有害，而且鱼类的消化吸收率降低。所以不新鲜及腐败变质的饲料鱼不宜作为饲料。另外，如果长期投喂单一品种的新鲜饲料，由于营养不全面，会导致鱼类营养性疾病的发生。新鲜饲料须根据养殖鱼类个体的规格，切成一定大小的块状饲料投喂或绞成肉糜投喂等（读者可参见本章第一节相关内容）。

2. 冷冻饲料

经冷冻的饲料在某些营养方面比新鲜饲料有所降低，特别是冷冻时间较长的鱼类，会使脂肪酸败，降低饲料价值。冷冻饲料投喂养殖鱼类必须经过解冻处理，解冻处理方法很多，有的企业在养殖管理平台、鱼码头、冷库周边码头、养殖工作船等处附件安置小网目网箱或网兜，将冷冻饲料直接或按需要大小的块状饲料截断后倒入上述小网目网箱或网兜内解冻，彻底解冻后捞起投喂。不经解冻的冷冻饲料直接作为饲料投喂，养殖鱼类摄食后，容易引起消化系统的疾病。

3. 人工配合饲料

人工配合饲料是根据各种不同鱼类的食性及其不同生长阶段对营养的需求，将以鱼粉为主并添加以鱼体营养必需的各种物质以及增加鱼类免疫力功能的微生物制剂等。人工配合饲料以一定数量和比例的各种原料科学配制，并采用特定饲料工艺加工生产。人工配合饲料营养安全、平衡、质量稳定，是一种符合鱼类生理要求的高蛋白饲料。通常，人工配合饲料除水之外不需要添加任何东西，既可维持生命，并有可能达到预期的生产量。而没有严格的科学依据盲目组成的饲料，一般称混合饲料。配合饲料养鱼同混合饲料比较有十分突出的优越性。①配合饲料能提高饲料营养生物价，饲料转化率高，一般为1.1~2（挪威养殖大西洋鲑的饵料系数已达到1.1的水平，图5-29）；②配合饲料通过制粒后投喂，可以减少饲料中营养成分的溶失，从而提高饲料的利用率；③配合饲料营养全面，能增加鱼类对疾病的抵抗能力，饲料加工过程中能杀灭病原菌，可降低鱼病的发生率；④配合饲料方便运输和贮藏，减轻养殖工人的劳动强度，促进围栏养殖机械化与智能化的发展。因此，配合饲料的运用是今后生态围栏养殖的主要发展方向。配合饲料按其加工形式可分为企业专业生产形式和养殖企业预混料加工形式。企业专业生产形式是指饲料加工企业专业生产的各种配合饲料；养殖企业自己加工是指采购专业厂生产的粉状预混料，根据厂家要求比例加入新鲜鱼浆，现场制作软颗粒饲料，直接投喂。配合饲料按形态主要分为粉状饲料、颗粒饲料和膨化饲料等，现简介如下：

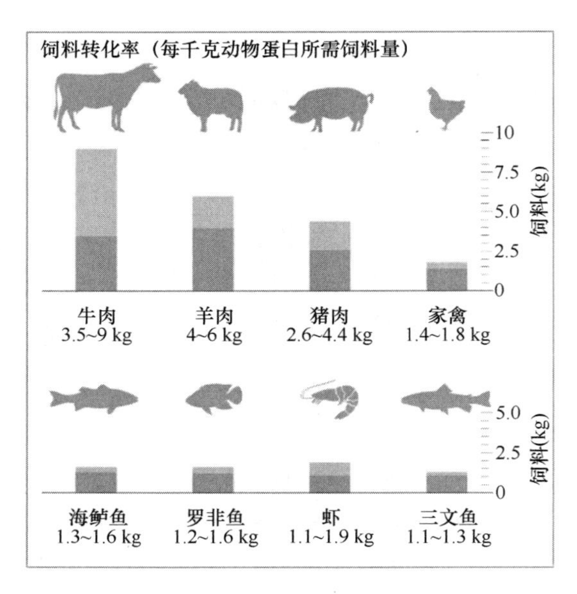

图 5-29　养殖鱼类的饲料转化率

1）粉状饲料

粉状饲料用来饲养幼鱼，又可以用于成鱼的饲养。将粉状饲料加水调制成团状投喂或放置于饲料台，供鱼食用。在养殖鱼类发生病害的时候还可以混入抗病药物防治鱼病。粉状饲料分散、溶失量大，饲料利用率不高，应尽量少用或不用粉状饲料。

2）颗粒饲料

把粉状的配合饲料，用环模式或螺杆挤压式颗粒制造机等设备压缩成颗粒状饲料为硬颗粒饲料；水分含量大（一般在 30%），用螺杆挤压式颗粒制造机生产的颗粒饲料为软颗粒饲料。颗粒饲料的颗粒大小，因鱼的规格不同而不同。其特点是：营养平衡，可均匀地摄取；可防止饲料散失，提高饲料的利用率；适口性好；可防止饲料虫害等。但要注意，颗粒饲料如加工调制不适当，维生素等营养物质易破坏。另外颗粒饲料的价格也较高。

3）膨化饲料

通过加压和加温，使淀粉部分糊化，然后迅速减压而使饲料体积膨胀变化的饲料为膨化饲料。膨化饲料在水中呈漂浮状，便于观察和控制投饵量。

人工配合饲料在贮藏过程中不可避免地会造成损失，问题在于如何将损失降低到最低限度。其损失主要由昆虫、微生物、动物活动以及贮藏处理不当等原因而发生的物理、化学反应造成的，所有这些原因又是相互影响的。这样，不仅仅是饲料重量遭受损失，而且饲料质量也受到损失，从而危及鱼类的健康。另外，还需要防止饲料的运输破损和受潮。配合饲料的质量标准：首先要看配合饲料的生产日期、产品使用的有效期、饲料有无发霉变质；饲料颗粒形态在静水中至少应保持 1 h 不松散；饲料常规主要营养成分应达到国家颁布的鱼类配合饲料标准；通过生产性投喂试验，鱼类的生长指标与生物饵料投喂效果的比较基本一致，饲料系数不超过 2.0。

二、投饲技术

配合饲料的效果，主要反映在最后的养殖效果和饲料转化率上，而投饲就是影响养殖效果和饲料转化率的重要因素，如果投饲不当，即使是一个好的饲料品种，也不一定获得最好的效果，甚至还可能适得其反，因此，掌握投饲技术是鱼类养殖者一个不容忽视的重要问题，它直接关系到养殖者的经济效益。

1. 投饲量的确定

首要的是正确确定投饲量，投饲量既要保证鱼类最大生长的营养需要，又不能过量投喂，过量投喂会造成昂贵的饲料浪费并有污染水环境的潜在危险。投饲量的确定要考虑鱼类对饲料摄食习性与方式、消化道结构、鱼体大小、水温、水质、溶解氧、饲料质量和投饲方式及投喂次数等。日投饲量一般以鱼体重量的百分数表示，称为投饲率。

1）从生长率和饲料系数的关系确定投饲率

在确定条件下，进行投饲率梯度与饲料系数关系的试验，并经数据处理，求出最低饲料系数，即为最佳投饲率。

2）从鱼类营养及代谢水平确定投饲率

围栏鱼类养殖中，在考虑饲料配方蛋白质水平的同时，试用下述公式计算投饲率：投饲率＝鱼对饲料蛋白质的需要［g/（d·kg）］÷（1 000 g×饲料粗蛋白%×粗蛋白消化率%），依次确定平均投饲率以及饲料系数。

3）在生产中投饲量的确定

在围栏生产中应当根据鱼类生长情况，经常调整日投饲量才能保证获得较好的产量。一般可以 10 d 为一阶段调整。根据日投饲量和投饲次数确定每天的投饲量，也可以根据鱼的摄食状况确定每次的投饲量。有人认为，让鱼吃“八成饱”可以提高养殖鱼的食欲，减少投饲损失，提高饲料营养成分的消化率。

4）生态围栏养殖鱼类的投饲率

生态围栏养殖的投饲率必须根据养殖鱼类品种的生态习性、食性、摄食状态、养殖海区的环境条件、饲料质量、投饲方式和投喂次数等来综合确定。不同鱼类品种和同一品种在不同季节均有差异。由于生态围栏养殖放养的鱼种一般为大规格鱼种，因此，常规养殖品种的投饲率，一般饵料日投饲占鱼体重的2%～10%。就海水养殖鱼类饵料系数而言，新鲜饵料、冷冻饵料系数一般为8，配合饵料系数一般为1.1～2.0（具体可参考相关文献资料或本章第一节）。随着智能养殖技术的发展，国外发明了智能化投饵机，实现了养殖鱼类的精准投喂（具体可参考相关文献资料或第二章第一节），既节约了养殖成本，又保护了养殖环境。

2. 饲料大小

国外鱼用饲料的生产，按照不同养殖阶段、不同鱼类大小、不同养殖品种等因素来确定饲料大小；除营养成分差异外，在颗粒大小上所分规格多达十几种，使产品系列化。国内某些海水鱼类生产饲料大小的规格较少，一般4～5种，其次应增加碎粒饲料的规格，以更密切适应鱼体大小，利于摄食与消化。投喂鱼类摄食的饵料大小，不论新鲜饵料、配合饲料，必须根据鱼类的摄食习性及鱼种的规格大小等因素来决定。大规格鱼尽量不用小型饵料投喂，影响其适口性及食欲，并造成饵料浪费。配合饲料与鱼体大小的关系如表5-8所示。

表5-8　配合饲料与鱼体大小的关系

形状	编号	固形饲料的直径（mm）	鱼体大小	
			体重（g）	体长（cm）
粉末	—	—	1.0	4.5
碎粒	1	0.5～1.0	1.0～3.0	4.5～5.8
	2	0.8～1.5	3.0～7.0	5.8～7.4
	3	1.5～2.4	7.0～12.0	7.4～9.4
颗粒	1	2.5	12～50	94～15
	2	3.5	50～100	15～18
	3	4.5	100～300	18～23
	4	6.0	300以上	23以上

3. 投饲次数

饲料的投喂次数，应根据鱼类的摄食习性而定。肉食性鱼类为有胃鱼，对食物有较高的贮存能力，只有当胃内容物少于饱和量时，鱼类才会积极摄食，所以对肉食性鱼类的投喂次数每日2～3次为宜。生态围栏养殖每天投饲次数多少是影响投饲效果及防止饵料散失的主要因素之一。在总的日投饲量决定后，一般以量少次多为基本原则，尽可能减少饵料因一次性投饲过量而造成浪费现象。通常，4—10月，鱼摄食和新陈代谢旺盛，1 d 投喂次数多些；11 月至翌年 3 月，水温低，投喂次数少些；越冬期间基本不投饲（具体可参考相关文献资料或第二章第一节）。

4. 投饲时间

生态围栏养殖海区一般为强流海区，通常应在平潮或缓潮时投喂。有些品种鱼类要根据摄食习性来决定。如大黄鱼在早、晚暗光下摄食能力强，因此，根据潮汐尽量在天亮时和黄昏时投喂（具体可参考相关文献资料或第二章第一节）。

5. 投饲方法

投饲方法是给食式围栏养殖的一项十分细致的管理工作。投饲的基本原则：鱼种放养 2~3 d 待鱼类基本上适应围栏环境后再投饲；小潮水多投，大潮水少投；透明度大时多投，水混时少投；流急时少投或不投，平潮、缓流时多投；水温适宜时多投，水温不适宜时少投或不投；4—10 月多投，11 月至翌年 3 月少投或不投；小规格鱼多投，大规格鱼少投；生长速度快的品种多投，反之少投。

生态围栏饲料的投喂，应根据鱼类的摄食习性来决定。鰤鱼、鲈鱼、大黄鱼、鲷科等鱼类摄食凶猛，牙鲆、石斑鱼等鱼类摄食反应缓慢。投饲方法主要包括撒投和饵料台投喂两种。所谓撒投即一边投饲、一边摄食，食完再投，多吃多投，少食少投，开始时散开投，鱼群集群后，集中投；刚开始投饲，要有耐心引诱鱼类摄食，在鱼类聚群抢食良好时，可一下子投喂总量的 40%~50%，余下的饲料则慢慢投喂。所谓饵料台投喂即将饲料放入饵料台自由摄食。饵料投喂时还可以用声响来训练鱼类条件反射能力的形成，听到声响鱼类就集群抢食。若前一天摄食正常的鱼类，对声响和投饲不产生反应，则应检查围栏网衣有无异常和鱼类患病情况。只要水质良好、水温适宜，围栏养殖鱼类摄食一般均呈上升趋势。

6. 投饲方式

饲料的投喂一般有人工投喂、机械化投喂和智能化投喂 3 种方式。人工投喂只要根据鱼类的摄食强度而灵活掌握，是能够获得较好的投喂效果的，一般来说，人工投喂容易控制投喂速度。规模化养殖最好采用机械投喂、智能化投喂，投饲机械有鱼动式、螺旋式和卷扬式等各种类型的投饲机。智能化投喂设备有定时式自动投饵机、红外线残饵传感器自动投饵机、自发摄食投饵机和行为感知投饵机等类型（具体可参考相关文献资料或第二章第一节）。

三、影响鱼类养殖饲养效果的几个非生物因素

鱼类生活在水中，除了对水域环境条件有所要求外，影响鱼类生存的生物因素和非生物因素还很多，就非生物因素来讲，有盐度、温度、酸碱度和溶解氧等，现将相关内容简介如下（读者也可结合第一章第三节对此进行综合分析）。

1. 盐度

溶解于水中的各种盐类，主要通过水的渗透压影响鱼体。鱼类对盐度的适应范围因品种而异，从纯淡水直到盐度为47的海水中均有其分布。如卵形鲳鲹为广盐性鱼类，盐度范围为15~35，盐度太高时生长缓慢。海水鱼类只适应生活于盐度较高的水域，终身生活在海洋内。海水的盐度值一般为16~47，而海水硬骨鱼类体液盐分浓度一般比海水低，系属低渗性溶液。鱼类生活水域的盐度差异甚大，各种鱼类能够在不同盐度的水域中正常生活，与其具有完善的生理调节机制有关，但这种调节作用只能局限于一定盐度范围内，如果超越则导致鱼体的失调，而影响其生存。因此按鱼类耐受盐度变化适应能力大小，又可将鱼类分为广盐性和狭盐性两类。能够耐受盐度变化较大的鱼类称为广盐性鱼类，包括多种鰕虎鱼类及一种弹涂鱼，它们既能生活于纯淡水中，又能生活于盐度60的海水中；又如鲑鳟鱼为广盐性鱼类，既能在淡水中生存，又能在海水中生存；若需将淡水工厂化养殖的鲑鳟鱼移至海水养殖中，必须经过半咸水的过度（驯化）期，由低浓度逐渐向高浓度过渡，如25 g以上的鱼种，经过20 d左右的半咸水生活后，即可适应海水的环境。鲑鳟鱼对盐度的适应能力，随个体的生长而增强。正常情况下的稚鱼，盐度范围为5~8；当年鱼盐度范围为12~14；1龄鱼盐度范围为20~25，成鱼能适应30的盐度。而许多狭盐性鱼类则经受不起盐度的轻微变化，如栖息于珊瑚礁中的许多鲈形目鱼类及深海鱼类，只能经受盐度不足1的变化。盐度的突变是导致狭盐性鱼类死亡的重要因素，特别是在港养、海水池塘养殖、生态围栏养殖等养殖的条件下，尤其要注意防洪、防汛，避免盐度突变，避免因此对养殖鱼类造成损伤，影响养殖生产和经济效益。

2. 水温

影响鱼类摄食量的因素是多方面的，甚至光线强弱、人类活动也影响鱼类摄食。但从水体环境角度看，在水质条件良好、溶解氧含量高的环境中，最能影响投饲量的是水温因素。鱼类是变温动物，它们的体温几乎完全随着环境温度变化而相应地变化。多数鱼类的体温与其周围的水温相差不超过0.1~1℃，只有金枪鱼类相差达10℃以上。水温作为一个很重要的环境因子，直接或间接地影响鱼类的生存和发展。各种鱼类都具有其生存的最适温度，在最适温度范围内，随着水温增高，代谢作用增强，表现在鱼类的呼吸、摄食、消化机能旺盛，生长迅速。在一定的水温范围内，鱼类的能量代谢将随水温的升高而增加，到一定温度后其代谢又将趋于下降。水温剧降，鱼类代谢减弱，摄食不旺，投饲量应减少。在养殖后期水温下降、鱼群常不浮出水面时，要特别注意投饲量不宜过多，一般鱼类在水温10℃以下不摄食。如黑鲪较耐低温，适温范围为8~33℃，最适水温为14~22℃，水温5~6℃时停止摄食，水温1℃时鱼类出现死亡。黑鲪在黄渤海沿海养殖一般可以越冬，但当海水水温低于5℃时应立即将鱼类转移至室内养殖池或其他水温较高水域，以免因水温过低鱼类大量死亡（如山东某海区黑鲪养殖时，曾因冬季海水结冰而大量死亡等）。

3. 酸碱度

酸碱度描述的是水溶液的酸碱性强弱程度，用pH来表示。热力学标准状况时，pH值为7的水溶液呈中性，pH值小于7者显酸性，pH值大于7者显碱性。pH值范围在0~14之间，只适用于稀溶液，氢离子浓度或氢氧根离子浓度大于1 mol/L的溶液的酸碱度直接用浓度表示。酸碱度是水域环境中的一个重要指标，能够直接影响到鱼体的生理状况。pH值的变化受很多因子影响，它不但可以指示水域中氢离子浓度，而且可以间接表示水中二氧化碳（CO_2）、DO及溶解盐类和碱度等水质情况。pH主要决定于水中游离CO_2和碳酸盐的比例，一般CO_2越多，pH越低；CO_2越少，pH增高。此外，水中的腐殖酸和硫酸盐的含量也影响到pH值的变化。一般天然海水中的pH比较稳定，但在地势较高，换水不便的港塭或池塘中，pH的变化较大应当予以重视。

海水的pH值通常在7.85~8.35的范围内，内陆水域则变化幅度较大。各种鱼类有不同的pH最适范围，一般鱼类多偏于适应中性或弱碱性环境，pH值为7~8.5范围以内，酸度不能低于6以下。如适合卵形鲳鲹生长的pH值为7.6~8.8；而杜氏鰤生长的pH值为7.8以上，适宜pH值为8.0~8.4。在酸性水体内，可使鱼类血液中的pH下降，使一部分血红蛋白与氧的结合完全受阻，因而减低其载氧能力，导致血液中氧分压变少。在这种情况下，尽管水中含氧量较高，鱼类也会因缺氧而“浮头”。在酸性水中鱼类往往表现为不爱活动、畏缩、迟滞、耗氧下降、代谢机能急剧低落，摄食很少，消化也差，生长受到抑制。当pH超出极限范围时，则往往破坏皮肤黏膜和鳃组织，而直接造成危害。pH过低对于依靠其他水生生物为食的鱼类能造成间接的危害，如在酸性环境中细菌、藻类和各种浮游动物的生长、繁殖均受到抑制，消化过程滞缓、有机物的分解速率减低导致水体内物质循环速度减慢。

4. 溶解氧

溶解在水中的空气中的分子态氧称为溶解氧，水中的溶解氧的含量与空气中氧的分压、水的温度都有密切关系。在自然情况下，空气中的含氧量变动不大，故水温是主要的因素，水温越低，水中溶解氧的含量越高。溶解氧通常记作DO，用每升水里氧气的毫克数表示。水中溶解氧的多少是衡量水体自净能力的一个指标。水中的溶解氧，是鱼类的重要生活条件之一。鱼类如同其他动物一样，如果没有氧气通过血液循环进入机体各部组织，那就不能保证鱼类新陈代谢的正常进行，鱼类就不能生存。所以，水体中的溶解氧对鱼类的生命活动极为重要。大黄鱼对DO的要求较高，幼鱼的DO阈值在3 mg/L左右，稚鱼则在2 mg/L左右；所以大黄鱼人工育苗，尤其在养成中要注意保持DO在5 mg/L以上，否则易造成缺氧浮头导致死亡。溶解氧不仅对鱼类有直接影响，而且亦产生间接影响。如水体具有良好的氧气条件，能促进好气性细菌对有机物的分解，加快水体内物质循环速度，有利于天然饵料的繁生，为养殖鱼类提供更多的食物。相反，如果水体氧气条件低劣，有机物分解迟缓，那将导致水体物质循环强度下降，水体天然生产力随之下降，甚至引起嫌气性细菌的滋生。它们对有机物的分解，将产生还原性的有机酸、氨、硫化氢等，对鱼类和天然饵料的繁衍将起到毒害作用或不良影响。水体的缺氧，会引起鱼类呼吸中枢的兴奋，将以提高呼吸活动来应付溶解氧之不足。当严重缺氧时，则产生鱼类"浮头"现象，这是水体缺氧的危险信号。如果不立即采取措施，水体含氧量继续锐减，那么鱼类将陷入麻痹状态，失去平衡，最后窒息而死。这一现象多发生在有机质和浮游生物繁生过多的港塭、池塘及潮流不通畅的内湾等地，特别在夏季闷热无风、低气压的天气，应加倍注意防范。美国红鱼要求溶氧量大于3.0 mg/L，当DO含量小于2.0 mg/L时，可能会引起浮头，幼鱼的窒息点为0.38~0.79 mg/L，耐低氧的能力，在海水中较在半咸水、淡水中强。不同水温的溶氧量饱和值见表5-9。网衣上的污损生物直接影响围栏内外水体的交换，并进一步影响生态围栏水体中的溶解氧，因此，在生态围栏养殖中一定要保持网衣清洁（如经常洗网或换网，此外，也可以采用具有防污功能的网衣等），以确保围栏内养殖鱼类的溶解氧需求。

表5-9　不同水温的溶氧量饱和值

水温（℃）	0	5	10	15	20	25	30
溶氧量（mg/L）	10.21	8.94	7.91	7.04	6.40	5.85	5.32

5. 光线

光线对鱼类的生活有着重大影响。多数鱼类的仔鱼在水层中的分布，都随着光线的昼夜变化而变化。白天在强光下离开表层，傍晚则转向表层。很多鱼类对于光线有明显的趋光性，这一原理目前已被应用到灯光捕鱼，如蓝圆鲹、金色小沙丁鱼、鳀鱼、银汉鱼等均有显著趋光性。光线对鱼类的摄食亦有一定影响，一般鱼类，包括目前生态围栏养殖的大黄鱼等主要养殖品种，多在白天（特别在清晨和傍晚）进行摄食活动，而在黑夜则停止进食，反映了光与视觉及摄食有关。但也有例外，如鲱、黄鲫于夜间摄食。基于鱼类的光线需求，在生态围栏选址时需要达到一定的水深，以确保一些厌光性鱼类的正常生长发育。对鱼类体色有需求的围栏养殖，在围栏养殖生产中需要在围栏上方或某一区域布设遮阳网、遮光幕等，以便达到理想的体色，如在真鲷网箱、围栏养殖设施上方一般都加盖遮光幕，以便达到理想的体色调整效果（图5-9）。在一些石斑鱼养殖设施上，人们有时也布设遮阳网、遮光幕

等，以调节鱼类体色。为保持大黄鱼成品销售时呈现金黄色，人们一般在入夜后黎明前收获（图 5-30）

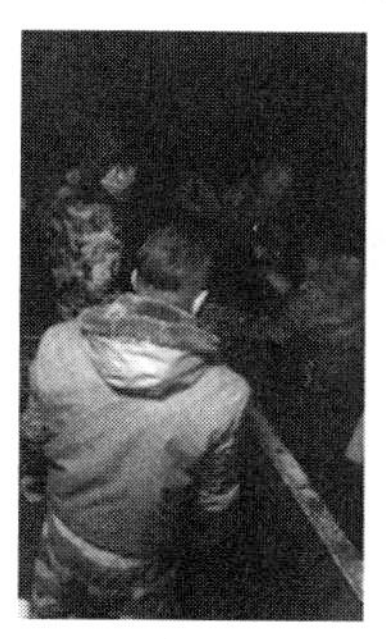

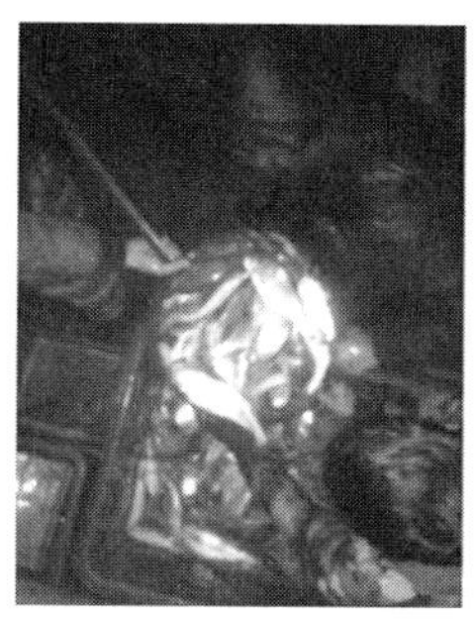

图 5-30　夜间捕捞大黄鱼场景

6. *声音*

鱼类能感受机械振动、次声振动和声振动，此外尚能感受超声振动等。鱼类对声音的感受器主要是侧线器官、内耳下部的球状囊和瓶状囊等。鱼类的侧线器官能感受频率为 5~25 Hz 的水流、机械振动和次声振动，而 16~13 000 Hz 的振动则用内耳下部的球状囊和瓶状囊进行感受。有些声音使鱼类有强烈的反应，有些对鱼类起恐吓作用，而另一些声音则有吸引作用。如马达或发动机的声响，常使产卵前潜居河底的娃娃鱼跳出水面。其他噪声亦会使鱼惊出水面或逃遁。利用声捕鱼（即以鱼类对声的反应为基础）已成为国内外的研究课题之一，如现有大黄鱼围栏养殖生产中，人们利用大黄鱼对声音敏感这一特性通过敲打竹竿等来驱集大黄鱼。在养殖条件下，如能利用鱼类对声音的反应，建立条件反射后，可以定点投喂，节约饵料，便于管理，也更利于养成后集中捕捞。在生态围栏养殖区距离相当近的地方开山炸岩，对石首鱼科的鱼类（如大黄鱼等）具有极大的危害，大黄鱼的敲鼓作业就是利用声音的震动，造成具有耳石的石首鱼科鱼类昏晕而捕捞的，目前该种捕捞作业方式已经禁止使用。此外，在石首鱼科围栏选址时需要避开经常有巨大声音震动的区域（如港口、航道等临近水域）。

7. *悬浮物*

海水中悬浮微粒在许多方面对鱼类产生不同的影响。首先是悬浮微粒对鱼类的机械作用，水体中含有大小不同的从几微米到十余微米的矿质颗粒，在悬浮微粒过多时，将导致水的混浊度增大、透明度降低，不利于天然饵料的繁生。长期生活于水质混浊环境中的鱼类，眼部一般变得很小，这也是一种适应现象，因为必须缩小眼径才能防止被流水带来的悬浮颗粒损伤眼的裸露面，更好地保护眼的安全。水中大量存在的悬浮微粒亦会使鱼类造成呼吸困难和窒息现象，因为这些微粒随鱼的呼吸动作进入鳃部，将沉积在鳃瓣、鳃丝及鳃小片上，不仅损伤鳃组织，而且隔断了气体的交换，严重时甚至导致窒息死亡。有些鱼类可在浑水中长期生活（如大黄鱼等）。但这种鱼类亦有很好的适应方式，其皮肤分泌的黏液能使水中悬浮微粒很快下沉，以致使鱼体周围有一层清水。根据实验发现，由皮肤分泌的黏液与水接触后，pH 可急剧下降，从 7.5 降至 5。黏液的凝聚特性作为防止悬浮微粒充塞鳃中的一个办法很重要，但是如混浊度超过一定限度，则仍可致鱼于死地。

8. 水流

生活在海洋中的鱼类能抵抗一定的海流。但不同品种、不同规格的鱼类，抵抗海流和潮流的能力强弱差异相当大。浙江省目前生态围栏设置的海区，冬、春两季大潮期间潮流的流速接近 1 m/s，但夏、秋两季大潮期间潮流的流速均超过 1 m/s 以上，高的甚至达到 2 m/s。小规格的鱼类（常规围栏养殖的品种）和游泳能力差的鱼类（如鲷科鱼类、底栖鱼类、岩礁洞穴性鱼类、河鲀类等）不能适应设置于浙江海区强流速的生态围栏养殖，特别是越冬低水温期，鱼类无法摄食，每日仍将抵抗流速的冲击，能量消耗非常大。这也是越冬期生态围栏养殖鱼类死亡率高的主要原因之一。因此，生态围栏设置海区的强流速问题是影响生态围栏鱼类养殖经济效益最主要的原因之一。针对上述问题，人们研发了形式多样的滞流养殖设施，以调节养殖区域水流速度（参见第一章第四节或其他文献资料）。

9. 海洋污染

海区污染危及渔业和破坏生态系统的现象，目前已在国内外不少地区暴露出来。随着沿海工业迅速发展，随之而来海区污染也会发生，有毒污水有时会流入大海，造成附近水域的污染，使水产养殖生产受到很大影响。如胶州湾在 1958 年前盛产马鲛鱼、带鱼、比目鱼、黄姑鱼、鲻鱼、对虾及其他杂鱼、杂虾等，以后由于工业污染，致使湾内渔业生产逐年下降，尤其是经济鱼类的产量下降幅度更为突出。海水污染的来源主要为化工、石油、冶金、造纸、纺织、印染、农药等厂矿的工业废水的排放流入海区造成污染。农田等地排放的污水入海，也会给海区造成污染。污水或工业废水主要有害成分为硫化物、氧化物、各种重金属离子（汞、铜、锌、镉、铅、铬等），酚、醛、砷、硒及有机氯农药制品等。此外，有机物和各种营养盐类大量入海也可造成局部海区污染。污染对鱼类生活的影响主要表现如下：

海水污染破坏了包括鱼类在内的一切海洋生物的食物链。海水污染对浮游藻类光合作用的破坏力十分严重，它从根本上动摇了海洋初级生产力的基础，使整个食物链量从最基础的环节上断裂。海区污染不仅严重影响一切海洋生物的幼体、成体的正常生长，危及其种族的繁衍，而且导致水产品质量低劣甚至失去食用价值，同时给人类健康带来很大威胁。有机物和大量营养盐类污染的海区，对海洋生物的危害性很重要是表现在“赤潮”现象。赤潮的形成与海水中氮、磷和铁、锰等微量元素以及有机物大量增加有关。赤潮是局部海域浮游生物突发性急剧繁殖、聚集，从而恶化水质，使海水腥臭、发黏、水色异常的现象。我国近海的赤潮生物有 40 余种，常见的有夜光藻、原甲藻、裸甲藻、多甲藻、旋环藻、角藻、骨条藻和束毛藻等。赤潮多发生在夏季闷热天气，海水颜色变成粉红色、桃红色、褐红色、黄绿色或墨绿色等。诱发赤潮的主要原因是生活污水的排放，农田化肥的流失，养殖场区残饵、废水倾注和有机物积累等，使海区富营养化，促使赤潮生物急剧大量繁殖。特别是磷肥的大量流入，使氮磷比超过正常比例，更诱使赤潮发生。赤潮生物繁殖初期，相当短时间海水溶解氧升高，但紧接着由于过量繁殖，引起海水严重缺氧，导致围栏养殖的鱼类供氧不足；大量赤潮生物死亡被细菌分解，生产的硫化氢和甲烷对鱼类有致死的毒性；许多褐鞭毛藻能排出大量黏性物质，这些黏性物质能附在鱼鳃上，使其窒息死亡；一些裸甲藻能分泌剧毒的甲藻毒素，对鱼类心肌呼吸中枢或神经中枢起障碍作用，导致鱼类死亡。发现海区有大片带状或块状水色异常应疑为赤潮，并进行水中浮游生物测定或向有关部门报告。若鱼类无甚反应，摄食正常，表明该赤潮毒性较小，但要当心晚上出现缺氧浮头，应采取增氧措施。若赤潮出现当天，鱼类反应异常，出现狂游或急躁不安，在无其他病症和征象情况下而突然死去，应采取下列紧急措施：①将围栏内养殖鱼类移至远离赤潮区；②投放大量硫酸铜，撒布黏土，用量 1~2 kg/m^2，或用过氧化氢以 15 mg/L 浓度泼洒，杀死角毛藻等赤潮生物（投放药物必须满足《水产养殖用药明白纸 2019 年 1、2 号》等法律法规的规定）。赤潮对围栏养鱼的危害非同一般，不能小看。赤潮可使围栏养殖鱼类或运输船中鱼类大量死亡。赤潮的气味，能刺激人的呼吸道黏膜，人口服 1 mg 纯毒素即可致死。由腰鞭毛虫引起的赤潮中离析出的毒素，稀释至 1∶250，能使鱼在 1 h 内死亡，稀释到 1∶1 000，能使鱼失去平衡。在赤潮出现的地区，大量赤潮生物的耗氧和大量赤潮生物死亡后分解过程的耗氧，可使海水溶解氧耗尽，如果得不到及时补充，将导致区域内经济鱼虾类和其他生物窒息死亡。

10. 重金属

重金属（如汞、铜、镉、铅、铬、砷、锌、硒、镍等）在海水中超过一定含量时会影响生态围栏养殖鱼类的呼吸、代谢，重金属严重超标时将会导致围栏养殖鱼类死亡。重金属离子诸如铜、铁、铅、锌等能刺激鱼类的鳃部，使其分泌大量的黏液，并能促使黏液凝固形成薄膜覆盖于鳃之表面，亦充塞于鳃丝之间，危害鱼类的呼吸，甚至使鱼窒息死亡。因此，生态围栏拟养海区水质中重金属含量应控制在海水水质标准规定的范围内，并且每项指标均未超过。在鱼类养殖中，如果在围栏中使用了金属管材、金属框架和金属网衣等金属材料，则需定期对海水、养殖鱼类和海底沉积物等进行例行监测，以确保养殖鱼类安全。

11. 化学需氧量

化学需氧量（COD）是评价海水水体污染的主要因子之一。尽管海洋对污染物的降解作用很强，但海水的自净能力也是有限的。海水自净能力受环境的影响较大，养殖区海域COD含量需符合一类海水水质标准（不大于2 mg/L），局部海域COD含量需达到二类海水水质标准（不大于3 mg/L）。养殖区海域一旦存在COD含量超标现象，其水质将逐渐恶化，严重影响围栏养殖效益。在利用风浪、光照等对围栏养殖区海域COD进行降解的同时，围栏养殖海区可合理搭配贝、藻养殖，利用动、植物相互依存的关系来缓解水质污染，这些海藻能消耗大量的氮和磷、稀释和净化污染物、降低COD含量，使围栏养殖海域环境与养殖海藻之间达到自净、协调的目的。如在南麂岛外南侧海域大型深远海智能化大黄鱼养殖渔场项目规划设计中，石建高团队联合武船重工、碧海仙山等创新设计了藻鱼混养模式，通过种植大批“海带林”来降低养殖区的COD含量。

12. 无机氮和磷酸盐

赤潮是全球性海洋灾害之一，赤潮往往造成围栏养殖鱼类的大批死亡。海水中丰富的无机氮（IN）和磷酸盐（PO_4-P）为赤潮的发生提供了营养基础，特别是磷含量的多寡是制约赤潮发生的主要因素，掌握不好会影响鱼类生长或造成鱼类死亡，因此，生态围栏养殖海区中IN和PO_4-P含量也是影响鱼类养殖饲养效果的重要因素。围栏养殖区首先应位于非赤潮频发海域，围栏养殖区的IN和PO_4-P指标越低越好，尽量选择IN不高于300 μg/L、PO_4-P不高于30 μg/L的海区。在围栏养殖中，一旦发生海区的IN和PO_4-P指标轻微超标，应立即将投喂饵料换成人工配合饲料，并精准控制投饵量。

综上所述，我国生态围栏养殖环境迥异、养殖鱼类品种繁多、饲料种类各取所需，而养殖工人的从业水平又千差万别，这使得影响鱼类养殖饲养效果的分析研究变得非常复杂，相关研究工作非常重要，但任重道远。

第四节　海水鱼类养殖技术指标及其病害防治技术

海水养殖近年来发展迅速，尤其是具有养殖水体大、养殖密度低、养成鱼类品质好、养殖环境友好、抗风浪能力强和利用天然饵料能力高等明显优点的生态围栏养殖模式也逐渐发展起来。在生态围栏养殖实施过程中，既要分析项目建设的技术可行性，又应关注养殖鱼类病害防治技术，以确保生态围栏养殖业的可持续健康发展。参照相关参考文献、前期研究成果等，本节主要概述海水鱼类养殖技术指标及其病害防治技术，为生态围栏养殖技术研究提供参考。

一、海水鱼类养殖技术指标研究

海水鱼类养殖技术指标包括产量、生长率、存活率、增重倍数、饵料系数、每千克商品鱼的饵料成本、劳动生产率及产品规格的变异系数等，这些都关系到生态围栏养殖成本和盈利。

1. 产量

在某处实施生态围栏养殖之前及发展过程中，都有必要进行技术指标分析研究；而且，生态围栏养殖的技术指标又因围栏结构、养殖种类、养殖周期、养殖水域、投喂饵料等因素的不同而有差异，因此，对技术指标进行分析研究非常重要和必要。生态围栏养殖产量体现为稳产和优产。表示生态围栏养殖产量单位为：kg/m^2或 kg/m^3，尾/m^2或尾/m^3。目前东海所石建高研究员规划设计的零投喂牧场化大黄鱼养殖生态围栏新模式中，建议养殖企业将大黄鱼养殖产量指标范围控制在 0.2~2 kg/m^3（即一个立方水体产出 0.2~2 kg 大黄鱼），上述项目以追求鱼类品质和销售价格为首要目标，而产量为次要目标。

2. 出栏规格

通过一段时间的围栏养殖，围栏养殖鱼类生长速度越快、饲养期越短，围栏养殖效果越好越经济。出栏规格以商品鱼规格为标准，不仅个体要求达到规格，而且整个鱼群规格也要整齐肥满。如果达不到商品规格或只有一部分达到商品规格，或饲养期过长，则生态围栏养殖效果不好。诚然，生态围栏养殖效果必须与养殖效益进行关联，如果养殖模式的养殖效益好，上述传统的出栏规格评价标准指标（如“肥满”和“饲养期过长，则生态围栏养殖效果不好”）就需要优化、修改或调整，如目前东海所石建高研究员联合某公司在（超）大型生态围栏大黄鱼养殖生产中推广零投喂牧场化大黄鱼养殖生态围栏新模式，因为该模式下养成鱼类具有瘦长、条形好、价格高和饲养期长等特点，但整体效益高于传统养殖模式，其综合评价结果为“养殖效果很好”（编者注：因该项目目前处于一期试验阶段，建设单位名称暂以某公司表示）。

3. 存活率

生态围栏养殖存活率用公式（5-10）计算。

$$s = \frac{n}{N} \times 100\% \qquad (5\text{-}10)$$

式中：s 为存活率（%）；n 为出箱时的存活数（尾）；N 为进箱时的放养数（尾）。

围栏养殖随着养殖周期的延长，呈现存活率降低，死亡率提高，但瞬间死亡率一般逐渐下降，瞬间存活率逐渐上升，即死亡率高峰发生在鱼种进箱的最早阶段。目前我国（超）大型生态围栏大黄鱼的存活率在起捕时应不低于85%，最好在90%以上。

4. 生长速度和增重倍数

围栏养殖鱼类生长速度是经过一个生态围栏养殖周期饲养后，养殖鱼群的长度或体重的增长量。生态围栏养殖增重倍数是指鱼群起捕时的平均净增重和放养的鱼种平均重量之比。生态围栏养殖的生长技术指标通常采用增重倍数来表示，其反映出选择鱼种的规格大小，饵料使用效果和养殖技术。

1）净增体长、净增体重

生态围栏养殖净增体长用公式（5-11）计算。

$$L = L_1 - L_0 \tag{5-11}$$

式中：L 为收获时净增体长或全长（cm）；L_1 为收获时体长或全长（cm）；L_0 为放养时体长或全长（cm）。

生态围栏养殖净增体重用公式（5-12）计算。

$$W = W_1 - W_0 \tag{5-12}$$

式中：W 为收获时净增体重（g）；W_1 为收获时体重（g）；W_0 为放养时体重（g）。

2）生长率

生态围栏养殖生长率用公式（5-13）或（5-14）计算。

$$K_L = \frac{L_1 - L_0}{L_0} \times 100\% \tag{5-13}$$

式中：K_L 为体长（或全长）生长率（%）；L_1 为收获时体长或全长（cm）；L_0 为放养时体长或全长（cm）。

生态围栏养殖净增体重用公式（5-14）计算。

$$K_W = \frac{W_1 - W_0}{W_0} \times 100\% \tag{5-14}$$

式中：K_W 为体重生长率（%）；W_1 为收获时体重（g）；W_0 为放养时体重（g）。

3）平均日增重

平均日增重用公式（5-15）计算。

$$K_{dw} = \frac{W_1 - W_0}{d} \tag{5-15}$$

式中：K_{dw} 为平均日增重（g/d）；W_1 为收获时鱼的个体体重（g）；W_0 为放养时的个体体重（g）；d 为放养至收获时的养殖天数。

4）增肉（长）倍数

增肉倍数 Q_W 用公式（5-16）计算。

$$Q_W = \frac{\overline{W}_1}{\overline{W}_0} \tag{5-16}$$

式中：Q_W 为增肉倍数；$\overline{W}_1$ 为养成鱼的平均体重（g）；$\overline{W}_0$ 为放养时的平均体重（g）。

增长倍数 Q_L 用公式（5-17）计算。

$$Q_L = \frac{\overline{L}_1}{\overline{L}_0} \tag{5-17}$$

式中：Q_L 为增长倍数；$\overline{L}_1$ 为收获时平均体长或全长（cm）；$\overline{L}_0$ 为放养时平均体长或全长（cm）。

5）放养效益

放养效益指每投放单位重量的鱼种在回捕商品鱼的重量，即毛产量和放养量之比。放养效益是生产率、生产速度和存活率的综合反映，可初步判定某一水域有无开展生态围栏养殖的生产价值，或生态围栏养殖的生产技术是否成熟。诚然，随着鱼类生态养殖技术的推广，放养效益必须与养殖鱼类的产值相关联，以实现养殖鱼类放养效益的科学、客观评价。

放养效益指数 E 用公式（5-18）计算。

$$E = \frac{W}{F} \tag{5-18}$$

式中：E 为放养效益指数；W 为收获时单位生态围栏养殖鱼的重量（g）；F 为放养时鱼种重量（g）。

生态围栏养殖单位面积产值及利润以元/米^2（RMB/m^2）或元/米^3（RMB/m^3）表示。生产每千克食用鱼所用成本以千克/元（kg/RMB）表示。每千克鱼饲料成本以饲料系数×饲料单价表示。平均每个劳力生产食用鱼重量称为劳动生产率。

6）饵料系数

饵料系数是指鱼类每增加单位产量所耗去的饵料量，是衡量饲料配方、加工、投饵率及投喂技术的一项综合指标，饵料系数能反映饵料质量和测算饵料用量。在生态围栏养殖上饵料系数又称增肉系数。对于人工配合饲料的饵料系数应不高于2.5，最好在2以内，天然小杂鱼应不高于10，最好在8以内。饵料效率或称饵料转化率，也表示饵料的营养效果。营养价值高，其对应的饵料系数低，饵料效率就高。饵料系数、饵料效率分别用公式（5-19）和公式（5-20）计算。

$$\xi = \frac{G_1}{G_2} \tag{5-19}$$

式中：ξ 为饵料系数；G_1 为总投饵量（kg）；G_2 为鱼总增重量（kg）。

$$\eta = \frac{G_2}{G_1} \times 100\% \quad (5-20)$$

式中：η 为饵料效率；G_1 为总投饵量（kg）；G_2 为鱼总增重量（kg）。

配合饵料的质量、投饵技术、竞食生物、饵料生物量和水质状况等因素都会影响饵料系数。降低饵料系数也就降低了饲料成本，提高了生态围栏养殖经济效益。在生态围栏养殖过程中，降低饵料系数是一个系统工程，贯穿在生态围栏养殖生产中的全过程。降低生态围栏养殖饵料系数的关键技术包括改进养殖方式，选择生长速度快、饲料转化率高的优良品种，建立良好的水域环境条件，进行良性生态养殖、科学合理的放养技术（包括放养密度、放养对象质量、放养操作方法等），以及饲料本身因素（包括品种、规格、质量及加工工艺水平等）的控制、科学的饲养管理、投饲技术研究、饲料的贮存管理、注意天然饵料对降低人工饲料系数的促进作用等。东海所石建高研究员联合相关单位开展的零投喂牧场化大黄鱼养殖生态围栏新模式中，对成鱼养殖采用零投喂牧场化生态围栏养殖新模式试验——成鱼投入生态围栏养殖设施后即实行零投喂生态养殖，让大黄鱼觅食自然水域中的天然饵料（如小虾、小杂鱼等），充分发挥天然饵料对降低人工饲料系数的促进作用。

7）平均数、标准差和变异系数

被测围栏内鱼群重量的平均数（$\overline{X}$）指的是围栏内鱼群的尾平均重量，它反映了鱼群的重心位置，用公式（5-21）计算。

$$\overline{X} = \frac{X_1 + X_2 + X_3 + \cdots + X_n}{n} = \frac{\sum X}{n} \quad (5-21)$$

式中：$\overline{X}$ 为被测围栏内鱼群重量的平均数（g）；X_1、X_2、X_3、…、X_n 为围栏内鱼群的每尾重量（g）；n 为围栏内鱼群的总尾数。

被测围栏内鱼群重量标准差 S 反映了鱼群的离散程度，用公式（5-22）计算。

$$S^2 = \sum_{i=1}^{n} (X_i - \overline{X})^2 / (n - 1) \quad (5-22)$$

式中：S 为标准偏差；X_i 为围栏内第 i 尾鱼的重量（g）；$\overline{X}$ 为被测围栏内鱼群重量的平均数（g）；n 为围栏内鱼群的总尾数。

生态围栏养殖可用平均数和标准差来求出变异系数 CV，用公式（5-23）计算。

$$CV = \frac{S}{\overline{X}} \times 100\% \quad (5-23)$$

式中：CV 为变异系数；S 为标准偏差；$\overline{X}$ 为被测围栏内鱼群重量的平均数（g）。

按公式（5-23）获得的变异系数 CV 小，表示生态围栏养殖的商品鱼（或鱼种）规格整齐、质量好，相应的生态围栏养殖技术也比较成熟；一般生态围栏养殖

起捕时的变异系数 CV 应不超过10%。

二、海水养殖鱼类病害防治技术

随着鱼类养殖业的快速发展，养殖鱼类的鱼病也时有发生，目前，鱼类病害已超过100种，其中，危害严重的有10余种。一旦养殖鱼类发生突发性、暴发性疾病，就会给养殖户或养殖企业造成灾难性的损失。随着海水养殖规模扩大、区域性养殖密度增大和日趋严重的海洋污染，能否有效控制养殖鱼类疾病的发生、蔓延和流行，关系到水产养殖业的绿色发展。

1. 鱼病发生原因

围栏养殖鱼类发生鱼病的原因很复杂，但基本上可包括病原体、水环境、鱼类自身抗病力、饲养管理。

病原体：可能引起鱼类发生疾病的生物体称为病原体。病原体广泛存在于自然界大海里，但通常情况下并不会使鱼得病，只有当病原体具有一定的致病力或毒力，且在环境和鱼体上达到一定数量，或养殖鱼类抗病力减弱时才可能导致鱼类生病；常见病原体有病毒、细菌、真菌、原虫、蠕虫和寄生甲壳类等动物中的一些种类。水环境：如果水环境不能满足鱼的需要或不利于鱼体的生活时，就可能导致鱼病发生。水环境涉及水质、底质、生物因子、赤潮、污染和中毒等方面。养殖海区水质理化因子，其一方面影响鱼自身的抗病能力，另一方面可能影响病原的生长繁殖。海况和水质条件差的养殖环境极易引发鱼病的发生。鱼类自身抗病力：鱼类是病原生物的侵袭目标，容易成为宿主。养殖鱼群中，难免有一部分鱼体的健康状况不良，体质较弱、抗病力差，它们是易感群体，给鱼病的发生提供了必要条件。鱼病的发生在许多情况下与养殖鱼类的自身抗病力有关，如各种操作、运输后鱼类容易发病，这除了鱼体受伤外，与其频繁地遭受各种应激因子的刺激、免疫力下降、对各种传染病的易感性增加有极大关系；又如越冬后的鱼类容易生病，这与整个越冬期停喂饵料、鱼体体质下降、免疫力变差、抗病力变差等因素有关。此外，不同种类的鱼对疾病的易感性也存在差异。饲养管理：养殖密度过高、饲料质量差、投喂方法不科学、营养成分不全或霉变等均会引起疾病。总之，影响鱼类抗病力的因素很多，在养殖过程中应遵循“防重于治”的原则，将损失降到最低，提高养殖效益。

2. 鱼病防治的基本原则和技术

围栏养殖鱼类的鱼病防治应遵循“防重于治”的原则，采用“健康养殖”的管理技术，以达到不发病或少发病的目的。由于养殖鱼类生活于水中，其行为和活动在通常情况下不易被观察，一旦发生疾病，要及时得到正确的诊治和防治有一定的困难，其次，鱼类发病后口服鱼药很难按要求的剂量进入到鱼体内。对养殖水体用药一般适用于小面积水体，对养殖海区就不适用了。鱼病防治的技术主要包括：控制和消灭病原体、改善和优化养殖环境、增强养殖群体的抵抗力、强化饲养管理、科学合理用药。

3. 鱼病检查与诊断方法

围栏养殖生产上，养殖鱼类发病与否通常是根据病鱼的异常活动状况（如摄食状态等）和病变症状等来进行判断。

1）现场检查与诊断

现场检查与诊断包括养殖群体的生活状态（活力与游泳行为、摄食和生长、鱼体外部症状观察、死亡率）以及养殖环境的变化。鱼类健康生长离不开好的养殖环境，一旦养殖环境出现对鱼类生长不利的情况，鱼类就会在异常因子的作用下出现病状或直接发生疾病甚至死亡。养殖环境因子包括透明度、温度、盐度、pH、未离解氨、未离解硫化氢和亚硝酸盐等。在现场检查与诊断方面，至少应对上述重要养殖环境因子进行查看或现场检测，以利于鱼病的诊断与防护。

2）实验室常规诊断

实验室常规诊断包括剖检和镜检。所谓剖检是指病鱼经解剖后，对各器官、组织进行肉眼观察。鱼体解剖后重点观察鳃丝，观察鳃片颜色是否正常（鲜红色），黏液是否增多，鳃丝末端是否肿大或腐烂。细菌性烂鳃病往往鳃丝末端腐烂，而由白点虫、指环虫、车轮虫等寄生虫引起的寄生虫病往往鳃片上黏液较多，有的鳃丝肿大、鳃盖张开等。需要注意的是，寄生虫病往往可能引发继发性细菌性烂鳃病。所谓镜检就是借助解剖镜或显微镜等，对肉眼看不见的病原生物进行检查和观察。用解剖剪从鱼类肛门外向前剪开，先观察是否有吸虫、线虫等大型寄生虫，再观察肝、胆、脾、肾及肠道，如只有肠道充血发红、腹部积水、肠内无食物且内含淡黄色黏液，则可能为肠炎病等。肠炎病确诊时还需进行细菌分离、鉴定和感染试验。此外还有目检。目检就是用肉眼对患病个体的外表直接进行观察。养殖鱼类有些症状很明显，通过目检症状即可基本判断疾病类型。对于鱼类疾病，除做病理学的深入诊断外，还应观察病鱼的体表和内部，如表皮溃疡、色素消退或变色、眼球混浊、突出或凹陷、鳍破损与基部发炎、鱼体或口腔变形、鳃丝褪色、肿胀与坏死，局部肌肉组织红肿软变、肛门红肿发炎等。观察鱼体内部器官时，应注意器官上出现白色结疖，肝脏黄变或绿变，肠内液体变黄，以及显微镜下寄生虫的检查等。实验室常规诊断除了上述方法外，还有病原菌分离、生物测定、血清学试验等。

4. 围栏养殖的综合防病措施

围栏养殖的鱼类生活在大水面水中，它们的活动及摄食都不易观察，一旦患病，诊断、治疗都有一定困难，且患病鱼大多失去食欲，很难用口服方法入药，浸泡办法不便操作，用药量大，成本也高，因此，围栏养殖鱼类的病害，必须以防为主，且进行综合防病。围栏养殖的综合防病措施主要包括以下几个方面：①控制和消灭病原体；②改善和优化围栏养殖环境；③提高养殖鱼类的免疫力和抵抗力；④合理使用药物预防；⑤积极开发和推广生物、免疫制剂；⑥加强疾病的监测，建立病原隔离制度等。

5. 常见围栏养殖鱼类疾病与防治

常见围栏养殖鱼类疾病包括病毒性疾病（淋巴囊肿病、鲈鱼出血病、真鲷虹彩病毒病）、细菌性疾病（细菌性体表溃疡病、细菌性肠炎病、烂鳃病、假单胞菌病、巴斯德氏菌病、爱德华氏菌病、链球菌病）、寄生虫病［单殖吸虫类（双阴道吸虫、海盘虫等）、本尼登虫病（复殖吸虫类）、海水小瓜虫病（白点病、原虫类）、车轮虫病（原虫类）、甲壳类引起的疾病（如鱼虱病）、藻类引起的疾病（淀粉卵鞭虫病淀粉卵甲藻病）］等，具体防治方法读者可参考相关文献资料。

除了上述病害外，围栏养殖中还会因其他非病原生物引起的病害和死亡，如台风影响。浙江、福建、广东、广西或海南等地是台风多发省份，每次台风过后均会引起鱼不同程度的发病和死亡。台风过后，人们通过及时捞取死鱼、更换围栏以及投喂新鲜适口饵料和药饵等措施，可起到一定效果。鉴于台风影响的严重性，生态围栏需重视台风危害。又如赤潮灾害。20 世纪以来，随着社会的发展，人类活动对环境影响的增加，赤潮已从海洋生态系统一种自我调整的自然现象演变为在人类活动胁迫下、频繁发生的异常生态灾害，特别是近年来，赤潮灾害遍布全球，呈现愈演愈烈的态势，已经成为制约海洋经济发展、威胁人类食品安全、破坏海洋生态系统的典型海洋生态灾害。赤潮的发生，使养殖海区的水环境急剧恶化，导致围栏鱼类的窒息或中毒死亡。赤潮影响必须成为生态围栏生产中密切关注的问题。还有网衣附着污损生物。生态围栏放置在海中一段时间后，其网衣上会附着藻类、藤壶等污损生物。污损生物既影响网衣内外水体交换，又毒化养殖环境、滞留有害微生物，导致养殖鱼类疾病多发甚至死亡，从而给围栏养殖业造成损失。所以开展围栏防污非常重要和必要，如生物防污法即在生态围栏内适当搭配一定比例能摄食污损生物的鱼类（俗称清污鱼类）来控制污损生物。在围栏内放养一些既能刮食植物又能摄食动物的杂食性鱼类（如斑石鲷等），在一定条件下它们能有效清除网衣上污损生物（如绿藻、褐藻、硅藻）。另有由营养缺乏或体质下降引起的疾病。由于鱼类饵料投喂不足，出现营养缺乏，特别是在禁渔期，一方面，是鱼类的快速生长期；另一方面，缺少饵料与营养，造成多数鱼体消瘦、体质下降，易发生疾病。

6.《水产养殖用药明白纸》宣传材料简介

2019 年 9 月 10 日，市场监管总局、公安部、教育部和农业农村部联合印发

《关于在“不忘初心、牢记使命”主题教育中开展整治食品安全问题联合行动的通知》。通知要求，针对水产品质量安全问题方面，在2019年11月底前，由农业农村部、公安部、市场监管总局牵头负责组织实施水产品兽药残留专项整治行动，其中，产地水产品兽药残留专项整治行动由农业农村部牵头负责。2019年9月12日，农业农村部制定及发布了《水产养殖用药明白纸2019年1、2号》（表5-10和表5-11）。为便于读者掌握相关内容，现将关于发布《水产养殖用药明白纸》宣传材料的通知摘录如下：

关于发布《水产养殖用药明白纸》宣传材料的通知

各省、自治区、直辖市农业农村（农牧）厅（局、委），福建省海洋与渔业局，计划单列市渔业主管局，新疆生产建设兵团农业农村局：

为加强水产养殖用兽药及其他投入品使用的监管，做好产地水产品兽药残留监控和水产养殖规范用药科普下乡工作，尽快提高养殖从业者规范用药水平，我局会同中国水产科学研究院、全国水产技术推广总站和相关专家，制定了《水产养殖用药明白纸2019年1、2号》（以下简称《明白纸》）宣传材料，经领导审定，现予以发布。

请你厅（局、委）组织本辖区内行政、执法、推广和科研等部门，结合当前产地水产品兽药残留专项整治和规范用药科普下乡活动，利用各类媒介开展宣传和培训。各地要重点加强养殖主产区的宣传和培训力度，努力做到《兽药管理条例》《明白纸》等宣传材料入村、入场、入户，主要养殖企业（合作社）张贴和熟知《明白纸》。各地要建立健全养殖用药普法的长效机制，通过定期宣传和培训，持续提高从业人员规范用药意识，不断加强执法人员培训和药残检测能力建设，支持养殖企业建立药残自检和质量可追溯制度，营造良好社会氛围，促进水产品质量安全水平稳步提升。

农业农村部渔业渔政管理局

2019年9月12日

附件：水产养殖用药明白纸2019年1号

水产养殖用药明白纸2019年2号

表 5-10　水产养殖用药明白纸 2019 年 1 号

（国务院兽医行政管理部门规定水生食品动物禁止使用的药品及其他化合物，截至 2019 年 6 月）

序号	名称	农业部公告	序号	名称	农业部公告
1	克仑特罗	235 号	41	卡巴氧	560 号
2	沙丁胺醇	560 号	42	万古霉素	560 号
3	西马特罗	235 号	43	金刚烷胺	560 号
4	己烯雌酚	235 号	44	金刚乙胺	560 号
5	玉米赤霉醇	235 号	45	阿昔洛韦	560 号
6	去甲雄三烯醇酮（群勃龙）	235 号	46	吗啉（双）胍（病毒灵）	560 号
7	醋酸甲孕酮	235 号	47	利巴韦林	560 号
8	氯霉素（包括琥珀氯霉素）	235 号	48	头孢哌酮	560 号
9	氨苯砜	235 号	49	头孢噻肟	560 号
10	呋喃唑酮	235 号	50	头孢曲松（头孢三嗪）	560 号
11	呋喃它酮	235 号	51	头孢噻吩	560 号
12	呋喃苯烯酸钠	235 号	52	头孢拉啶	560 号
13	硝基酚钠	235 号	53	头孢唑啉	560 号
14	硝呋烯腙	235 号	54	头孢噻啶	560 号
15	安眠酮	235 号	55	罗红霉素	560 号
16	林丹（丙体六六六）*	235 号	56	克拉霉素	560 号
17	毒杀芬（氯化烯）*	235 号	57	阿奇霉素	560 号
18	呋喃丹（克百威）*	235 号	58	磷霉素	560 号
19	杀虫脒（克死螨）*	235 号	59	硫酸奈替米星	560 号
20	双甲脒*	235 号	60	氟罗沙星	560 号
21	酒石酸锑钾*	235 号	61	司帕沙星	560 号
22	锥虫砷胺*	235 号	62	甲替沙星	560 号
23	孔雀石绿*	235 号	63	克林霉素（氯林可霉素、氯洁霉素）	560 号
24	五氯酚酸钠*	235 号	64	妥布霉素	560 号
25	氯化亚汞（甘汞）*	235 号	65	胍哌甲基四环素	560 号
26	硝酸亚汞*	235 号	66	盐酸甲烯土霉素（美他环素）	560 号
27	醋酸汞*	235 号	67	两性霉素	560 号
28	吡啶基醋酸汞*	235 号	68	利福霉素	560 号
29	甲基睾丸酮	235 号	69	井冈霉素	560 号
30	丙酸睾酮	235 号	70	浏阳霉素	560 号
31	苯丙酸诺龙	235 号	71	赤霉素	560 号
32	苯甲酸雌二醇	235 号	72	代森铵	560 号
33	氯丙嗪	235 号	73	异噻唑啉酮	560 号
34	地西泮（安定）	235 号	74	洛美沙星	2292 号
35	甲硝唑	235 号	75	培氟沙星	2292 号
36	地美硝唑	235 号	76	氧氟沙星	2292 号
37	洛硝达唑	235 号	77	诺氟沙星	2292 号
38	呋喃西林	560 号	78	非泼罗尼	2583 号
39	呋喃妥因	560 号	79	喹乙醇	2638 号
40	替硝唑	560 号	《农药管理条例》第三十五条规定严禁使用农药毒鱼、虾		

说明：1. 国务院兽医行政管理部门规定水生食用动物禁止使用的药品及其他化合物不限于本宣传材料，全部禁用药品目录以相关公告为准，本宣传材料仅供参考。2. 除带 * 的药品外，上述药品还包括其盐、酯及制剂，具体名称和禁用规定以相关公告为准。3. 农业部公告第 235 号规定 30~36 号药品允许做治疗用，但不得在动物性食品中检出。4. NY 5071—2002《无公害食品渔用药物使用准则》的其他禁用渔药，如滴滴涕、环丙沙星、红霉素等不属于国务院兽医行政管理部门规定禁止使用的药品及其他化合物。

农业农村部渔业渔政管理局　　中国水产科学研究院　　全国水产技术推广总站 宣　　2019 年 9 月

表 5-11　水产养殖用药明白纸 2019 年 2 号

（国务院兽医行政管理部门已批准的水产用兽药，截至 2019 年 6 月）

序号	名称	出处	休药期
	抗菌药		
1	氟苯尼考粉	A	375 度日
2	氟苯尼考注射液	A	375 度日
3	甲砜霉素粉	A	500 度日
4	恩诺沙星粉（水产用）	B	500 度日
5	氟甲喹粉	B	175 度日
6	硫酸新霉素粉（水产用）	B	500 度日
7	盐酸多西环素粉（水产用）	B	750 度日
8	维生素 C 磷酸酯镁盐酸环丙沙星预混剂	B	500 度日
9	复方磺胺二甲嘧啶粉（水产用）	B	500 度日
10	复方磺胺甲噁唑粉（水产用）	B	500 度日
11	复方磺胺嘧啶粉（水产用）	B	500 度日
12	磺胺间甲氧嘧啶钠粉（水产用）	B	500 度日
	驱虫和杀虫药		
13	复方甲苯咪唑粉	A	150 度日
14	甲苯咪唑溶液（水产用）	B	500 度日
15	阿苯达唑粉（水产用）	B	500 度日
16	吡喹酮预混剂（水产用）	B	500 度日
17	精制敌百虫粉（水产用）	B	500 度日
18	敌百虫溶液（水产用）	B	500 度日
19	地克珠利预混剂（水产用）	B	500 度日
20	氰戊菊酯溶液（水产用）	B	500 度日
21	溴氰菊酯溶液（水产用）	B	500 度日
22	高效氯氰菊酯溶液（水产用）	B	500 度日
23	盐酸氯苯胍粉（水产用）	B	500 度日
24	硫酸铜硫酸亚铁粉（水产用）	B	未规定
25	硫酸锌粉（水产用）	B	未规定
26	硫酸锌三氯异氰脲酸粉（水产用）	B	未规定
27	辛硫磷溶液（水产用）	B	500 度日
	杀真菌药		
28	复方甲霜灵粉	C2505	240 度日
	消毒药		
29	苯扎溴铵溶液（水产用）	B	未规定
30	次氯酸钠溶液（水产用）	B	未规定
31	蛋氨酸碘粉	B	虾 0 日
32	蛋氨酸碘溶液	B	鱼、虾 0 日
33	碘附（Ⅰ）	B	未规定
34	复合碘溶液（水产用）	B	未规定
	消毒药		
35	高碘酸钠溶液（水产用）	B	未规定
36	癸甲溴铵碘复合溶液	B	未规定
37	过硼酸钠粉（水产用）	B	0 度日
38	过碳酸钠（水产用）	B	未规定
39	过氧化钙粉（水产用）	B	未规定
40	过氧化氢溶液（水产用）	B	未规定
41	聚维酮碘溶液（Ⅱ）	B	未规定
42	聚维酮碘溶液（水产用）	B	500 度日
43	硫代硫酸钠粉（水产用）	B	未规定
44	硫酸铝钾粉（水产用）	B	未规定
45	氯硝柳胺粉（水产用）	B	500 度日
46	浓戊二醛溶液（水产用）	B	未规定
47	三氯异氰脲酸粉	B	未规定
48	三氯异氰脲酸粉（水产用）	B	未规定
49	戊二醛苯扎溴铵溶液（水产用）	B	未规定
50	稀戊二醛溶液（水产用）	B	未规定
51	溴氯海因粉（水产用）	B	未规定
52	复合亚氯酸钠粉	C2236	0 度日
53	过硫酸氢钾复合物粉	C2357	无
54	含氯石灰（水产用）	B	未规定
	中草药		
55	大黄末	A	未规定
56	大黄芩鱼散	A	未规定
57	虾蟹脱壳促长散	A	未规定
58	穿梅三黄散	A	未规定
59	蚌毒灵散	A	未规定
60	百部贯众散	B	未规定
61	板黄散	B	未规定
62	板蓝根大黄散	B	未规定
63	板蓝根末	B	未规定
64	苍术香连散（水产用）	B	未规定
65	柴黄益肝散	B	未规定
66	川楝陈皮散	B	未规定
67	大黄侧柏叶合剂	B	未规定
68	大黄解毒散	B	未规定
69	大黄末（水产用）	B	未规定
70	大黄芩蓝散	B	未规定

续表

序号	名称	出处	休药期	序号	名称	出处	休药期
中草药				中草药			
71	大黄五倍子散	B	未规定	101	脱壳促长散	B	未规定
72	地锦草末	B	未规定	102	五倍子末	B	未规定
73	地锦鹤草散	B	未规定	103	五味常青颗粒	B	未规定
74	扶正解毒散（水产用）	B	未规定	104	虾康颗粒	B	未规定
75	肝胆利康散	B	未规定	105	银翘板蓝根散	B	未规定
76	根莲解毒散	B	未规定	106	银黄可溶性粉	C2415	未规定
77	虎黄合剂	B	未规定	107	黄芪多糖粉	C1998	未规定
78	黄连解毒散（水产用）	B	未规定	108	博落回散	C2374	未规定
79	黄芪多糖粉	B	未规定	生物制品			
80	加减消黄散（水产用）	B	未规定	109	草鱼出血病灭活疫苗	A	未规定
81	苦参末	B	未规定	110	草鱼出血病活疫苗（GCHV-892 株）	B	未规定
82	雷丸槟榔散	B	未规定	111	嗜水气单胞菌败血症灭活疫苗	B	未规定
83	连翘解毒散	B	未规定	112	牙鲆鱼溶藻弧菌、鳗弧菌、迟缓爱德华菌病多联抗独特型抗体疫苗	B	未规定
84	六味地黄散（水产用）	B	未规定	113	鱼虹彩病毒病灭活疫苗	C2152	未规定
85	六味黄龙散	B	未规定	114	大菱鲆迟钝爱德华氏菌活疫苗（EIBAV1 株）	C2270	未规定
86	龙胆泻肝散（水产用）	B	未规定	115	大菱鲆鳗弧菌基因工程活疫苗（MVAV6203 株）	D158	未规定
87	蒲甘散	B	未规定	维生素类			
88	七味板蓝根散	B	未规定	116	维生素 C 钠粉（水产用）	B	未规定
89	芪参散	B	未规定	117	亚硫酸氢钠甲萘醌粉（水产用）	B	未规定
90	青板黄柏散	B	未规定	激素类			
91	青连白贯散	B	未规定	118	注射用促黄体素释放激素 A2	B	未规定
92	青莲散	B	未规定	119	注射用促黄体素释放激素 A3	B	未规定
93	清健散	B	未规定	120	注射用复方鲑鱼促性腺激素释放激素类似物	B	未规定
94	清热散（水产用）	B	未规定	121	注射用复方绒促性素 A 型（水产用）	B	未规定
95	驱虫散（水产用）	B	未规定	122	注射用复方绒促性素 B 型（水产用）	B	未规定
96	三黄散（水产用）	B	未规定	123	注射用绒促性素（I）	B	未规定
97	山青五黄散	B	未规定	其他			
98	石知散（水产用）	B	未规定	124	盐酸甜菜碱预混剂（水产用）	B	0 度日
99	双黄白头翁散	B	未规定	125	多潘立酮注射液	B	未规定
100	双黄苦参散	B	未规定				

说明：1. 国务院兽医行政管理部门已批准的水产用兽药不限于本宣传材料，水产用兽药目录以兽药典和兽药质量标准及相关公告为准，本宣传材料仅供参考。2. 代码解释，A：兽药典 2015 年版，B：兽药质量标准 2017 年版，C：农业部公告，D：农业农村部公告，例如：C2505 为农业部公告第 2505 号。3. 休药期中“度日”是指水温与停药天数乘积，如某种兽药休药期为 500 度日，当水温 25 度，至少需停药 20 天以上，即 25 度×20 日 = 500 度日。4. 兽药名称、用法、用量和休药期等以相关文件或兽药标签和说明书为准。

倡导拒绝购买和使用无兽药产品批准文号（进口兽药注册证号）药品

农业农村部渔业渔政管理局　中国水产科学研究院　全国水产技术推广总站 宣　2019 年 9 月

附录1　深远海围栏纤维代表性企业简介

深远海围栏纤维代表性企业——浙江千禧龙特种纤维股份有限公司（简称千禧龙纤）坐落于中国五金之都——浙江永康，是千喜集团于2010年投资成立的国家高新技术企业。千禧龙是国家高新技术企业、浙江省管理创新示范中小企业、浙江省AAA级守合同重信用企业，拥有省级高新技术研究开发中心等一系列高端创新平台。近两年，公司先后投入巨资扩建永康生产基地并建成龙游生产基地，装备国内先进流水线20余条，具备年产千吨UHMWPE纤维的产能，年产值1.6亿多元。

公司秉承“科技兴企、质量立市”的经营理念，自成立以来，专注UHMWPE纤维领域，2011年被列入“浙江省战略性新兴产业‘百项工程’”新材料产业重点项目。拥有省级高新技术研究开发中心，一方面与东华大学、中国水产科研研究院东海水产研究所等单位开展UHMWPE纤维产学研合作，组织对材料、工艺等专项研究，努力提高UHMWPE纤维工艺技术水平；另一方面与中国水产科学研究院东海水产研究所石建高研究员团队开展UHMWPE纤维绳网产品产学研合作，为客户提供各类渔业装备与工程技术服务（如联合研发渔用UHMWPE纤维绳网产品，并在网箱、养殖围栏和海洋牧场等领域推广应用），助力了渔业材料的技术升级。目前，公司已授权专利15项，正在申请专利11项。公司参加制定了UHMWPE长丝耐磨性试验方法等行业标准3项；上述成果为纺织领域、渔业领域等的可持续发展发挥了重要作用。

公司掌握了细旦丝和超细旦丝的核心技术，并大力开展技术研发与技术合作，先后与东华大学、上海化工研究院和中国水产科学研究院东海水产研究所建立产学研合作关系，自主研发取得丰硕成果，在“海用”和“民用”方面有突出表现。公司生产的高强粗旦丝线密度范围为800~1 600 D，强度不小于38 g/D，纤度稳定，模量高，成为军工防护、海洋高端行业的首选之一。全系列细旦丝产品采用国内最为成熟可靠的细旦丝生产技术。公司研制的各规格细旦丝强度较好，且针对不同复杂环境，进行抗蠕变性、抗静电、凉爽性等专项设计，以提高性能、拓宽应用领域。

UHMWPE纤维在世界范围内属于稀缺物资，市场潜力巨大。同时行业已步入理性发展通道，稳步发展、稳定增长将成为行业发展的新常态。业内人士估计，目前国内对超高分子量聚乙烯纤维的年需求量在2万吨左右，市场前景十分广阔，随着军品、民品特别是量大面广的各类高强轻质缆绳等领域的开发，预计2020年国内UHMWPE纤维需求量将达到2.5万吨以上，正以每年20%左右的速度递增。

浙江千禧龙特种纤维股份有限公司主动适应新常态，积极谋求新发展。并不断加大研发投入推出更多新产品，新增市场占有率。力争到2020年企业行业内排名位居前2位，市场占有率超过25%。

新材料技术是现代渔业技术的重要组成部分，千禧龙纤等UHMWPE纤维产业的发展为深远海围栏的发展插上了腾飞的翅膀，助推了现代渔业的蓝色革命。

附录 2　深远海养殖设施网衣代表性企业简介

深远海养殖设施网衣代表性企业——江苏金枪网业有限公司凭借先进的设备、雄厚的技术及数十年的专业经验，专注于有结网、无结网的生产，产品广泛应用于捕捞渔具、养殖网箱、（超）大型养殖围网、农业、防鸟、植物生长、体育、安全及其他领域。自 2006 年以来，公司生产捕捞围网、养殖网箱、养殖围栏以及不同材质的网片（包括 UHMWPE 网片、PE 网片、PA 网片、PET 网片等）。公司生产的养殖网箱产品销往世界主要水产养殖业市场：①环地中海地区国家（包括意大利、土耳其、希腊以及北非水产养殖国）——养殖海鲈鱼；②加拿大、智利、澳大利亚等国家——养殖三文鱼、金枪鱼；③东南亚国家——养殖东星斑等石斑鱼；④国内深远海网箱——养殖大黄鱼、石斑鱼等；⑤国内（超）大型养殖围栏——养殖大黄鱼等。公司进口福林和 PU 涂层液用于网箱网衣防污处理，可防藻生长，降低网箱网衣磨损及其紫外线损伤，增加网衣的强力，便于网衣清洗并减少养护。

江苏金枪网业有限公司及其相关产品与养殖项目

客户的需求均有我们的解决文案。公司长期与荷兰 DSM、中国水产科学研究院东海水产研究所石建高研究员团队等著名院所企业（团队）合作，为客户提供各类渔业装备与工程技术服务（如研制 DH1 深海养殖网箱；联合起草标准；联合编写专著；联合研发生产超高强绳网，并用特种涂层液进行后处理，成为国内第一家生产、应用和安装 Dyneema® SK-78 网箱知名企业等），为深远海养殖业、体育休闲业和海洋牧场等领域的发展发挥积极作用，推动了我国高性能网衣的技术升级。

附录 3　深远海养殖围栏网具代表性企业简介

深远海养殖围栏网具代表性企业——惠州市益晨网业科技有限公司是一家专业生产渔业捕捞网、水产养殖网，农业用品网，运动用品网等产品的知名企业，为全国水产标准化技术委员会渔具及渔具材料分技术委员会（TC 156／SC4）委员单位、中国渔船渔机渔具行业协会团体标准化技术委员会委员单位、中国渔船渔机渔具行业协会会员单位；拥有从国外进口的不同型号的织网机、经编机、捻线机等先进设备；生产各种规格的渔网片、养殖网、有结网、编织绳及各类运动用品网。10 年以上行业经验的技术人员，完整、科学的质量管理体系使公司网具产品具有结构合理、规格齐全、网结紧固、尺寸准确、颜色鲜艳多样和使用寿命长等优点。

惠州市益晨网业科技有限公司相关产品

公司恪守求真务实、客户至上的宗旨，严把产品质量关。公司交货快捷、质量稳定、价格适宜、服务周到，深得业界认可，产品享誉海内外，畅销世界各地。公司凭着发展的眼光，秉承“高效、优质、诚信、专业”的经营理念，为广大客户提供多款产品。公司携手中国水产科学研究院东海水产研究所石建高研究员团队为客户提供捕捞渔具、运动用品网、海洋牧场、深远海网箱和（超）大型养殖围栏等技术服务，为现代渔业等产业的发展发挥积极作用，推动了现代渔业等产业健康发展。

附录 4　围栏养殖用绳网产品第三方质检中心简介

围栏养殖用绳网产品第三方质检中心——农业农村部绳索网具产品质量监督检验测试中心（以下简称“中心”）主要从事网线、绳索、钢丝绳、起重吊具、吊装带、渔网、体育网以及农用塑料薄膜（地、棚膜）等产品检测、事故鉴定以及相关领域技术服务，为我国权威绳索网具专业检测机构。多次承担国家、农业部下达的产品质量监督检验、成品质量评价等任务。中心不断提高服务客户的水准，中心具备检测项目所需的仪器设备、训练有素的检验员以及符合要求的检测环境，个别项目可通过分包形式，合理利用社会资源，为规范网线、绳索网具安全生产提供公正服务，实现服务社会的基本要求。美国 INSTRON-4466 强力试验机、美国 INSTRON-5581 强力试验机和德国 RHZ-1600 型绳索试验机等仪器设备均具有国际领先水平。

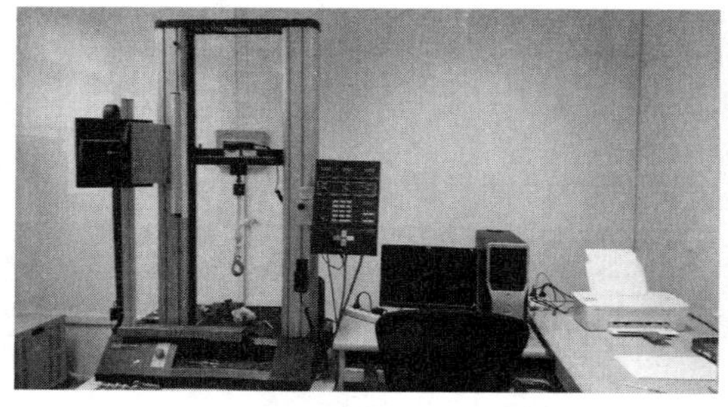

INSTRON 4466 强力试验机与 RHZ-1600 型绳索试验机

中心长期在渔业装备工程技术方面开展研发与推广应用工作，研究领域和方向主要包括海洋渔业、养殖网箱、养殖围栏、海洋牧场、人工鱼礁、藻类养殖设施、渔具及渔具材料标准化、高性能材料（如纳米复合纤维、UHMWPE 复合涂层绳网）和功能性材料（如防污涂料、降解材料和防污纤维绳网材料）等领域。研发项目包括主持国家支撑项目、领军人才项目、国家自然基金项目和国际合作项目等重要项目。

研发产出和成果包括获上海市科技进步奖、浙江省科技进步奖和山东省科技进步奖等科技奖励。授权发明专利“养殖网围用立柱桩”“一种大型复合网围”和“磷虾渔业或养殖围网用超强抑菌熔纺丝的制造方法”等；发表论文“中国海水围网养殖的现状与发展趋势探析”等；出版《海水抗风浪网箱工程技术》《海水增养殖设施工程技术》《INTELLIGENT EQUIPMENT TECHNOLOGY FOR OFFSHORE CAGE CULTURE》等专著；制定《纤维绳索 聚酯 3股、4股、8股和12股绳索》《深水网箱通用技术要求 第1部分：框架系统》《渔用超高分子量聚乙烯网线通用技术条件》等国家行业标准；中心石建高研究员等人联合相关单位完成的围栏养殖技术成果已获得产业化生产应用，并被中央电视台多次报道，推动了（超）大型养殖围栏、深远海网箱、渔用新材料等技术升级。

大型养殖围栏设施

附录 5　网线加工机械代表性企业简介

网线加工机械代表性企业——杭州长翼纺织机械公司是专业生产渔网捻线机的主导企业，生产历史悠久，技术实力雄厚，取得一批专利成果。研发的新型渔网捻线机复合高效、安全、节能、环保，具有标准化、自动化、智能化特征，是传统渔网捻线生产设备的一次创新，设计和制造技术，达到国际先进水平，产品销往东南亚、南美、北美、日本、欧盟、非洲等地区和国家。公司同时拥有一个较大规模的制线实验基地，设计制造的一步法数控复合捻线机荣获“国内首台（套）重大技术装备及关键零部件产品”“浙江省科学技术奖”，曾列入“国家火炬计划”“国家创新基金项目”，是中国渔网捻线机生产研发基地。公司作为第一起草单位，组织起草制定了《一步法数控复合捻线机》《精密络筒机》《纺织机械　高速绕线机》《高强线用数控捻线机》四项国家纺织行业标准，《一步法数控复合捻线机》“浙江制造”团体标准。公司为国家新一代纺织设备产业技术创新联盟的首批成员，系浙江省高新技术企业。公司携手中国水产科学研究院东海水产研究所石建高研究员团队等专业团队，研发或推广应用高端渔网捻线机，推动了我国渔网捻线机的技术升级。

渔网捻线机

附录 6　鲑鳟鱼养殖代表性企业简介

鲑鳟鱼养殖代表性企业——青海联合水产集团有限公司，为我国鲑鳟鱼养殖知名企业，由企业家赵金辉先生等创建，公司养殖本部、生产研发、智慧科技、市场营销及财务行政等各部门全面配合发展。2017 年被中国绿色食品发展中心授予“绿色食品”证书。作为中国“水产学会鲑鱼类专业委员会”理事单位，荣获或被授予“全国农牧渔业丰收奖”、农业部“水产健康养殖示范场”、青海省“虹鳟鱼养殖技术科技成果转化基地”和“菜篮子工程基地”“青海省农牧厅、青海大学生态工程学院冷水养殖产业技术转化研发与水生生物保护科技创新基地”等称号。公司累计投放鲑鳟鱼苗 300 万尾。

公司与中国水产科学院东海水产研究所石建高研究员团队、黑龙江水产研究所等著名院所校企团队长期合作，参加制修订相关标准、开展鲑鳟鱼养殖装备与工程建设（如制作大型 HDPE 框架抗风浪圆形网箱、HDPE 框架方形网箱）、养殖配套投喂设施、可移动水上作业平台等养殖装备，建造和购买养殖工作船十余艘，完成了水产养殖加工农业综合开发项目等重要项目，积极推动了我国大水面鲑鳟鱼养殖设施的技术升级、绿色发展和现代化建设。

目前，青海省鲑鳟鱼养殖科普中心，生产实验楼、鱼病防疫中心和质检中心正在建设中，道路建设和庭院硬化、绿化、美化、亮化工程稳步实施，为青海省当地经济发展及现代渔业产业发展做出了积极贡献。

公司远景规划图及其养殖网箱设施

附录 7 围栏绳网圆丝拉丝机代表性企业简介

围栏绳网圆丝拉丝机代表性企业——常州神通机械制造有限公司位于滆湖之畔，依托常州市武进区优越的地理环境，创建于 1992 年，是专业生产塑料机械成套设备的企业［编者注：以高密度聚乙烯（HDPE）等塑料为原料，通过拉丝机设备可生产水产养殖围栏设施绳网加工用圆丝（简称围栏绳网圆丝）］。公司拥有标准的厂房和先进的三轴联动、四轴联动、数控机床、万能外圆磨床等高精度加工设备。公司以优良的生产工艺、完善的管理体系和满意的售后服务在海内外深受信赖。设备具有外形美观、结构合理、性能安全可靠、节能高效等优点，物美价廉，得到海内外客户一致好评。

企业通过 GB/T 19001—2008/ISO 9001：2008 质量管理体系认证，获江苏省优秀民营企业、江苏省质量信得过企业、守合同重信用 AAA 企业等荣誉称号。公司对每一个生产环节，从原材料采购到成品出厂，均执行严格品质控制。依据 ISO 9001：2008 质量管理体系检测程序，对成品、半成品进行抽样和全面检查，从而消除不合格产品；既确保产品质量符合客户的要求，又为公司的持续发展开发新产品提供了依据。公司携手中国水产科学研究院东海水产研究所石建高研究员团队等专业团队，研发或推广应用塑料圆丝拉丝机、工业单丝拉丝机、绳网圆丝拉丝机等高端拉丝机，为我国拉丝机技术升级、为我国水产养殖围栏设施装备建设做出了积极贡献。

圆丝拉丝机组生产线

附录8 养殖围栏水下作业代表性企业简介

养殖围栏水下工程是一个复杂的系统工程，直接关系到围栏项目的成败，因此，其越来越受到人们的重视。为满足围栏养殖业的快速发展需要，知名潜水员黄义川先生创建了宣汉县德信水下作业有限公司。宣汉县德信水下作业有限公司是专业从事养殖围栏水下作业技术服务的知名企业，主要从事养殖围栏安装工程施工、围栏养殖区域沉物打捞服务等。公司拥有30多名有资质、有责任心的养殖围栏水下作业人员，在网具装配、水下电焊、绞棒装配、水下连接、抱箍装配以及防逃施工等方面拥有丰富经验。我们以优良的水下作业工艺、完善的管理体系和满意的售后服务使得我们德信公司在养殖围栏业深受信赖。公司对每一个养殖围栏水下作业环节，均执行严格品质控制、全面检查，从而消除安全隐患、确保围栏养殖业的安全。

公司联合东海所石建高研究员团队、艺高网业团队等专业团队，成功完成双圆周大跨距管桩式围栏（浙江，养殖水体约30万立方米）、管桩式生态围栏（浙江，已建成养殖面积100多亩）、大型智能化生态围网（山东，养殖围栏周长408 m）、超大型牧场化堤坝围栏（浙江，养殖水体约400多万立方米）等养殖围栏水下作业工程（附图8），为我国围栏养殖工程技术升级做出了突出贡献！

附图8 大型水产养殖围栏

主要参考文献

董双林，2019，黄海冷水团大型鲑科鱼类养殖研究进展与展望［J］．中国海洋大学学报：自然科学版，49（3）：1-6.

方建光，李钟杰，蒋增杰，等，2016，水产生态养殖与新养殖模式发展战略研究［J］．中国工程科学，18（3）：22-28.

关长涛，2007，深海抗风浪网箱养殖设施与装备技术的研究进展［J］．现代渔业信息，22（4）：6-8.

郭根喜，等，2013，深水网箱理论研究与实践［M］．北京：海洋出版社.

何勇，2018，国内新型深远海渔业养殖装备技术动向［J］．中国船检，8：102-104.

贾陆林，常广，石建高．深远海网箱或浮绳式围网用防污熔纺丝加工方法：中国，CN201610649407［P］．2016-12-07.

雷霁霖，2005，海水鱼类养殖理论与技术［M］．北京：中国农业出版社.

林可，等，2017，离岸型智能化浅海养殖围网应用及效益分析［J］．水产科技情报，44（5）：268-272.

刘丛力，2001，我国海水养殖业发展现状与可持续发展问题［J］．海洋科学进展，19（3）：100-105.

刘嫚，等，2015，养殖围网监控装置：中国，ZL201520353435［P］.

马云瑞，等，2017，我国深远水养殖环境适宜条件研究［J］．海洋环境科学，2：249-254.

农业农村部渔业渔政管理局等编著，2019，2019 中国渔业统计年鉴［M］．北京：中国农业出版社.

桑守彦，2004，金網生簀の構成と運用［M］．东京：成山堂书店.

石建高，2011，渔用网片与防污技术［M］．上海：东华大学出版社.

石建高，2016，渔业装备与工程用合成纤维绳索［M］．北京：海洋出版社.

石建高，2017，捕捞渔具准入配套标准体系研究［M］．北京：中国农业出版社.

石建高，2017，捕捞与渔业工程装备用网线技术［M］．北京：海洋出版社.

石建高，2017，绳网技术学［M］．北京：中国农业出版社.

石建高，2019，深远海网箱养殖技术［M］．北京：海洋出版社.

石建高，2011，网箱或围网用乙纶绞捻网片补网方法：中国，ZL 200710042143［P］.

石建高，2015，一种海水网箱或栅栏式堤坝围网用绞线：中国，CN201510252477［P］.
石建高，2016，一种网格式围网网具用纤维加工方法：中国，CN201610647268［P］.
石建高，2013，一种大型复合网围：中国，ZL201310338034［P］.
石建高，等，2003，渔用超高分子量聚乙烯纤维绳索的研究［J］. 上海水产大学学报，12（4）：371-375.
石建高，等，2004，超高分子量聚乙烯和高密度聚乙烯网线的拉伸力学性能比较研究［J］. 中国海洋大学学报，34（1）：381-388.
石建高，等，2004，超高分子量聚乙烯和锦纶经编网片的拉伸力学性能比较［J］. 中国水产科学，11（z1）：40-44.
石建高，等，2008，深水网箱选址初步研究［J］. 现代渔业信息，23（2）：9-22.
石建高，等，2012，深水网箱箱体用超高强经编网的物理性能研究［J］. 渔业信息与战略，27（4）：303-309.
石建高，等，2013，深水网箱箱体用超高强绳索物理机械性能的研究［J］. 渔业信息与战略，28（2）：127-133.
石建高，等，2016，海水抗风浪网箱工程技术［M］. 北京：海洋出版社.
石建高，等，2018，海水增养殖设施工程技术［M］. 北京：海洋出版社.
宋瑞银，等，2015，深海网箱养殖装备关键技术研究进展［J］. 机械工程师，10：134-138.
孙满昌，石建高，等，2009，渔具材料与工艺学［M］. 北京：中国农业出版社.
孙颖杰，等，2007，海水鱼类网箱养殖与出口［M］. 福建：福建科学技术出版社.
唐启升，2017，水产养殖绿色发展咨询研究报告［M］. 北京：海洋出版社.
王东石，2015，我国海水养殖业的发展与现状［J］. 中国水产，（4）：39-42.
王清印，2004，海水设施养殖［M］. 北京：海洋出版社.
徐皓，2016，水产养殖设施与深水养殖平台工程发展战略［J］. 中国工程科学，18（3）：37-42.
徐皓，等，2007，我国水产养殖设施模式发展研究［J］. 渔业现代化，34（6）：1-7.
徐皓，等，2016，我国深远海养殖工程装备发展研究［J］. 渔业现代化，43（3）：1-6.
徐君卓，2005，深水网箱养殖技术［M］. 北京：海洋出版社.
徐君卓，2007，海水网箱与网围养殖［M］. 北京：中国农业出版社.
闫国琦，等，2018，深远海养殖装备技术研究现状与发展趋势［J］. 大连海洋大学学报，33（1）：123-129.
杨星星，等，2006，抗风浪深水网箱养殖实用技术［M］. 北京：海洋出版社.
尤洋，2013，网箱养鱼配套技术手册［M］. 北京：中国农业出版社.
于秀娟，2019，2018年养殖渔情分析［M］. 北京：中国农业出版社.
余雯雯，石建高，2016，磷虾渔业或养殖围网用超强抑菌熔纺丝的制造方法：中国，CN201610647109［P］.
余雯雯，石建高，2016，头足类拖网或超大围网用耐磨超强筒子线加工方法：中国，CN201610647146［P］.
张本，等，2007，近海抗风浪养鱼技术［M］. 海南：三环出版社.

张田浩，等，2015，一种养殖围网板网捕捞装置：中国，ZL201520474271［P］.
周文博，石建高，余雯雯，2018. 中国海水围网养殖的现状与发展趋势探析［J］. 渔业信息与战略，33（4）：259-266.
Aalvik B. 1944. Guidelines for Salmon Farming，Director of Fisheries，Bergen，Norway.
Bjarne Aalvik. 1998. Aquaculture in Norway. Quality Assurance.
Don Staniford. 2001. Sea cage fish farming：an evaluation of environmental and public health aspects（the five fundamental flaws of sea cage fish farming）. The European Parliament's Committee on Fisheries public hearing on 'Aquaculture in the European union：present Situation and Future Prospects'.
FAO. 1996. Monitoring the ecological effects of coastal aquaculture wastes，Reports and studies No. 57.
Gooley G J，De Silva S S，Hone P W，et al. 2000. Cage Aquaculture in Australia：A Developed Country Perspective with Reference to Integrated Development Within Inland Waters. In Cage Aquaculture in Asia，21-37.
Hansen T. Seefansson So，Taranger GL. 1922. Aquaculture Fish. Management committee，23：275-280.
Hjelt K A. 2000. The Norwegian Regulation System and History of the Norwegian Salmon Farming Industry. In Cage Aquaculture in Asia，1-12.
Ho J S. 2000. The Major Problem of Cage Aquaculture in Asia Relating to Sea Lice. In Cage Aquaculture in Asia，13-19.
Huang C C. 2000. Engineering Rick Analysis for Submerged Cage Net System in Taiwan. In Cage Aquaculture in Asia，133-140.
International Copper Research Association，1984. Design guide for use of copper alloy expanded metal mesh in marine aquaculture INCRA project 268B.
Kenneth S. Johnson. 2001. The Iron Fertilization Experiment. Ocean Science，USA，3.
Kim I B. 2000. Cage Aquaculture in Korea. In Cage Aquaculture in Asia，59-73.
Klust，G. 1982. Fiber ropes for fishing gear：FAO Fishing Manuals［M］. Fishing News（Books）ltd，London.
Liao D S. 2000. Socioeconomic Aspects of Cage Aquaculture in Taiwan. In Cage Aquaculture in Asia，207-215.
Lien E. 2000. Offshore Cage System. In Cage Aquaculture in Asia，141-149.
Myrseth B. 2000. Automation of Feeding Management in Cage Culture. In Cage Aquaculture in Asia，151-155.
Ole J Torrlssen. 1995. Aquaculture in Norway. Word Aguaculture，26（3）：12-20.
Shi Jiangao. Intelligent Equipment Technology For Offshore Cage Culture［M］. Beijing：China Ocean Press，2018.
Takashima F，Arimoto T. 2000. Cage culture in Japan toward the New Millennium. In Cage Aquaculture in Asia，53-58.